Fortran 2003 程式設計

黃逸萍　編著

五南圖書出版公司 印行

前言

因著電腦技術的進步，今日的個人電腦可以媲美昨日的超級電腦。硬體是如此，軟體更是如此。Intel 公司介入 Fortran 軟體而買下 Compaq Fortran 編譯軟體，並積極的進行程式的改進，如平行處理、向量化、及各種軟體介面的加強或新增等。Intel 公司此舉是呼應其在自己 CPU 硬體方面的重大進展。多核心的CPU已是電腦的標準配備了，要發揮硬體的優點也唯有透過軟體的運作，當然這也包括網路應用、及資料庫的連線等等。Fortran 2003 的標準已公佈，但 Fortran 201x 標準規範的傳言已可在媒體上不時的看到其相關訊息，由此可見 Fortran 語言的主導與愛好者對它的堅定信心。

本書改編自「**Fortran 95/90 程式設計**」，並延續書本設計的兩項主要目的，一方面為學生在程式語言課程使用，適合完全沒接觸過高階電腦語言或稍有一些電腦語法經驗的人。另一方面，對已習慣 Fortran 95 或 FORTRAN 77 語法的人想進一步對 Fortran 2003 程式有所瞭解時，亦應可由本書中得到相當多的資訊。本書以 Intel Fortran 11.1 為版本，雖說不可能完全涵蓋編譯軟體的全部內容，但在程式基本運用與解說上儘可能的詳細和廣泛，並透過各種例題予講解。希望使用者除了看本書之外，也可用書上提供的光碟片內的例題上機學習與體會，內含 Visual studio 操作方式，本書各章的練習題及部分的答案等。

Fortran編譯軟體內有關繪圖、視窗程式、不同語法的連結、高效率運算的指令（如向量、平行處理、管線處理等）、以及編譯時的控制等均未包括在本書內。因本書在有限的篇幅中，偏向於介紹 Fortran 程式的基本原理與寫作，有關進階的語法與功能請參考原使用手冊或相關書籍。

黃逸萍

目　錄

1 電腦概念　1

2 程式基本要素　29

3 輸入／輸出資料 79

4 資料型態 99

5 程式發展 137

10 說明指述 303

11 程式單元與程序 345

14 位元處理 415

15 數值分析 435

16 IMSL 的矩陣計算 485

附錄一 Fortran 變革介紹 499

第一章

電腦概念

一部電腦通常可概略的分成三個部份，即：**主機**、**周邊設備**、與**軟體**等三部份，如圖 1.1 所示。這三個部份分別包括如下的細項，（要注意的是主機與周邊設備並沒一定的劃分標準）：

主機——中央處理器（central processing unit）、主記憶體（main memory）、輔助記憶體（secondary memory）、主機板、界面卡等等。

周邊設備——列表機、滑鼠、鍵盤、終端機、穩壓器等。這些設備可使電腦的功能強化或發揮。主機與周邊設備合稱為硬體（hardware）。

軟體——作業系統、編譯軟體、應用程式等等。軟體（software）為提供資料及操控硬體的運作。

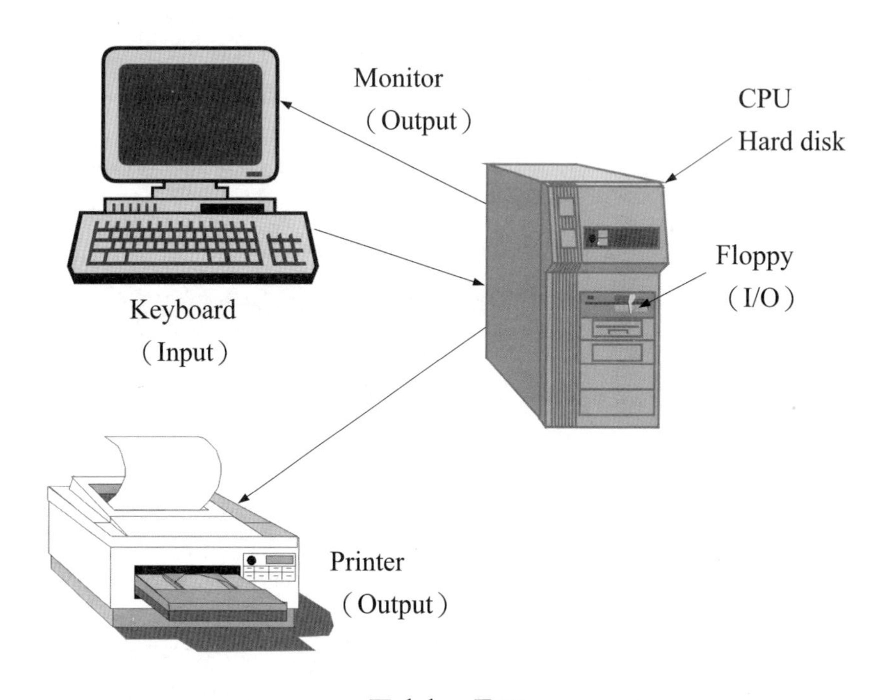

圖 1.1　電腦

圖 1.2 表示一理想化的電腦。我們的**資訊**（information）是存放在記憶體（memory）中的物件，包括：**程式**（program）－對電腦下達指令者、與**資料**（data，一些文數字資料）。對於指令的運作主要是靠**中央處理器**（CPU －

central processing unit）：其含兩個部份，一是**控制單元**（control unit）—對指令的進入、解碼、及一些適當的分派動作等；另一是**數學運算器**（arithmetic unit）—對數值的運算及資料處理等。壹台電腦除了需中央處理器與記憶體外，尚需將執行結果送到電腦以外的地方去展示或存放，如終端機、列表機等，這些就是**輸出設備**（output device）。同理，有時需由外界將資料送入記憶體內，如：鍵盤、滑鼠、和掃瞄機等等，這些就是**輸入設備**（input device）。

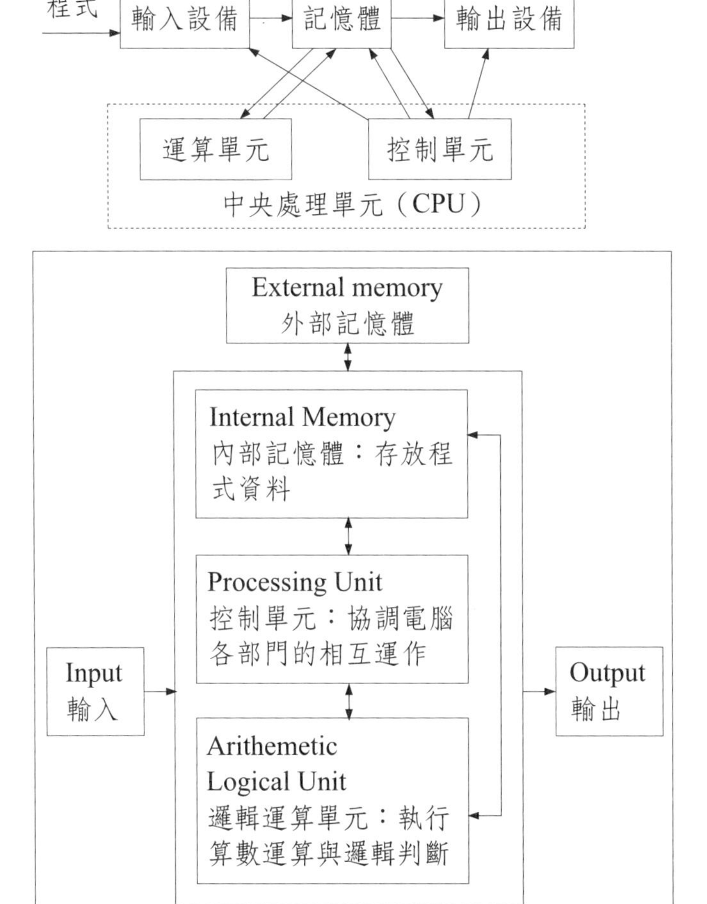

圖 1.2　理想化的電腦。上圖爲整體架構，下圖爲 CPU。

當開啟電腦時，首先啟動基本輸入／輸出系統（BIOS），由其啟動各個電腦的組件，如 CPU、硬碟、螢幕等，最後啟動硬碟上的作業系統。

當我們談到電腦，一般是指電腦硬體與軟體。任何強大的電腦硬體需有適宜的軟體才能發揮其功能；也就是說，電腦的硬體與軟體是相輔相成的。在人們發展電腦此項工具時，會因著時代的需要而製造出不同的硬體與軟體。**高階電腦語言**主要是用來讓人們容易與電腦溝通，也就是方便我們控制及使用電腦。因著電腦硬體的日新月異，人們對於電腦的使用和需求也隨著改變；這就導致高階電腦語言需隨時代而改變及更新。翻開有關的高階電腦語言歷史（參閱 1-7 節），可知其變化的快速及多樣化。

1-1 計算機的特性與演進

人們製造出電腦，因此電腦的功能就依人們的智慧而發揮；同時也受限於人們的智慧而有所不足。常言道「電腦不是萬能的」，此話要看如何去解釋；如果人是萬能的，那麼製造出來的電腦就有可能是萬能的。但萬能的人就不需要電腦了，不是嗎？重視邏輯能力的訓練已成為時代趨勢，如何發揮與管控電腦成為人們重要的課題。

簡單的對電腦的優、缺點評論如下：

優點：

電腦具高速運作與龐大記憶體。目前的電子式電腦依賴電子的速度來運作。在材料與製造技術的進步之下，近年來電腦的運作速度每隔一、兩年就快一倍。記憶體方面也呈現倍速的成長。（此為摩爾定律，用以推估硬體的成長率）

缺點：

若以人們對電腦的期望，在很多方面電腦仍待發展。如讓電腦具有**強的學習能力，縮小電腦的體積，加強判斷、思考、及想像能力**。當然這是需人們的智慧去開拓。

應用：

目前人們的日常生活已很難離開電腦，如領錢、上郵局、查資料、甚至開車等均需用到電腦。現今以使用量來說，最大的族群大概是資料庫的使用；其它如管理、控制、設計、及計算等等有各式各樣不同的使用族群。

1-1-1　硬體的演進

電腦是人類在二十世紀的重大發明，不論在軟體或是硬體的進步上均是非常快速。由於使用目的及硬體技術的不同，不同形式的電腦被發展出來。欲將市面上所有的電腦作一明確的分類是有困難。以下為針對不同特定項目以概略的對電腦作分類。

以電腦硬體的處理器部份分類成不同時代：

第一代：真空管（vacuum tube）時代

1946 年美國賓州大學（the University of Pennsylvania）為軍方製造的電腦，名叫 Electronic Numerical Integrator and Computer，簡稱 ENIAC。它重達 30 噸，體積 30 英尺乘 50 英尺，cpu 運算的速度約每秒作 300 個乘數。此機器用了 18,000 個真空管，花費約為 50 萬美金。

在 1939 至 1957 年間的電腦主要是用真空管為處理器的核心。此時的電腦非常昂貴且不可靠，常會造成當機。

第二代：電晶體（transistor）時代

由於真空管容易壞，運作速度慢，在 1958 年 IBM 首先製造出 IBM 709 系列電晶體電腦取代真空管電腦。電晶體產生的熱量少，組織較為密集，運作較為可靠，因此較真空管便宜、速度快、體積小。這時的電腦才開始被用在商業上。一個真空管的大小約可容納 20～30 電晶體。

第三代：積體電路（integrated circuit）時代

1964 年 IBM 製造出 IBM 360 系列積體電路電腦。它使得電腦的體積更小，需電量小、耐用且速度更快。

第四代：大型積體電路（large scale integration）時代

1975 年人們將大量的電腦處理器元件置入小的晶片上（如郵票大小）。此項發展使得電腦的運用更為廣泛，如小型計算器、手錶、汽車、及個人電腦等等。電腦的體積、速度、與價格均呈現大的變化。這也開啟了個人電腦的領域，進而導致各式各樣電腦軟硬體的百花齊放。小型積體電路於其上約可容納數十個電子元件，大型積體電路可放入數千個電子元件（如 Intel 8086），超大型積體電路則可放入數萬個電子元件。

第五代：超大型積體電路（very large scale integrate circulator）時代

接著在晶片的電路與電阻器愈做愈密集。超大型積體電路的意思是用非常密集的電路與電阻器。電子運動的速度是一定，當所使用的電路非常密集時，電子可經過的路線與電阻器較多，相對的就可以處理較多的資料。如英岱爾（Intel）公司的Pentium就以 0.5 至 0.35 微米的製程製作而成，Pentium II 更以 0.35 至 0.25 微米的製程，到 Core 2 Duo 則用 45 奈米以下的製程。其電腦晶片中，面積如指甲大小就有上千萬個電阻器。此時也運用先進的運算方式如人工智慧和真正的分散式處理等的處理技術置入硬體的處理程序。

以電腦的使用及速度可分成：

1. 超級電腦—supercomputer

因電腦的進步非常快速，很難用一個量化的表示區分出何謂超級電腦。可簡單的說它是屬於進步國家中的國家級電腦。在1975年Cray Research Company發展出Cray-1為公認的第一代超級電腦。近代的IBM深藍電腦就是利用數千顆以上個人電腦的處理器串聯起來以執行超級電腦的工作。

2. 主電腦—mainframe

供大團體共同使用的電腦，IBM系列的大電腦就是屬於這一類。

3. 迷你電腦—minicomputer

供小團體共同使用的電腦，如APPLE、SUN、HP等系列的小主機。

4. 微電腦—microcomputer

電腦設備所需面積在一個小桌面範圍內，通常是供個人使用為目的，稱為**個人電腦**（personal computer－PC）。當其具備完整的周邊功能時，如掃瞄、列印、多媒體等，就稱為**工作站**（workstation）。新進的**個人數位助理**（PDAs）是另類的個人電腦了，甚至iPhone與iPad等都是。

1-1-2　軟體的演進

電子式電腦一直以來均是用電流的正與負極電來作訊號的區分，因此驅動電腦運作的最基本方式就是利用一系列的兩種不同訊號組成，如零與壹，來對電腦下達指令。這就是最早期的**機械語言**（machine code）的概念。顯然的，對使用者而言，它是很難以理解及使用的。機械語言用的是所謂的**二進位碼**（binary code），如下：

01010001　0100　0000　10101011

它以十進位來表示如下：

81　4　0　43

要去控制電腦的每一個執行步驟以及記憶位置的處理，對電腦專家來說也是相當辛苦的事。於是有人就想到一種較方便的方法，即將一些常用到的執行步驟的指令以簡單固定的文字來描述，然後利用已做好的**編譯程式**（compiler）由電腦來改寫這些描述，使之成為可被電腦接受的機械語言程式。這就是所謂的**組合語言**（assembly language）的由來。例如：

LAD　3　Y

表示將記憶體 Y 位置的資料拷貝到中央處理器中的 3 號位置。

用組合語言來寫程式是較機械語言有效多了，但組合語言的程式需經編譯才可使用；顯然的如果由組合語言所寫的程式未依照一定的規則寫作，編譯軟體在改寫時會發生困難而無法正確的完成工作。不同公司所發展出來的編譯程式多少會有一些不同，所以造成程式員在寫法上以及語法的使用上會有不同的原因。此時須有一共同遵循的標準語法才能減少不同編譯軟體的差異性，也就是增加相容性。所謂「Fortran」、「C」、及「BASIC」等等就是不同類型的標準語法。

1-2 Fortran

在 1953 年年底時，有一位 John Backus 建議為 IBM 公司的 704 型電腦發展一種較組合語言更有效率和更方便使用的電腦語言。於 1954 年中他提出了一種具彈性和效率的程式語言，稱為 the IBM Mathematical **FOR**mula **TRAN** slation system，這就是最早的高階電腦語言的由來。此電腦語言是儘量的採用人們容易理解的表示方式去寫程式，然後由編譯軟體（如FORTRAN）負責改寫成可讓電腦執行的機械語言程式。所謂的**高階語言**（high-level language）指的是較易為人們理解的語言，相對的是**低階語言**（low-level language）為用來直接驅動電腦的語言：如機械語言、或組合語言。直到 1957 年的四月 FORTRAN 才算正式被大量採用。此時重視的是將使用者所寫的數學運算式轉換成機器語言或組合語言。數年之後，**FORTRAN** Ⅱ（1958）被提出，它加強對程式的偵測及功能增加。IBM 公司接著為它推出不同型式的電腦，如 709、650、1620 等。幾乎每型機種都使用不同版本的 FORTRAN 語言。到 1963 年時，在市面上竟然有四十餘種不同的 FORTRAN 版本存在，每一種版本均有其特性。問題是它們之間的共通性欠佳，以致於程式的發展受到很大的限制。基本上 IBM 公司所發展的程式語言是為該公司的特定電腦所量身打造出來的，其中還有一部份是和機器相關的指令；就因如此，很難期望其它的電腦公司會完全接受 IBM 公司的電腦語言。直到 **FORTRAN** Ⅲ（1958）仍不是公開的編譯軟體，也就是它與機器有關。

1962 年 IBM 公司推出 **FORTRAN** Ⅳ，這語言就完全與機器無關，並且很容易被使用在不同的機器上。同年美國國家標準協會（the American Standards Association— 亦是 the American National Standards Institute 的前身）將 **FORTRAN** Ⅱ與 **FORTRAN** Ⅳ結合並改進後，在 1966 年宣佈成 FORTRAN 電腦語言的標準，稱為 **FORTRAN 66**；不久之後它被國際普遍的接受。此後電腦語言才有統一的標準可供遵循，但此時有關電腦語言統一的問題仍未徹底解決。隨後不同的語言被發展出來，如 1972 年的 Dennis Ritchie 在貝爾實驗室發展 **C** 語言以方便寫系統有關軟體，**BASIC**（Beginners All-purpose Symbolic Instructional Code）為學生初學程式語法、**COBOL**（Common Business Oriented Language）為商業上資料運作、**Pascal** 為教導學生程式結構、及 **Ada** 為軍方因控制飛彈目的而發展等等，各種電腦語言的發展到 1970 年代已達百家爭鳴的時候。接著的問題是發展出來的語言若是不被大家所接受那就會消失。此時的 FORTRAN 編譯軟體只須約 15KB 的記憶體容量即可。

隨著電腦硬體與使用者的需求日增，FORTRAN 語法也在變化，在 1977 年另一新版本的 FORTRAN 被提出，到 1978 年時被確認為美國國家標準，並正

式命名為 **FORTRAN 77**。它讓 FORTRAN 成為一種廣被接受的真正規範、具高效率和完整的結構化程式設計語言，此是**程序導向**語法（procedure oriented programming）。此後很多性能優異的 **FORTRAN 77** 編譯器和開發工具的問世更是讓它成為幾乎所有理工科學生的必修課。同時期，其它不同的電腦語言也繼續被發展出來以及被改進，如 C、和 Ada 等等。到了 1980 年代，電腦界起了重大的變化。硬體方面由大電腦為主變成個人電腦的風行，使用者方面也由軍事及高科技為重變成民生與網路為先的趨勢。這些變化當然對電腦語言的需求也有新的改變。因應新時代的來臨，這就造成 **Fortran 90** 的誕生。在 FORTRAN語言的領域中有一重要的觀念，就是它具**往下相容的特性以及高效率的運作**；換句話說，以標準的 **FORTRAN 77** 語言所寫成的程式「應該」能在新版本的 **Fortran 90** 之下執行。**Fortran 95/90** 語言引入了模組、介面、導出資料類型和運算符、可動態分配和參與複雜運算的陣列、泛型過程、指標、遞迴等重要的語法特徵。這不但使結構化的 **Fortran** 語言更趨完善，也使其具備了少量的**物件導向**特性。直到 **Fortran 2003** 使用程序指標（Procedure Pointer）等功能後才真正具備完整的物件導向以及與其它語法相容。唯讀者需注意的是，依照某一程式標準，由不同公司所發展出來的電腦語言（亦所謂的編譯軟體—compiler）必然多少會有一些差別的存在；即使同一公司所發展的電腦語言，也會因著不同版本做某種程度的修改。在為方便使用者寫軟體及充分發揮電腦硬體功能的前題之下，編譯軟體中通常會有很多供應用的庫存程式，如：數學函式、繪圖指令、甚至網路通訊等，因而更加大不同編譯軟體之間的用語上的差異性。

若以電腦語言程式語法的觀點，電腦語言可分成以下幾代：

第一代：機械語言（machine language）

二進位碼組成可控制機器。

第二代：組合語言（assemble language）

以一敘述表若干二進位碼。

第三代：高階語言（high level language）

如：FORTRAN 與 C++等。

其它如：**自然語言**（natural language）、**人工智慧**（artificial intelligent）、**類神經網路**（neural network）等等，其突破傳統程式觀念的另類嘗試。

資料庫（database）為主：如 SQL、Delphi、.NET、C# 等

另有新興的**網際網路語言**，如：HTML、JAVA、.NET 等。

第四代程式語言（4GL）用非程序的方式來撰寫程式，使用者不須將執行的步驟或程序逐一撰寫出來，它只須簡單回答一些問題或由程式語言的功能表單中選出要作的工作後，使用者即可得到所要的數據或答案，如 SQL 資料庫查詢語言就是一例。此尚未被公認的名詞。

第四代語言與第三代比較起來，語法較為簡單，但執行效率較差，所需軟、硬體設備較多。通常 4GL 偏向於執行特定用途，如資料庫等，無法像第三代語言較有彈性，幾乎沒有任何障礙。

以 FORTRAN 電腦語言標準而言，以下幾種是較出名的：

FORTRAN 66 經由國際認可的標準 FORTRAN 電腦程式語言。

FORTRAN 77 經由國際認可的標準 FORTRAN 電腦程式語言。

Fortran 90 經由國際認可的標準 FORTRAN 電腦程式語言。

Fortran 95 經由國際認可的標準 FORTRAN 電腦程式語言。

Fortran 2003 經由國際認可的標準 FORTRAN 電腦程式語言。

FORTRAN是最古老的高階電腦語言，它在歷經數十年後仍能繼續被接受的極少數碩果僅存的電腦語言之一。對 Fortran 而言，任何新一代的語法最重要的考慮因素之一就是**往下相容性與高效率運作**。儘管**Fortran 95** 可用導出類型（Derived Type）和模組（Module）模擬一部分物件導向的特性，但卻無法做到真正的封裝和繼承的效果。**Fortran 2003** 是Fortran語法的另一新里程碑，它突破很多往常的限制適應目前時代的需求。藉由不同的程序（procedure）達到目的。

1-3 計算機使用步驟

在以前以使用大電腦為主的時代，通常會有專人作系統的維修與操作。使用者侷限於他所被允許的有限動作，比如輸入程式、修改程式並執行、最後取得結果。現今的個人電腦時代，幾乎一切都要靠自己：由硬體的選用、裝機、系統及應用軟體的灌入、甚至硬體故障的排除等等。因此要使用一台電腦，尤其是個人電腦，使用者對於一些必要的軟體以及作業程序需要清楚的瞭解。

1-3-1 需要的軟體

對一位程式員，以下四種不同種類的軟體是必需的，含：

1. 作業系統（Operation system OS）：

它是主控電腦運作的最基本軟體，一開機就要用到它。其功能有：

▲設定系統的資源及運作

▲辨識使用者

▲讓使用者可以使用電腦中的應用軟體

▲管理與分派系統的處理器及記憶體

▲對於由外界輸入或輸出資料的管理與控制

▲對於檔案的管理與控制

簡單的說，**作業系統就是主控電腦硬體系統的發揮**。好的作業系統可使電腦硬體與軟體發揮到淋漓盡致。它會影響應用軟體的發展，因為應用軟體必需在特定的作業系統之下才能被執行。既然作業系統是主控電腦運作的核心，一直以來，大的電腦軟體公司莫不以發展自己的作業系統為公司的目標之一。所以市面上可選用的作業系統不少，如MA C OS、UNIX、Linux、及WINDOWS等等。

2. **語言**（Language）：

為了要寫程式，需選用適當的語言，也就是語言編譯軟體（compiler）。然後依照特定的規範寫出來的程式，才能被編譯軟體正確的改寫成低階的電腦語言，進而用來執行。語言編譯軟體在市面上很多，例如：C++, COBOL, FORTRAN, Visual BASIC 和 JAVA 等等。當我們決定要選用某種語言時，接下來就是要選用那一家的產品。不同家的產品、同一家不同版本的產品、甚至同一家同版本但不同平臺等的軟體產品均可能會在功能及語法的表示方式上有所差異。

3. **編輯軟體**（Editor）：

要用鍵盤將程式輸入電腦或是要修改電腦裡的程式，此時需用一編輯軟體讓使用者方便作業。編輯軟體只負責讓使用者方便的依自己的要求輸入並安排程式格式。程式的語法是否正確、是否可正確的改寫成可執行的程式等這些工作與編輯軟體無關。也就是說，編輯軟體是一個單獨的應用軟體，它的唯一主要功能就是當成使用者與電腦間的輸入與輸出介面。市面上可選用的編輯軟體很多，如：PE 3、QED、微軟的小作家、與 Visual Studio 等等。惟不能用 WORD 來編輯程式，因它採用特殊格式。

4. **應用軟體**（Application programs）：

雖說使用者的程式要自己寫，但一些特定的數學函式、繪圖功能、甚至應用程式等等，可藉著連結由別處引用到自己的程式內使用。通常一個程式一定或多或少會用到他人的程式，這些通稱為**應用軟體**，如IMSL、QuickWin等。

1-3-2 程式執行

當使用者要從頭開始執行一個程式時，需經下列四個步驟：

1. 編輯（Edit）：

由鍵盤鍵入，或由其他周邊設備讀入程式後加以修改。基本上有兩種資料要輸入電腦，一是所要執行的**原始程式檔**（source code），另一是**資料檔**（data file）。原始程式是用某種高階語言編寫，須經編譯軟體改寫成低階語言的可執行程式後供執行使用；資料檔為程式執行過程中所需用的資料，它是一文數字檔，與程式語言無關。

編輯**原始程式檔**時，電腦軟體不對其內容作任何的查核或改寫的動作；即在這個階段，所輸入的程式或資料均視同文字檔。取檔名時，通常是用文或數字八個字之內為**主檔名**（file name），檔名之後有一小數點，小數點之後有零至三個文數字為**延伸檔名**（extensional file name）。如「MYFILE10.F90」表示主檔名為「MYFILE10」，延伸檔名為「F90」。**Fortran 對於名稱的大或小寫沒有分別**。**一個檔案（FILE）的檔名是包括延伸檔名在內**。一般若要表示為**Fortran 95/90** 的原始程式檔時，其延伸檔名用「**F90**」；若為FORTRAN 77 的原始程式檔，其延伸檔名用「**FOR**」。現今的一般編譯軟體會依程式的延伸檔名來運作。

2. 編譯（Compile）：

將編輯好的原始程式檔用適當的編譯軟體（如 Intel Fortran）來改寫它以成為低階語言程式，亦由高階語言的程式翻譯成低階語言程式。此時編譯軟體作兩件事：

⑴檢查原始檔是否有文法或邏輯上的錯誤，若有錯就通知使用者並停止繼續運作。

⑵將原始檔改寫成較低階的語言敘述。此處用「**改寫**」的意思是因通常編譯軟體會依原程式的敘述以較有效率或有利的方式重新用較低階的語法來描述。此處用「**較低階**」的意思是在這階段所完成的程式仍不能在電腦上執行，因還未作下階段的事。

完成編譯時，在電腦的目錄中會多一個檔，其主檔名如同原始檔的名稱，但延伸檔名為「OBJ」表示**物件檔**「object file」。如上例「MYFILE10. F90」原始檔經編譯成「MYFILE10. OBJ」物件檔。若使用者去編輯此物件檔時，會發現在終端機上出現亂碼，此是因這時的檔案不是用文數字碼（ASCII）表示。

3. 連結（Link）：

將編譯好的物件檔（object file）用適當的編譯軟體（如 Intel Fortran）將它與其應用到的程式連結起來，並改寫成可執行的低階語言程式，那就是**機器碼**（machine code）。此時編譯軟體作兩件事：

⑴檢查物件程式是否有連結上的錯誤，若有錯就通知使用者，並停止繼續運作。

⑵將物件檔與應用到的程式聯結，並改寫成機器語言的敘述。

在原始檔的階段，幾乎很難說完全不借用到他人的程式就可完成工作。由最簡單的「READ」、「WRITE」指令，到庫存函式的應用如 「SIN」、「COS」，其它如繪圖等較複雜的應用等等，這些都需使用到本身程式以外的程式。在連結的階段其工作就是找出這些需用到的程式，並引入使用者的程式內。完成連結後，在電腦的目錄中會多一個檔，其主檔名如同原始檔的名稱，延伸檔名為「EXE」表示「execution file」，即可執行。

如上例：

「MYFILE10.OBJ」物件檔經連結後成「MYFILE10.EXE」執行檔

若使用者嘗試去編輯執行檔時，會發現在終端機上出現亂碼，因這時的檔案是機器碼表示。

以下幾件應注意事項：

⑴在連結的階段不需要原始程式，它只需物件檔就可。但如果程式需修改時，仍要從原始檔著手，也就是經編輯、編譯、與連結的程序。

⑵一般專供它人應用的程式是以物件檔呈現，經連結後就可引入使用者的執行程式內。

⑶連結程式時，自己程式的呼叫處（真引數）需在格式上與應用程式端的對應處（假引數）相配合。

⑷在執行程式時，不需用到原始程式與物件檔，只需執行檔以及資料檔。

4. 執行（Execute）：

只需**執行檔**及其用到的**資料檔**就可執行程式。此時不需編譯軟體（compiler）。如果執行上有錯，需從頭開始編輯、編譯、到連結等步驟。

在程式執行中各階段所需的軟體與所產生的檔案如下表：

狀態	需要的檔案	產生的檔案
編輯	無或有原始檔案（.f90） 無或有資料檔（.任何副檔名）	原始程式檔案（.f90） 資料檔（.任何副檔名）
編譯	原始程式檔案（.f90）	物件檔（.obj）
連結	物件檔、函式庫、其他物件檔	執行檔（.exe）
執行	執行檔、資料檔	結果

Von Newmann 范紐曼電腦

當第一部真空管電腦 ENIAC 在賓州大學問世後，它是用重組電路的方式將真空管拔來拔去以執行程式，若要換計算式則要重來，此不但不方便且易故障。1945 年匈牙利數學家（John von Newmann）發展新一代可將執行指令儲存在電腦記憶體內的 EDVAC（Electronic Discrete Variable Automatic Computer），於是內儲程式的電腦正式問世。

Von Newmann 是將指令儲存在電腦中，像資料一樣，而不必去拆硬體電路，每次執行程式時只須將程式重新輸入電腦即可。在此構架下，電腦可用程式來執行不同事件，它能接受資料的存入，處理資料，並轉存到它處。達到輸入、運作處理、輸出和儲存四大功能的結合。

1-4　數字系統（Numerical System）

因著不同的需要，人們對於數字系統常採取不同的進位方式，即是在一個位置上能表示的變化數。以下幾種是常見於電腦程式裡：

二進位（Binary）、**八進位**（Octal）、**十進位**（Decimal）、
十六進位（Hexadecimal）、及**三十六進位**等等

對於數字系統的表示，在每一位置是用「0」到「9」表示，超出時用英文字母的「A」到「Z」表示（其中英文字可以小寫或大寫）。如用「A」表示「10」，用「B」表示「11」，用「Z」表示「35」等等。

數字常數的表示法如下：

[s][[base]#]nnn…

其中　s　：為正「+」或負號「－」

base：為進位的數字。

若 base 沒寫，但「＃」有出現，就表示十六進位。

如果 base 與「＃」均沒寫，就表示十進位。

nnn ：**正整數**

表示式的中括號（[ ]）為可選擇性的使用。

下面表示式的數字（即等號右邊的數字）均為十進位的 3,994,575

I＝2#1111001111001111001111　　! （二進位）

J＝＋7#45644664　　! （七進位）

K＝8#17171717　　! （八進位）

```
L = #3CD3CF            ! (十六進位)
M = 17#2DE110          ! (十七進位)
N = 3994575            ! (十進位)
```

1-4-1 在程式裡不同進位的常數的寫法

於 Fortran 中允許直接用二、八、十六進位的常數、以及鍵盤字。這些在數字的寫法上與十進位者不同，如下四種表示法，在數字的表示上需**正整數**數字才可以：

(1)十六進位（hexademcial constants）的表示法，如下例：

Z'A1'或 Z"A1"是十進位的 161

寫法上需將數字部份用單或雙引號括起來，前面加一個「Z」或「z」表示十六進位。

轉換的計算如下：

$1 \times (16^0) + 10 \times (16^1) = 161$

'A1'引號內的第一位數字為「1」，此數乘以「16」的零次方就是十進位的值。

'A1'引號內的第二位數字為「A」，也就是「10」的意思，此數乘以「16」的一次方就是十進位的值。

(2)八進位（octal constants）的表示法，如下例：

O'123'或 O"123"是十進位的 83

寫法上需將數字部份用單或雙引號括起來，前面加一個「O」或「o」表示八進位。

轉換的計算如下：

$3\times(8^0)+2\times(8^1)+1\times(8^2)=83$

‘123’引號內的第一位數字為「3」，此數乘以「8」的零次方就是十進位的值。
‘123’引號內的第二位數字為「2」，此數乘以「8」的一次方就是十進位的值。
‘123’引號內的第三位數字為「1」，此數乘以「8」的二次方就是十進位的值。

(3)二進位（binary constants）的表示法，如下例：

B‘101’或 B“101”是十進位的 5

寫法上需將數字部份用單或雙引號括起來，前面加一個「B」或「b」表示二進位。

轉換的計算如下：
$1\times(2^0)+0\times(2^1)+1\times(2^2)=5$

‘101’引號內的右邊起算第一位數字為「1」，此數乘以「2」的零次方就是十進位的值。‘101’引號內的右邊第三位數字為「1」，此數乘以「2」的二次方就是十進位的值。

(4)鍵盤字（ASCII character）的表示。對於鍵盤上每一個按鍵在「ASCII」均有一指定的數字來表示，也就是俗稱的「**鍵盤代碼**」。每一鍵盤代碼是以一個字元（BYTE，或稱**位元組**）來表示。
鍵盤字的表示如下：

1HA

上式的第一個「1」是指隨後有幾個字，「H」是一固定要用的符號，「A」是要表現的值。如果寫成下式：

2HAB

此時就表示要取鍵盤的「AB」兩代碼。

以下一簡單程式：

```
INTEGER*1 I1, I2
I1 = 1HA
I2 = 1H1
WRITE(* ,*)I1, I2
END
```

程式執行的結果會得到「65」與「49」此兩數字，由本書的附錄三可查得此兩數字正是分別為「A」與「1」的鍵盤代碼。

注意：只能用 **integer*1** 來轉換鍵盤碼，不可用 integer*2 或其它。

1-4-2 由十進位的數字轉換成其它進位的作法

當須將十進位的數字轉換成其它進位時，可用下兩例題的方式轉換。

例題 1-1

整數的換算：將 52 的數值以二進位表示。

解 計算：

52 ÷ 2 = 26…0 將此餘數置於二進位的第一個位置（由右向左）

26 ÷ 2 = 13…0 將此餘數置於二進位的第二個位置

13 ÷ 2 = 6 …1 將此餘數置於二進位的第三個位置

6 ÷ 2 = 3 …0 將此餘數置於二進位的第四個位置

3 ÷ 2 = 1 …1 將此餘數置於二進位的第五個位置

最後把商數置於二進位的第六個位置

得：52(十) = 110100(二)

檢核計算：

110100(二) = $2^0 \times 0 + 2^1 \times 0 + 2^2 \times 1 + 2^3 \times 0 + 2^4 \times 1 + 2^5 \times 1$ = 52(十)

例題 1-2

實數的換算：將 7.81 的數值以二進位表示。

解 計算：將整數與小數部份分開計算，如下

整數部份：

$7 \div 2 = 3 \cdots 1$ 將此餘數置於二進位整數的第一個位置

$3 \div 2 = 1 \cdots 1$ 將此餘數置於二進位整數的第二個位置

最後商數置於二進位整數的第三個位置

小數部份：

$0.81 \times 2 = 1.62$ 將整數取出置於二進位小數第一個位置

$0.62 \times 2 = 1.24$ 將整數取出置於二進位小數第二個位置

$0.24 \times 2 = 0.48$ 將整數取出置於二進位小數第三個位置

得：7.81(十)≒111.110(二)

檢核計算：

111.110(二)$= 2^0 \times 1 + 2^1 \times 1 + 2^2 \times 1 + 2^{-1} \times 1 + 2^{-2} \times 1 \cong 7.75$(十)

1-4-3 不同進位數值間的轉換的正確性

由上例實數的換算中可知其只能得到近似值，也就是實數在不同進位數值間的表示往往不能得到正確值，除非有無窮的記憶空間。

對此有以下五點結論：

(1)實數在不同進位數值的表示往往不能得到正確值。

(2)記憶空間愈大，則不同進位數值的表示可以愈正確。

(3)用目前二進位的電腦處理十進位數數值時，誤差會變成程式員需處理的問題，此指的是帶小數點的實數。

(4)如何減少誤差，同時又兼顧充分利用電腦的有限空間或節省運算時間，

是程式員的責任。

(5)整數或不帶小數的實數，都可以不同進位正確的表示。

1-5 記憶體（Memory）

電腦需要空間以存放程式與資料，於運作的過程也須空間以存放程式、運算的結果暫存與輸出等等。記憶體會影響電腦的運作，在電腦中因著不同的需求，有著不同的記憶體。

電腦容量的單位名詞：

位元（bit）

兩種變化，如 0 與 1，或正與負。此為電腦最小單位。

字元（byte）

為顯示出一個字的最小單位，通常用**八個位元**來表示。也就是有 256 個字，此足以容納英文字母大小寫、數字 0 到 9、各種在鍵盤上的符號等。字元是電腦運作時的最小單位。（字元亦可稱為位元組）

千字元（KB）

表示一千個字元，實際為 1,024 個字元。

百萬字元（MB）

表示一百萬個字元，實際為 1,048,576 個字元。如記憶體（RAM）就以 512 MB 或更大來表示其容量大小。

十億字元（GB）

表示十億個字元。硬碟就以此為單位表示容量大小。

兆字元（TB）

表示兆個字元。大硬碟就以此為單位表示。

以下解釋一些與記憶體有關的名詞：

中央處理器（Central Processor Unit——CPU）

處理程式時，所有的指令是經由中央處理器去處理及分派工作。當資料由輔助記憶體送來後，先存放在主記憶體內，再交由中央處理器去執行，中央處理器可暫時將結果存在主記憶體，也可存入輔助記憶體中。

主記憶體（Main memory）

為中央處理器運作時主要使用的記憶體。有隨機記憶體（Random Access Memory——RAM）、唯讀記憶體 （Read-Only Memory，ROM）、及快閃記憶體（Cache）等等。

隨機記憶體（RAM）

作為中央處理器運作時，對程式及資料暫存的空間。當程式執行結束後，在它裏面的資料會被清掉。隨機記憶體通常用 DRAM（dynamic random access memory）組成，又稱動態記憶體。SDRAM（同步動態隨機存取記憶體）為較先進的 DRAM。

唯讀記憶體（ROM）

用於存固定資料的地方。它允許存入資料，但在程式執行時不能改變這些資料。通常此是放一些與電腦運作有關的資料，如字體等，或如 BIOS 為基本輸入與輸出系統程式。

快閃記憶體（Cache）

介於中央處理器與主記憶體間。一般用 SRAM 組成（static random access memory），它的運作速度快於 DRAM。其是透過硬體將 CPU 最近常存取的資料複製一份存起來，當下次 CPU 需相同資料時就可由快閃記憶體直接提供。

輔助記憶體（Secondary memory）

為半固定的記憶體。含：硬碟（hard disk）、磁帶（tape）、軟碟（floppy）、磁光碟（magnetic optical disk）、光碟（optical disk）與隨身碟（memory stick）等等。它們被用於較長期儲存資料。當電腦運作時，可由這些記憶體取得或改變資料。一旦不執行程式時，在這些記憶體內的資料仍然存在。通常輔助記憶體的價格較主記憶體便宜很多，容量也大很多，唯速度慢很多。

真實記憶體（real memory）

電腦運作時主記憶體實際可用空間。

虛擬記憶體（virtual memory）

電腦運作時，虛擬的記憶體空間。

例如，某些記憶體空間於程式中有宣告，在沒用到此空間之前，電腦並不真正分派此記憶體空間出來。當需用到時，才將某些暫時用不到的資料由記憶體拷貝到其他地方，以騰出空間供使用。

多程式系統（multiprogramming system）

同時執行多個程式。一般而言，電腦內部執行的速度遠快於其對外部的輸入或輸出動作。例如一部電腦同時與多人下棋時，當電腦對單一對手下的決定通常會快於資料的輸入或輸出，因此電腦可同時應付多個對手。

分時系統（time-sharing system）

由於電腦內部執行的速度甚快，若對於同時有多個程式要執行時，分時系統的作業方式是將電腦執行時間分割（slice）成小區段，對將要執行的程式各分配一定的執行時間；即在單一時間電腦只執行一個程式，當超過所指定的執行時間時先暫時停止目前的程式，接著執行下一個程式直至再度輪到該被中止的程式後才會繼續未完成的工作。

交談（interactive）

在程式執行過程中，對該程式使用者與電腦間有相互對答動作。

批次（batch）

在執行某一程式時，使用者不能介入該程式的運作。只有在程式執行完成後使用者才有權利運作該程式。

1-6 個人電腦（PC）

個人電腦的演進歷史：

以下為個人電腦中較為出名的**英岱爾**（Intel）的中央處理器的簡史：

8086（XT）——real mode, 16 bits, 8MHz, 1978。

80286（AT）——protected mode, 16/24 bits, 25MHz, 1982。

80386 ——virtual mode, 32 bits, 50MHz, 1985。

80486 ——RISC design, 32 bits, 90MHz, 1989。

Pentium I ——dual pipeline, 32/64 bits, 133MHz, 1994。

Pentium II ——Pentium-pro, multiple CPU's, 64 bits, 266MHz, 96'-98'。

Pentium III ——Williamette、Itanium, 0.6～1.0 GHz, 99'～02'。

Pentium 4 ——1.3～3.0 GHz, 0.09～0.18μ製程, 3GHz, 00 '～04'。

Core 2 Duo ——2.2～3.6 GHz, 45nm 製程，桌上型電腦用的雙核心處理器，05'～07'。

Celeron ——2.2～3.6 GHz, 45nm 製程，筆記型電腦用的雙核心處理器，05'～迄今。

Xeon ——2.2～3.6 GHz, 45nm 製程，伺服器電腦用的四核心處理器，07'～迄今。

有關網路的一些名詞

通訊網路：

1. 區域網路（LAN）：範圍小於十公里。
2. 廣域網路（WAN）：範圍涵蓋國內或跨國。
3. 網際網路（INTERNET）：範圍涵蓋全球。

網路型態：

1. 網際網路（Internet）：連結全球電腦資訊站。
2. 企業內部網路（Intranet）：企業內的資訊網路整合。
3. 外部網路（Extranet）：透過數據專線的方式與企業內其他支機構連線。

1-7 電腦語言的簡史

以下對電腦語言的簡史作一介紹：

年份	作者	語言名稱	附註
1946	Konrad Zuse		德國工程師，在 Bavarian Alps 發展一下棋程式
1951	Grace Hopper	A-0	在 Remington Rand 工作
1952	Alick E. Glennie	AUTOCODE	在 University of Manchester.
1957	John Backus	**FORTRAN**	mathematical FORmula TRANslating system.
1958	John McCarthy	**FORTRAN II**	在 M. I. T.
1959		COBOL	Conference on Data Systems and Languages

1962		**FORTRAN**	IBM
1963		ALGOL 60	同時 PL/1 開始發展
1964		BASIC	開始發展
1966		**FORTRAN 66**	(ANSI X3.0-1966)
1968	Niklaus Wirth	Pascal	開始發展
1972	Dennis Ritchie	C	開始發展，至 1974 年才完成
1975	Bill Gates	BASIC	使用在 8080 的迷你電腦上
1978		**FORTRAN 77**	(ANSI X3.9-1978)
1980	Bjarne Stroustrup	C++	雛型
1981		LISP	
1982		PostScript	開始發展
1983		Ada	開始發展，為國防用途
1986		Small talk/V	大量用在迷你電腦上
1987		Turbo Pascal	
1988		C++ 2.0	
1990		Visual Basic	
1991		**Fortran 90**	(ANSI X3.198-1992)
1993		COBOL	Object-orient
1997		**Fortran 95**	(ANSI X3.I3/96-007)
2004		**Fortran 2003**	ANSI (ISO/IEC 1539-1：2004)

註：有關位元單位的詳細數字如下，注意「b」與「B」之區別。

1 Kb (kilobit)	= 1,024 b = 1,024 bits	(10^3 thousand)
1 KB (kilobyte)	= 1,024 B = 8,192 bits	
1 Mb (megabit)	= 1,024 Kb	(10^6 million)
1 MB (megabyte)	= 1,024 KB	
1 Gb (gigabit)	= 1,024 Mb	(10^9 billion)
1 GB (gigabyte)	= 1,024 MB	
1 Tb (terabit)	= 1,024 Gb	(10^{12} trillion)
1 TB (terabyte)	= 1,024 GB	
1 Pb (petabit)	= 1,024 Tb	(10^{15} quadrillion)
1 PB (petabyte)	= 1,024 TB	

Visual Fortran 簡介

首先由微軟（Microsoft）在 DOS 環境下推出 **MS-FORTRAN**（約在 1984 年），接著在 WINDOWS 環境下推出 **FORTRAN PowerStation**。不久微軟將 FORTRAN PowerStation 賣給迪吉多（Digital Co.），由此迪吉多把以往該公司以工作站為主的市場推廣到個人電腦的領域內，並將其常年以來所發展的 **Digital FORTRAN** 與 FORTRAN PowerStation 結合。約在 1997 年，迪吉多被康百克（Compaq Co.）公司所合併，於是康百克公司就結合其手上的超級電腦、工作站、及所收購的Digital FORTRAN，並以Fortran 95 為標準於 1998 年推出 **Compaq Fortran**（又稱 Compag Visual Fortran）。於 2000 年，康百克公司被惠普（HP）公司以 250 億美金所收購。於 2002 年，康百克公司的 Visual Fortran被英代爾（Intel）公司收購，並於2003 年起推出它自己的**Intel Fortran v7.0** 並逐步改版至今。Intel Fortran 與 Compaq Fortran 高度相容，與 PDP-11 和 VAX FORTRAN 77 部分相容。

Intel Fortran（2004 年）的特殊功能含：（部份 Fortran 2003 標準）

——可用 Microsoft Visual studio 及.NET 的開發環境。

——可平行處理與向量處理。

——充分發揮 Intel 硬體的好處。

——可混合不同軟體語言的程式。

第二章

程式基本要素

就如同人類的語言一般，電腦語言有它一定的**寫作規則**。只有遵循程式語言的規則所寫出來的程式才能被編譯軟體正確的轉換成可執行的程式。若在語言的規則上設定得比較嚴謹，對寫程式的人所受到的限制會愈多，但較容易被正確的辨認及改寫。相反的，若在語言的規則上的設定較為鬆散，對寫程式的人所受到的限制較少，但卻較容易被編譯軟體所誤判、不容易辨認及增加改寫的困難度。

早期的 FORTRAN 程式語法就是以**較為嚴謹**的寫作規則聞名。現今的Fortran則希望適度的放鬆規定，但在程式的運作、資料的管理與運用、與使用效率等方面則繼續加強。

本章對於程式的基本定義、程式的安排、表示方式、及程式基本寫作等加以簡略的介紹。有了初步的概念後，往後的其他章節就方便進一步的對一些特定的項目詳加說明。也就是對於本章的內容，大部分在往後的章節中還會詳加介紹。

2-1 基本定義（Definitions）

2-1-1 名稱（name）

在 Fortran 程式單元中，**名稱**（name）是用以辨認其中的**實體**（entities），如：變數（variable）、函式結果、共用區塊（common block）、程序（procedure）、程式單元、及假引數等。

註：在本節所謂的名稱為用在程式的敘述，勿與檔案名稱相混淆。

一個名稱（name）可包括若干個**英文字母、數字、及兩種符號**（如下標線「_」，錢號「$」等）。其**第一個字必須為英文字母或錢號**（也可用下標線，唯須注意的是，系統的用字常以兩個下標線為開頭，最好不要用，以免衝突）。一個名稱最多可以用 **63** 個字所組成。

在一可執行程式中，大部份名稱屬於**區域性**（local），該名稱只適用於一個程式單元。有些名稱屬於**全域性**（lobal），在整體程式中是唯一的，這些全域性名稱主要被用為：

▲程式單元

▲外部程序（函式副計畫或常用副計畫）

▲共用區塊

▲模組

註：本節所敘述的「**名稱**」與「**檔案名稱**」無關。「**檔案名稱**」指的是一個程式的名稱，通常會帶有副檔名（或稱為延伸檔名）。

2-1-2　文字組（character set）

在程式中可用到的表示名稱是由文、數字及兩種符號所組成。

可用以下的文字組：

▲英文字母大或小寫（a～z，A～Z）

▲數字 0～9

▲下標線「_」

▲錢號「$」

▲其他特殊字如下：

符號	名稱	符號	名稱
Δ或 Tab	空白鍵或 Tab	：	冒號
＝	等號	！	驚嘆號
＋	加號	“ ”	雙引號
－	減號	%	百分號
＊	乘號	&	和符號（and）
／	除號	；	分號
（ ）	左與右括號	＜	小於
，	逗號	＞	大於
．	小數點符號	？	問號
‘ ’	文字括號	$	錢號
		**	次方

2-1-3 基本資料型態

電腦程式中的基本資料可用**常數**或**變數**來表示，它們的資料型態可為**文字**、**數字**、**符號**、**邏輯**、和**資料群**等。

如：

文字：**‘ABC’**，**“123”** !用單或雙括號表示

數字：**123**，**12.3**

符號：**+**，**-**，*****，**/**，******，**=**，**.**，**：**，**$**，**!**，****

邏輯：**.TRUE.**，**.FALSE.**

資料群：STRUCTURE，DIMENSION，TYPE（宣告的指令）

變數：**A**，**ABC**，**B1234**，**my_book**，**MY$MONEY**

其中：

文字：表示文字資料，用變數或引號間的文數字表示。

數字：表示數字資料，用變數或阿拉伯數字或其他有效數字表示。

符號：表示運算、運作、或是關係性。

邏輯：表示「是」與「否」，用變數或常數（「.TRUE.」或「.FALSE.」）表示。

資料群：表示一組資料，用陣列（array）、記錄（record）等表示。

變數：它是一**資料物件**（data object），其值可隨著程式的執行而改變。**它以一名稱來表示在電腦記憶體中的一個位置**，此位置後有一個空間可供隨時存、取資料。變數可被定義成上述不同基本資料型態的表示，如文字、數字、邏輯、或資料群等等。**對於程式中用到的變數，其資料型態及使用的空間大小通常都要先定義**。變數在電腦記憶體 RAM 中的位置一般是交由編譯軟體去選定。

變數用以表示：

- 一純量（scalar）：純量為一個單一的物件（object），具有單一的值，它的資料可為任何內部或是導出型態。
- 一陣列（array）：陣列為一組純量元素的組合，可為任何內部或是導出型態；在陣列中的每一個元素具有相同的資料型態與精準度。
- 子物件的指定者（subobject designator）：一子物件為一物件的一部份，如下：

  ——陣列元素

  ——陣列元素的一區段

  ——結構的成分（structure component）

  ——文字串（character string）

如同常數一般，變數也是需要被指定一資料型態才能被使用。

內部的運算子

運算方式	運算子
數字運算	** * / + -
文字運算	//
邏輯運算	.eq. .ne. .gt. .ge. .lt. .le.
邏輯運算（符號）	== /= > >= < <=
邏輯比較	.not. .and. .or. .eqv. .neqv. .xor.

2-2 Fortran 程式

Fortran程式中包含了一群**指述**與**指令**。除了本身的程式外，也必定會使用到編譯軟體所提供的一些函式。基本上，程式的運作是由第一列開始依序執行；也就是說，原則上程式的執行是以**列**為單位的程式敘述，稱為**指述**（statement），由**上而下**（top-down）依序的運作。每一列由**最左邊向右**執行。若在一列中有等號「＝」出現，則等號右邊的程式敘述先由左向右執行，再將執行的結果放入等號左邊的變數上。**等號左邊恆為一變數，不可為常數或是運算式**。

例題 2-1

```
IMPLICIT NONE          ! 宣告變數不採用內定資料型態
REAL A, B, TOTAL       ! 宣告變數 A, B 及 TOTAL 為單精準度實數
A = 780.0              ! A 變數定為 780.0
B = 220.0              ! B 變數定為 220.0
TOTAL = A + B          ! A 加 B 後的結果放到 TOTAL 變數上
PRINT *, TOTAL         ! 依內定格式（*）列印（PRINT）出 TOTAL 變數值
STOP                   ! 執行停止
END                    ! 本程式到此結束，以下沒有本程式
```

註：

▲每一列指述中驚嘆號「！」右方的資料並不執行，僅供說明之用。

▲指述（statement）：為在每一列程式中的指令或運算式的組合。

▲指令（instruction）：指一個命令，如「REAL」、「PRINT」、或「END」等等。這些可由編譯軟體的函式庫或使用者自己設定為特殊字以執行特定的功能。指令通常不能當成一般變數使用。

2-3　程式欄位

由使用者用高階語言所寫的程式稱為**原始程式碼**（source code）。它可用**自由格式**（free）、**固定格式**（fixed）、或**跳鍵**（tab）等三種方式之一寫作。

2-3-1　固定格式（fixed form）

在 1954 年提出 FORTRAN 程式語法時，程式的輸入為先由使用者利用打卡機在打卡紙片（punched cards）上打好孔洞，然後用讀卡機讀入資料以輸入電腦中，如圖 2.1。每一張卡片最多只能有八十格，其中最後八格是用來表示

卡片的序列號碼，因此只剩七十二格可供實際程式敘述之用。原則上，每一張卡片只准有一個程式指述；換言之，電腦程式裡每一列只負責一個程式敘述。這種規定沿用至 FORTRAN 77。在一列 80 格（或稱八十個字）中，有些行數在傳統的 FORTRAN 語法中具特殊意義，也就是所謂的固定格式，如下：

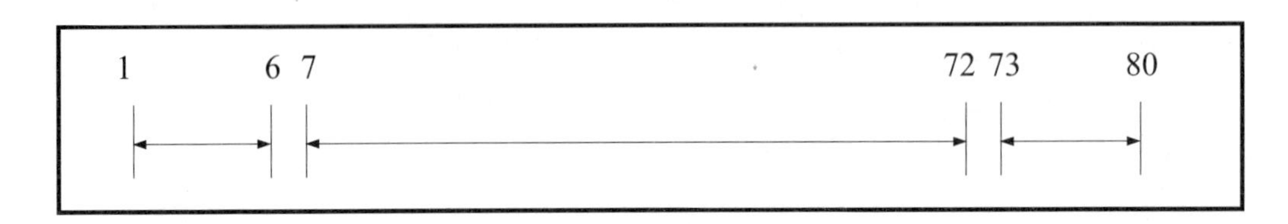

第 1 格：若為「C」、「c」、「！」符號，則此欄為說明欄，不執行。

第 1 格：若為「D」、「d」編譯時有特別指定才有效，否則不執行。

第 1 至 5 格：指述標籤欄，其間的數字為指述標籤，供程式運作時用。

第 6 格：連續欄，此格若有「0」以外的數字或文字就表示此列為上一列的連續列，最多可有 19 列為連續列。

第 7 至 72 格：主要敘述欄，程式的主要指述在其間。

第 73 格以後：為說明欄，不執行。

「！」在任何格位：其後本列所有的格位均視同說明欄，不執行。

對於上述的程式格式寫法稱為固定格式（fixed form），適用於 FORTRAN 77 及其以前的版本。另一種為自由格式（free form），指的是新的程式寫法，在 Fortran 95/90 已可不理會固定格式的定義，而是直接由第一格開始就是主要敘述欄。

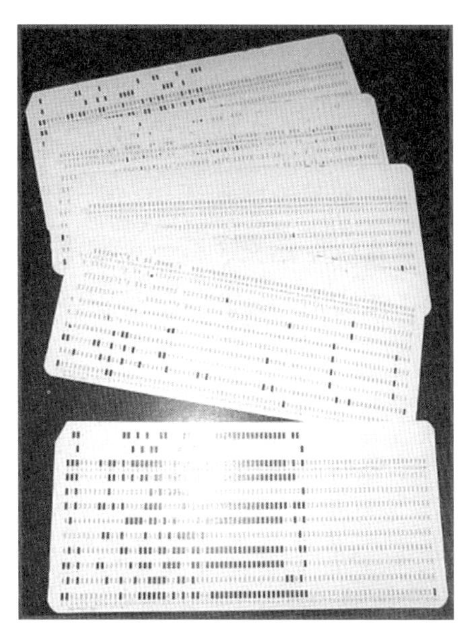

打卡機，1981 年以前大量使用　　　程式卡片，每張為程式的一列

圖 2.1　早期使用電腦時須先打卡

2-3-2　跳鍵格式（Tab form）

用鍵盤的「TAB」鍵以控制程式的格位。跳鍵格式（Tab）規定如下：

▲第 1 格若為「C」、「c」、「！」符號，則此欄為說明欄，不執行。

▲在第一個跳鍵之後任何一非零的數字出現時表示為上一列的連續。

▲第 1 至 5 格為指述標籤欄，其數字為指述標籤，供程式運作時用。

▲在第一個跳鍵之後的指述為主要敘述欄，程式的主要指述在其間。

▲跳鍵的落點依次序為 9，17，25 與 33 格等。

2-3-3　自由格式（Free form）

目前 Fortran 對於程式格位的限制較少，它採用自由格式的程式安排方式。

對於一列程式中指述寫法的規定如下：

▲可接受傳統 FORTRAN 程式格式。

▲**空白文字不要出現在一個語句中**，除非那是文字的內容所需。但空白文字可放在兩語句之間以增加可讀性。

▲**以空白文字或符號區隔不同的名稱、常數、變數、及標號**等。

▲**由第一格起就可為主要敘述欄**，也就是說不用從第 7 格起才能為主要敘述欄。

▲**每一列最多為 132 格**。

▲**第 1 格要寫成說明欄時，用「！」符號**。當「!」符號出現在程式敘述的任一格時，該格後面的任何敘述均是無效，也就是在編譯時（.obj 檔）不會包括在內，當然就更不會出現在執行檔了。

▲**連續列的表示法為在一列最後用「&」符號**以表示下一列是它的連續列。最多的連續列可有 **255** 列。如下例：

```
A = ABC + CDE + &
    DEF                 ! 此時視同 A = ABC + CDE + DEF
A = ABC + CDE + D&
    &EF                 ! 此時視同 A = ABC + CDE + DEF
```

▲**若在一列中要有好幾個程式指述是可以的**；不同的程式指述以分號 semicolon；）分隔。如下列的寫法是可以的，此視同三列程式：

```
a = b + c；d = sqrt(a)；read(* ,*)d
```

雖然 Fortran 鼓勵採用**自由格式**的程式寫法，但其仍保持與舊有的固定格式的程式寫法相容。也就是說，若用固定格式的程式寫法，在 Fortran 之下仍能執行。對於程式員而言，最好兩種寫法均能瞭解。然**在一個程式中不能混用不同格式的寫法**。

有關上述三種程式原始碼中的特殊表示符號寫法的歸納如下表：

項目	表示	原始碼	位置
註解	!	所有的均可	任何位置
註解列	!	**自由格式**	一列的開始位置
	!，C，*	固定與跳鍵格式	第一格
連續列	&	**自由格式**	一列的最後一格
	非零的一文數字	固定格式	第六格
	非零的一數字	跳鍵格式	第一次跳鍵之後
指述分隔	;	**自由格式**	兩指述敘述之間
指述標籤	1 到 5 位數字	固定格式	1 到 5 格間
		自由格式	在指述敘述最前面
		跳鍵格式	第一次跳鍵之前
除錯指述	D	固定與跳鍵格式	第一格

2-4　輸入與輸出格式

在程式的執行過程，會需輸入資料及輸出結果。此涉及主記憶體與輔助記憶體間資料的交換。如下例的 READ、WRITE、ACCEPT 與 PRINT：

```
IMPLICIT NONE                    ! 宣告此程式內所有變數不採內定方式
REAL TOTAL, AA                   ! 對變數 TOTAL 及 AA 宣告為實數
READ *, TOTAL
PRINT *, ‘ THE TOTAL IS ->’, TOTAL
ACCEPT *, AA
WRITE(6, 20)TOTAL, AA
20 FORMAT(1X, ‘THE TOTAL IS ->’, 2F10.5)
Read(*,*)AA
END
```

程式指述說明如下：

READ　　：把在外部記憶體的資料輸入電腦執行程式所用的記憶體中。ACCEPT 與 READ 功能一樣，惟 ACCEPT 不能用（*,*）格式。

PRINT　　：為由所指定的格式列輸出（列印）資料。

＊　　：為內定檔案，通常輸入時指鍵盤，輸出時指終端機。

WRITE　　：與 PRINT 用法大致相同。均為輸出資料的指令。

20　　：格式指述標籤為 20。

FORMAT：為一格式指述，它可定義輸入或輸出資料的格式。

6　　：檔案號碼，在編譯軟體將此 6 號檔內定為終端機。

'　'　　：兩括號間的文、數字或符號均以文字處理。

1X　　：為一種控制格式的指述，此指述表示跳一格。

F10.5　　：F 為實數，10.5 為十個格位，其中小數點後格位有五個。

END　　：本程式的結束。

在一程式中，相同的符號會因著出現位置的不同而有不同的意義。

```
READ *,A,B          ! * 表示由內定的檔案（鍵盤）以內定格式讀入 A,B
A=B*2.0             ! * 表示相乘的運算符號
C=B**2              ! ** 表示次方的運算符號
WRITE(*,*)A,B,C     ! 第一個*表示內定的檔案（終端機），第二個*表示
                    ! 內定格式輸出 A,B,C 三個變數的值
END
```

2-5　常數與變數

資料在程式中經常是以**常數**（constants）或**變數**（variables）表示。

常數與變數的定義：

常數

為一固定的值，如數字（1.0, 100）、文字（'A', 'BS'）、邏輯（.true. , .false.）、複數（(1.0 , 20.0)）等等。

變數

在主記憶體內的暫存值，隨著程式的運作可改變其值。高階語法中，通常用英文字母或下標線「_」與「$」開頭的字來表示，其後可有文、數字、或符號（最好以「$」與「_」兩者為限），字數最多不可超過三十一個。Fortran程式中對於英文字的大或小寫的變數是認為一樣，如「abc」與「ABC」為同樣的變數。變數也可經由設定成為常數（如「PARAMETER」指令）。

有效變數

電腦語言可接受的變數。即以英文字母或下標線「_」與「$」開頭的字來表示，其後可有文、數字、或符號（最好以「$」與「_」兩者為限）。如：「ABC」,「abc」,「A_B_C」,「D$eF」,「__CDE」,「A1B2」。

無效變數

不被電腦語言所接受的變數，其應通不過編譯（compile）的過程。也就是在編譯時會出現錯誤的訊息。

如下為一些無效變數，也就是說不能在程式中使用：

1ABE：開頭字不能為數字。

？ABC：開頭字不能為符號（但「$」與「_」兩符號則可）。

G11.5：變數間不能用符號（但「$」與「_」兩符號則可）。

特殊字

有一些特殊字具特定的意義，特殊字不要用來當變數，其中有一些為**指令**

如：READ, WRITE, STOP, PRINT, FORMAT, COMMON, END, STOP, PROGRAM, INTERFACE, FUNCTION, SUBROUTINE, GOTO, IMPLICIT, NONE, REAL, INTEGER, COMPLEX, DIMENSION, DATA, STRUCTURE, RECORD 等等。因這些字在程式裡已經賦予特定的意義，在程式中不要將其當成一般變數使用。在 Visual Studio 編輯中出現藍色字通常表示特殊字（常是指令），不要將其當成一般變數使用。

2-6 數值表示式

數值表示式（numeric expression）為數值計算的表示，它是由數值的**運算式**（operands）及**運算子**（operators）所組成。數值包括邏輯資料（logical data），邏輯資料被當成整數值處理。**邏輯的「假」以數值的「0」表示，而邏輯的「真」以數值的「－1」表示**。

數值的運算子（operators）（或稱為運算符號）被用來計算在運算式中（operands）的數值。Fortran 對於數學運算（Arithmetical expressions）有下列五種運算子供使用：

運算子	函式	處理的優先次序	備註
＋	加	最低	加與減是相同優先次序
－	減	最低	
＊	乘	第二低	乘與除是相同優先次序
/	除以	第二低	
＊＊	次方	最優先	

在程式指述的處理，原則上為依等號右邊**由左向右**的指令執行。但在運算上有優先次序的問題，這些運算子的優先次序為依上述次序**相反**，即**次方的運算最優先，其次為乘或除，最後才是加或減**。如下例：

100 + 5 * 3**2 − 10 = 135

上式先計算　3**2 = 9

再算　5 * 9 = 45

其後算　100 + 45 = 145

最後　145 − 10 = 135

常見的錯誤表示法：

$X^{\frac{1}{2}}$	→X**1/2	！注意，**整數與整數運算以整數為結果**
$\frac{1}{2}(X+Y)$	→1/2*(X+Y)	！**整數與實數運算以實數為結果**
$\frac{3X}{2(X+Y)}$	→3/2*X/(X+Y)	！最先計算的 3/2=1

當同等優先權的運算排在一起時，如乘與除，則依由左向右的指令執行。如下例：

100 * 2 / 3

式中乘與除是相同的優先權，但乘號在除號的左邊，因此先作乘再作除，最後得 66。勿忘本指述是以整數表示，對於先乘或先除會影響最後結果。

有關運算子的優先次序，**唯一例外的是次方的運算**，如下例：

計算　3 ** 2 ** 3 = ?

次方的處理是由右邊向左執行，

所以此題先執行　2 ** 3 = 8

再執行　3 ** 8 = 6561　此是最後結果

括號的使用可改變上述的次序關係，**在括號內的運算恆為最優先**，如：

計算　(100 + 5)* 3 ** 2 − 10 = ?

上式先計算　(100 + 5) = 105

再算　3 ** 2 = 9

其後算　105 * 9 = 945

最後　945 − 10 = 935　此值 935 為最終的解

Fortran 語法中對數字的運算**只有一種括號符號**（即小括號），若有必要可在一程式指述中用多個括號，如下：

(100 + 5) * (3 ** 2) − 10 = 935

((100 + 5) * 3) ** 2 − 10 = 99215

當括號重疊時，如第二式((100 + 5) * 3)，此時**由最內的括號依序往外運算**。

通常兩運算子是不能連接在一起的。但在 Intel Fortran 中允許兩運算子連接在一起的條件是第二個運算子為加或減。下例：

A** − B*C　視同　A** (− (B*C))

X/ − 2.0*Y　視同　X/ (− (2.0*Y))

在五種數學運算子中，以運算速度而言（此當然與軟、硬體有絕對的關係）大致的關係為：

加或減：**3** 至 **4** 個運算步驟

乘　　：**7** 個運算步驟

除　　：**14** 個運算步驟

次方　：**上百**個運算步驟

總之，在程式中儘可能的少用運算式。當需用運算式時儘量先考慮用加或減，其次是乘法，再來是除法，最不得已才用次方的運算。

註：在此所提某數學運算子所需的若干個運算步驟並不通用於所有的軟、硬體。這些運算步驟的數字來自於 CRAY Y-MP (Cray Research, Inc., 1992)的資料。作者認為這些數字具重要參考價值。

2-7 資料型態

程式語言依據資料的特性設定資料的表示法，**常數**是指固定的值，**變數**是指利用一記憶體空間以寫入或存取資料。在電腦語言中，常數或變數均有其設定的資料型態。每一種資料型態在電腦中的貯存與處理方式均不同。這些資料型態含：**整數，實數，複數，邏輯，文字，導出型態**，和**結構**等。除結構在第九章外，其它均在本章內介紹。

2-7-1　整數

整數常數（integer）

為一數字，除正、負符號外不帶其它符號者。

如：+100　　！表示 4 bytes 的整數常數（採內定）

　　－200　　！表示 4 bytes 的負整數常數（採內定）

　　3000_2　！表示 2 bytes 的整數常數

　　201_4　　！表示 4 bytes 的整數常數

以下的幾種寫法為錯誤：

10,000　　！不可在數字間有任何符號（如「，」）

10.　　　！不可在數字尾加逗點（此時是實數）

10A　　　！不可在數字間或前後有英文字母（如「A」）

A10　　　！不可在數字間或前後有英文字母（如「A」）

在電腦語法中對一資料變數通常會指定一空間予存放，所指定的資料會以二進位的方式存入該空間。基本上，在程式裡一變數經設定到某一空間後，通常就不能在程式中予改變此空間與該變數的關係。

對於數字的資料變數的運用，一般假設其具有正與負數符號，並且可表示的正數與負數的範圍相同。**精準度**（precision）為用以表示一數值存放空間的大小。在 Intel Fortran 中則以性質「KIND」表示資料存放空間所需的字元數（不限於在數字資料的表示，也可為文字等變數），如「KIND=2」表示用了兩字元的空間。

INTEGER(KIND=2)I,J　！變數 I 與 J 均為佔 2 bytes 空間的整數

有關整數資料的記憶空間，通常可定義為**雙精準度**、**單精準度**、**半精準度**、及**四分之一精準度**等四種，以下分別對此四種予以說明：

(1)**雙精準度整數**（Double precision）：八個字元，8 bytes，即六十四位

元（64 bits）。例：20_8 表示為雙精準度整數常數。

雙精準度整數可表示的數字範圍如下：

2**63 − 1 = −9,223,372,036,854,775,808

至 9,223,372,036,854,775,807

註：需一個位元表示正負符號，0 為中間數。

⑵**單精準度整數**（Single precision）：4 個字元，4 bytes，即 32 位元（32 bits）。例：20_4 表示為單精準度整數常數。

單精準度整數可表示的數字範圍如下：

2**31 − 1= − 2,147,483,648 至 2,147,483,647

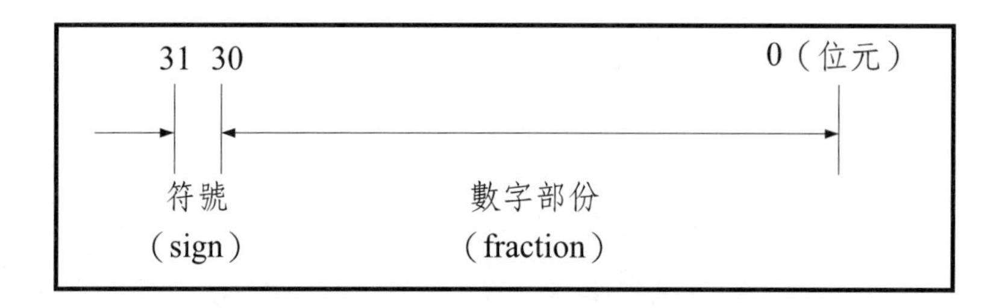

此定義為在電腦記憶體空間中佔 32 個位元，通常最大的位元當作正負符號表示，剩餘的 31 個位元的空間為存放數字之用。

註：每種編譯軟體處理存放數字位置的方法不盡相同，比如本例在不同系統中的正負符號的表示位元的位置不一定相同。

⑶**半精準度整數**（Half precision）：2 個字元，2 bytes，16 位元，可表示範圍如下：

2**15 − 1= − 32768 至 32767

此定義為在電腦記憶體空間中佔 16 個位元，其中有 1 個位元當作正負符號表示，剩餘的 15 個位元的空間為存放數字用。

⑷**四分之一精準度整數**（Quarter precision）：1 個字元，1byte，即 8 位元。可表示範圍如下：

2**7 − 1= − 128 至 127

此定義為在電腦記憶體空間中佔 8 個位元，其中有 1 個位元當作正負符號表示，剩餘的 7 個位元的空間為存放數字之用。

整數變數的表示至少需 1 個**字元**（1 byte）的空間。整數的數字在電腦中都可被正確的表示，不會有任何誤差產生。如果所放入某一變數的值超過其空間所能表示的範圍時，變數的值會亂掉。如下例：

假設整數變數（I）的記憶空間設定為 2 個字元大小，以下的運算：

```
I=    32767+1 = -32768    ! 溢位（overflow）
I= -32768 - 1=    32767   ! 短值（underflow）
```

上面兩種運算結果分別為**溢位**（overflow）與**短值**（underflow），此時的數字結果呈現混亂的現象。

2-7-2　實數

實數（real）常數

為一數字除了正負符號、小數點、及指數符號外不帶其它符號者。**實數用來近似的表示一數值**。它用**浮點**（floating point）以處理較大範圍的數值，因此又稱**浮點常數**（floating point constant）。有關實數資料的記憶空間，通常可定義為**單精準度**、**雙精準度**、及**四倍精準度**等三種。以下先就實數的表示說明後，再敘述不同精準度的範圍。

實數常數的表示法如下：

以下的程式指述均是正確：其中 A、B、C、D、E 均為實數變數

```
A=1000.0      ! A 為 1000.0（採內定，單精準度實數）
B= -2000.0    ! B 為-2000.0（採內定，單精準度實數）
C=20.1E+3     ! C 為 20100，此「E+3」為指數的表示 10**3
D=100.0E-3    ! D 為 0.1，此「E-3」為指數的表示 10** (-3)
E=2.0D-02     ! E 為 0.02，此「D-02」為指數的表示 10** (-2)
```

```
F = 2.05_4          ! F為2.05，它的記憶體空間為4 bytes大小
G = 5.33Q+1         ! G為53.3，它的記憶體空間為16 bytes大小
```

註：*在數字尾的「E」、「e」、「D」、「d」、「Q」與「q」均表示為指數10的次方。這些與一般變數名稱的「E」、「e」、「D」、「d」、「Q」與「q」不同。程式員應能區分。

*嚴格來區分時，「E」、「e」供單精準度數字用；「D」與「d」供雙精準度數字用。「Q」與「q」為四倍精準度實數用。編譯軟體允許在一程式指述的運算式中混著用。

以下的程式指述均是錯誤表示：

A = 10,000.　　! 數字中不可有「，」符號存在

B = 100A　　! 數字中不可有文字

C = 100×5　　! 在Fortran中視「×」為一未定義的符號

D = 200 ÷ 3　　! 在Fortran中視「÷」為一未定義的符號

$E = \frac{4}{5}$　　! 在Fortran中每一列為一指述表示

實數在電腦記憶體內的存放方式為將數值分成兩部份，一為數值部份，其將正規化的十進位浮點數值存入電腦記憶體內的二進位空間，此稱為**假數**（mantissa）；另一部份為**指數**（exponent），它表示數字的範圍。

如：

程式上的十進位數值	對應在電腦記憶體內的十進位數值
1000.01	0.100001 * 10(4)
123.456789	0.1234567 * 10(3)
0.0000000123	0.123 * 10(−7)

由上例對應在電腦記憶體內的十進位數值，其包含正規化的十進位浮點數值（以小數表示）此稱為**假數**，然後有一指數表示數值的範圍稱為**指數**。顯然的，對於要表示數值的正確性是在假數部份，數值的範圍則依指數部份。如果一個數值太大超出可以表示的範圍時，稱為**溢位**（overflow），程式會出現錯

誤。另一種極端，為數值太小以致低於可表示的範圍時，稱為**短值**（underflow），程式也會出現錯誤訊息。

以下就實數的三種不同的精準度予說明：

(1)**單精準度實數**：（F-floating，single precision）

由 4 個字元（byte）的空間組成，亦 32 位元（bit）。存放實數數字 32 個位元的位置與整數不同。實數數字存放方式示意如下：

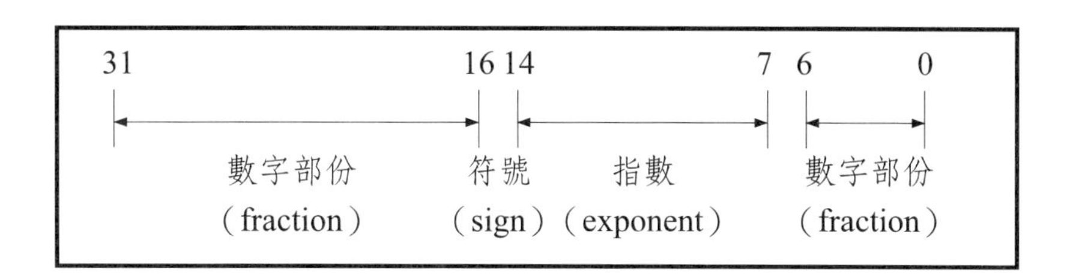

此定義為在電腦記憶體空間中的 32 個位元，其中第 15 個位元當作正負符號表示，第 7 至 14 個位元當指數表示，剩餘的第 0 至 6 與 16 至 31 個位元的空間為存放數字之用。

註：每種編譯軟體處理存放數字位置的方法不盡相同。

單精準度實數可表示的數字範圍為：

$-3.4\times10^{-38}\sim-1.174\times10^{-38}, 0, +1.174\times10^{-38}\sim3.4\times10^{38}$

單精準度實數可表示的數字範圍約為 10**(±38)。可表示的**有效數字為 7 位**，也就是可以正確的表示 7 位十進位的數字。如下：

```
IMPLICIT NONE              ! 取消所有對於變數的內定資料型態
REAL A, B, C, D, E         ! A,B,C,D,E 均內定為單精準度實數
REAL F                     ! F 內定為四倍精準度實數
A = 1234567890.0           ! 右邊是內定單精準度實數常數
B = 1234567543.2_4         ! 右邊是自定單精準度實數常數
C = 1234567432.1E0         ! 右邊是自定單精準度指數實數常數
D = 1234567109.8D0         ! 右邊是自定雙精準度指數實數常數
F = 1234567109.8Q0         ! 右邊是自定四倍精準度指數實數常數
```

```
E=B－D
WRITE(*, *)A, B, C
WRITE(*, *)D, E
END
```

最後結果為：

A＝1.2345679E＋009 應為 1.2345679E＋009 此四捨五入後的正確值
B＝1.2345676E＋009 應為 1.2345675E＋009 此最後一位多進 1
C＝1.2345674E＋009 應為 1.2345674E＋009 此四捨五入後的正確值
D＝1.2345672E＋009 應為 1.2345671E＋009 此最後一位多進 1
E＝384.0000 應為 433.4

由本例就知，當用單精準度實數運算時，數字只有前面 7 位是可靠的，第 8 位數字以後就不可靠了。當兩個數字接近時作減法的運算，可能會產生大的差異。要減輕此種問題，可用雙精準度實數去運算，或重新安排數字的運算次序。

⑵**雙精準度實數**：（D-floating，double precision）

由 8 個字元（byte）的空間，亦 64 位元（bit）來表示。

雙精準度實數數字存放方式示意如下：

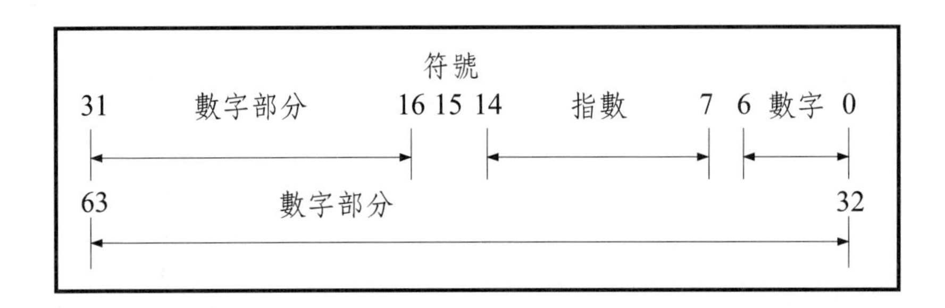

此定義電腦記憶體空間中佔 64 個位元，其中第 15 個位元當作正負符號表示，第 7 至 14 個位元當指數表示，剩餘的第 0 至 6 與 16 至 31 個位元的空間為存放數字之用。此前面的 32 位元與單精準度相同，而 32 至 63 位元都當成數字的表示。

如下例程式：

```
IMPLICIT NONE
REAL*8 B, D, E          ! 宣告變數 B、D、E 為雙精準度實數
B = 1234567543.2D0      ! 數字後有「D0」表示雙精準度指數實數常數
D = 1234567109.8_8      ! 用「_8」表示雙精準度實數常數
E = B − D
WRITE(*, '(3F16.4)') B, D, E
END
```

最後結果均無誤，為：

B = 1234567543.2000

D = 1234567109.8000

E = 433.4000

於雙精準度的有效數字達 **15** 位，在上例的計算中可以很正確的表示出來。雙精準度可表示數字的範圍達 **10 **（±308）**。

$-1.797 \times 10^{308} \sim -2.22 \times 10^{-308},\ 0,\ 2.22 \times 10^{-308} \sim 1.79769 \times 10^{308}$

(3)**四倍精準度實數**：（H-floating，Quadruple-precision）

在數字運算需更高的精準度時，四倍精準度實數在某些編譯軟體或超級電腦中被使用。它用 16 個字元的空間，128 個位元，來處理數字。四倍精準度的有效數字達 **33** 位，數字的範圍達 **10 **（±4932）**。較舊的個人電腦程式（約 2007 年之前）在實數型態少有超過雙倍精準度者。電腦的記憶空間是一定，每個變數所使用的空間變大時，可以使得數字的運算及表示上較正確。但此時在記憶體中，尤其是動態記憶體（RAM），可容納的資料就減少。現在的個人電腦已用 64 位元或更高容量的處理器，也就是說，用四倍精準度是一種趨勢。四倍精準度的實數範圍及表示式如下：

$-1.1897 \times 10^{4932} \sim -3.362 \times 10^{4932},\ 0,\ 3.362 \times 10^{4932} \sim 1.1897 \times 10^{4932}$

```
F = 1.402Q300    ! F = 1.402*10**300
```

在程式寫作方面，作者建議：

⑴儘量使用內定的精準度，即所用電腦處理器的精準度。

⑵在一程式裡，不要用多種精準度的數字變數。

⑶在矩陣或需大量數字相乘除時，至少要用雙精準度以上。

⑷用較低精準度的數字運算，在電腦的處理時間上不見得會較快。

2-7-3　複數 Complex value

複數為由**實數**和**虛數**兩部份組合而成。複數在電腦程式中的寫法以一括號內先後有兩個實數，各表示實數和虛數兩部份。如下例程式：

```
IMPLICIT NONE
COMPLEX A, B, C                 ！宣告變數 A, B, C 為單精準度複數
A = (1.0, －3.0)                ！複數變數 A 為 1.0 + (－3.0)i
B = 2 * A                       ！複數變數 B 為兩倍的 A
C = A + B                       ！複數變數 C 為 A + B
WRITE(*, '(2F10.3)')A, B, C     ！輸出 A, B 與 C，各用兩個實數來表示
END
```

上例的第三列：A = (1.0, －3.0) 表示 A = 1.0 － 3.0 i。

第六列顯示其輸入或輸出時用兩個實數來表示一個複數。

其中（2F10.3）表示有兩個格式，各為實數（F），佔十格空間，其中小數點後有三格。

2-7-4　邏輯 Logical data type

判斷事情時，用到邏輯結果的「**是**」或「**非**」。程式上用「**.true.**」或「**.false.**」兩常數表示，如下程式：

```
IMPLICIT NONE
LOGICAL A                 ！宣告變數 A 是邏輯變數，為 1 byte 空間
```

```
REAL C, D                 ! 宣告變數 C、D 是單精準度實數變數
READ(* ,*)C, D            ! 讀入值放在 C、D 變數上
A = .TRUE.                ! 將變數 A 設為「真」
IF(C.GT.D) A = .FALSE.    ! 若括號內的條件成立，變數 A 設為「假」
WRITE(*, '(L2)')A         ! 以邏輯的格式兩格輸出 A 的值
END
```

程式中的第五列及六列　A = .TRUE.

IF(C.GT.D) A = .FALSE.

為邏輯常數的設定，在第六列多了「IF」的條件（參考第六章）。

在第七列的輸出只會有「T」或「F」兩種可能而已，其分別代表「.TRUE.」或「.FALSE.」。由檔案（file—參考第三章）輸入邏輯常數時，也是只要用「T」或「F」表示就可。

2-7-5　文字 Character data type

文字變數基本上是以一個**字元**（byte）為單位。目前的電腦作業系統是以英文為主，在英文中的字母大、小寫，加上數字由零至九，還有鍵盤上的符號等這些不同的訊息用八個位元來表示，也就是 2**8 = 256 種訊息。換句話說，在鍵盤上所有的符號均可視為文字，任一符號是上述 256 種訊息之一。目前國際上以一標準的訊息代碼表示，即「ASCII」碼（附錄三）。如以下程式要在文字變數「A」中放入「ABCDE」五個文字，那麼文字變數「A」至少須宣告五個字元（5 bytes）以上才可，用「character*5 A」或「character A*5」來宣告。如下例：

```
IMPLICIT NONE
CHARACTER*5 A        ! 宣告變數 A 是文字，有五個字元的記憶體空間
A = 'ABCDE'          ! 將變數 A 設定為文字「ABCDE」
WRITE(*, '(A)')A     ! 用文字格式（小括號內的 A）輸出變數 A
END
```

註：文字變數與數字變數在電腦內的存放方式顯然是不同的，前者（文字）是以一個字為單位用鍵盤碼予一一的存入所有的格位空間；數字變數則用整個空間（單或雙精準度等）存入一個數字，也就是說不論數字的大小均佔用所宣告的整個空間。

2-7-6 變數資料型態表示法

在Fortran程式裡，所有的名稱必須為英文字母開頭的字。「$」符號被視為文字，它是接在「Z」之後，也就是「$」可放在名稱字串的任一地方。

對變數資料型態的設定有以下三種方式：

(1)內定（default），即由程式自動設定：

使用者在程式上沒作任何的宣告。編譯軟體以內定隱含（default implicit）的方式對所有的變數名稱予以定義一資料型態。此時意味著：

(a)所有的變數均是**單精準度的數字**。

(b)若變數名稱為英文字母開頭的字中「I」、「J」、「K」、「L」、「M」、「N」等六個字之一，則此變數為整數。「$」開頭的字串名稱亦被視為整數，其它字母開頭的字為實數。

如下例：

```
A = 100.5          ! 變數 A 為實數，A = 100.5
I1 = 200.5         ! 變數 I1 為整數，I1 = 200
MN = 35.6          ! 變數 MN 為整數，MN = 35
K1 = I1/MN + A     ! 變數 K1 為整數，K1 = 105
WRITE(* ,*)K1      ! 輸出 K1 = 105
END
```

(2)隱性的宣告：implicit

隱性宣告指述改寫內定隱性宣告對變數名稱的資料型態設定。

變數依本身名稱開頭第一個文字與所指定文字比對，以設定其資料型態。隱性的宣告有兩種方式：

(a)完全不用隱性的宣告：

IMPLICIT NONE

此宣告程式內沒有任何隱性的宣告，每一個變數均需明確的宣告其資料型態。

(b)部份變數用隱性宣告：以下顯示兩種寫法：

(Ⅰ)**IMPLICIT REAL**（A-H, O-Z）

宣告變數名稱開頭第一個文字為「A」到「H」，或「O」到「Z」者為實數。兩文字間的「-」符號表示連續的意思，如「A-H」指字母A、B、C、D、E、F、G和H。

(Ⅱ)IMPLICIT CHARACTER*5（Ⅰ）

宣告變數名稱開頭的第一個文字為「Ⅰ」時，此等變數為含五個字元的文字變數。

(3)顯性的宣告：explicit

對每個變數均予宣告其資料型態。因此種方式是利用編譯軟體中的內定資料型態，是以稱為**內部資料型態**（intrinsic data type）（另一種為由使用者自己設定的資料型態稱為**導出資料型態**－derived data type，在本章2-11-4節中有詳細描述）。

如下例：

```
IMPLICIT NONE
INTEGER*1    A1, B          ! 宣告變數 A1、B 為四分之一精準度整數
INTEGER*2    C, DD, EF      ! 宣告變數 C、DD、EF 為半精準度整數
REAL*4    FABC, G           ! 宣告變數 FABC、G 為單精準度實數
REAL*8    IDS, J, KD        ! 宣告變數 IDS、J、KD 為雙精準度實數
COMPLEX*8    L, M           ! 宣告變數 L、M 為單精準度複數
LOGICAL*1    N              ! 宣告變數 N 為一字元的邏輯變數
CHARACTER*5    AA           ! 宣告變數 AA 為五個字元的文字變數
```

對於變數的各種資料型態的詳細設定方式請見2-13節，位置見附錄二。

2-8 內部函數：Intrinsic Functions

每一個編譯軟體內一定會附帶一些函式供使用，這些函式一經連結（link）後就會被引入程式中。由編譯軟體提供的函式稱為**內部函式**或稱**內部庫存函式**（另由自己寫作的函式稱為**外部函式**－請參閱第九章）。其用法如同一個帶括號的變數，變數名稱本身是一個名稱也是一個變數。如下例：

```
IMPLICIT NONE
REAL X, A, B
READ(* , *)A
X = SIN(A)      ! SIN 是一內部函式，括號中的變數或常數稱為引數
B = SQRT(A)     ! SQRT 是一內部函式，為取變數 A 的開根號值
WRITE(* ,*)X, B
END
```

有關 Fortran 編譯軟體中所提供的內部函式請參考附錄五。

2-9 Fortran 指述：STATEMENT

每一指述為對電腦下命令，指示它如何去處理資料。

指述可分成：

1. **算術指述**：執行計算。
2. **輸入／輸出指述**：以為對外傳遞資料。
3. **控制指述**：控制及調度計算機執行各指述的次序。
4. **說明指述**：提供待處理資料的特性，如變數型態等等。
5. **副計畫指述**：用以定義和提供副計畫間連繫。

2-9-1 算術指述：Arithmetic statement

變數＝算術式子

如：S＝B＋C * 90.0

算術指述的寫法規定等號左邊為一變數，執行時先由等號右邊指述的最左邊往其最右執行，所得結果拷貝到等號左邊的變數記憶體位置。

2-9-2 輸入／輸出指述：Input/output statement

以下四個指述供執行程式時與外部記憶體溝通之用。如下述：

```
READ(9, *)LIST        ！「9」指的是 9 號檔案，「*」為內定格式
ACCEPT *, LIST        ！在此「*」為內定的檔案以及內定的格式
WRITE(9, *)AAA
PRINT *, AAA
```

「ACCEPT」的功用相當於「READ」；「PRINT」的作用相當於「WRITE」。一般是用「READ」與「WRITE」兩個指令就夠了。在「READ」與「WRITE」兩個指令括號內的第一個引數是指檔案號碼，第二個引數是格式指述標籤，這些在第三章中將會作進一步的說明。

2-9-3 控制指述

程式的執行次序通常為由**上列往下列**（top-down）執行。用一些控制指述可以改變執行的次序，也就是將程式的執行由某列跳到所指定的列繼續（往下）運作。有關的控制指述很多，如：

GO TO N　在第六章

IF　相關指令在第六章

DO　　　相關指令在第七章
EXIT　　在第七章
CYCLE　在第七章
LOOP　　在第七章

這些指令將在往後的第六或七章中介紹。

2-9-4 說明指述：comment statements

對於變數資料型態的定義及設定，如：

```
INTEGER   AA                  ! 定義變數A為單精準度整數
REAL*8   BB                   ! 定義變數BB為雙精準度實數
COMMON/A/AA, BB               ! 設定共用區，在第九章說明
RECORD/MYNAME/NAME            ! 設定一結構體，在第九章說明
DIMENSION A(100)              ! 宣告變數A為一陣列，含一百個值，
                              ! 將在第八章說明
INCLUDE ‘MYFILE.TXT’          ! 引入MYFILE.TXT檔案，在第九章說明
```

以上只介紹一些說明指述的表示法，在往後章節用到時會詳加說明。
在第十章將介紹更進階與完整的說明指述。

2-9-5 副計畫指述

一個程式會有一個主程式（main program），還有其它的程式（sub-program）通稱為副程式。**副程式的型態基本上有三種：**

(1)**常用副計畫**（subroutine）：含內部（程式庫存）與外部（自己寫作）副計畫。

(2)**函式副計畫**（function）：含內部（程式庫存）與外部（自己寫作）副計畫。

(3)**模組**（module）**與塊狀資料**（block data）：資料的定義區。

函式副計畫與常用副計畫的寫法如下：

```
CC = SIN(AA)                 ! 引用函式副計畫
CALL COMPUTE(AA, CC)         ! 引用常用副計畫
```

與副計畫有關的課題在第九章中有詳細的介紹。

2-10　程式架構

在一個 Fortran 程式中包括一或多個程式單元（program unit）。一程式單元通常為一系列的指述敘述，它們用來定義資料的環境和處理問題的必要運算步驟，程式單元是以一個「END」指述為結束。

以下為對一些相關名詞的說明：

▲**程式單元**：可以是一個主程式（main progrm）、外部副程式（external subprogram）、模組（module）、或塊狀資料（block data）。在程式單元中含有兩大類的指述，即：說明指述（specification statements）與可執行指述（executable statements）。可執行指述為可運作一些指定的動作；說明指述用以描述程式的屬性或資料的設定，如資料的安排與特性的設定。

▲**可執行程式**（executable program）：包含一個主程式，以及可選擇性的一些其他的程式單元。程式單元可分別被編譯（compiled）。

▲**外部副程式**（external subprogram）：一函式副計畫（function）或常用副計畫（subroutine）。它不在主程式、模組、或其他副程式之內。它設定了一程序（procedure）供執行，並可被同一程式的其他程式單元所引用。模組與塊狀資料程式單元為不可執行，所以它們不被認為是一種程序（procedure）。

▲**模組**（module）中包括一些設定，其可被其他程式單元所引用，含資料型態設定，程序設定（稱為模組副程式－ module subprogram）、及程序介面（procedure interface）。模組副程式可以是函式副計畫或常用副計畫，它們可以被其他模組副程式中的模組，或由其他程式單元使用的模組，所引用。

▲**塊狀資料程式單元**（block data program unit）：可以為在具名共用區（named common block）中的資料物件予設定起始值。

主程式、外部副程式、或模組副程式都可以包含內部副程式（internal subprogram）於其中。而內部副程式的主體（entity），也就是程式敘述，是在編譯軟體的函式庫中－通常是在主機上。在一個程式中，儘可能的將一些可以獨立出來的事件寫在不同的程式單元以免相互干擾。因此可分成一個主程式（main program），及若干個副程式（subprograms）。就如同一個辦公室一般，有一共同的入口及接待室，進入後因著不同功能區分成若干部門以利執行各自的業務。當然如果是一個小單位的辦公室，那就不用區分出不同的部門，全在一起就可以了。以程式而言，如果是處理小問題時那麼程式只要用一個主程式就可應付，不需用到副程式。

在Fortran程式中一定要有一個唯一的主程式，它通常是用「PROGRAM」指令為開頭。在執行時它是第一個被執行的程式。主程式的寫法如下：

```
PROGRAM MYFILE
  .
  設定指述（specification statements, etc.）
  .
  執行指述（executable statements, etc.）
  .
END PROGRAM MYFILE
```

其中「PROGRAM」為指定此程式的名稱是接著後面的文字，本程式名稱為「MYFILE」。若是沒這一列「PROGRAM MYFILE」也是可以的，但此時必須將主程式放在所有程式的最前面位置。在程式結尾要用「END」指令。

主程式內不能包括的下列幾種程式敘述：

▲函式副計畫（FUNCTION），

▲常用副計畫程式（SUBROUTINE），

▲資料區（BLOCK DATA），

▲返回指令（RETURN），

▲進入點（ENTRY）等。

程序（procedure）為程式的一個區段，在需要時可以引用它。程序分成兩大類：即由使用者所寫作的程式（external function and subroutine）、與由 Fortran 語言所提供者（intrinsic function and subroutine）。程序可以為以下四種表現方式之一：

1. 一副計劃、函式副計畫（Function）或常用副計劃（Subroutine）。
2. 一副程式（subprogram）。
3. 一副程式包括一或多個 ENTRY 指令。
4. 在程式單元中的介面體（INTERFACE），引入一些其他程式或程序。

如下式：

```
ax = SIN(x)
```

上式的「SIN」為一內部函式（intrinsic function），它是被寫在 Fortran 語言的函式庫內。使用者只要設定引數（argument）的值「x」就可得到結果「ax」。

內部函式的引用有兩種不同方式（詳見附錄五），如下：

1. 通用函式（generic function）：它是一組性能相同的函式群的通稱，於執行時由編譯軟體依其引數的性質而選用其中最適當的函式。
2. 特定函式（special function）：為特定的某一函式。

在第九章中會詳述副程式的種類及應用，含：函式副計畫（FUNCTION）、常用副計畫程式（SUBROUTINE）、資料區（BLOCKDATA），及進入點（ENTRY）等。也就是說，在本書的內容安排上要到第九章以後才會有副程式的使用及說明。

Fortran 的五種不同的程式單元（program unit）與限制：

程式單元	功能	限制指述（不可用）
主程式單元	程式中一定要存在唯一的一個單元。	ENTRY、RETURN
副計畫 FUNCTION SUBROUTINE	一個獨立的程式，但須讀入或輸出資料到其它程式。	CONTAINS ENTRY
模組 MODULE	對資料型態的設定、程序的設定、及程序介面的設定等等，這些可供其他程式單元使用。	FORMAT、ENTRY OPTIONAL INTENT 可執行指述
塊狀資料區 BLOCK DATA	一個獨立的程式，只對變數予以定義數字型態及值；也可包括一部份的執行指令以被其它程式所引用。	CONTAINS ENTRY、FORMAT 可執行指述
介面體 INTERFACE	設定明確的介面供外部或名義上的程序使用。	CONTAINS DATA、ENTRY SAVE、FORMAT

2-11 指定指述（Assignment）

指定指述（assignment statement）是**指定一值給變數**。本節的有關指述包含：**內部**（intrinsic）、**指標**（pointer）、**掩蔽陣列**（masker array － WHERE）、及**元素陣列**（element array － FORALL）等。本節只介紹內部指定，其他的指定指述請參閱第八章第八節以後的內容。

內部指定（intrinsic assignment）就是指定一值給一個一般變數（非指標變

數）。如果是一指標變數時，內部指定就用以指定一值給此指標變數的對應目標（target）。

內部指定指述表示如下：

變數＝表示式

其中：

變數：上述的變數是指一純量或陣列的名稱，它為內部或導出的資料型態（derivate type）。它不可為一純量，或假設大小的陣列（assumed-size array）。

表示式：表示式上的變數應均為相同的資料型態，若不同則須轉換成相同的資料型態（參閱第四章第十二節）。若等號兩邊的資料型態不相容，或表示式中的運算式有矛盾，如數字與文字、或純量與陣列等，就會造成此表示式的錯誤。

以下分別針對數值、邏輯、文字、引用型態、及陣列加以說明。

2-11-1　數值

用數值指定指述時，在變數與表示式兩端必須均為數值。表示式必須有一最後數值結果，此結果的資料型態必須相容於等號左邊的變數的資料型態或陣列型式。如下式為錯誤的程式：

```
INTEGER*2 I      ！I 設定為半精準度，其值只能在±32,767 之間
I=1.0*10**6      ！等號右邊的實數轉換成左邊的資料型態時超過範圍
```

下列有一些程式指述是不合法的表示式：

```
REAL::   A=5.0, C=3.0          ！此處可以設定初始值，本列合法
INTEGER::   I=20               ！本列合法
CHARACTER*4::   AB, CD         ！本列合法
REAL::   IC(5),   AR(3)        ！本列合法
CHARACTER*4::   AR, IC         ！本列合法
```

```
5 = A * C                    ! 等號左邊必須為一變數名稱，不合法
IC = AB//CD(1 : 2)           ! 等號兩邊的資料型態不符，不合法
IC = AR                      ! 陣列型式不符，不合法
```

2-11-2 邏輯

用邏輯指定指述時，在變數端必須均為邏輯資料型態，表示式可為數值或邏輯型態。如以下的表示均為合法：

```
LOGICAL  PA, PB, PC
INTEGER  L, A, B, C, D
PA = .TRUE.
PB = L. LT. A. AND. .NOT. PA    ! .LT.，.AND.，.NOT..   ! 在第六章介紹
PC = A. LT. B. AND. C. GT. D. AND. B. EQ. C
PA = 55
```

2-11-3 文字

用文字指定指述時，在變數與表示式兩端必須均為文字資料型態。若變數與表示式兩端的文字長度不一樣時，如果表示式的資料長度較長，變數會在其範圍內擷取表示式裡同樣長度的資料；如果表示式的資料長度不足，不足部分在變數裡視為空格。文字串裡的資料是各自獨立的，也就是可以只改一部份，其他未動到的部分保持原值。

以下的式子是合法的表示：

```
CHARACTER*10  AF,  XLOC,  REV,  NAM
AF = ‘ABC’
XLOC = ‘AB’ // ‘BC’
REV(2 : 3) = “ABCDE”
```

以下的式子是不合法的表示：

```
CHARACTER*10   AF,   XLOC,   REV,   NAM
'ABC' = AB            ！等號左邊必須為變數
XLOC = 100            ！等號右邊必須為文字資料型態
REV(2：3) = 2HAS      ！等號右邊必須為文字資料型態
```

2-11-4　導出型態指定指述

在本章2-7節中描述資料型態的設定採用編譯軟體內既有的型態稱為**內部資料型態**（intrinsic data type）。使用者可依內部資料型態予以組合成自己希望的資料型態，此稱為**導出資料型態**（derived data type）。採導出型態指定指述（derived-type assignment statements）時，變數與表示式都必須為相同的導出型態。（另有結構-記錄（structure-record）與導出資料型態相似，請參閱第九章第九節的結構部分）

導出型態指定指述的例題如下：

```
TYPE AAA                    ！導出型態的開始及名稱
  INTEGER(4) MON, YEAR      ！導出型態的內容
END TYPE AAA                ！導出型態的結束
TYPE (AAA) MY_INCOME        ！變數 MY_INCOME 設定為導出型態
```

以下為一使用導出型態的案例：

題目：經兩點的一條線表示式，計算其中a, b, c三個參數值。

$$ax + by + c = 0$$

程式如下：

```
TYPE point                  ！導出型態，名稱為 point
    REAL:: x, y             ！x 與 y 為座標點，單精準度實數
END TYPE point
TYPE line
    REAL:: a, b, c          ！一線函數上的三係數
END TYPE line
```

```
TYPE(POINT):: p1, p2          ! 變數 p1, p2 為兩個點，各有 x, y 座標
TYPE(LINE):: p1_p2            ! 變數 p1_p2 為帶三個係數
READ*, p1                     ! 輸入第一座標點的 x, y 值
READ*, p2                     ! 輸入第二座標點的 x, y 值
p1_p2%a = p2%y − p1%y         ! 第一個係數為 p1(y) − p2(y)
p1_p2%b = p1%x − p2%x         ! 第二個係數為 p1(x) − p2(x)
p1_p2%c = p1%y*p2%x − p2%y*p1%x
PRINT*, "ax + by + c = 0"
PRINT*, "a = ", p1_p2%a, "b = ", p1_p2%b, "c = ", p1_p2%c
END
```

註：程式中的「%」符號表示為導出型態變數的子項。

2-11-5 陣列指定指述

當等號左邊與右邊的陣列有相同的陣列型式（shape）時，用陣列指定指述是允許的，此時會以一對一的方式對應，也就是在兩陣列相同位置元素相對應。等號右邊為純量也是可以的，此時等號左邊的每一元素均對應此純量（請參閱第八章）。

如下例：

```
REAL A(10), B(10), C(10)      ! 宣告變數 A、B 與 C 皆為一維 10 個元素的
                              ! 陣列
C = 100.0                     ! 在 C 陣列中所有的元素均為 100.0
A(1:5) = C(1:5)               ! 在 A 陣列中第一至第五的元素與 C 陣列相同
B = A                         ! 在 B 陣列中所有的元素與 A 陣列位置相同者
                              ! 值相同
```

2-12 程式寫作

寫電腦程式是一種藝術與科學的結合，它主要的目標在於如何解決我們的問題。其中要考慮的因素很多，除須解決實際問題、充份發揮軟硬體的功能外，讓程式具有**可讀性**、**擴充性**、以及**更新性**等亦是非常重要。

要寫一個程式，基本上有六個很重要的步驟：

1. 瞭解問題及需求。
2. 處理問題的方式及步驟。
3. 將步驟二的敘述寫成程式。
4. 測試、改進及驗證。
5. 重覆步驟二與四直至滿意為止。
6. 完整的程式說明與註解。

以下將用五個例題來說明程式的寫作技巧：

註：在程式敘述中，遇到「！」（驚嘆號）則此符號之後的敘述不執行，在編譯時這些程式敘述會被取消；也就是說，驚嘆號之後的敘述主要目的為程式說明之用。

例題 2-12-1

由已知三角形的三邊長求面積。

解

1. 瞭解問題：由三個已知邊長求三角形面積
2. 處理問題的方式及步驟：確定計算三角形面積的公式
   - 先由鍵盤輸入三個數字代表三邊長
   - 公式 S = (SIDE1 + SIDE2 + SIDE3)/2.0
     AREA = SQRT((S − SIDE1) ∗ (S − SIDE2) ∗ (S − SIDE3) ∗ S)

   其中：SIDE1, SIDE2, SIDE3 分別代表三邊長的變數

   S 代表一計算過程中所用的變數以存放計算結果

AREA 代表三角形面積

3.將步驟二的敘述寫成程式：同時考慮是否有特例存在，如算不出面積的狀況。

程式：

```
IMPLICIT NONE                              ！不用內定的資料型態
REAL SIDE1, SIDE2, SIDE3, S                ！宣告 SIDE1, SIDE2, SIDE3, S, AERA
REAL AREA                                  ！為實數變數，並用內定的單精準度
READ(* ,*)SIDE1, SIDE2, SIDE3              ！由鍵盤輸入三個數字存在三變數上
S = (SIDE1 + SIDE2 + SIDE3)/2.0            ！計算變數 S 的值
S = (S − SIDE1)*(S − SIDE2)*(S − SIDE3)*S  ！計算變數 S 的值
IF(S.LE.0.0)   STOP             ！如果 S 的值小於 0.0 則停止執行本程式
AREA = SQRT (S)                 ！對 S 的值開根號，此利用編譯軟體中的函式
WRITE(* ,*) 'Area ->', AREA                ！計算結果輸出在終端機的螢幕上
END                                        ！往下沒有任何本程式的程式敘述
```

說明：

第一列　「IMPLICIT NONE」

為避免誤用內定的資料型式，Fortran 較鼓勵不用內定的資料。

「IMPLICIT」為內隱變數型態的宣告，「NONE」表示沒有。

- 如果不寫這一列，則所有的資料視為單精準度（4 bytes）的數字，數字型態由變數名稱的第一個英文字母來決定，若它是「I, J, K, L, M, N」等六個字之一，那其資料型態就是整數，否則是實數變數型態。
- 如果寫成 IMPLICIT REAL(A-H) 表示所有變數名稱的第一個字母是 A 到 H 間的任一個字時，這些變數是實數單精準度的型態。

第二與第三列　「REAL SIDE1, SIDE2, SIDE3, S, AREA」

「REAL」為宣告實數變數型態，其精準度採內定，目前視此為 4 bytes。

接著的「SIDE1, SIDE2, SIDE3, S, AREA」等變數用所宣告的實數型態。

第四列　「READ(* ,*) SIDE1, SIDE2, SIDE3」

「READ(　)」是一編譯軟體內的函式，其功能是將檔案中的一筆記錄（顯示在括號內的第一數字，在這以「＊」表示用內定的檔案，即鍵

盤）以某一種格式（顯示在括號內的第二數字，在這以「＊」表示用內定的格式）翻譯後放在括號後面的變數上，也就是「SIDE1」、「SIDE2」，和「SIDE3」。

第五列　「S=(SIDE1+SIDE2+SIDE3)/2.0」

等號右邊恆為先執行，依執行的次序先後，將用到的變數值及運算結果放入記憶體位置（registers）。當完成全部的運算後才把最後的值以等號左邊變數的格式拷貝到等號左邊的變數上。即將「SIDE1」、「SIDE2」、及「SIDE3」三個變數的值加起來後，再除以2，結果放在變數「S」。

第六列　「S=(S-SIDE1)*(S-SIDE2)*(S-SIDE3)*S」

計算（S-SIDE1）乘（S-SIDE2）乘（S-SIDE3）乘S後存在變數「S」。

第七列　「IF(S. LE. 0.0) STOP」

「IF(S. LE. 0.0)」表示如果括號內的表示式成立，就執行括號後的指令一即「STOP」停止本程式的繼續運作；若括號內的表示式不成立，就不執行括號後的指令，而是接著下一列的程式。「IF」就是一函式，跟著括號內為一判斷式：也就是「(S. LE. 0.0)」，其中「S」是變數，「LE」表示小於或等於，「0.0」為零；比較看是否「S」小於或等於零。詳見第六章。

第八列　「AREA=SQRT (S)」

等號右邊恆為先執行，「SQRT」為此利用到編譯軟體中的函式，其是對括號內的值開根號，也就是對「S」的值開根號，所計算的結果存入等號左邊的變數「AREA」上。

第九列　「WRITE(* ,*) 'Area ->', AREA」

「WRITE(　)」是一編譯軟體內的函式，其功能是將括號後的變數值「'Area ->'」，與「AREA」等兩個值用指定的格式（顯示在括號內的第二數字，在這以「＊」表示用內定的格式）翻譯後放入指定的檔案上（顯示在括號內的第一數字，以「＊」表示用內定的檔案，即終端機的螢幕）。

註：引號「'　'」間的任何文、數字、或符號一般均視為文字串。

第十列「END」

本程式往下沒有任何程式敘述，在 FORTRAN 程式中對每一單獨的程式最後一個指述一定是它，即「END」。

例題 2-12-2

將某一實數（A）小時化成日、時、分、秒整數的表示。

解

1. 瞭解問題：輸入的一實數單位值，將轉換成一些整數單位的表示。
2. 處理問題的方式及步驟：

   先由鍵盤輸入一個實數代表小時的單位，再利用實數與整數的關係來運算各不同單位間的值。由輸入值除以「24」看是否有整數值以表示日單位的值，接著再算出用輸入值減去日單位的值乘以「24」，所得的實數值取整數部份就是小時單位的值，經扣除整數部份再乘以「60」所得的整數值就是分鐘單位的值，最後利用上述數字的小數點部份乘以「60」的結果取整數部份就是秒單位的值。
3. 將步驟二的敘述寫成程式。

程式：

```
IMPLICIT NONE                    ! 不用內定的變數型態
REAL A, B, C                     ! 宣告 A, B, C 為實數，並採內定的單精準度
INTEGER IA, IDAY, IHOUR          ! 宣告 IA, IDAY, IHOUR, IMINUTE,
                                 ! ISECOND
INTEGER IMINUTE, ISECOND         ! 為整數變數，並採內定的單精準度
READ(* ,*)A                      ! 由鍵盤輸入任一值放到變數 A 上
IA = A                           ! 將實數 A 的值以整數方式存入整數 IA 變
                                 ! 數內
IDAY = IA/24                     ! 計算 IA 除以 24，將結果存入整數變數
                                 ! IDAY 內
```

```
IHOUR = IA – IDAY*24          ! 計算 IA – (IDAY × 24)，將結果存入整數
                              ! 變數 IHOUR
B = (A – IA)*60.              ! 計算(A – IA)乘以 60，將結果存入實數變
                              ! 數 B 內
IMINUTE = B                   ! 實數B的值以整數方式存入整數IMINUTE
                              ! 內
C = (B – IMINUTE)*60.         ! 計算(B – IMINUTE) × 60，將結果存入實
                              ! 數變數 C
ISECOND = C                   ! 實數 C 的值以整數方式存入整數
                              ! ISECOND 內
WRITE(* ,*) 'Day ->', IDAY,'   Hour ->', IHOUR,'   Min ->',  IMINUTE,' &
Sec ->', ISECOND              ! 輸出結果於終端機螢幕上
END                           ! 本程式往下沒有任何程式敘述
```

說明：

第一列　「IMPLICIT NONE」

「IMPLICIT」為內隱變數型態的宣告，「NONE」為沒有。

第二列　「REAL A, B, C」

宣告「A」、「B」、「C」為內定精準度的實數變數型態－也就是單精準度實數。

註：也可用

REAL*4 A, B, C

宣告 A, B, C 為 4 bytes（也就是單精準度）的實數變數型態。

第三及四列　「INTEGER IA, IDAY, IHOUR, IMINUTE, ISECOND」

宣告「IA」、「IDAY」、「IHOUR」、「IMINUTE」與「ISECOND」為單精準度的整數變數型態。

註：也可用

INTEGER*4 IA, IDAY, IHOUR, IMINUTE, ISECOND

宣告 IA, IDAY, IHOUR, IMINUTE, ISECOND 為 4 bytes（也就是單精準度）的整數變數型態。

第五列　「READ(* ,*)A」

「READ(　)」是一編譯軟體內的函式，其功能是將檔案中的一筆記錄（顯示在括號內的第一數字，在這以「＊」表示用內定的檔案－鍵盤）以某一種格式（顯示在括號內的第二數字，在這以「＊」表示用內定的格式）翻譯後放在括號後面的變數「A」。此列是指由鍵盤輸入任一值放到變數「A」上。

第六列　「IA＝A」

等號右邊恆為先執行，然後將結果放入等號左邊的變數上。此列是將實數「A」的值以整數方式存入整數「IA」變數內。

第七列　「IDAY＝IA/24」

計算整數「IA」除以「24」，將結果存入整數變數「IDAY」內。

第八列　「IHOUR＝IA－IDAY*24」

計算「IA」－(「IDAY」×24)，並存入整數變數「IHOUR」內。

第九列　「B＝(A－IA)*60.」

計算「A」減「IA」再乘以「60」，將結果存入實數變數「B」內。

註：數字若帶有小數點者為實數，如「60.」；不帶有小數點者為整數，如第八列的「24」。

第十列　「IMINUTE＝B」

把實數「B」的值以整數方式存入整數「IMINUTE」變數內。

第十一列　「C＝(B－IMINUTE)*60.0」

計算「B」減「IMINUTE」再乘60.，將結果存入實數變數「C」內。

第十二列　「ISECOND＝C」

將實數「C」的值以整數方式存入整數「ISECOND」變數內。

第十三列

「WRITE(* ,*) 'Day->', IDAY, 'Hour->', IHOUR, 'Min->', IMINUTE, & 'Sec->', ISECOND」

「WRITE(　)」是一編譯軟體內的函式，其功能是將括號後的變數值用指定的格式（顯示在括號內的第二數字，在這以「＊」表示用內定的格式）翻譯後放指定的檔案上（顯示在括號內的第一數字，在這以「＊」表示用內定的檔案－終端機的螢幕）。其中在本列最後有一個「&」，這指下一列是上一列（有「&」的這列）的連續列；也就是第十三與十四列為同一敘述。

第十五列　「END」

往下沒有任何本程式的敘述，在 FORTRAN 程式中對每一單獨的程式最後一個指令一定是它，即「END」。

例題 2-12-3

如下圖三角形中，由已知兩邊長及夾角計算出第三邊長。

解

1. 瞭解問題：由已知兩邊長及夾角利用三角形的關係求出第三邊長
2. 處理問題的方式及步驟：
   - 先由鍵盤輸入三個數字代表兩邊長及其夾角
   - 公式：$A^2 = B^2 + C^2 - 2 * B * C * \cos(\alpha)$
3. 將步驟二的敘述寫成程式：

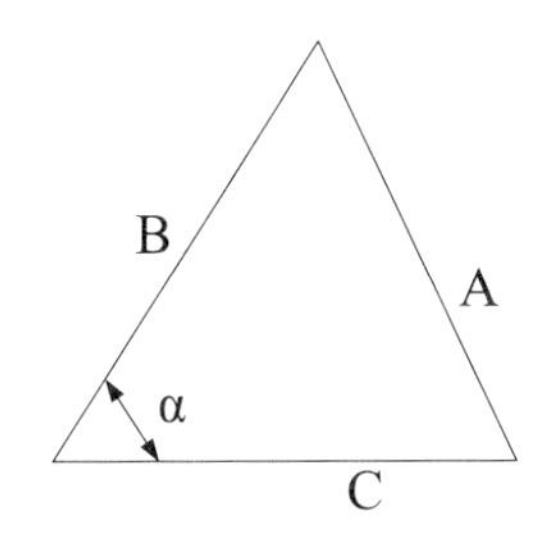

程式：

```
IMPLICIT NONE                    ！對於變數不採用內定（default）
REAL A, B, C, ALPHA              ！定義變數 A, B, C, ALPHA 為實數
READ(*, *)B, C, ALPHA            ！輸入值到變數 B, C, ALPHA 上
A = B*B + C*C − 2.0*B*C*COS(ALPHA)   ！計算
A = SQRT(A)                      ！A 變數值開根號後放入 A 記憶體位置
```

```
WRITE(*, *)A              ! 輸出
END                       ! 本程式結束
```

說明：

第一列　「IMPLICIT NONE」

「IMPLICIT」為內隱變數型態的宣告，「NONE」為沒有。

第二列　「REAL A, B, C, ALPHA」

宣告「A」、「B」、「C」、「ALPHA」為內定精準度的實數變數型－也就是單精準度實數。

第三列　「READ(*, *)B, C, ALPHA」

由內定的檔案（就是鍵盤）以內定的格式輸入值到變數「B」、「C」及「ALPHA」。

第四列　「A＝B*B＋C*C－2.0*B*C*COS(ALPHA)」

等號右邊先執行，計算「B」乘以「B」，「C」乘以「C」，及「2.0」乘以「B」乘以「C」再乘以「ALPHA」的「COS」值，將計算結果相加減後給「A」。

註：COS(ALPHA)是用到了編譯軟體的函式名叫「COS」，函式後括號內的值一般是用弳度量，當然應該用實數或實數變數。

第五列「A＝SQRT(A)」

等號右邊先執行，算「A」的開根號後將結果放到等號左邊的「A」變數上。

第六列　「WRITE(*,*)A」

輸出「A」變數的值到終端機的螢幕上。

第七列　「END」

本程式的敘述到此為止。

例題 2-12-4

轉換攝氏溫度成華氏溫度。

解

1. 瞭解問題：由已知攝氏溫度轉成華氏溫度。
2. 處理問題的方式及步驟：

   ＊先由鍵盤輸入一個數字代表攝氏溫度的值，由此計算華氏溫度。

   公式：$F=\frac{9}{5}C+32$
3. 將步驟二的敘述寫成程式：

程式：

```
IMPLICIT NONE
REAL F, C                ! 宣告 F 與 C 兩變數為實數變數
READ(*, *)C              ! 先讀入攝氏溫度的值，以變數 C 表示
F = (9.0/5.0)*C + 32.0   ! 計算轉換式，須注意數字的實數表示
WRITE(*, *)F             ! 輸出華氏溫度的值
END
```

說明：在第四列若沒注意實數常數的表示時會有如下的寫法：

F = 9 / 5 * C + 32

上式的運算先由等號的右邊執行，也就是先算 9 / 5，因兩數字 9 與 5 均為整數，所以用整數方式計算所得結果是 1。此與原意的期望值 1.8 相去甚遠。當然最後的結果必然不正確。

對於所說明的式子最好寫成：

F = 1.8 ＊ C + 32.0

此程式敘述一方面全部採用一致的數字型態（實數），因此較不會有錯誤產生，另一方面直接用 1.8 來取代（9.0 / 5.0）以節省電腦的運算。

例題 2-12-5

線公式：aX + bY + c = 0，輸入任意兩點座標，求出通過這兩座標點的直線。

解

1. 瞭解問題：由已知兩座標點利用公式的關係求直線公式上的常數值。
2. 處理問題的方式及步驟：
   - 先由鍵盤輸入四個數字代表兩座標點的值。
   - 公式：a = Y2 − Y1
     b = X1 − X2
     c = Y1×X2 − Y2×X1

程式：

```
IMPLICIT NONE
REAL X1, Y1, X2, Y2, A, B, C
READ(*, *)X1, Y1, X2, Y2    ！(X1, Y1)，(X2, Y2)分別代表兩座標點值
A = Y2 − Y1
B = X1 − X2
C = Y1*X2 − Y2*X1
WRITE(*, *) 'A, B, C = ', A, B, C
END
```

2-13 總結

資料型態的宣告方式：以下對常數與變數分別歸納如下

1. **常數**：若數字後面沒有帶下標線「_」，如下式的「100」與「300」均視為單精準度（4 bytes）。

```
INTEGER a,b,c              ！將 a、b 與 c 三個變數設定成單精準度整數
a = 100 + 200_4 + 300      ！此式等號右邊的常數均為單精準度整數
b = 1.0 + 2.0_4 + 3.1E0    ！此式等號右邊的常數均為單精準度實數
c = 1.0_8 + 12.0D0         ！此式等號右邊的常數均為雙精準度實數
```

2. **變數**：以下對於各種變數的資料型態予以明確宣告。在程式的前面若沒有宣告「IMPLICIT NONE」，則變數的資料型態採取內定的型態。

註：在程式內所有的變數須先宣告以後才能使用，而且這些宣告須在程式的前面，請參閱本書「附錄二　程式次序」的說明。

宣告變數 I 為單準度整數	以下為宣告變數為不同精準度的複數
INTEGER I	COMPLEX([KIND=]4)A 等同 COMPLEX*8A
INTEGER:: I	COMPLEX([KIND=] 8)B 等同 COMPLEX*16 B
INTEGER*4 I	COMPLEX([KIND=] 16)C 等同 COMPLEX*32 C
INTEGER([KIND =] 4)I	DOUBLE COMPLEX D 等同 COMPLEX*32 D

宣告變數 A 為實數

```
REAL A                     ! 此式宣告 A 為單精準度實數
REAL*4 A                   ! 此式宣告 A 為單精準度實數
REAL*4:: A                 ! 此式宣告 A 為單精準度實數
REAL([KIND = ] 4) A        ! 此式宣告 A 為單精準度實數

REAL*8 A                   ! 此式宣告 A 為雙精準度實數
REAL*8:: A                 ! 此式宣告 A 為雙精準度實數
DOUBLE PRECISION A         ! 此式宣告 A 為雙精準度實數
REAL([KIND = ] 8) A        ! 此式宣告 A 為雙精準度實數
```

第三章

輸入／輸出資料

執行程式時，除了中央處理器（CPU）與內部記憶體（RAM、ROM、及CACHE）的運作外，資料的輸入與輸出也是不可或缺的。以鍵盤輸入資料，由終端機顯示訊息，這是最簡單輸入與輸出資料的方式；當然還有其他的方法可供應用。電腦是為人所使用，如何讓使用者有良好的使用環境及與電腦溝通的方式，這都是考驗著程式員對於人機界面的處理能耐。本章將著重於介紹在程式中對於資料輸入與輸出的處理方法。資料由外界輸入或由電腦輸出，這需涉及到資料的存放和解讀問題，也就是格式（format）的型式，待下一章再來討論此問題。

3-1 檔案基本型態

使用電腦時，資料是取自或存到檔案（file）。**檔案有兩種基本型態：**

1. **外部檔案**（External files）

指在輔助記憶體的貯存器中的檔案均稱為**外部檔案**，如終端機、鍵盤、列表機、或硬碟等。

2. **內部檔案**（Internal files）

指在中央處理器的貯存器（RAM）中的檔案。在程式裡所宣告的變數就是以內部檔案為主。它只有在執行程式時才能使用。此只當作電腦執行程式時的一暫存空間；在結束程式的執行時，這空間內所有的資料就不存在了。

輸入（input）：指資料由外部檔案拷貝到內部檔案，也就是讀資料到程式內的變數上。用「READ」或「ACCEPT」指令。

輸出（output）：指資料由內部檔案拷貝到外部檔案，亦由程式中變數的資料寫到外部檔案。用「WRITE」或「PRINT」指令。

3-2　檔案的宣告

在程式上，對於外部檔案的使用一般都要經檔案宣告的程序。其中終端機及鍵盤在編譯軟體（compiler）中通常會先指定好一值（亦由系統內定），因此在寫程式時不需特別再宣告。目前常見用「*****」或「**5**」號代表鍵盤，用「*****」或「**6**」代表終端機。如下例：

```
IMPLICIT NONE
REAL A, B
READ(*, *)A      ！由鍵盤輸入資料。也可寫成「READ*, A」
READ(5, *)B      ！由鍵盤輸入資料
WRITE(*, *)A     ！輸出資料到終端機。也可寫成「PRINT*, A」
WRITE(6, *)B     ！輸出資料到終端機
END
```

以上程式中的「READ」或「WRITE」括號中第一個數字或符號就是**檔案號碼**。括號中第二個數字或符號就是指**格式指述標籤號碼**，在此以內定的方式「＊」宣告，也就是用內定的格式號碼，這部份請參閱第四章。除用內定的檔案（*）外，若要用其它的檔案（外部檔案）那要先宣告才可。用「**0**」也可表示輸出到終端機的檔案。

3-2-1　OPEN 指述

除以上所述的鍵盤與終端機兩外部檔案外，其他的外部檔案在程式中須先宣告以後才能使用。檔案的宣告方式用「**OPEN**」指述，寫法如下：（以下只列出一些示範性的選項，詳細選項請參閱附錄四）

```
OPEN([UNIT = ] io-unit[, STAUS = stat][, ERR = label][, FILE = name]
[, ACESS = acc][, FORM = fmt][, RECL = n_expr][, BLOCKSIZE = blk])
```

有關指令說明：

UNIT：等號後用**正整數**，指在程式中此外部檔案的**數字代號**。在「OPEN」中可以只寫一正整數而省略「UNIT=」。宣告檔案時，這項一定要有。基本上，可用的數字範圍在「0」到「99」之間，但因系統或應用程式會用到一些檔案，為避免發生衝突起見，作者建議使用「10」到「99」間的數字。

STATUS：檔案的狀況：

STATUS = **'OLD'** 所宣告的檔案已存在。

STATUS = **'NEW'** 所宣告的檔案尚未存在，經宣告後才產生。

STATUS = **'SCRATCH'** 所宣告的檔案只是當暫存用，執行完成後就取消，此時不能宣告檔案名稱「FILE=」。

STATUS=**'UNKNOWN'** 所宣告的檔案可能是已存在或尚未存在。沒寫「STATUS」指令，就內定為「UNKNOWN」。

STATUS = **'REPLACE'** 取代一已存在的檔案。

ERR：等號後用正整數，指在程式中如果所宣告的檔案有錯誤，那就將執行權移轉到指述標籤為「ERR」後所指定數字的列。

FILE：等號後用文字常數或變數，指在程式中所宣告檔案的名稱及所在的路徑，如

FILE = 'D:\MYFILE\AAA.DAT'

上式指檔案的名稱是「AAA.DAT」，所在的路徑為「D:\MYFILE」。如沒指定，內定為目前程式所在的路徑。

ACCESS：等號後用文字，指在程式中檔案存或取的方式。若沒寫此指令，內定是「**SEQUENTIAL**」。請參考下一節說明。

ACCESS = **'SEQUENTIAL'** 表示連續存取檔案

ACCESS = **'DIRECT'** 表示直接存取檔案

ACCESS = **'STREAM'** 表示當檔案被設定為連續儲存或定位方式，此指令為串流使用（stream access）。

ACCESS = **'APPEND'** 表示連續存取檔案，但目前檔案的指

標是在最後一個位置

FORM：等號後用文字，指在程式中檔案格式方式。若沒寫此指令，內定是「**FORMATTED**」。請參考下一節說明。

FORM＝**'FORMATTED'**　表示格式化檔案，用鍵盤碼。

FORM＝**'UNFORMATTED'**　表示非格式化檔案，用機器碼。

FORM＝**'BINARY'**　表示移轉二進位碼。它沒有紀錄（record）。

RECL：「RECL」為 RECORD LENGTH 的簡寫。等號後用正整數，指在程式中所宣告的直接存取檔案「ACCESS＝'DIRECT'」每一筆記錄的長度。此指令一定要用在直接存取檔的宣告中。若連續存取檔「ACCESS＝'SEQUENTIAL'」就不可用此指令。

BLOCKSIZE：等號後用正整數，指在程式中處理輸入或輸出（input/output）時的內部緩衝空間（internal buffer size）。緩衝空間愈大，程式處理輸入與輸出的速度愈快。以 512 byte 為倍數的單位。

「UNIT」一定要宣告。「FILE」則在大部份時候須宣告。其它項不寫就表示用內定。在「OPEN」括號內的各種引數沒有先後次序的關係。

程式例：

```
IMPLICIT NONE
REAL A,B,C,AVE
OPEN(UNIT=17, FILE='MYFILE.TXT', STATUS='NEW', ERR=100, &
FORM='FORMATTED', ACCESS='SEQUENTIAL')
READ(*, *)A, B, C
AVE=(A+B+C)/3.0
WRITE(17, *)AVE
WRITE(17, *)A, B, C
100      CONTINUE
```

```
CLOSE(17)                ！此時此列可以不寫
END
```

程式的第三列宣告：

UNIT = 17　在程式中以「17」數字表示本列所宣告的檔案代碼，此項可只寫數字常數而省略「UNIT=」的字。

FILE = 'MYFILE.DAT'　本例的檔案名稱為「MYFILE.TXT」，已經或將會存在目前目錄之下。

STATUS = 'NEW'　在執行此程式時，檔案「MYFILE.TXT」不存在。

ERR = 100　若檔案宣告有誤，程式執行權就移轉到「100」指述標籤列。

FORM = 'FORMATTED'　此檔案為用格式化的方式輸入及輸出資料。

ACCESS='SEQUENTIAL'　此檔案為用連續方式存取資料。

程式的第五列從鍵盤讀取一筆記錄，將其放入變數「A, B, C」中。

第七列輸出一筆記錄到 17 號檔案，把「AVE」變數拷貝出去。

第八列輸出一筆記錄到 17 號檔案，把「A, B」變數拷貝出去。

3-2-2 CLOSE 指述

在前一節程式的最後第二列中

CLOSE (17)

它表示關閉 17 號檔案，內定屬性是保存起來。完整的表示式如下：

CLOSE([UNIT =] io-unit[, STATUS = p][, ERR = label] [, IOSTAT = ivar])

其中，io-unit：指定一外部檔案號碼

p　：可為下述狀況之一

'KEEP'或'SAVE'　表示保存此檔案。（內定）

'DELETE'　清除此檔案。

'PRINT' 列印此檔案。

'PRINT/DELETE' 列印並清除此檔案。

'SUBMIT' 送檔案到批次工作序列，並保留它。

'SUBMIT/DELETE' 送檔案到批次工作序列，並清除它。

Label ：如果有錯誤發生，將執行權移轉到這個指述標籤的列上。

ivar ：為一純量整數變數，「正」表示有錯，「零」表示正確。

3-2-3 DELETE 指述

一個檔案或是其中的一個紀錄可以用「DELETE」指述來執行去除資料的工作。它的完整表示如下：

```
DELETE([UNIT = ] iounit[, REC = r][, ERR = label], [, IOSTAT = ivar])
```

其中，io-unit：指定一外部檔案號碼。

r ：一正整數，表示將清除的紀錄號碼。（僅適用於直接存取檔）

Label ：如果有錯誤發生，將執行權移轉到這個指述標籤的列。

ivar ：為一純量整數變數，「正」表示有錯，「零」表示正確。

如以下程式指述：

```
DELETE(10, REC = 6)    ！清除第十號檔案中的第六號紀錄
DELETE(11)             ！清除第十一號檔案全部資料
```

3-2-4 BACKSPACE 指述

一個檔案或是其中的一個紀錄可以用「BACKSPACE」指述來移動目前執行的位置往前一個紀錄。它的完整表示如下兩種寫法：

```
BACKSPACE([UNIT = ] io-unit[, ERR = label], [, IOSTAT = ivar])
BACKSPACE io-unit
```

此指令針對「連續存取檔」，其中：

io-unit：指定一外部檔案號碼。

Label：如果有錯誤發生，將執行權移轉到這個指述標籤的列。

ivar：為一純量整數變數，「正」表示有錯，「零」表示正確。

如以下程式指述：

```
BACKSPACE(UNIT = 11, IOSTAT = IOS, ERR = 10)
BACKSPACE 11    ! 將第十一號檔案的執行位置往前移動一記錄
```

3-2-5 REWIND 指述

一個檔案或是其中的一個紀錄可以用「REWIND」指述來移動目前執行的位置到檔案的最前面。它的完整表示如下兩種寫法：

```
REWIND([UNIT = ] io-unit[, ERR = label], [, IOSTAT = ivar])
REWIND io-unit
```

此針對「連續存取檔」，其中的變數意義與「BACKSPACE」相同。

```
REWIND 11    ! 將第十一號檔案的執行位置移動到最前面的紀錄
```

3-3　檔案存取

先對三個名詞予定義，為檔案、記錄、單元：

▲**檔案（file）**：一群資訊的集合，其儲存在電腦的記憶體中。

▲**記錄（record）**：每一筆資料，也就是說每一次存取為一筆記錄。在一次存取時可能會同時有很多的變數，也就是一筆記錄內可能含有多個單位資料。以內部檔案而言，在程式上每一個變數就是一個檔案。如果此變數只能代表一個值，那麼就只有一筆記錄。如果此變數能代表多個值（如陣列-array），那就有多筆記錄在此檔案，每一個值用一筆記錄表示。

▲**單元（unit）**：在每個記錄中的個別元素稱為單元。

Fortran 能辨識兩種主要不同的檔案格式：

1. 格式化（formatted）：

用鍵盤碼存取資料。例如將程式中的一變數以格式化方式寫到外部檔案去，其在外部檔案所需用的空間取決於此變數用文字表示（鍵盤碼）時的長度。執行電腦程式時，在 RAM 中的變數（即程式）是以非格式化的方式存在。當我們以格式化的方式把一些資料由 RAM 拷貝到外部檔案時，電腦需將資料作轉換，此時會有三項主要的不利因素，即：

⑴因須作格式轉換的處理，因此佔用額外執行時間。

⑵因有作格式轉換的處理，可能會有誤差存在（第二章）。

⑶以格式化的方式存資料須佔用較大的檔案空間。

相對的，格式化的有利因素為方便使用者直接閱讀檔案中的資料。

2. 非格式化（unformatted）：

直接用電腦記憶體的內碼存取資料。例如，將程式中的一變數以非格式化方式寫到外部檔案去，其在外部檔案所需用的空間與此變數在電腦記憶體內相同。非格式的優缺點正好與格式化者相反。非格式化的每次輸入或輸出必須為完整的一個記錄，也就是寫入與讀取一檔案時必須控制到完全一樣的資料量的大小。這點與格式化的輸入或輸出不同。

存放資料（access）時，Fortran 有兩種主要方法：

1. **連續存取**（sequential access）：

在外部記憶體中，資料的存放次序是依程式裡先後讀或取（read、write）的順序而定。程式內每一次的讀或取（read、write）就用一筆記錄（record）。此就好比用錄音機聽 CD 片的歌曲，在片中有多首歌（相當於電腦記憶體的記錄－ record），我們每按一下控制鍵（相當於對電腦記憶體的讀或取），唱機磁頭就跳到下一首的最前面的位置。若我們一開機就要聽第十首歌，那得按九下控制鍵。總之，用連續存取檔（sequential acess）存取資料時，依每筆記錄讀或寫的順序對應於外部記憶體，每一次的讀或寫是由該記錄的最前面開始作業。

2. **直接存取**（direct access）：

在外部記憶體中資料的存放次序不用依程式裡先後讀或取（read、write）的順序而定。當我們先定出每一筆記錄的固定長度時，對於任何一筆記錄所在的位置就很容易被算出。因此直接存取檔可任意的到所需的記錄去。

由本節的敘述知檔案的格式有兩種，對於存放資料的方法也有兩種，總共可組合出四種不同的檔案。以下對此四種組合利用程式來說明。

3-3-1 FORMATTED SEQUENTIAL FILES

格式化連續存取檔案（formatted sequential file）的例題如下：

```
IMPLICIT NONE
INTEGER I
OPEN(33, FILE='AAA.TXT')   ！宣告檔案
I=100
WRITE(33, '(A, I3)')'RECORD', I/3
WRITE(33, '( )')
WRITE(33, 5)I              ！括號內5為格式指述標籤號碼，敘述於第
                           ！四章
5  FORMAT(I3)              ！I3為整數(I)，有三格(3)，敘述於第四章
END
```

程式說明：

第三列宣告「OPEN」的引數中沒有對檔案的格式「FORM」、檔案狀況「STATUS」、與檔案的存放方式「ACCESS」等予以定義；因此採用內定「FORM='FORMATTED'」、「STATUS='UNKNOWN'」、「ACCESS='SEQUENTIAL'」，也就是用格式化的檔案、檔案狀況未定、和連續記錄的方式。

第三列也可改寫成：

```
OPEN (33, FILE=' AAA.TXT', FORM=' FORMATTED', ACCESS= &
' SEQUENTIAL', STATUS=' UNKNOWN')
```

執行後的「AAA.TXT」檔案中有三筆記錄（record），分別為：

```
RECORD 33   ！第一筆記錄有兩個單元，為文字「RECORD」與數字「33」
            ！第二筆記錄內沒資料
100         ！第三筆記錄內有一個單元，為數字「100」
```

這個檔案是格式化的，所以可以被直接閱讀，檔案裡的記錄長度不同。程式中每一個讀或寫（READ, WRITE）就用到一筆記錄（RECORD）。

3-3-2 FORMATTED DIRECT FILES

格式化直接存取檔案的例題如下：

```
IMPLICIT NONE
INTEGER AA
OPEN (33, FILE = 'AAA.TXT', ACCESS = 'DIRECT', RECL = 10, &
 FORM =FORMATTED')                 ！注意，此時一定寫 FORMATTED
AA = 100
WRITE (33, '(A)', REC = 1)' RECORD ONE'   ！不可用內定格式
WRITE (33, '(I5)', REC = 3) 30303
WRITE (33, '(I3)', REC = 2) AA
CLOSE (33, STATUS = 'KEEP')          ！KEEP 表示保存檔案
END                                  ！若不保存檔案，上式用 DELETE
```

第一列的宣告「OPEN」的引數中沒有對檔案的格式「FORM」與檔案的狀況「STATUS」作出定義，因此採用內定的「FORM = 'FORMATTED'」與「STATUS = 'UNKNOWN'」；也就是用格式化的檔案、檔案狀況未定。檔案的存放方式「ACCESS = 'DIRECT'」為直接存取，即用直接指定記錄的號碼去存或取資料。宣告直接存取的檔案時，一定要宣告每一筆記錄的長度。本例用「RECL=10」表示每筆記錄長度有十個字元。直接存取的檔案的輸入或輸出指令（READ、WRITE）的引數裡，需指定所要的記錄號碼。本例的第三列用「REC=1」表示指定在第一筆記錄。

執行後的「AAA.TXT」檔案中有三筆記錄（record），分別為：

```
RECORD ONE   ！第一筆記錄，有一個單元為「RECORD ONE」
100          ！第二筆記錄，有一個單元為「100」
30303        ！第三筆記錄，有一個單元為「30303」
```

這檔案是格式化的，所以可被閱讀，檔案裡每筆記錄的長度均相同。

在 Fortran 中對於「RECL」的設定有如下規定：

1. 如果直接存取檔是以格式化存資料「FORMATTED」，在「RECL」的表示式以字元為單位（byte）。
2. 如果直接存取檔是以非格式化存資料「UNFORMATTED」，在「RECL」的表示式以四字元為單位（longwords）。
3. 如果直接存取檔是以非格式化存資料「FORMATTED」，在「RECL」的表示式要以字元為單位（byte）也可，唯在編譯時需選擇「ASSUME BYTERECL」此選項。

3-3-3　UNFORMATTED SEQUENTIAL FILES

非格式化連續存取檔案的例題如下：

```
IMPLICIT NONE
REAL AA
OPEN (33, FILE = 'AAA.TXT', FORM = 'UNFORMATTED')
AA = 1000.0
WRITE (33) AA
END
```

第一列宣告「OPEN」的引數中，對檔案的格式「FORM = 'UNFORMATTED'」的宣告就表示用非格式化。檔案狀況「STATUS」、與檔案的存放方式「ACCESS」沒有定義，因此採用內定的「STATUS='UNKNOWN'」、及「ACCESS = 'SEQUENTIAL'」；即用非格式化的檔案、檔案狀況未定、和連續記錄的方式。第三列的「WRITE(33) AA」中只有檔案號碼（引數的第一個數字），沒有格式指述標籤（通常是在「READ」或「WRITE」指令引數的第二個數字表示格式指述標籤）。因本例採用非格式化的檔案，所以不用格式指述標籤。執行後的「AAA.TXT」檔案無法閱讀。要再度使用此檔案的資料時，一定要用與本例第一列相同的宣告，只有檔案號碼（本例引數的第一個數字「33」）可以不同。

3-3-4 UNFORMATTED DIRECT ACCESS

非格式化直接存取檔案的例題如下：

```
IMPLICIT NONE
OPEN (33, FILE = 'AAA.TXT', RECL = 10, FORM = 'UNFORMATTED', &
ACCESS = 'DIRECT')
WRITE (33, REC = 3). TRUE., 'ABCDEF'
WRITE (33, REC = 1) 2048
CLOSE (33)
END
```

第一列宣告「OPEN」的引數中，宣告對檔案的格式設定方式為非格式化「FORM = 'UNFORMATTED'」與檔案直接存取「ACCESS='DIRECT'」。本例用「RECL = 10」表示每筆記錄長度有 10 個長字元（4 bytes）。

3-3-5 檔案的控制

對於連續存取檔案（sequential file），有兩個指令可用以改變存取記錄的順序，即：

(1) **REWIND N**：將 N 代碼的檔案中存取記錄的指標移到檔案的最前面。也就是在這指令之後，對 N 代碼的檔案指標往前移動到其第一個記錄前。例如左下是程式，右下是檔案資料：

	MYFILE.DAT
IMPLICIT NONE	1.0, 2.0, 3.0
REAL A, B, C, D	4.0, 5.0
OPEN (12, FILE = 'MYFILE.TXT')	6.0, 7.0
READ (12, *) A, B	
READ (12, *) C	
REWIND (12)	

```
READ (12, *) D
WRITE (*, *) A, B, D
END
```

在程式中：

第三列的檔案宣告「OPEN」時，此時檔案指標在最前面，也就是「MYFILE.TXT」檔案中資料「1.0」的前面。

第四列讀入第十二號檔的第一筆記錄後（分別是「1.0」與「2.0」），檔案指標就移到第二筆記錄「4.0」之前。

第五列繼續讀入資料，「C=4.0」。檔案指標就移到第三筆記錄「6.0」之前。

第六列指令使指標移回第十二號檔案的最前面，亦「1.0」前。

第七列讀取十二號檔時，「D」的值會等於「1.0」。

(2) **BACKSPACE N**：將 N 代碼的檔案中存取記錄的指標移到檔案目前記錄的前一個。亦在這指令之後，對 N 代碼的檔案指標往前移動一個記錄。例如左下是程式，右下是檔案資料：

程式	MYFILE.TXT
IMPLICIT NONE	
REAL A, B, C, D	1.0, 2.0, 3.0
OPEN (12, FILE= 'MYFILE.TXT')	4.0, 5.0
READ (12, *) A, B	6.0, 7.0
READ (12, *) C	
BACKSPACE (12)	
READ (12, *) D	
WRITE (*, *) A, B, D	
END	

在程式中：

第三列的檔案宣告「OPEN」時，此檔案指標在最前面，即「MYFILE.TXT」檔的「1.0」資料前面。

第四列讀入第十二號檔的第一筆記錄後（分別是「1.0」與「2.0」），檔案指標就移到第二筆記錄「4.0」之前。

第五列繼續讀入資料，「C＝4.0」。檔案指標就移到第三筆記錄「6.0」之前。

第六列為將目前第十二號檔案指標往前移動一個記錄，即「4.0」之前。

第七列讀取十二號檔時，「D」的值會等於「4.0」。

3-4 破壞性寫入

如同錄音帶，於連續存取檔案（sequential file）中寫入資料時在該位置的原有資料就被洗掉。連帶的，在該位置之後的所有資料一併清掉。如下例：

案例：

```
IMPLICIT NONE
REAL A, B, C, A1, B1, C1, T1, T2
OPEN (11, FILE='AAA.TXT', STATUS='OLD')
READ (11, *) A, B, C
READ (11, *) A1, B1, C1
T1=(A+B+C)/3.00
T2=(A1+B1+C1)/3.00
WRITE (11, *) T1, T2
END
```

原 AAA.TXT 為

```
100., 200., 300., 400.
100., 600., 700., 800.
  0.,   2.,   3.,   4.
  5.,   6.,   7.,   8.
  9.,  10.,  11.
```

執行後 AAA.TXT 變成

```
100.0, 200.0, 300.0, 400.0
500.0, 600.0, 700.0, 800.0
200.0000000 600.0000000
```

然而於直接存取檔案（direct file）中，對某一筆記錄寫入資料時，在該筆記錄的原有資料就會被洗掉。但這不影響其他筆記錄中已有的資料。

3-5　詢問檔案—INQUIRE

對外部檔案可用此詢問檔案指令得知其狀況（有關詢問檔內可用的選項請參閱附錄八）。以下示範兩個簡例：

例 3-5-1

由檔案號碼查：

```
LOGICAL EX, OP
CHARACTER*20 MYFILE
INQUIRE (12, EXIST = EX, OPENED = OP, NAME = MYFILE)
```

在第三列的詢問檔案指令「INQUIRE」中指本例查「12」號檔的資料，若「EX」為「.TRUE.」表示此檔案存在；反之，為「.FALSE.」表不存在。若「OP」為「.TRUE.」表示此檔案已開啟；反之，為「.FALSE.」表未開啟。「MYFILE」為檔案名稱。

例 3-5-2

由檔案名稱查：

```
LOGICAL EX, OP
INTEGER NUM
CHARACTER*10 MYFILE
READ (*, '(A10)' ) MYFILE        ! 檔案名稱可用文字變數
INQUIRE (FILE=MYFILE (1:10), EXIST=EX, OPENED=OP, NUMBER=NUM)
```

在最後一列的詢問檔案指令「INQUIRE」指本例查「MYFILE (1:10)」檔名的

資料，若「EX」為「.TRUE.」表示此檔案存在；反之，為「.FALSE.」表示不存在。若「OP」為「.TRUE.」表示此檔案已開啟；反之，「.FALSE.」表未開啟。「NUM」為檔案號碼。

3-6 輸入／輸出指令總表

資料傳送的指令：

指令	使用
ACCEPT	由已連結的內定輸入設備讀入資料
DECODE	由內部檔案讀入資料（加強版）
ENCODE	輸出資料到內部檔案（加強版）
PRINT	輸出資料到已連結的內定輸出設備
READ	由一連結或自動開啟的檔案讀入資料
TYPE	與 PRINT 指令同義（加強）
WRITE	輸出資料到一連結或自動開啟的檔案

以下為程式中對於輸入與輸出可使用的指令總表：

名稱	程序型態	敘述
ACCEPT	指令	與格式化連續檔的 READ 指令相同
BACKSPACE	指令	將一檔案的指標移到前一記錄的前面
CLOSE	指令	與一指定的檔案斷線，也就是不連結
DELETE	指令	在一檔案中消除一記錄
ENDFILE	指令	寫 end-of-file 紀錄或切斷一檔案
EOF	內部函式	檢查 end-of-file 紀錄。如果已在或過了 end-of-file 則回傳.TRUE.

INQUIRE	指令	回傳一檔案或單元的性質
OPEN	指令	對一外部設備或檔案宣告一數字代碼
PRINT、TYPE	指令	在螢幕上顯資料
READ	指令	由一檔案移轉資料到輸入輸出清單的項目上
REWIND	指令	將檔案指標移到最前面的紀錄
REWRITE	指令	重寫現在的紀錄
WRITE	指令	由輸入輸出清單上項目的資料移到一檔案中

(Intel® Fortran Compiler User and Reference Guides)

第四章

資料型態

於電腦中，執行程式時都是以**機器碼**來運作，在此過程難免會由外界輸入（input）資料給程式，也可能會由電腦輸出（output）一些訊息給使用者或到其它設備上。資料在不同的設備間傳送，必須有適當的介面（interface）作轉換才不致於誤判；比如在鍵盤上是以鍵盤碼（ASCII code）來表示，在終端機是以控制電子槍的**類比**（analog）或**數位**（digital）訊號為主，在雷射印表機是接受點陣訊號，在硬碟機也有它獨特的硬碟訊息。總之，在不同設備間傳遞資料就可能要作資料轉換的動作，此時須有相互認知的**格式**（format）。當程式於中央處理器（cpu）運作時，它常需與終端機、鍵盤、及硬碟等作資料的傳送。一般而言，對於不同設備間資料的轉換通常是交由介面軟體（軟體或硬體公司負責）處理，但對於資料的顯示樣式則需由程式員來處理。本章將討論在程式中對於輸入與輸出資料時的格式問題。比如說在鍵盤上輸入一組資料，如下式：

0123456789

若無事先的定義，要解讀這些值是非常困難的，因它有很多的可能：

▲十個文字資料，分別為「0」到「9」

▲十個數字資料，分別為「0」到「9」

▲一個數字資料，為「123456789」

有數不盡的可能解讀法。因此在程式中須對於資料要有特定的格式。

格式指述為命令電腦依指定的方式輸出或輸入資料。在目前電腦軟體對於各種不同的資料型態，如文字、整數、實數、和邏輯等等，均用不同的方式處理，因此所採用的格式指述也不同。本章將敘述不同資料型態的格式指述的使用方法。除最後一節 4-12 導出型態（derived type）為**外部資料型態**（external data type），可由自己組合設定外；其他各節所敘述的資料型態都出自於編輯軟體內部（intrinsic type）提供的資料型態，即稱為內部資料型態（internal data type）。

4-1　資料型態的種類

在 Fortran 程式指述中，任何一個常數、變數、陣列、表示式、或函式等必須是屬於某一種特定的資料型態（data type）。

一資料型態有下列性質：

▲名稱：對於**內部資料型態**（intrinsic data type）的名稱是已內定的，而**導出資料型態**（derived type）就必須以由內部型態自行組合來設定。資料物件（data objects）（如常數、變數等）要以資料型態的名稱來設定其屬性，如 INTEGER、REAL 等等。

▲每一資料型態均有一組相對應的值：整數或實數有其有效數字相對應的值的範圍。

▲一種為資料型態設定常數的方法：**常數**（constant）為一資料物件，它具有一固定的值，在程式執行過程中這值不會被改變。它可能是一數值、一邏輯、或一文字。一常數不具有名稱時稱字母常數（literal constant），否則為具名常數（named constant）。具名常數有參數「PARAMETER」的屬性，它是用型態宣告指述或「PARAMETER」指述來設定。

▲一種運作及解釋這些值的處理程序。

以廣義而言，**格式**（format）就是指對於電腦資料安排的方式。以狹義的定義而言，在程式中所謂的格式是指為方便使用者而對於資料顯示方式的規定，就是通常所謂的**格式化**（formatted）。相對的，若無需自行規定資料顯示方式而以電腦原來的內部處理方式存或取資料時稱**非格式化**（unformatted）。

4-1-1 格式化的宣告

在程式裡對於變數輸入或輸出時，格式化的宣告方式有以下兩種寫法：

1. 以「**格式指述標籤**」標示（在程式每列的一至五格間的數字），另外再用「**FORMAT**」指令於程式中的其它列宣告。如下例：

```
IMPLICIT NONE
REAL X
READ(*, 100)X              ! 本程式的第一個可執行指述
100    FORMAT(F5.1)        ! 此列只要在程式的可執行指述內即可
WRITE(*, 100)X             ! 本程式的最後一個可執行指述
END
```

本例中，

第三列「READ」指令後的括號內第一個數字是指檔案號碼，在此用「*」表示用內定的檔案，就是鍵盤檔案；第二個數字是指格式指述標籤，在此用「100」表示將參考的格式是在程式的指述敘述列中開頭標示「100」的那一列。

第四列除有指述標籤「100」之外，「FORMAT」指令為表示其後的括號內為指定的格式，在此用「F5.1」表示實數數字用五格，小數點後有一位數字。詳見 4-4 節。

第五列「WRITE」指令後的括號內第一個數字是指檔案號碼，在此用「*」表示用內定的檔案，就是終端機檔案；第二個數字是指格式指述標籤，在此用「100」表示將參考的格式是在程式的指述敘述列中開頭標示「100」的那一列。

需注意的是，在「READ」與「WRITE」的括號內第一個引數雖然均用「*」表內定檔案，但它們分別指的是鍵盤與終端機。

2. 以**文字**表示，如下例：

```
IMPLICIT NONE
```

```
REAL X
READ(*, '(F5.1)')X        ! 以文字（F5.1）為格式
WRITE(*, '(F5.1)')X       ! 以文字（F5.1）為格式
END
```

本例中，

第三列「READ」指令後的括號內第一個數字是指檔案號碼，在此用「*」表示用內定的檔案，就是鍵盤檔案；第二個是文字，此需用括號標示格式指述，括號內就是指定的格式。

第四列「WRITE」指令後的括號內第一個數字是指檔案號碼，在此用「*」表示用內定的檔案，就是終端機檔案；第二個是文字，需用括號標示格式指述，括號內就是指定的格式。

以文字表示的格式，它的最大好處之一就是它可在程式執行中才建構或改變。如下例程式可因著輸入而改變格式：

```
IMPLICIT NONE
CHARACTER*7 factor1, factor2, factor3
REAL a1, a2, a3
a1 = 100.0; a2 = 123.1; a3 = 456.11
factor1 = '(E12.5)'
factor2 = '(E11.4)'
factor3 = '(E10.3)'
WRITE(*, factor1)a1     ! 格式指述可以文字變數取代
WRITE(*, factor2)a2     ! E11.4 為指數格式，佔 11 格，小數點後有 4 格
WRITE(*, factor3)a3     ! 詳見 4-4-3 節。
END
```

4-1-2　描述符

常用的格式表示可分成以下三類的描述符（descriptors）：

1. 資料編輯描述符：I、B、O、Z、F、E、EN、ES、D、G、L、及 A。
它們的表示式如下：

```
[r]c
[r]cw
[r]cw.m
[r]cw.d
[r]cw.d[Ee]
```

其中，

r ：可重複的表示，範圍為 1～2, 147, 483, 647。內定是 1。

c ：格式，可為 I、B、O、Z、F、E、EN、ES、D、G、L、及 A。

w：總共可允許的格位。若沒寫此項就採內定。最大是 32767。
　對 I, B, O, Z, 及 F 其範圍可由零開始。

m：在其範圍內最少的格位。可由 0～255。

d ：在小數點右邊的格位數目。可由 0～255。

E：表示指數格式。

e ：在指數的格位。可由 0～255。

r, w, m, d 與 e 必須是不帶符號的整數數字。

資料編輯描述符的不同格式如下：

整數：Iw[.m], Bw[.m], Ow[.m], 及 Zw[.m]

實數：Fw.d, Ew.d[Ee], ENw.d[Ee], Esw.d[Ee], Dw.d,及 Gw.d[Ee]

邏輯：Lw

文字：A[w]

2.控制編輯描述符：T、TL、TR、X、S、SP、DD、BN、BZ、P、：、/、$、\、及Q。

3.字串編輯描述符：H、'c'、和"c"。

對這些描述符的意義敘述如下述表格：

表示	格式	表示意義
A	A[w]	轉換文字值。用來宣告文字變數。w 為總共用的格數。
B	Bw[.m]	轉換位元值。
BN	BN	在數值數區域中忽略及除去後面的空格。
BZ	BZ	在數值數區域中後面的空格視為零。
D	Dw.d	D表示雙精準度實數格式，w為總共用的格數含小數點及符號，d為小數點後的數字數目。
E	Ew.d	E表示指數格式，w為總共用的格數含小數點、正負符號及指數表示，d為小數點後的數字數目。
EN	ENw.d[Ee]	用工程符號轉換實數值。
ES	ESw.d[Ee]	用科學符號轉換實數值。
F	Fw.d	F表示實數格式，w為總共用的格數含小數點及符號，d為小數點後的數字數目。
G	Gw.d	G表示實數或指數可變通的格式，w為總共用的格數含小數點及符號，d為小數點後的數字數目。
H	nHch[ch]	對輸出紀錄轉換H後的文字值。
I	Iw[.d]	I表示整數格式，w為總共用的格數（含符號），d為在d格以內的零均要寫出。
L	Lw	L表示邏輯格式，w為總共用的格數。
O	Ow[.d]	轉換八進位值。
Q	Q	算出在一輸入紀錄中所含的文字個數。
S	S	以「+」號放在輸出的數字前。參考SP,SS。
SP	SP	以「+」號放在輸出的數字前。
SS	SS	移除輸出的數字前的「+」號。

T	Tc	跳鍵到一位置去。T為移動指標的指令，c為一數字，指的是在此Tc之後的資料由第c格起排放。
TL	TLn	由一特別位置往左跳鍵。
TR	TRn	由一特別位置往右跳鍵。
X	nX	在一位置後空出n格。
Z	Zw[.m]	表示十六進位格式，w 為總共用的格數。若是數字就用十六進位表示，若是文字就對每個字母在ASCII碼的數字。
$	$	在輸入輸出時，去除最後的return鍵符號。
：	：	輸入輸出時，為一結束格式的控制。若沒有資料就終止輸出。
/	[r]/	結束目前的紀錄並移到下一個紀錄。
\	\	繼續目前的紀錄，與「$」同。表示鍵盤的游標將停在（顯示）終端機顯示資料之後。此時一定是終端機檔，即「*」或「6」號檔案。
‘ ’	‘ ’	引號內的所有資料均當文字處理。

4-2 內部資料型態

為了方便使用者，在電腦編譯軟體中均有定義一些內定（default）資料型態，或稱為直接列示（List-directed formatting），這些適用於整數數字、實數數字、及文字等。

如下例：

```
IMPLICIT NONE
REAL A
INTEGER IX
CHARACTER*5 NAME
READ(*,*)A, IX, NAME
```

由第四列中的「READ」括號內的第一個「*」表示由內定的設備（指鍵

盤）輸入，括號內的第二個「*」表示用內定的格式解讀。通常軟體對內定的格式的設定是以能容納其變數資料的最大範圍為準。以上例的第四列而言：

▲「A」為單精準度實數，它的有效位數為七位，加上小數點、正負符號等，通常有十六格位數。數字表示以用實數為主，當所用的數字需太多格位時，就用指數方式。

▲「IX」為單精準度整數，它的有效位數為十位，加正負符號，再加一空格，因此有十二格位數。

▲「NAME」在原先已宣告為五個字元大小，因此在這表示最多有五個字，也就是會佔五格。

在實用上，若要令使用者數格子以輸入數字或文字那是非常不合理的事。對此有融通的方法，那就是在輸入資料時：

1. 兩數字之間若有逗點，程式會視為一種區隔的符號。

2. 兩數字之間若有空格，程式也會視為一種區隔的符號。唯它只適用於用內定格式「＊」。**如採用內部資料格式，如本章 4-3 節以後所述，則兩數字之間的空格不會被視為一種區隔的符號**。切記！

例如對於上例，使用者在鍵盤上輸入：

1000.0, 20, HUANG

或

1000.0 20 HUANG

兩者之一，程式均視為讀入「1000.0」放在「A」變數上，「20」放「IX」，和「HUANG」給「NAME」。

需注意的是，所輸入的數字必須在程式允許的範圍內。如單精準度整數不能超過±2, 147, 483, 647。

在「READ」或「WRITE」的指令上，至少有三件事情需確定，即：

1. 資料在那裡取得？

2. 資料要放到何處？

3.用何種方式轉換資料？

如上例

READ(*, *)A, IX，NAME

在此程式指述中已說明了上述三件事：

1.資料由內定檔案讀取，在括號內的第一個「*」號，那就是指定為鍵盤。

2.資料放到程式中的「A」、「IX」與「NAME」變數位置上，即在中央處理器的記憶體上，也就是 RAM 處。

3.用內部資料型態轉換資料，在括號內的第二個「*」號，那就是指用內定格式轉換資料。

具名直接列示（Namelist-Directed Formatting），為另一種直接列示的格式。它用特殊文字代表不同數字型態。如以下 4-3 到 4-7 節所述。

以下為 Fortran 具有的內部資料型態（intrinsic data type），也就是選用編譯軟體提供的資料型態：

INTEGER 整數	**REAL 實數**
INTEGER([KIND =] 1) or INTEGER*1	REAL([KIND =] 4) or REAL*4
INTEGER([KIND =] 2) or INTEGER*2	REAL([KIND =] 8) or REAL*8
INTEGER([KIND =] 4) or INTEGER*4	DOUBLE PRECISION 雙精準度
INTEGER([KIND =] 8) or INTEGER*8	REAL([KIND =] 16) or REAL*16
BYTE 等於 INTEGER*1	
COMPLEX 複數	**LOGICAL 邏輯**
COMPLEX([KIND =] 4) or COMPLEX*8	LOGICAL([KIND =] 1) or LOGICAL*1
COMPLEX([KIND =] 8) or COMPLEX*16	LOGICAL([KIND =] 2) or LOGICAL*2
DOUBLE COMPLEX 等於 COMPLEX*16	LOGICAL([KIND =] 4) or LOGICAL*4
COMPLEX([KIND =] 16) or COMPLEX*32	LOGICAL([KIND =] 8) or LOGICAL*8
CHARACTER 文字 ! 內定，與下列同	
CHARACTER([KIND =] 1)	
CHARACTER*N ! N 必須為正整數	

4-3　整數資料型態

整數資料型態的宣告有以下四種方式：

1. INTEGER A, B　　　　　　! A, B 採用內定的精準度，為 4 個字元
2. INTEGER([KIND=]n) A, B　! A, B 採用自定的精準度，為 n 個字元
3. INTEGER*n A, B　　　　　! A, B 採用自定的精準度，為 n 個字元
4. INTEGER A*4, B*2　　　　! A 採 4 字元精準度，B 採 2 字元精準度

對常數設定為整數資料型態的表示如下：

512_2 ! 表示 512 為十進位的數值，此常數是以兩個字元存放
　　! 數字後面的下標「_」為特殊符號，其後是字元數的表示

整數的資料編輯描述符可用：

Iw [.m]：表示十進位

Bw[.m]：表示二進位

Ow[.m]：表示八進位

Zw [.m]：表示十六進位

4-3-1　I 格式

針對十進位的整數數字的輸入與輸出可用「I」格式。

如下例：

```
IMPLICIT NONE
INTEGER I, J, L, M, N, I1, I2
READ(*, 8)I, J, L, M, N, I1, I2    ! 這一列與下一列也可寫成下式：
8  FORMAT(3I3, 3I2, I6)    ! READ (*, '(3I3, 3I2, I6)') I, J, K, M, N, I1, I2
WRITE(*, 9)I
9  FORMAT(I4.3)
END
```

如果在鍵盤檔中的資料為：（注意，此時資料間的空格不能視為區隔）

◇12◇3◇-12◇◇◇◇11◇2

上式用「◇」符號表示空格，也就是資料檔中由最左邊算來的第一個「1」是在第二格的位置。在格式指述（FORMAT）裡「I3」表示整數格式，有三格資料。「3I3」表示有三個「I3」。

讀入的結果是：

◇12　給 I3 格式的 I 變數，因此 I=12

◇3◇　給 I3 格式的 J 變數，因此 J=3

−12　給 I3 格式的 L 變數，因此 L=−12

◇◇　給 I2 格式的 M 變數，因此 M=0

◇◇　給 I2 格式的 N 變數，因此 N=0

11　給 I2 格式的 I1 變數，因此 I1=11

◇2　給 I6 格式的 I2 變數，因此 I2=2

鍵盤檔中的資料分配到最後一個變數時，它只剩下兩格對應「I6」的格式，此時電腦只好取此兩格的資料來用，不足部份就算了。

本例的輸出資料於終端機上，為：

◇012

因在格式指述標籤號碼「9」中用「I4.3」，指用整數格式，共有四格，後三格一定要有數字。

需注意的是，在第二章中所提及對程式中變數定義的精準度與本章所敘述的格式是無關的；也就是說，不管在程式中對於某一整數定義為四分之一、半、或單精準度，整數數字的輸入/出格式一定要用「I」格式。

4-3-2　B 格式

針對二進位的輸入與輸出可用「B」格式。

如下例：

```
IMPLICIT NONE
INTEGER I                                        ! 宣告為整數變數
WRITE(*, '("Using binary I/O")')                 ! 輸出雙引號中的字
READ(*, '(B5)')I                                 ! 以二進位方式輸入
WRITE(*, *)'Integer value ->', I                 ! 以十進位方式輸出
WRITE(*, '("Binary value ->", B6)'), I           ! 以二進位方式輸出
WRITE(*, '("Octal value ->", O6)'), I            ! 以八進位方式輸出
WRITE(*, '("Hexadecimal value ->", Z6)'), I      ! 以十六進位方式輸出
END
```

上面程式的執行中若輸入 11111，則會得到如下的結果：

```
Integer value ->        31
Binary value ->   11111
Octal value ->          37
Hexadecimal value ->   1f
```

須注意的是，若輸入值為負數時，它視負號為內部值的格式，也就是在記憶體中該值的表示裡最左邊的二進位值是 1。

建議在用 B、O、與 Z 格式時不要用負數值，以免錯誤。

4-3-3 O 格式

針對八進位的輸入與輸出可用「O」格式。

如下例：

```
INTEGER I                                  ! 宣告為整數變數
WRITE(*, '("Using binary I/O")')
READ(*, '(O5)')I                           ! 以八進位方式輸入
WRITE(*, *) 'Integer value->', I           ! 以十進位方式輸出
WRITE(*, '("Octal value ->", O6)'), I      ! 以八進位方式輸出
END
```

4-3-4 Z 格式

此十六進位格式以「Zw」表示，「w」為總共用的格數。若是數字就用十六進位表示，若是文字就對每個字母在ASCII碼的數字用十六進位表示。例：

PRINT '(Z8, Z10)', 256, 'ABCD'

或寫成

WRITE(*, '(Z8, Z10)')256, 'ABCD'

執行的結果為：其中「◇」符號表示空格

◇◇◇◇◇100◇◇44434241

前八個數字為「256」的十六進位值接著空兩格，此係十格表示四個文字時會多出兩格來（註：每個文字在ASCII代碼中用十六進位表示時只要兩格就可以）。接著「41」是表示文字「A」的 ASCII 代碼「65」；「42」是表示文字「B」的ASCII代碼「66」；「43」是表示文字「C」的ASCII代碼「67」；「44」是表示文字「D」的ASCII代碼「68」。顯然的，在本例中對於文字的輸出是由所使用空間（Z10）最右邊排起。

注意：用B、O、Z等三種數字資料的表示時，須注意如下的限制：

```
IMPLICIT NONE
REAL A, B, C
INTEGER I, J
A=O'123'     ! A=0 得到幾乎為零的值，錯。此時等號左邊需整數變數
I=O'123'     ! I=3+2*8+8*8=83
B=O'12.3'    ! 編譯不會過，因它要求括號內不能為帶小數點的數字
C=8#12.3     ! 不可，理由同上
WRITE(*, *)A, B, C, I
END
```

註：A=O'123' 此列在編譯時很不穩定，有時可得正確解，有時不然。

4-4 實數資料型態

對於實數變數可用的格式有「F」、「E」、「EN」、「ES」、「D」及「G」等六種格式。因複數是以兩個實數所組成，故用實數的格式來表示。

對常數設定為實數資料型態的表示如下：

51.2_4　！表示 51.2 為十進位的數值，此常數是以四個字元存放
　　　　！數字後面的下標「_」為特殊符號，其後是字元數的表示

實數變數的資料編輯描述符可用：

Fw.d　　　　　　：表示單精準度實數格式
Dw.d，Ew.d[Ed]：表示指數格式
ENw.d[Ee]　　　：表示工程符號
ESw.d[Ee]　　　：表示科學符號
Gw.d[Ee]　　　 ：表示可切換格式

4-4-1 F 格式

此為對實數變數最常用的格式，其適用於單精準度實數的資料。

```
IMPLICIT NONE
REAL A, B, C, D
READ(*, 100)A, B, C, D
100   FORMAT(2F5.1, F6.2, F7.0)
WRITE(*, 100)A, B, C, D
END
```

若在鍵盤檔中資料為：

◇123◇◇456.◇◇890123.1E3

讀出的結果為：

◇123◇　此五格給「F5.1」格式的「A」變數，因此 A＝12.3。數字之間的空格在讀入後會被去除，然後才進行解讀的工作。當電腦讀取「◇123◇」數字時，因沒指明小數點，依格式「F5.1」指定小數之後有一個數字，因而將此三個數字「123」被解釋為「12.3」。

◇456.　此五格給「F5.1」格式的「B」變數，因此B＝456.0。當電腦讀取 456.數字時，因數字間已有小數點，所以電腦就不理會格式「F5.1」指定小數之後有一個數字，直接用使用者輸入的值。

◇◇8901　此六格給「F6.2」格式的「C」變數，因此C＝89.01。當電腦讀取「8901」數字時，因沒指明小數點，依格式「F6.2」指定小數之後有兩個數字，因而將此四個數字解釋為「89.01」。

23.1E3　此六格給「F7.0」格式的「D」變數，因此 D = 23100。當電腦讀取「23.1E3」數字時，因「E」在數字資料上為指數的意思，「E」後面的數字為十的次方，本例為「3」，解釋為十的三次方。數字部份只剩「23.1」，其格式指定為「7.0」，也就是小數點後沒數字；但使用者輸入的值帶有小數點，因此以使用者的數值為準，加上指數部份為最後結果。

註：用實數格式仍可解讀指數格式的資料。

通常當您要引用的資料是由電腦輸出者，那一定要用與原先輸出時完全一樣的格式才不會出問題。如果您引用的資料是自行打入電腦者，那可用逗點來區分不同的資料，不用數格子。

以上例，您可輸入以下資料而得同樣結果：

12.3, 456.0, 89.01, 23100.0

用逗點來區分不同的資料是為方便使用者輸入。唯需注意的是**每一筆資料加上其後面一個逗點的資料數字個數不得大於格式中指定的數字個數**。

如上例，若輸入為：

12.30, 456., 89.01, 23100.0

則電腦解讀的結果為：

「12.30」給格式「F5.2」的變數「A」，因此 A = 12.30，沒問題。但，「, 456.」給格式「F5.2」的變數「B」，電腦無法對第一個逗點解讀，因此為錯。

4-4-2　D 格式

雙精準度實數的格式，以「D」表示，其用法與「F」完全相同。

如下例：

```
IMPLICIT NONE
REAL*8 A, B, C, D            ！此列的「D」表示為一「雙精準度變數」
READ(*, 8)A, B, C
D = 201.01D0                 ！等號右方的「D」表示為「雙精準度指數常數」
8   FORMAT(D14.7, 2D14.7)！此列「D」表示為「雙精準度格式」
WRITE(*, 8)A, B, C
END
```

在輸入與輸出時，「D」格式也可用指數，如上述程式的執行中：

輸入：1.23D+2, 2.345, 3.45D-2

輸出：0.1230000D+03　0.2345000D+01　0.3450000D-01

此時就是利用指數的方式（也就是在數字間有「+」或「−」號出現）輸入，其結果程式也是以指數的方式輸出。其實對於雙精準度實數的格式用「F」也可，唯它可處理的數字範圍及有效數字的大小就不同，其是採單精準度。

4-4-3　E 格式

實數的指數格式以「E」表示。如下例

```
IMPLICIT NONE
REAL A, B, C, D
```

```
READ(*, 8)A, B, C, D
8   FORMAT(E8.2, 2E10.3, E5.0)
END
```

若在鍵盤檔中資料為

1, 2.0E-3, 100, 20.3

讀出的結果為：

1,　　　此兩格給「E8.2」格式的「A」變數，因此 A = 0.01。
讀入的數字為實數格式，程式以實數方式處理。當電腦讀取「1」數字時，格式「E8.2」中指明小數點為兩位，所以在讀入的數字之前加上一個零然後再加一小數點於數字前面。

2.0E-3,　　此七格給「E10.3」格式的「B」變數，因此 B = 0.002。
於指述「E」之前的數字「2.0」由於已有小數點，所以不受原指定格式的影響。指述「E」之後的數字是「-3」，為十的負三次方的意思。

100,　　　此四格給「E10.3」格式的「C」變數，因此 C = 0.1。

20.3　　　此四格給「E5.0」格式的「D」變數，因此 D = 20.3。

E 格式對於格子要特別注意

Ew.d：使用時最好 w ＞ d+7

也就是說用「E」格式時，需預留的格子至少七格以上。因「w」是指全部數字含指數部份所用的空間。「d」只是數字的小數點以後的數字部份而已。若要表示可能的全部數字，則尚需：一個正負符號，接著一個零，一個小數點，一個「E」文字，跟著一個正負符號，還有最大可能的兩位數字在最後，總共加起來有七格。

例如：

-0.1234E-12

如果要用指數格式表示此數字，需至少用 E11.4。

4-4-4　G 格式

由於實數可表示的數字範圍很大，用實數表示較少的數字是比較合乎一般人的習慣，當數字範圍很大時又以指數表示較方便。對於一個不確定數字範圍的實數，G 格式自動依數字的大小判斷需用 F 或 E 格式。

以「M」表示一數字，「Gw.d」為此數字的格式，此時的作法如下：

數值的大小	實際使用的格式	
0.1 < M < 1	F<w−n>.d	其後有 n 個空格
1.0 < M < 10	F<w-n>.<d-1>	其後有 n 個空格
10**(d−2) < M < 10**(d−1)	F<w-n>.1	其後有 n 個空格
10**(d−1) < M < 10**d	F<w−n>.0	其後有 n 個空格
除上述條件外，其它均用指數的「E」格式來表示。		

例：

```
IMPLICIT NONE
REAL A, B, C
A = 1000.001
B = 10000.001
C = 12345.6789
WRITE(*, '(G12.6, G10.4, G14.6)')A, B, C
END
```

執行的結果為：

◇1000.001◇◇◇0.1000E+05◇◇12345.68◇◇◇◇

可發現所輸出的值與程式中原設定者有出入，此是因輸出時位置不夠所引起的截尾誤差問題。

其中：A 值用「F12.6」格式輸出　◇1000.00◇◇◇◇

B 值用「E10.4」格式輸出　0.1000E+05

C 值用「F14.6」格式輸出　◇◇12345.68◇◇◇◇

上述的結果須配合有效數字的觀念，如單精準度實數的有效數字為七位，此導致 C 的結果與原程式內的指定值有誤差。

4-4-5 EN 格式－工程符號格式

實數的格式以「EN」表示用工程符號，其用法如下：

ENw.d[Ee]

在輸入值的方面，「EN」與「F」完全相同。在輸出時，「EN」格式會以指數方式呈現，但在數字部分的小數點前面保持在 1～1000 之間（除非數值是零）。如以下程式：

```
IMPLICIT NONE
REAL*8 A, B, C, D
READ(*, 8)A, B, C          ! 這一列與下一列也可寫成：
8   FORMAT(3EN16.7)        ! READ '(3EN16.7)', A, B, C
WRITE(*, 8)A, B, C
END
```

若在輸入時為：123456789, 0.123456789, 0.0000012345

則輸出為：123.456789E+06　123.4567890E-03　1.2345000E-06

4-4-6 ES 格式－科學符號格式

實數的格式以「ES」表示用科學符號，其用法如下：

ESw.d[Ee]

在輸入值的方面，「ES」與「F」完全相同。在輸出時，「ES」格式會以指數方式呈現，但在數字部分的小數點前面保持在 1～10 之間（除非數值是零）。如以下程式：

```
IMPLICIT NONE
REAL*8 A, B, C, D
READ(*, 8)A, B, C
8 FORMAT(3ES16.7)
WRITE(*, 8)A, B, C
END
```

若在輸入時為：123456789, 0.123456789, 0.0000012345

則輸出為：1.2345679E+08　1.2345679E-01　1.2345000E-06

4-5 邏輯資料型態

對邏輯的結果無非「T」或「F」兩種，即「真」或「假」。也就是至少一格即可。寫法為：

Lw 其中 w 表示格子數目

例如下列程式：

```
PRINT '(L2, L5)', .true., .false.
```

結果為：

邏輯常數在程式中以「.true.」或「.false.」表示。但在外部檔案時用「T」

或「F」表示，如下例：

```
IMPLICIT NONE
LOGICAL A, B
READ(*, '(2L1)')A, B
```

上述程式的輸入，只要用鍵盤輸入「T」或「F」就可分別在程式裡表示「.true.」或「.false.」。

4-6 文字格式—A Format

文字格式以「A」或「Aw」表示，「w」為格子數目。如下例：

```
IMPLICIT NONE
CHARACTER*4 A, B, C, D, E
READ(*, 8)A, B, C
8 FORMAT(2A3, A)
WRITE(*, '(3A)')A, B, C
D='ABCD'                    ！以文字常數呈現時需用單或雙引號
E="GH"
WRITE(*,*)D, E
END
```

若輸入：

12, 34◇6◇8, 123

在程式內的變數所得結果為：

```
A='12,'     ！指定用 A3 的格式
B='34◇'     ！指定用 A3 的格式
C='6◇8,'    ！未指定 A 的格式，亦用內定 A4 的格式
```

最後輸出結果為：（每一變數均用內定的四格輸出）

12, ◇34◇◇6◇8,

ABCD GH

由本例可知文字格式是無法用逗點來分開兩個資料的，因逗點本身也是被定義成一文字。

4-6-1　引號格式—Apostrophe

引號格式它是文字格式的一種，只不過它只可用在輸出。引號內的所有資料均當文字輸出。如下例：

```
WRITE(*, '("Output the data")')
WRITE(*, 100)
100 FORMAT('Output the data')
```

在例題中，兩種輸出方式均可達相同效果，但寫法上有些許的差異。

在第一列，於「WRITE」指令後括號內的第二個資料，即「‘（“Output the data”）’」兩引號間的資料「（“Output the data”）」均視同文字。問題是要如何將引號間括號內資料設定為文字？此時的作法是用雙引號「“ ”」來表示文字的引號。

在第二列，就引用「100」指述標籤處的格式敘述，在格式敘述只要用單引號就代表文字資料。

在 Fortran 中允許用雙引號「“ ”」代替單引號「‘ ’」。它的好處就是在輸出因文字串有時含單引號，這時會與引號格式相衝突。用雙引號就沒這個問題，如下：

```
PRINT"(A)", "I can't go home now"
```

上式中的「can’t」的單引號就可正確的表示出來。

4-6-2 H 格式

H（Hollerith constant）格式為輸出文字而設。它的寫法為

nH

其中「n」是指「H」後的「n」個文字予以輸出。如下例：

```
IMPLICIT NONE
REAL X, Y
X=5.8
Y=6.1
WRITE(2, 6)X, Y
6   FORMAT(1X, 5H    X=F4.1, 3H Y=F4.1)
END
```

輸出的結果是

◇◇◇X=◇5.8◇Y=6.1

註：⑴上式輸出資料中「◇」代表空格。

⑵**此格式是很古老的用法，它不應再被使用**。可用上一節（4-6-1）的引號格式或下一節（4-8-1）的定位格式「X」來取代。

4-7 資料編輯描述符的內定寬度

資料編輯描述符的寬度「w」若沒有設定時採用內定的寬度。如下

編輯描述符	資料型態	寬度
I、B、O、G、Z	BYTE, INTEGER(1), LOGICAL(1)	
	INTEGER(2), LOGICAL(2)	7
	INTEGER(4), LOGICAL(4)	12
O、Z	REAL(4)	12
	REAL(8)	23
	REAL(16)	44
	CHARACTER*len	MAX(7, 3*len)
L、G	LOGICAL(1), LOGICAL(2)	
	LOGICAL(4), LOGICAL(8)	2
F、E、EN、ES、G、S	REAL(4), COMPLEX(4)	15, d: 7, e: 2
	REAL(8), COMPLEX(8)	25, d: 16, e: 2
	REAL(16), COMPLEX(16)	42, d: 33, e: 3
A、G	LOGICAL(1)	1
	LOGICAL(2), INTEGER(2)	2
	LOGICAL(4), INTEGER(4)	4
	LOGICAL(8), INTEGER(8)	8
	REAL(4), COMPLEX(4)	4
	REAL(8), COMPLEX(8)	8
	REAL(16), COMPLEX(16)	16
	CHARACTER*len	len

如下：

```
IMPLICIT NONE
INTEGER*2 I, J
READ(*, *)I, J
WRITE(*, *)I, J
END
```

輸入下列資料（此時輸入的數字不能大於 32767）：

32767 32767

輸出如下結果：

32767 32767

4-8 控制編輯描述符

一控制編輯描述符可以對資料的呈現及轉換產生影響。表示方式如下：

c
cn
nc

其中：

c：為 T、TL、TR、X、S、SP、SS、BN、BZ、：、/、\、$、Q

n：為一數目，表示文字的位置。範圍在 1～32767 之間

這些控制編輯描述符又可分成下述五類：

▲定位：Tn, TLn, TRn 及 Nx

▲符號：S, SP 及 SS

▲空格：BN 及 BZ

▲尺寸因素：Kp

▲其他：：, /, \, $及 Q

4-8-1 T、X 定位格式

輸出資料時，原則上是依資料出現的先後次序排列，但用「T」或「X」

格式可以改變輸出的次序。此兩格式的表示如下：

Tc：「T」為格式指令，「c」為一數字，指的是在此「Tc」之後的資料由第「c」格起輸出或輸入。

nX：表示空「n」格，照原先的次序往後空「n」格。

如下例：

```
IMPLICIT NONE
REAL A, B
INTEGER I, J
READ(*, 8)B, A, I, J
8   FORMAT(T8, F3.0, T2, F5.1, T12, I3, 2X, I2)
```

若輸入資料為：

◇100.0◇200◇◇5◇◇◇10

在程式中，變數 B 是由第八格起以 F3.0 格式輸入，變數 A 由第二格起以 F5.1 格式輸入，變數 I 與 J 由第十二格起以 I3 和 I2 格式輸入，唯此兩值間有兩空格。

所得結果為：

A = 100.0,　B = 200.0,　I = 5,　J = 10

4-8-2　TL 定位格式

輸出資料時，「TL」格式指定文字的位置由目前位置的左邊起算第n格開始。它的表示如下：

TLn：「TL」為格式指令，「n」為一數字

若「n」是正整數，表示將定位在目前文字左邊第「n」格的位置。

若「n」是大於或等於目前位置值，下一個文字將出現在目前紀錄的第一個文字上。

4-8-3 TR 定位格式

輸出資料時，「TR」格式指定文字的位置由目前位置的右邊起算第 n 格開始。它的表示如下：

TRn：「TR」為格式指令，「n」為一數字

若「n」是正整數，表示將定位在目前文字右邊第「n」格的位置。

4-8-4 SP 符號格式

「SP」編輯描述符可以使得在輸出數字時，正數加上「+」號。

4-8-5 SS 符號格式

「SS」編輯描述符可以使得在輸出數字時，取消數字前的「+」號。

4-8-6 S 符號格式

「S」編輯描述符可以使得在輸出數字時，對正數的「+」號重行貯存以為選擇性的使用。

4-8-7 BN 空格格式

「BN」空格格式可以令處理器忽略一輸入數字的所有在其間或尾端的空格。

4-8-8　BZ 空格格式

「BZ」空格格式可以令處理器將一輸入數字的所有在其間或尾端的空格視為有意義的「0」。

4-8-9　反斜線

反斜線「/」指令控制資料往下一筆記錄（record）去運作，也就是在資料檔的下一列。

例：

```
IMPLICIT NONE
REAL A, B, C, D
A = 100.0
B = A
C = A；D = A
WRITE(*, 8)A, B, C, D
8   FORMAT(//F6.2// F6.1, F5.1 // F6.0)
END
```

本例的格式，在第七列，括號內先有兩個反斜線，此控制終端機的輸出游標往下跳兩列。然後在第三列以「F6.2」的格式輸出「A」變數值。再跳兩列於第五列以「F6.1, F5.1」的格式輸出「B」及「C」變數值。再跳兩列以「F6.0」的格式於第七列輸出「D」變數值。

本例最後輸出的結果為：

100.00

◇100.0100.0

◇

◇◇100.

此輸出共用了七列。

4-8-10　冒號格式—colon editing

表示方式為：

：　　若沒有資料就終止輸出其它訊息。

用法如下例

```
IMPLICIT NONE
REAL A, B, C
A = 1000.01
B = 2000.01
C = 3000.01
WRITE(*, 100)A, B, C
100   FORMAT(1X, 'Output three data ->', 3F10.3, ：, 'End of data')
END
```

在第六列　WRITE(*, 100)A, B, C

共有三個資料單元要輸出，它們引用第八列的格式

100 FORMAT(1X, 'Output three data ->', 3F10.3, ：, 'End of data')

此輸出結果為：

Output three data ->◇◇1000.010◇◇2000.010◇◇3000.010

當輸出三個實數時，在格式「FORMAT」中用到「3F10.3」後就遇到冒號「：」的符號。因已沒資料要輸出了，所以在格式最後的文字「'End of data'」就不輸出。

在不同的「WRITE」各輸出多筆資料，當引用一共同的格式（format）

時，為了讓不同長度的各筆資料輸出均能在其各自資料結束之處中止，不要再繼續列出格式內其它資料時，可用此冒號格式。

4-8-11　游標控制

在與鍵盤溝通時，可用游標控制指令來提高交談的效果。「$」或「\」兩指令表示鍵盤的游標將停在（顯示在）終端機所出現的資料之後。此時輸出檔一定要是終端機檔，即檔案號碼須為「*」或「6」。

例：

```
IMPLICIT NONE
REAL A
WRITE(*, 100)
100 FORMAT(1X, 'Input a number -> ', \)
READ(*, *)A
WRITE(*, *)A
END
```

本例第四列的「FORMAT」最後有斜線「\」，它使得終端機的游標停在「Input a number ->」文字之後。接著打入一數字後按鍵盤的「Enter」鍵以令程式繼續執行。

4-8-12　文字計數

「Q」為文字計數編輯描述符，它可以算出在目前輸入文字紀錄中剩下的文字數。

```
IMPLICIT NONE
INTEGER II, NCH                        ! 此題若輸入為
CHARACTER*9 A1                         ! 10, ABCD
READ(*, '(I3, Q, A)')II, NCH, A1       ! 則輸出為
```

```
WRITE(*, '(2I4, 2X, A)')NCH, II, A1    ! 4   10   ABCD
END
```

以上程式的第二列輸入中，因變數「NCH」是以格式「Q」，它所得的值是該紀錄到目前為止所剩下的資料格數。

4-9 重複資料型態—Repeat

如果要存或取的變數很多，當它們之間具重複的格式時，可用重複格式。此時有兩種作法：

1. 格式全部重複

如：

```
REAL A, B, C
INTEGER I1, I2, I3
READ(*, 100)A, I1, B, I2, C, I3
100   FORMAT(F10.5, I3)
END
```

本例的格式指述內只有兩個格式，但變數卻有六個。在第三列的「A」變數用「F10.5」的格式，「I1」用「I3」的格式。當第四列格式指述內的格式已用完，此時循環再用這第四列的格式；在資料檔裡則表示到下一筆資料，即往下跳一列。接著「B」用「F10.5」的格式，「I2」用「I3」的格式。同樣再循環用第四列的格式；資料檔裡則再到下一筆資料去，接著「C」用「F10.5」，「I3」用「I3」的格式。

2. 格式部份重複

在格式指令「FORMAT」的括號中，對於要重複使用的格式予用括號括起來，如：

```
REAL A, B, C
INTEGER IX, IY, IZ
READ (*,100) IX, A, IX, B, IY, C, IZ
100    FORMAT(I6, (F10.5, I3))
END
```

第四列所宣告的格式可寫成下式：

```
100 FORMAT(I6, F10.5, I3/F10.5, I3/F10.5, I3)
```

在資料檔裡：

第一列的格式為：I6, F10.5, I3

第二列以後的格式就是重複：F10.5, I3

4-10　可變化格式表示

可變化格式以「< >」在格式指述「FORMAT」中，它利用變數以使輸出的格式每次都有變化。它的表示式如下：

```
FORMAT(I<J+1>)
```

以下為一程式案例：

```
IMPLICIT NONE
INTEGER I, J, K, L
READ(*, *)I, J, K, L
WRITE(*, '(I<J>)')I
WRITE(*, '(I<K>)')I
WRITE(*, '(I<L>)')I
END
```

若輸入為：

123, 3, 4, 5

輸出結果為：

```
123
 123
  123
```

4-11 數值表示

若在運算式中有不同資料型態的數值出現在表示式上時，對該運算式的結果的資料型態及其數值與這些出現在表示式中數值的資料型態的優先次序有關。以下為資料型態優先次序表：

資料型態	優先次序
LOGICAL(1)與 BYTE	最低
LOGICAL(2)	第二低
LOGICAL(4)	第二低
INTEGER(1)	…
INTEGER(2)	…
INTEGER(4)	…
REAL(4)	…
REAL(8)	第三高
COMPLEX(4)	第二高
COMPLEX(8)	最高
CHARACTER	文字宣告
RECORD	導出資料型態宣告
TYPE	導出資料型態宣告

對於兩不同資料型態的數值的運算結果是以上表較高優先次序的資料型為其結果的表示。一運算表示式的資料型態是在該表示式上最後運算結果的資料型態，以下為通則：

▲整數運算：

整數與整數運算的結果以整數來表示，如下例：

1/4+1/4+1/4+1/4 = 0

▲實數運算：

當實數與整數作運算時，整數會先被轉換成實數再與原先的實數作運算。

當不同精準度的數值作運算時，較低精準度的數值須先轉換成高精準度才能繼續執行。唯當一數值由低精準度被轉換成高精準度時並不代表此數值的表示較為正確，如：

一單精準度的數值 0.3333333

轉成雙精準度約為 0.3333333134651184D0

▲複數運算：

在複數運算式中，整數數值會被轉換成實數運算。

4-12　導出型態

在本章的前面幾節中均介紹內部資料型態（intrinsic data type）的設定方式，其實使用者也可依自己需要將若干內部型態組合以設定於一些變數，此稱導出型態（derived type）。（在本書的 9-12 與 11-2 有詳述導出型態的其他的用途）它的表示如下：

```
TYPE my_type1
     Component_definition
     …
     ..
END TYPE my_type1
```

其中，TYPE：為模組開始的特殊字

My_type1：為自己對此模組所設定的名稱

Component_definition：所設定的內容

END TYPE my_type1：為模組的結束字與模組名稱

以下為一程式以讀入班上同學的資料：

```
TYPE myclass                          ！導出型態，名稱為「myclass」
     CHARACTER(LEN=8):: first_name, last_name
     INTEGER:: age
     CHARACTER(LEN=50):: city
END TYPE myclass                      ！結束導出型態「myclass」的設定
TYPE(myclass):: no1, no2              ！設定變數「no1」與「no2」的型態
no1=myclass("Richard", "Wong", 18, 'Taichung')   ！設值到「no1」
no2=myclass("Jane", "Lee", 19, 'Taipei')         ！設值到「no2」
WRITE(*, '(2a10, I4)')no1% first_name, no1% last_name, no1% age
WRITE(*, '(3a10)') no2% first_name, no2% last_name, no2% city
END
```

以上程式第一到五列為一導出型態的設定，名稱是「myclass」。其中包括了三種內部資料型態設給四個變數。

第六列中將變數「no1」及「no2」設定為導出型態，也就是此兩變數各自內含四個子變數（即「first_name」、「last_name」、「age」與「city」）。

接下來的兩列設定常數到「no1」及「no2」。

在最後的輸出時，將導出型態變數中的子變數予以選擇性的輸出。在此列中有特殊符號「%」的使用，它是針對變數是導出型態時，其子項目需用這種符號來標示。

以下例題為由兩已知點計算經此兩點的線方程式。

$ax + by + c = 0$

其中　$a = y_2 - y_1$，$b = x_1 - x_2$，$c = y_1x_2 - y_2x_1$

程式如下：

```
PROGRAM aline
   IMPLICIT NONE
   TYPE point
      REAL:: x, y
   END TYPE point
   TYPE line
      REAL:: a, b, c
   END TYPE line
   TYPE(point):: p1, p2
   TYPE(line):: myline
   READ*, p1
   READ*, p2
   myline%a = p2%y − p1%y
   myline%b = p1%x − p2%x
   myline%c = p1%y * p2%x − p2%y * p1%x
   PRINT*, 'a-b-c =>', myline%a, myline%b, myline%c
END PROGRAM aline
```

下例程式為輸入一些數值，隨後輸出。

```
TYPE myclass
      CHARACTER*10 name
      INTEGER         age
```

```
        REAL                score
    END TYPE myclass
    TYPE(myclass):: no1, no2
    READ(*, *) no1.age, no1.score, no1. name
    READ(*, *) no2.age, no2.score, no2. name
    WRITE(*, *) no1
    WRITE(*, '("NO2 ->", A8, I5, F10.3)') no2
    END
```

輸入：

```
20,   90.5,    John A
19,   91.6,    Lisa P
```

輸出：

```
John A          20        90.50000
NO2 -> Lisa P    19    91.600
```

第五章
程式發展

一個程式有時是為單一突發問題而製作，有時是為處理經常性的問題。寫一個好程式猶如寫一篇好文章一般是一種藝術，其須經訓練才會達到理想的境界。何謂「好程式」呢？這要看使用目的來定義，一般而言，好程式具有良好處理問題的方式（如：好的數學模式、好的處理流程、快速處理速度等），**具有穩定性**、**可讀性**、**可擴充性**、**容易維護與修改**、及**多方面功能**等。本章針對寫程式過程所必須面對的問題予以討論，包括程式寫作前的思考、程式除錯的方式、誤差的來源、流程圖、程式的範圍等。

5-1 程式寫作

對於程式寫作所需處理及思考的問題，作者提出以下八點意見供參考：

⑴**先瞭解所要處理的問題**。它是何種問題？需要如何運作？期望何種結果？比如說，需什麼樣的輸入、運用何種方式、數學模式、或資料庫才能解決此問題。此時程式員應思考所能採用的方法。

⑵**輸入及輸出方式**。採用對使用者方便及清楚的輸入及輸出方式，即對使用者介面作良好的設計。程式的運作過程總是離不開與使用者的溝通，程式既是為使用者服務的，那就必須要考慮如何站在使用者的立場處理輸入及輸出方式。目前所流行的視窗作業系統不就是強調使用者介面嗎？一個功能很強的程式，若沒對使用者介面作良好的設計，那它很難成為一個被大家接受的「好程式」。有關輸入及輸出方式，原則上應讓使用者以他最自然與方便的方式（比如說視窗、語音等），輸入最少及最明確的資料；輸出時則需讓使用者能用最清楚的方式（如視窗圖形），得到最詳盡的資料或資訊。

⑶**處理流程**。整合上述的輸入／出與分析方式，將整個問題細分成若干處理單元（如副程式），再將這些處理單元連貫起來成為一流暢的處理流程，最好將其寫成**流程圖**（flow chart）。在 Fortran 90 中較鼓勵採用**模**

組（modular）的觀念，也就是將整個程式具有各別功能之處分成許多的小程式（模組），每個小程式（以五十行程式長度為原則）處理其特定功能事件。由此檢視每個處理單元的功能及輸入／出，以及各處理單元的關聯性。也就是說，計畫主程式需作的事，及各副程式（function or subroutine）的功能及串聯方式。

⑷**模組化**。檢討在編譯軟體或其它應用軟體，所提供的庫函式是否可供直接使用。必要的話，自行建立適當的模組或函式庫。

⑸**程式寫作及說明**。對程式中整個問題的處理、原理、所採用的變數、及程式名稱等均須詳加說明。一個好的程式應有明確且足夠多的說明文件。說明文件含：

▲　程式名稱

▲　作者，日期，地點

▲　主要功能

▲　主要理論，及運算和處理程序

▲　變數意義

▲　副程式及呼叫次序

⑹**程式的友善性**。對於可能的不當資料輸入，應在程式中予警告並告知使用者重行輸入。盡可能不要因此而中斷程式，甚至造成電腦不正常的運作，如當機或無止境的執行。程式若需較長的執行時間，應隨時告知使用者目前的執行狀況。

⑺**程式的維護與擴充性**。為了能讓程式具更廣泛與久遠的使用，此兩性質就必須列入考慮。在 Fortran 90 中強調的模組化就是希望能在程式裡將各別細分的功能以一程式或模組來表示，然後再予結合起來。對於資料的輸入與輸出也應盡可能的簡化與集中。

⑻**測試**。對不同的條件盡可能的測試，以使程式能正確的應付不同輸入。通常一個程式，尤其是較長的程式，比如說超過一千行，發展程式時很難避免錯誤而需一再修改。千萬不要一次寫了很長的程式後才予以測試，應一段一段的去寫程式並加以測試後才結合起來。

5-2 除錯

電腦的發明主要是為人們服務，有關的電腦硬體是如此，軟體的發展也是如此。至今雖說電腦的發展方面比以前有很大的進步，也更符合人們的方便使用，但在寫作電腦程式上仍與人們日常的習慣用語有大的出入。這導致在寫程式時要花很大比例的時間在程式的除錯（debug）上。一般而言，電腦程式的錯誤可分成兩大類，即：**文法**或**用語**（grammatical or syntactic）錯誤，與**邏輯**或**語意**（logical or semantic）錯誤。分述如下四點：

⑴**用語錯誤**（syntax error）：指程式敘述不對，如原要寫的程式為：

READ (*, *) A

此是指由內定的檔案（括號內的第一個「*」號），以內定的格式（括號內的第二個「*」號）讀入資料到變數 A 上。

以上程式若寫成：

REAA (*, *) A

此程式在程式敘述上的用語有問題，因「REAA」為「READ」的筆誤，程式在編譯時會出現**用語錯誤**的訊息。

⑵**文法錯誤**（grammatical error）：程式敘述上的用語沒問題，但電腦無法判斷程式的語意。如下例：

READ (*, *) A + B

此程式在程式敘述上的用語沒問題，但電腦無法判斷「A + B」用在「READ」指述後時是什麼意思，因此認定為**文法錯誤**。

⑶**語意錯誤**（semantic error）：為程式在程式敘述上的用語及文法上均沒問題，但違背原來的用意，如下例：

READ (1, *) A

電腦無法判斷括號內的「1」是什麼檔案（除非有指定，請參考第三章），因此認定為**語意錯誤**。注意的是，此種錯誤通常電腦很難以認定，主要還是由程式員自己判斷。

⑷**邏輯錯誤**（logical error）：為程式在程式敘述上的用語及文法上均沒問題，但違背原來的邏輯模式，例如要計算「(7＋3) / 5」的結果，程式寫成：

```
INTEGER A, B, C, D
A = 7
B = 3
C = 5
D = A + B / C
WRITE (*, *) D
END
```

這個程式執行時，因變數「A」、「B」、「C」、及「D」均為整數，則最後的結果為「D＝7」。

在此程式上的第五列有兩個**邏輯錯誤**之處：

⑴電腦程式上對運算次序的邏輯是由等號右邊開始由左至右依序執行，但對加、減、乘、除、以及次方的運算次序為：**先次方，其次為乘或除、再來才是加或減**。因此先算 B/C，再將結果與 A 相加。

⑵在電腦程式上的運算邏輯是整數與整數的運算結果用整數表示。因此 B/C＝0。

通常在編譯（compile）時，編譯軟體程式（compiler）會偵測出程式上的用語或是文法錯誤的地方，並會告知使用者。但對於語意或邏輯錯誤則很難依賴編譯軟體來偵測出，此可能會造成在程式執行（execution）時的錯誤，或不對的結果。所以程式員應特別注意到程式上的語意或邏輯的正確性。

除錯的方法：以下有五種除錯的方式供參考：

1. **在終端機上**：對於小程式有錯誤時，程式員通常是直接在終端機上尋找可能的錯誤並修改。此種方式是很直接，也似乎很省時間；但因其作業環境受拘束、每次能看的內容有限，造成對稍複雜程式的除錯上反而是變成沒效率。
2. **列印出後檢查**：當第一種方式無法解決問題時，這也是常被考慮採用的方法。有了列印的程式，可以尋求一較妥善的環境，靜心的思考程式問題，或與他人討論。
3. **應用電腦除錯軟體**：利用專業的除錯程式來協助解決問題。如用 Debugger 軟體以提供除錯的協助。
4. **自行在程式中設定訊息**：程式員對於較有疑慮的變數應隨時列印出來供判斷與分析之用。這是非常有效的方式。對於程式不是很熟悉的程式初學者而言更是有用。
5. **應用分析軟體**：若要分析程式執行的狀況，在語言的編譯軟體中也可以找到。如 Profile Analysis Tools 可分析程式中各副程式的執行時間、所佔用記憶體空間等狀況。

5-3 流程圖（Flow Chart）

目前用程式以解決問題的作業方式，與直接在紙上設計與計算是有很大的差異。利用一簡單圖形作為程式的路徑圖，使得程式員能清晰的將進行過程表現出來。這可令程式員對問題的處理方式及程式間的關聯性較能掌握。其實對一個成熟的程式員而言，任一程式只要有詳盡的流程圖，那就可以輕易的去瞭解與複製它。

流程圖的圖形表示單元：

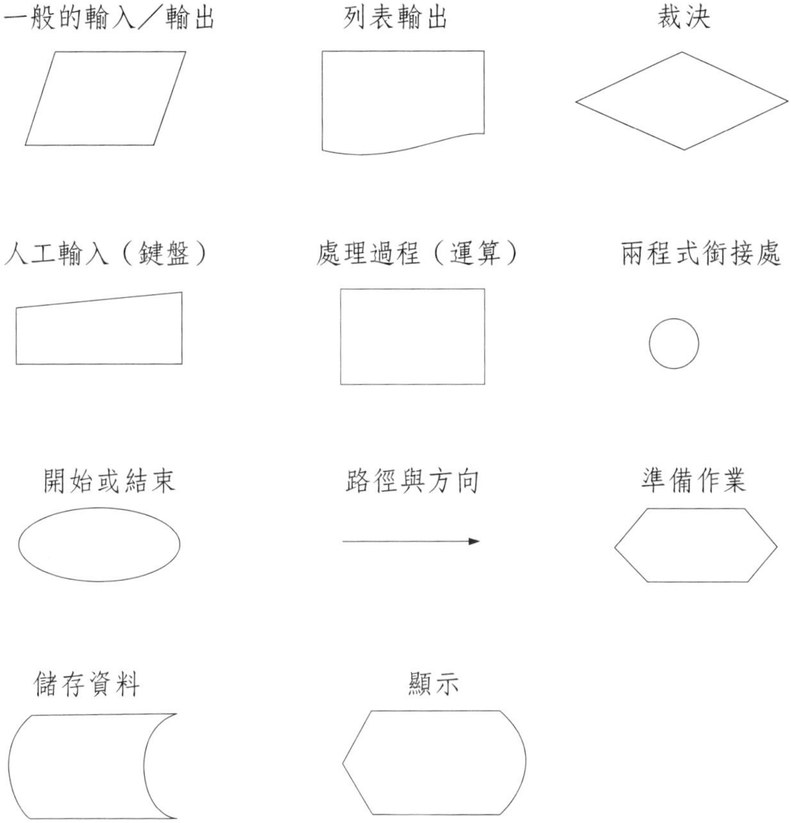

一般的輸入／輸出

列表輸出

裁決

人工輸入（鍵盤）

處理過程（運算）

兩程式銜接處

開始或結束

路徑與方向

準備作業

儲存資料

顯示

案例：讀入三角形的三邊長後，判斷是否為直角三角形。

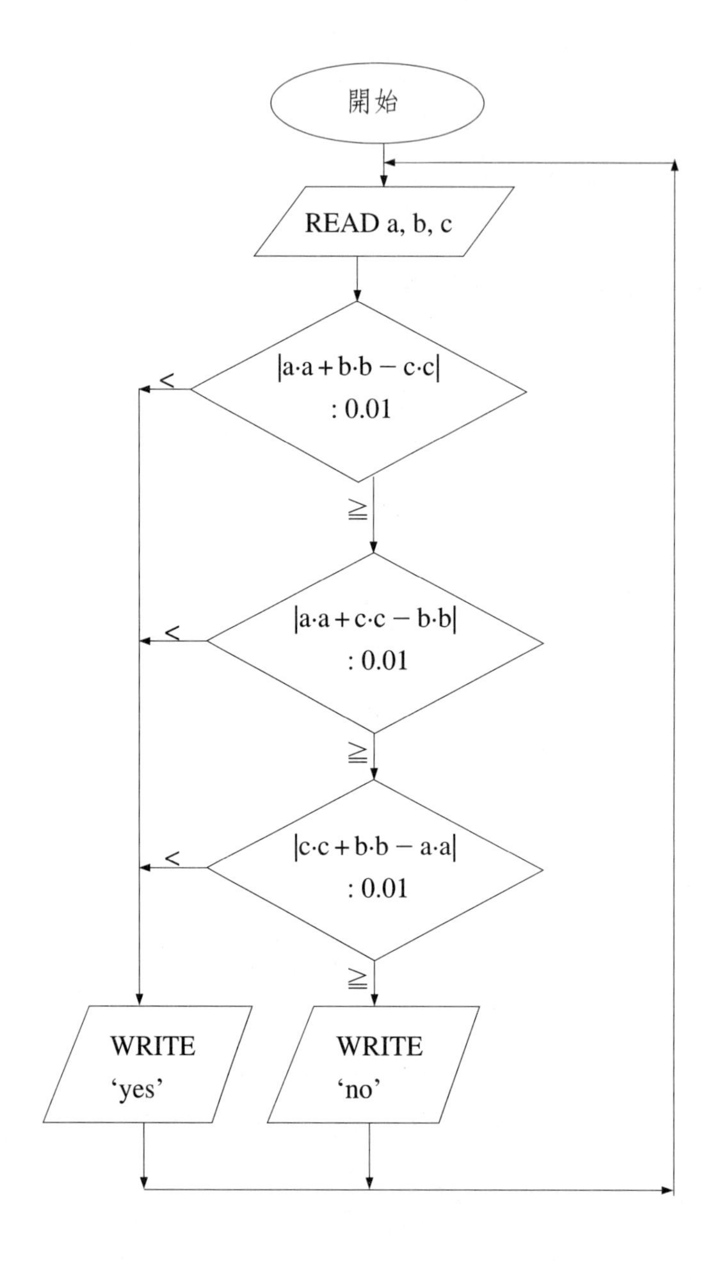

上面的流程圖，由開始就先讀入三個值，分別用「a、b、c」表示。 接著在第一個菱形中計算「a·a＋b·b－c·c」的絕對值後與「0.01」作比較（用「：」表示），如果此「：」用「＜」代入後成立，流程往左走接著就向下到「WRITE yes」處；如果此「：」用「≧」代入後成立，流程往下到第二個菱形繼續執行。

5-4　誤差（Errors）

電腦在處理資料的過程有很多機會產生誤差，有些是可控制的，有些是無法避免。程式員應充分的瞭解才可避免困擾。

5-4-1　誤差的種類

誤差相關的種類有下列五種：

1. 絕對誤差：Absolute error

$$X = \overline{X} + Ex$$

其中：X 為單一值，$\overline{X}$ 表示真值，Ex 為絕對誤差。

絕對誤差是本身的值與絕對值（真值）之間的差。比如一根一公尺長的尺與在法國國際標準尺（被認定為完全準確）的誤差即絕對誤差。

2. 相對誤差：Relative error

$$Er = \frac{(X - \overline{X})}{\overline{X}}$$

其中：X 為單一值，$\overline{X}$ 為平均值，Er 為相對誤差。

相對誤差為在一些資料中，每一單獨值與平均值的差的比值。很多情況下，真值不存在或是很難求取；於是用一群資料裡各個值與其總平均值作比較，此可顯示這群資料的穩定性。

3. 固有誤差：Inherent error

原始資料就存在，如「1/3」的十進位表示時，因著有限的空間限制而有誤差。其它如常見的「π」也是通常只能用近似值表示。

4. 截尾誤差：Truncation error

用某種展開式表示一值時，因無法如理論值一般用無窮運算式來表示，於是有所謂的截尾誤差。如一般對函式的運算在電腦中經常是用泰勒展開式（Taylor's series），於是會有截尾誤差產生。如下例：

$$\sin(\theta) = \theta - \frac{\theta^3}{3!} + \frac{\theta^5}{5!} - \frac{\theta^7}{7!} + \cdots\cdots$$

上式的等號右邊式子中，每一項的值應是隨著項次的增加（向右），其值漸減，具這種收斂的特性的式子才能用來計算。在計算時，顯然必須用有限的項次以為近似的表示。

5. 捨入誤差：Round-off error

在有限空間內，欲存入一個值時，對於空間中最後一個位置的值是否需進位較好，這就發生捨入誤差。當實數在不同進位數字轉換過程，時常發生這種誤差。如下例：

```
REAL*8 A
REAL*4 B
A = 1.23456789098765432lD0
B = A
WRITE (*, *) A, B
END
```

執行後的輸出為：

$A = 1.2345678909876540$

$B = 1.2345679$

本例中可見，在輸出時的最後一或兩個數字會有進位或捨棄的狀況。對於最後一或兩位數字（最小的位數）是否用四捨五入的方法進位，此是見人見智的問題，不同家的編譯軟體採用的方法也可能不同。

5-4-2　誤差的累積

帶誤差的數值經運算後會使得誤差增加，所增加誤差的方式因著運算方法的不同而有差別。以下對「加」、「減」、「乘」和「除」等四則運算說明誤差的累積。

若有兩數的真值分別為：

$X = 0.33333333333333\cdots$

$Y = 0.11111111111111\cdots$

在程式中用下式表示：

$X = 1.0/3.0$

$Y = 1.0/9.0$

經算出後得近似值：以 $\underline{X}$ 與 $\underline{Y}$ 表示

$\underline{X} = 0.3333333432674408$

$\underline{Y} = 0.1111111119389534$

Ex 與 Ey 分別表示 X 與 Y 值的絕對誤差：

$X = \underline{X} + Ex$

$Y = \underline{Y} + Ey$

本例的　$Ex = -9.93410748\ E\text{-}009$

　　　　$Ey = -7.27842280\ E\text{-}010$

(1)加法運算：

$C = X + Y$

$= \underline{X} + Ex + \underline{Y} + Ey$

$= (\underline{X} + \underline{Y}) + (Ex + Ey)$

$\underline{X} + \underline{Y} = 0.4444444552063941$

$X + Y = 0.4444444444444444$

運算後的絕對誤差 Exy 為

$Exy = Ex + Ey = -1.076194976191\ E\text{-}008$

運算後的相對誤差 Er 為

$Er = Exy / (\underline{X} + \underline{Y}) = -2.421438637796\ E\text{-}008$

(2)減法運算

$C = X - Y$

$= \underline{X} + Ex - \underline{Y} - Ey$

$= (\underline{X} - \underline{Y}) + (Ex - Ey)$

$\underline{X} - \underline{Y} = 0.2222222313284874$

$\underline{X} - \underline{Y} = 0.2222222222222222$

運算後的絕對誤差 Exy 為

$Exy = Ex - Ey = -9.1062652\ E\text{-}009$

運算後的相對誤差 Er 為

$Er = Exy / (\underline{X} - \underline{Y}) = -4.09781917218\ E\text{-}008$

(3)乘法運算

$C = X * Y = (\underline{X} + Ex) * (\underline{Y} + Ey)$

$= \underline{X} * \underline{Y} + Ey * \underline{X} + Ex * \underline{Y} + Ex * Ey$

其中最後一項 Ex ∗ Ey 的值相對其它項應很小，可忽略。

$X * Y \fallingdotseq \underline{X} * \underline{Y} + Ey * \underline{X} + Ex * \underline{Y}$

$\underline{X} * \underline{Y} = 0.0370370384167742$

$X * Y = 0.0370370370370370$

運算後的絕對誤差 Exy 為

$Exy = Ey * \underline{X} + Ex * \underline{Y} = -1.379737\ E\text{-}009$

運算後的相對誤差 Er 為

$Er = Exy / (\underline{X} * \underline{Y}) = -3.725290158\ E\text{-}008$

(4)除法運算

$C = X / Y = (\underline{X} + Ex) / (\underline{X} + Ey)$

$$= \frac{(\underline{X}+Ex)}{\underline{Y}} * \frac{1}{(1+Ey/\underline{Y})}$$

$$X/Y = \frac{(\underline{X}+Ex)}{\underline{Y}} * (1 - \frac{Ey}{\underline{Y}} + \frac{Ey * Ey}{\underline{Y} * \underline{Y}} - ......)$$

$X / Y \fallingdotseq (\underline{X} / \underline{Y}) + (Ex / \underline{Y}) -〔\underline{X} * Ey / (\underline{Y} * \underline{Y})〕$

$\underline{X} / \underline{Y} = 3.00000067705522550$

$X / Y = 3.00000000000000000$

運算後的絕對誤差 Exy 為

$Exy = (Ex/\underline{Y}) -〔\underline{X}*Ey / (\underline{Y}*\underline{Y})〕 = -6.7055224E\text{-}008$

運算後的相對誤差 Er 為

$Er = Exy/\underline{X} - Exy/\underline{Y} = -2.235174108298E\text{-}008$

由上面的例題可知，在運算中誤差是會累積的。對運算式於程式的寫法上，作者有以下四點建議：

(1)數值作加減時，由數值小的先算。

(2)數值作加時，由相近者先算；作減時，避免由相近者先算。

(3)運算中，避免造成很大或很小的數值。例如：

$$A = \frac{X^{20}}{20!}$$

本例程式的寫法上切忌分子與分母分開算後再相除，因可能在計算時就會遇到很大或小的數值。應該將上式分解成：

$A = (X/20.0) * (X/19.0) * (X/18.0) * (X/17.0) * .....$

如上式，每一括號內的數值先計算，然後再乘以其它的項次，如此可避免極端數值的產生。

⑷寫程式時應注意程式的效率。如優先選用加或減，再來就是乘法，接著是除法。不得已才用次方或函式副計畫。

對於一個大程式往往因著需要而將之分解成許多的小程式。程序與模組（procedure and module）就是為此目的產生。

5-4-3 程序的誤差

在寫程式或編譯的程序有時會出現誤差，尤其是在大量的迭代計算後可能會出現較大的誤差。對於執行程式後的結果應有重現性，如：

▲同一程式與數據，執行多次均應相同；

▲同一程式，用編譯軟體中不同的選項，如一般運算（console）、繪圖（QWIN）、視窗（WINDOWS）、最佳化、平行處理、或向量處理等等，在相同數據時所得結果應相同。

▲同一程式，用不同編譯軟體，在相同數據時所得結果應相同。

▲同一程式在相同數據時，用不同架構的 CPU，所得結果應相同。

有時也會因著精準度而產生不同的差別結果，如：

▲程式中使用的實數，由十進位轉換成二進位時就會有誤差。

▲所運用的數字差別大時，如 A + B + C 與 A + (B + C)，當 A = −B 時，且 C 值很小。

▲對於四捨五入的處理方式的不同。

▲當數字太小（underflow），或除數的分子接近零。

▲對於變數最好先歸零再使用。

5-5　範圍（Scope）

一個程式的實體（entity）包括名稱、標籤、輸入／輸出單元號碼、運算子符號、及設定符號等等。例如，一變數、一導出型態、或一常用副計畫都是用一名稱以為辨別。

一範圍（scope）為一可辨認的區域。一範圍單元（scope unit）為一以名稱定義的程式或程式的一部份。它可以是：

▲一完整可執行程式

▲單一範圍單元

▲單一指述（或程式的一部份）

在程式的實體中有以下三種範圍的形式：

Ⅰ.全域（global）

在一可執行程式中，這些實體都可以被引用。它們的名稱必須為唯一的，也不可用同樣名稱去引用在此程式中的另一實體。

Ⅱ.範圍單元（區域性範圍）

這些實體被宣告在一範圍單元中。它們對該範圍單元是區域性。區域性實體的名稱可分成以下三類（在第十一章中介紹）：

- 導出型態定義（derived-type definition）
- 程序介面體（procedure interface body）
- 程式單元或副計畫程式

一範圍單元圍繞住其他範圍單元，稱為主體範圍單元（host scoping unit）。在主體範圍單元中的具名實體均可用主體關連方式（host association）被其他巢狀範圍單元所引用。

一旦有一實體被宣告在一範圍單元中，它的名稱就可在該範圍單元裡使用。但不可用在不同的範圍單元內。

在一範圍單元中，一區域實體名稱如果不是通用（generic）的，就必須是該類別（class）的唯一名稱。

Ⅲ.指述（statement）

實體只可在一指述內（或部分指述內）被引用。

程式實體的範圍如下表：

實體	範圍	類別
程式單元	全域	
共用區區段	全域	
外部程序	全域	
固有程序	全域	
模組程序	區域	I
內部程序	區域	I
虛擬程序	區域	I
指述函式	區域	I
導出型態	區域	I
導出型態的部分	區域	II
具名常數	區域	I
具名架構	區域	I
具名列示群	區域	I
通用辨識	區域	I
程序的引數關鍵字	區域	III
副程式內的變數	區域	I
指述函式的虛擬引數變數	指述	
在 DATA 或 FORALL 指述內隱含 DO 迴路中的變數	指述	
通用運算子	全域	
設定運算子	區域	
指數標籤	區域	
外部輸入輸出／數字	全域	
通用指定	全域	
設定指定	區域	

5-6 程式檢查

以下為 Intel 建議的程式檢查方式與使用的工具：

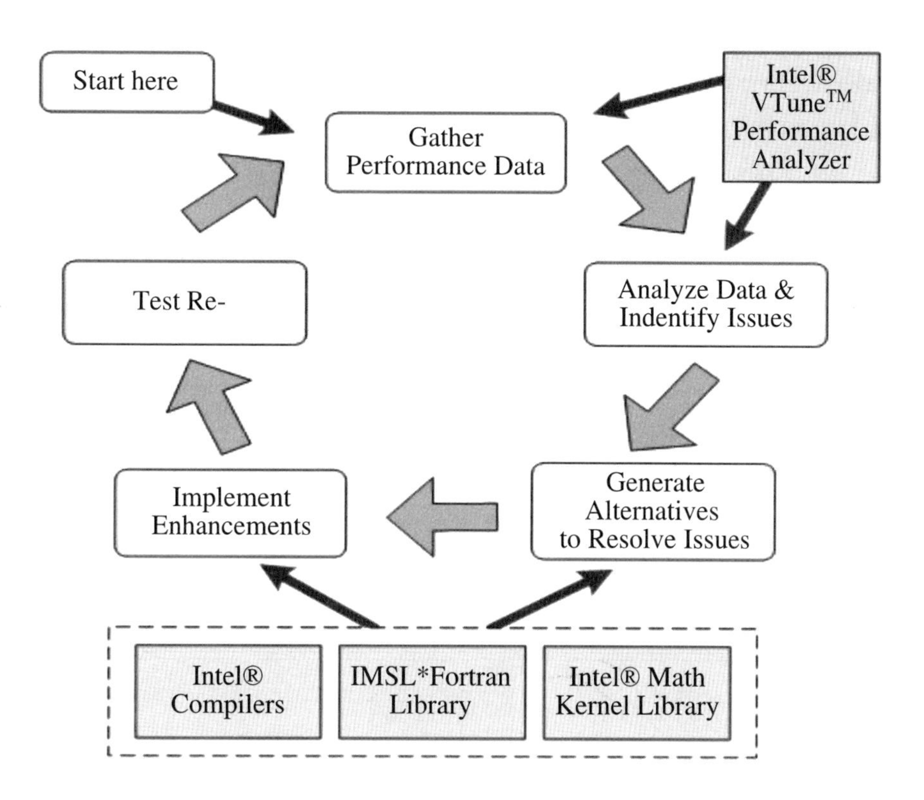

5-7 浮點數字的有效運作方式

在使用浮點數字時相對其他資料型態比較耗費電腦資源，以下建議：

▲避免對於浮點數字的正確比較。

▲對於實數儘量以「REAL」宣告，不得已才使用雙精準度以上設定。

▲在數值運算時，避免用不同資料型態。

▲一迴路塊狀區內，避免有不同精準度的數值出現，以方便向量化。

第六章
IF 指述

前面幾個章節所呈現的程式，均是由程式的開始後，依序執行每一列程式指述直到結束。在實際的問題上，往往是在解決問題的過程中須加入某種程度的判斷；若以程式來表示，則須用一些具改變程式執行次序的指令。本章將介紹一些與邏輯判斷相關的指令，含「**IF**」、「**CASE**」、及「**WHILE**」等。所謂「**邏輯判斷**」是指某一敘述的結果不是「**真**」（**true**）、就是「**假**」（**false**）。

可控制程式執行順序的指述有如以下所述，除有特別標註外，均在本章中介紹：

▲分支指述（branch statement）：GO TO、計算 IF 等指述

▲呼叫指述（CALL）： 參閱 9-2 節

▲繼續指述（CONTINUE）

▲迴路指述（DO、LOOP 等）：參閱第七章

▲假如指述（IF）

▲暫停（PAUSE）、停止（STOP）

▲返回（RETURN）： 參閱 9-1-6 節

分支指述（branch statement）可影響程式正常由上而下的執行次序，而將其移轉到同一程式單元中有帶標籤（label）的指述列，後者稱為分支目標指述（branch target statement）。分支指述有如下三種：(1) **IF 指述**； (2) **計算 GO TO**； (3) **無條件 GO TO**。

6-1 簡單型 IF 指述（Simple IF）

簡單型 IF 指述的表示方式如下：

IF(邏輯判斷) 程式指述

在「IF」後面的括號內為一邏輯判斷結果，其有兩種可能：

⑴此「邏輯判斷結果」是「真」，就執行括號後的程式指述，接著下一列的執行。

⑵此「邏輯判斷結果」是「假」，就不執行括號後的程式指述，直接到下一列去執行。

其中，在括號內「**邏輯判斷**」的程式敘述可用下列三種方法：

⑴關係性表示式（Relational expression）

可用的關係性運算子如下：

運算子	關係性
.LT.　或 <	小於（less than）
.LE.　或 <=	小於或等於（less than or equal to）
.GT.　或 >	大於（greater than）
.GE.　或 >=	大於或等於（greater than or equal to）
.EQ.　或 ==	等於（equal to）
.NE.　或 /=	不等於（not equal to）

數值運算子（numeric operators）與文字運算子（character operators）「//」應較關係運算子優先處理。如下：

A+B<C+D！A+B 先執行，再執行 C+D，最後運作關係性（<）

複數的關係性運算只能是**等於**或是**不等於**兩種之一；也就是若比較的兩個複數它們的真數（real）與虛數（imaginary）部分都相同時，這兩數才相等；否則就不等於。

文字的關係性運算時，是以個別文字在鍵盤代碼（ASCII）上的次序來比較，如 A 小於 B。當兩文字串作關係性比較時，由第一個字母開始比，若相同就比第二個字，以此類推。

簡單型 IF 指述的例題：

IF (A. GT. B) A = B * 2

此列的意思是：如果「A」大於「B」則令「A」是兩倍的「B」。如果「A」不大於「B」則繼續執行下一列的程式。

需注意的是，在比較的指令前後有一下標的逗點「.」。原則上應是兩個數字常數或是變數的比較才合理。

文字與數字是無法比較的。如果要比較文字常數或變數的話，應先查看自己的語言編譯軟體是否接受。如果是肯定的話，一般有兩種處理方式：其一，是用文字比較函式如「.LLT.」、「.LGT.」請參閱 10-5 節；另外，是不用更改比較指令（如「.LT.」），直接用文字變數或常數第一個字的鍵盤代碼（ASCII code）來比較。比如文字的「a」小於「b」。大寫的英文字母恆小於小寫英文字母，因在 ASCII code 中大寫的英文字母排於小寫英文字母之前，也就是說代碼較小。

(2)單一邏輯結果

對於單一邏輯結果也可放在「IF」括號內以為判斷。

有兩種有關的寫法，即：

IF(**單一邏輯結果**) 程式指述 IF(**.NOT. 單一邏輯結果**) 程式指述

上面第一式指如果括號內的邏輯變數為真，就執行括號後的程式指述；在第二式則為相反，「.NOT.」是指相反，也就是說如果括號內的邏輯結果為假，就執行括號後的程式指述。

如果括號內為一數字常數或變數，或是一數學運算式，所得結果如果是「零」那就表示為「假」（false），其它數值為「真」（true）。

(3)邏輯表示式（Logical expressions）

對於由若干比較條件組合成一個最後判斷時，可用一些組合條件的指令，如下表中 A 與 B 均是一邏輯結果：

運算子	表示法	意義
.AND.	A.AND.B	兩邊的結果均須為真，結果才是真。
.OR.	A.OR.B	兩邊的結果只要一個為真，就是真。
.NEQV.	A.NEQV.B	兩邊不相同就是真。
.XOR.	A.XOR.B	與.NEQV.同。
.EQV.	A.EQV.B	兩邊相同就是真。
.NOT.	.NOT.A	若A是真結果就是假，否則相反。

邏輯表示式會依在運算式中的運算子的優先次序予以處理，如下：

A*B + C*ABC == X*Y + DM/ZZ .AND. .NOT. K*B > TT

上式可改寫成下式：

(((A*B) + (C*ABC))==((X*Y) + (DM/ZZ))).AND.(.NOT.((K*B) > TT))

所有運算子的優先次序如下表：

類別	運算子	優先次序
數字	**	最高
數字	* 或 /	第二高
數字	+ 或 −	第三高
數字	二進位 + 或 −	……
文字	//	……
關係性	**.EQ.,.NE.,.LT.,.LE.,.GT.,.GE. ==, /=, <, <=, >, >=**	
邏輯	**.NOT.**	……
邏輯	**.AND.**	
邏輯	**.OR.**	第二低
邏輯	**.XOR.,.EQV.,.NEQV.**	最低

在簡單型 IF 指述中，最後的「程式指述」必須為可執行的完整指述，不可以為如下三大類：

▲CASE、DO、IF、FORALL、或 WHERE 指令

▲其他 IF 指述

▲END 指令

例題 6-1-1

由三邊長判斷是否為直角三角形。

程式：

```
IMPLICIT NONE
REAL A, B, C, AA, BB, CC, CH1, CH2, CH3
READ(*, *) A, B, C
AA = A*A                    ! 算 A 邊長的平方
BB = B*B                    ! 算 B 邊長的平方
CC = C*C                    ! 算 C 邊長的平方
CH1 = ABS(AA + BB − CC)     ! 兩邊的平方和減另一邊的平方後取絕對值
CH2 = ABS(AA + CC − BB)     ! 兩邊的平方和減另一邊的平方後取絕對值
CH3 = ABS(BB + CC − AA)     ! 兩邊的平方和減另一邊的平方後取絕對值
IF((0.01.GT. CH1).OR. (0.01.GT. CH2).OR. (0.01.GT. CH3)) &
   WRITE (*, *) 'A right triangle '    ! 組合判斷
END
```

本例的第四至六列先算每一邊長的平方，於第七列至九列則算兩邊的平方和減另一邊的平方後取絕對值。在第十列中有三個條件，只要其中一個條件成立就會寫出「A right triangle」，否則就沒寫。在理論上，直角三角形必然是兩邊的平方和等於另一邊的平方，也就是說相減後會等於零。但在電腦程式上，因著各種因素（請參閱第五章）使得在資料的輸入或運算時可能會有誤差的存在。本例的第十列採用「0.01」當成「容許的誤差範圍」，這數字是任意取的。嚴格來說，對於某一問題所要用「容許的誤差範圍」是考驗程式員的智慧，通常沒有一定的答案。就如本例，作者認為可取用的「容許的誤差範圍」

為最大輸入數值（A, B, C）的某種百分比，比如說千分之一，應是合理。

例題 6-1-2

某一醫院訂購 N 張床單，M 條枕頭套，L 件外袍。單價各為 650.0，23.0，及 112.0 元。若購買總額低於 10,000.0 元不打折，10,000.0 至 49,999.0 元之間的部份打九折，超過 50,000.0 元部份打八五折。計算需付款為多少？

程式：

```
IMPLICIT NONE
INTEGER NUM_BED, NUM_PIL, NUM_COAT
REAL TOTAL, PART1, PART2
READ (*, *) NUM_BED, NUM_PIL, NUM_COAT
TOTAL = NUM_BED*650. + NUM_PIL*23. + NUM_COAT*112.    ！算總價
PART1 = 0.0
PART2 = 0.0
IF (TOTAL. GT. 50000.0) PART1 = (TOTAL − 50000.0)*0.05
IF (TOTAL. GT. 10000.0) PART2 = (TOTAL − 10000.0)*0.10
TOTAL = TOTAL − PART1 − PART2    ！總價減去打折扣的部份
WRITE (*, *) 'Pay ->', TOTAL
END
```

本例利用「PART1」與「PART2」分別表示要打折扣的數值。如第八及九列所述：

「PART1」為超過 50000 元以上的數額的 0.05 倍

「PART2」為超過 10000 元以上的數額的 0.10 倍

需注意的是「PART2」的定義已包括超過 50000 元以上的數額部份；也就是說當「PART1」與「PART2」相加後，超過 50000 元以上的數額部份實際已計算 0.15 倍了。

顯然的，簡單型的「IF」指令只能處理一列的程式敘述。對於較為複雜的程式處理時，可以用本章後續幾節的方式。

6-2 算術 IF 指述（Arithmetical IF）

此種指令利用運算結果，以判斷將程式的執行順序移轉到不同的地方。指令的表示式如下：

```
IF(算術運算) N1, N2, N3
```

若「算術運算結果」< 0，程式的執行順序移轉到 N1 指述標籤，

「算術運算結果」= 0，程式的執行順序移轉到 N2 指述標籤，

「算術運算結果」> 0，程式的執行順序移轉到 N3 指述標籤。

其中「算術運算結果」可為一數字常數、數字變數，或數字運算式。「IF(　)」後面的三個指述標籤可以相同；但不能缺，比如只寫兩個指述標籤是不被允許的。指述標籤必須為正整數（1～99,999）。

例題 6-2-1

計算應繳稅額。應扣稅額為總收入減去基本扣除額（60,000.0 元)，再減必要開支（總收入的 15%，但不得超過 60,000.0 元）。應扣稅額若低於 200,000.0 元需繳稅 6%，若在 200,000.0～500,000.0 元之間需繳稅 8% − 4,000.0 元，若超過 500,000.0 元則繳稅 10% − 14,000.0 元。求需繳稅額。

程式：

```
READ (*, *) TOTAL
REDUCT = TOTAL*0.15                          ! 算出必要開支
```

```
IF(REDUCT.GT.60000.) REDUCT = 60000.         ! 必要開支不超出 60000 元
TOTAL_NET = TOTAL − 60000.0 − REDUCT         ! 應扣稅額
IF(TOTAL_NET) 1,1,6                          ! 應扣稅額小於或等於零
1   WRITE (*, *) 'Do not have to pay tax'
STOP                                         ! 程式不繼續執行
6   IF (TOTAL_NET − 200000.0) 2,2,8          ! 應扣稅額是否小於或等於
                                             ! 200,000 元
2   TAX = TOTAL_NET*0.06
WRITE (*, *) 'Pay tax->',TAX
STOP
8   IF (TOTAL_NET − 500000.0) 3, 3, 9        ! 應扣稅額是否小於或等於
                                             ! 500,000 元
3   TAX = TOTAL_NET*0.08 − 4000.0
WRITE (*, *) 'Pay tax->', TAX
STOP
9   TAX = TOTAL_NET*0.10 − 14000.0           ! 應扣稅額大於 500,000 元
WRITE (*, *) 'Pay tax->', TAX
END
```

例題 6-2-2

某一醫院訂購 N 張床單，M 條枕頭套，L 件外袍。單價各為 650.0，23.0，及 112.0 元。若購買總額低於 10,000.0 元不打折，10,000.0 至 49,999.0 元之間的部份打九折，超過 50,000.0 元部份打八五折。計算需付款為多少？

程式：

```
IMPLICIT NONE
INTEGER NUM_BED, NUM_PIL, NUM_COAT
REAL TOTAL, PART1, PART2
READ(*, *) NUM_BED, NUM_PIL, NUM_COAT
```

```
TOTAL = NUM_BED*650. + NUM_PIL*23. + NUM_COAT*112.    ！算總價
PART1 = 0.0 ; PART2 = 0.0
IF(TOTAL − 49999.0) 1, 1, 2
2   PART1 = (TOTAL − 49999.0) *0.05
1   IF(TOTAL − 10000.0) 3, 3, 4
4   PART2 = (TOTAL − 10000.0) *0.1
3   TOTAL = TOTAL − PART1 − PART2    ！總價減去打折扣的部份
WRITE(*, *) 'Pay ->', TOTAL
END
```

註：此種指令因對於程式的流程控制較為凌亂，它破壞程式的結構性，在程式的可讀性方面甚差。**Fortran95/90 中建議不要使用**。

6-3 無條件 GO TO 指述

改變程式執行順序最容易用的指令就是「無條件 GO TO」指述，它的寫法如下，其中 N 必須是一整數常數以為標籤號碼（1～99,999）。

```
GO TO N
```

例題 6-3-1

同前例 6-2-1 計算需繳稅額的問題。

程式：

```
IMPLICIT NONE
REAL TOTAL, REDUCT, TAX, TOTAL_NET
```

```
READ(*, *) TOTAL
REDUCT = TOTAL*0.15
TAX = 0.0
IF(REDUCT.GT.60000.0) REDUCT = 60000.0
TOTAL_NET = TOTAL − 60000.0 − REDUCT
IF(TOTAL_NET.GE.500000.0) GO TO 100
IF(TOTAL_NET.GE.200000.0) GO TO 200
IF(TOTAL_NET.GE.0.0) GO TO 300
IF(TOTAL_NET.LT.0.0) GO TO 400
100   TAX = TOTAL_NET*0.1 − 14000.0   ! 設定標籤號碼
GO TO 400
200   TAX = TOTAL_NET*0.08 − 4000.0   ! 設定標籤號碼
GO TO 400
300   TAX = TOTAL_NET*0.06            ! 設定標籤號碼
400   CONTINUE                        ! 設定標籤號碼
WRITE(*,*) 'Pay tax ->',TAX
END
```

由上例可知，「無條件 GO TO」指述對於程式結構性是很不利。這指令是很受爭議的指令，因一方面它很好用，另一方面卻又對程式結構的流暢性不利，對於程式的解讀及除錯常會造成困擾，**最好少用**。

6-4　塊狀 IF 結構（Block IF）

對於「IF」指令的使用，以「塊狀 IF」是最受歡迎的，它的使用方式主要有下面的前兩種，第三種為帶名稱，其是 FORTRAN 77 延伸型。 此三種表示敘述如下：

(1)

```
IF(邏輯判斷)THEN                ! 括號內條件若成立，就執行「IF」下
.                               ! 列指述，然後繼續執行「END IF」之
.                               ! 後的指述。若括號內條件不成立，
END IF                          ! 執行「END IF」後的指述。
```

(2)

```
IF(邏輯判斷)THEN                ! 括號內條件若成立，就執行下列指
  .                             ! 述，直至「ELSE IF」之前的指述，
  .                             ! 然後繼續執行「END IF」後的指述。
  ELSE IF(邏輯判斷)THEN         ! 此條件若成立就執行下列指述，
  .                             ! 直至「ELSE IF」之前的指述，
  .                             ! 然後繼續執行「END IF」後的指述。
  ELSE IF(邏輯判斷)THEN         ! 此條件若成立就執行下列指述，
  .                             ! 直至「ELSE」之前的指述，然後
  .                             ! 繼續執行「END IF」之後的指述。
  ELSE                          ! 前面條件均不成立，就執行下列指述。
  .                             ! 直至「END IF」之前的指述，
END IF                          ! 然後繼續執行「END IF」後的指述。
```

(3)

```
[name: ] IF(邏輯判斷)THEN       ! 具名（name）
  .........
  ELSE IF(邏輯判斷)THEN         ! 此條件若成立就執行下列
  .                             ! 直至「ELSE」之前的指述，
  .                             ! 然後繼續執行「END IF」後的指述。
  ELSE                          ! 前面條件均不成立就執行下列指述
  .                             ! 直至「END IF」之前的指述，
END IF [name]                   ! 繼續執行「END IF」之後的指述。
```

第一種是很單純的只有一種條件的判斷，若是此判斷結果為「真」就執行

「IF」至「END IF」之間的程式敘述。若是判斷結果為「假」，就執行「END IF」之後的程式敘述。

第二種是含有多種條件的判斷，若是某一條件的判斷結果為「真」，那就執行其範圍內的程式敘述，然後跳到「END IF」之後的指述繼續執行。在「IF ( ) THEN」之後接著的條件的判斷式「ELSE IF( ) THEN」可完全不用，或是用很多個。但「ELSE」只能放在最後，也就是在「END IF」之前，最多僅能有一個「ELSE」指述。雖然這種寫法可以有多種條件判斷的選擇，但每次進入此「IF」時，最多只有一種條件會成立並執行其範圍內的程式指述後，程式的執行順序就會移到「END IF」之後了。

第三種帶名稱，在一程式中含有若干個「IF」指令時，此方法可方便辨認每個「IF」的範圍。

例題 6-4-1

有三個數字依大小次序重新安排後輸出，由大到小。

程式：

```
IMPLICIT NONE
REAL T1, T2, T3, R1, R2, R3
READ(*, *) T1, T2, T3                      ! 以下幾列為另一種作法
IF(T1.GE.T2.and.T1.GE.T3.)THEN             ! R1 = MAX(T1,T2,T3)
  IF(T2.GE.T3)THEN                         ! R3=MIN(T1,T2,T3)
    R1 = T1;   R2 = T2;   R3 = T3          ! R2 = T1+T2+T3-R1-R3
    ELSE
    R1 = T1;   R2 = T3;   R3 = T2
  END IF
  ELSE IF(T2.GE.T1.AND.T2.GE.T3)THEN
  IF(T1.GE.T3)THEN
    R1 = T2;   R2 = T1;   R3 = T3
    ELSE
```

```
    R1 = T2;    R2 = T3;    R3 = T1
  END IF
  ELSE
  IF(T1.GE.T2)THEN
    R1 = T3;    R2 = T1;    R3 = T2
    ELSE
    R1 = T3;    R2 = T2;    R3 = T1
  END IF
END IF
WRITE(*,*)R1, R2, R3
END
```

例題 6-4-2

如前例 6-2-1 計算需繳稅額的問題。

程式：

```
IMPLICIT NONE
REAL TOTAL, REDUCT, TAX, TOTAL_NET
READ(*, *) TOTAL
REDUCT = TOTAL*0.15
TAX = 0.0
IF(REDUCT. GT. 60000.0) REDUCT = 60000.0
TOTAL_NET = TOTAL − 60000.0 − REDUCT
IF(TOTAL_NET. LE. 0.0) THEN                        ! 應扣稅額小於 0 元
  TAX = 0.0
  ELSE IF(TOTAL_NET. LE. 200000.0) THEN            ! 小於 200000 元
  TAX = TOTAL_NET*0.06
  ELSE IF(TOTAL_NET. LE. 500000.0) THEN            ! 小於 500000 元
```

```
   TAX = TOTAL_NET*0.08 - 4000.0
   ELSE                                          ！其它，亦大於 500,000 元
   TAX = TOTAL_NET*0.10 - 14000.0
END IF
WRITE(*, *) 'Pay tax ->',TAX
END
```

本例的程式較第 6-2 節的程式好多了。本例程式的結構性好，程式敘述清楚，因此「塊狀 IF」是較受歡迎的指令。

例題 6-4-3

計算 sin(x)的 TAYLOR 展開式，**輸入 X 值及欲計算的項次：**

$$\sin(x) = x - \frac{x^3}{3!} + \frac{x^5}{5!} - \frac{x^7}{7!} + \ldots\ldots = \sum \frac{(-1)^{n+1}x^{2n-1}}{(2n-1)!}$$

程式：

```
IMPLICIT NONE
REAL*8 X, RESULT, XX, AX, ACCUM
INTEGER N_TERMS, N_COUNT, KK
READ(*, *) X, N_TERMS
RESULT = X                        ！到目前為止（第一項）所累加的結果
XX = X*X                          ！先算出 X 的平方
N_COUNT = 2                       ！下一個要計算的項次
AX = X                            ！目前項次的分子
ACCUM = 1.0                       ！目前項次的分母
KK = 1                            ！計算正負值的指標
100  IF(N_TERMS.GE.N_COUNT) THEN       ！是否進行下一項次的計算
   ACCUM = ACCUM*(2*N_COUNT - 1)*(2*N_COUNT - 2)   ！目前項次分母
   AX = -AX*XX                    ！目前項次的分子，並改變符號
```

```
    RESULT = RESULT + AX/ACCUM       ! 到目前項次所累加的結果
    N_COUNT = N_COUNT + 1            ! 下一個項次
    GO TO 100                        ! 回到「IF」指令去
END IF
WRITE(*, *) X, N_TERMS, RESULT
END
```

本例是計算一展開式，在電腦程式中對於這種問題的計算方式，就是由第一項開始一項一項的運算後累加起來。通常來說，某函式的數學展開式其項次之間必依特定的規律變化。

就本例而言，項次間數值變化的規律可歸納如下三點：

(1)每一項的正負符號是循環的，一正一負交替。

(2)每項的分子為前項分子乘以 X 的平方。

(3)每項的分母為前項分母乘以 (2N − 1) ×(2N − 2)，N 為目前的項次。

依上述歸納的原理來寫程式，會提高程式的效率。

例題 6-4-4

計算 $\cos(x)$ 的 TAYLOR 展開式，輸入一 X 值及收斂值：

$$\cos(x) = 1 - \frac{x^2}{2!} + \frac{x^4}{4!} - \frac{x^6}{6!} + \ldots\ldots$$

程式：

```
IMPLICIT NONE
REAL XX, X, CONV, CURRENT, ACCUM, FINAL, AX
INTEGER N, IFLAG
DATA AX, ACCUM, FINAL, IFLAG, N/1.0, 1.0, 1.0, 1, 1/    ! 初始值設定
READ(*, *) X, CONV
XX = X*X; CURRENT = 1.0
```

```
1 IF(ABS(CURRENT). GT. CONV) THEN
  AX = AX * XX
  ACCUM = ACCUM * (2*N)*(2*N - 1)
  CURRENT = AX / ACCUM
  IF(IFLAG. GE. 0) THEN
    CURRENT = - CURRENT
    IFLAG = - 1
    ELSE
    IFLAG = 1
  END IF
  FINAL = FINAL + CURRENT
  N = N + 1
  IF(N>1000) GO TO 2                              ! 避免無窮迴路
  GO TO 1
  END IF
2 WRITE (*, *)'Final result ->', FINAL, N
  END
```

註：所謂收斂值在不同地方會有不一樣的解釋。此處為函式展開式的計算，連續式應有收斂的情形才能運用展開式來計算，是以**收斂值被定義為最後一項值小於此收斂值就不再繼續算下去**。

例題 6-4-5

計算 EXP(X)的 TAYLOR 展開式：

$$\exp(x) = 1 + \frac{x}{1!} + \frac{x^2}{2!} + \frac{x^3}{3!} + \frac{x^4}{4!} + \ldots\ldots$$

輸入一 X 值及欲計算的項次，求出 EXP(X)值。

程式：

```
IMPLICIT NONE
REAL X, CONV, RESULT, ACCUM, XX
INTEGER N_COUNT, N
READ(*, *) X, N       ！輸入一 X 值及欲計算的項次
RESULT = 1.0          ！到目前項次（第一項）的累加結果
N_COUNT = 1           ！目前的項次
ACCUM = 1.0           ！目前的項次的分母
XX = 1.0              ！目前的項次的分子
100   IF (N. GT. N_COUNT) THEN              ！是否要計算下一個項次
      XX = XX*X                             ！目前的項次的分子
      ACCUM = ACCUM*N_COUNT                 ！目前的項次的分母
      RESULT = RESULT + XX/ACCUM            ！累加結果
      N_COUNT = N_COUNT + 1                 ！下一個項次
      GO TO 100
END IF
WRITE(*, *)'X – N_COUNT – RESULT ->', X, N_COUNT, RESULT
END
```

就本例而言，其項次間數值變化的規律可歸納如下兩點：

⑴每項的分子為前項分子乘以 X。

⑵每項的分母為前項分母乘以同前項次的數目。

例題 6-4-6

求式中 $aX^2+bX+c=0.0$ 的 X 值。

$$X=\frac{-b\pm\sqrt{b^2-4ac}}{2a}$$

流程圖：

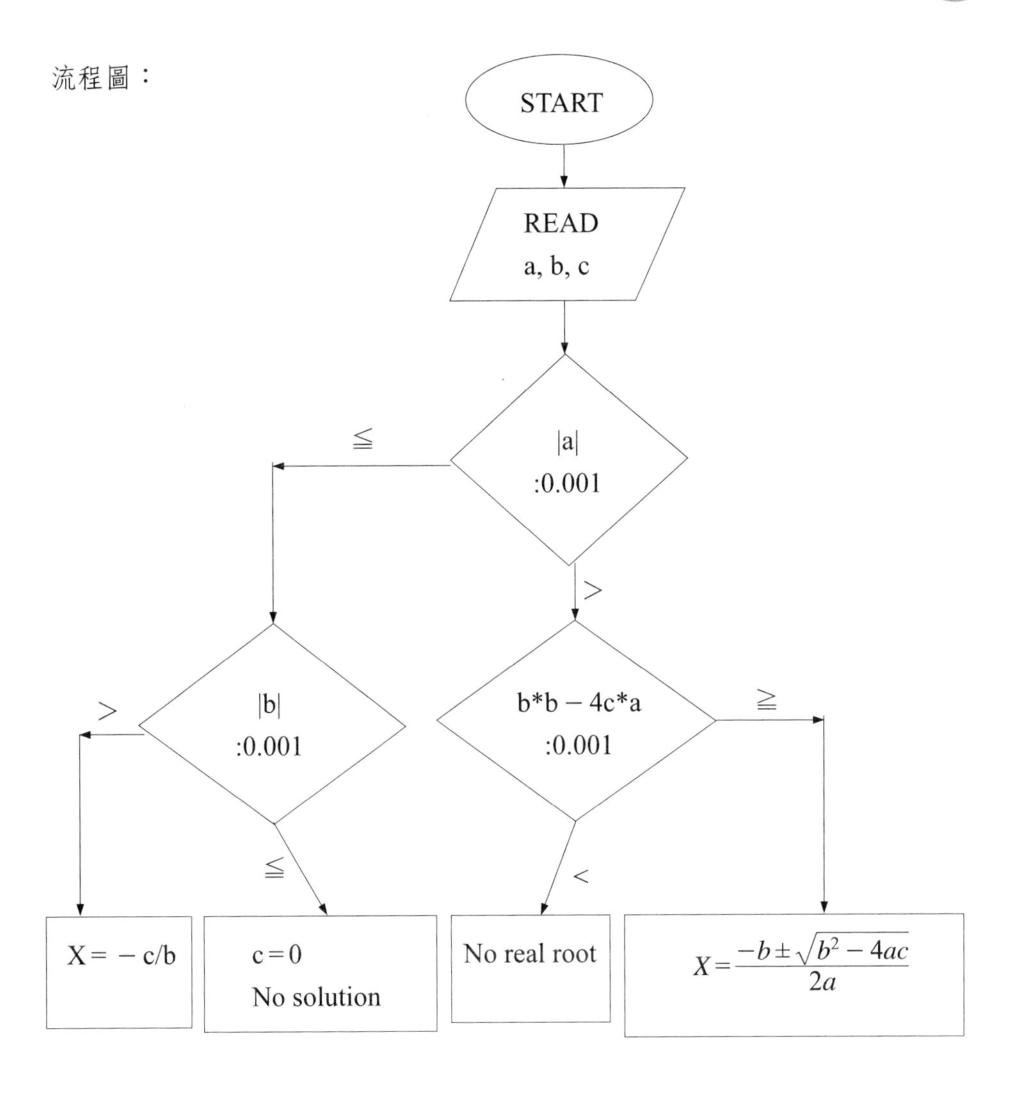

本例顯然有三種狀況，可能為：

(1) a = 0，這時就是一次方程式，接著看「b」若為零就無解。

(2) a ≠ 0，|b·b − 4ac| < 0 為虛根解，本例不解虛根。

(3) a ≠ 0，|b·b − 4ac| ≥ 0 有兩解。

本例是用「0.001」為接近零的表示。若輸入的常數「a」、「b」及「c」的數值不大時，當然可以取用更小的數值。在程式的安排上，此種題目要注意是否會造成除零的情況。

程式：

```
IMPLICIT NONE
REAL A, B, C, ROOT, SOULTION, SOLUTION1, SOLUTION2, SROOT
READ (*, *) A, B, C
ROOT = B*B − 4.0*A*C
IF(ABS(A). LE. 0. 00001) THEN
   IF(ABS(B). LE. 0. 00001) THEN
      WRITE (*, *)'c = 0.0, no solution '
      ELSE
      SOLUTION = − C/B
      WRITE (*, *) 'X = − c / b -->',SOLUTION
   END IF
   ELSE IF(ROOT. LT. 0. 0) THEN
   WRITE (*, *)'No real root'
   ELSE
   SROOT = SQRT (ROOT)
   SOLUTION1 = ( − B + SROOT)/(2.0*A)
   SOLUTION2 = ( − B − SROOT)/(2.0*A)
   WRITE (*, *) 'Two roots -->',SOLUTION1, SOLUTION2
END IF
END
```

例題 6-4-7

輸入一實數表示小時，將其換算為日、時、分的單位表示。
（本例用具名的「IF」指令）

程式：

```
IMPLICIT NONE
REAL TOTAL, CHECK
INTEGER IDAY, IHOUR, IMINUTE
DATA IDAY, IHOUR, IMINUTE/0, 0, 0/          ！先設定為零
WRITE (*,'('Input a real number stands for hours-> ',\)')
READ (*, *) TOTAL
IDAY = TOTAL/24
TOTAL = TOTAL − IDAY * 24
IFBLK: IF(TOTAL. GT. 0.0) THEN              ！具名 IFBLK
  IHOUR = TOTAL
  TOTAL = TOTAL − IHOUR
  IMINUTE = nint(TOTAL*60.0)                ！取最接近的整數
  CHECK = TOTAL*60.0 - IMINUTE
  IF(CHECK .GT.0.0) THEN
    WRITE(*,*)' The real value is greater than output'
    ELSE
    WRITE(*,*)' The real value is less than output'
  END IF
END IF IFBLK                                ！具名 IF 最後一指述
WRITE (*, *) 'Day-Hour-Minute ->', IDAY, IHOUR, IMINUTE
END
```

在本例的第九列：

```
IFBLK: IF(TOTAL. GT. 0.0) THEN
```

於塊狀「IF」指令前帶有一名稱（name），即「IFBLK」。名稱不用事先定義任何資料型態。此處「名稱」的用意在於標註出這個指令，在本例是塊狀「IF」的運作範圍。也就是由「IF」指令到其結束的「END IF」指令之間的範

圍。這種用法可以部份的取代傳統 FORTRAN 程式的指述標籤，就是寫在第一格至第五格間的號碼。

6-5 事例（CASE）

對於一連串的文字或數字作判斷時，比如測試某一變數是否在‘A’至‘T’文字之間，前節「IF」的指令不方便利用。事例「case」對於連續的比較是很好的指令，它的用法需先定義一供比較的變數於「**SELECT CASE( )**」內，然後將各種比較的條件寫在後續的「**CASE( )**」中，最後若要「**無條件接受**」的指令時用「**CASE DEFAULT**」。有關「CASE」寫法如下：

```
[name:] SELECT CASE(指標值：可為運算、判斷式、常數、或變數)
    CASE(條件值：為比較條件)
      程式敘述
    CASE(條件值：為比較條件)
      程式敘述
      .........
    CASE DEFAULT
      程式敘述
END SELECT [name]
```

註: 指標值與條件值必須為整數、邏輯、或文字。**不可為實數**。
在不同的 CASE 中條件值的範圍**不可以重疊**。

在標籤事例「CASE」的使用上與前節 6-4 的塊狀「IF」相同。如果用了標籤時，可用「**EXIT**」的指令來移轉執行權。在比較的指令「CASE( )」括號內的條件值，可用單一值的文字或數字（用逗點作區隔）；也可用連續的文字、字母或整數數字，如果是整數數字或文字就將小的數值放在前，大的在後，中間以冒號為區隔，如：

CASE(10 : 100)

表示如果所選的值為由「10」到「100」間，這個比較條件就成立。如果要比較的是文字（只允許用一個字），就依鍵盤碼（ASCII）的次序為準，如：

CASE('A' : 'K')

表示如果所選的字是在「A」到「K」間，這個比較條件就成立。

比較條件敘述如下：

▲如果為單一值的比較：

資料型態	比較成立的條件
邏輯	指標值.EQV.條件值
整數或文字	指標值 == 條件值

▲如果為連續值的比較：

條件值的範圍	比較成立的條件
low:	指標值 >= low
:high	指標值 <= high
low: high	low <= 指標值 <= high

例題 6-5-1

判斷所輸入的字是英文字或是數字。

程式：

```
IMPLICIT NONE
CHARACTER*1 INPUT                    ！宣告「INPUT」為文字變數佔一個字元長
READ(*,‘(A)’) INPUT                  ！以文字方式讀入資料到「INPUT」變數上
SELECT CASE(INPUT)                   ！以「INPUT」變數為比較的對象
    CASE(‘a’ : ‘z’)                  ！比較英文字母「a」至「z」
    PRINT *,‘Lower case letter’      ！列印
    CASE(‘A’ : ‘Z’)                  ！比較英文字母「A」至「Z」
    PRINT *,‘Upper case letter’
    CASE(‘0’ : ‘9’)                  ！比較數字「0」至「9」
    PRINT *,‘Digital’
    CASE DEFAULT                     ！若前面的比較均沒成立就執行下列
    PRINT *,‘Special character’
END SELECT                           ！結束比較
END
```

例題 6-5-2

輸入月份，將之轉換成季節。

程式：

```
IMPLICIT NONE
INTEGER MONTH
WRITE (*,‘(“Input the month ->”,\’)
READ (*, *) MONTH
SELECT CASE(MONTH)
  CASE(3 : 5)                 ！比較數字由「3」至「5」
      PRINT *,‘SPRING’
```

```
   CASE(6 : 8)
        PRINT *,'SUMMER'
   CASE(9, 10, 11)              ！也可用單獨的值作比較
        PRINT *,'AUTUMN'
   CASE DEFAULT
        PRINT *,'WINTER'
END SELECT
END
```

6-6　算數指述函數

將程式中常用的函數或計算式，在程式前面先予定義出，供後續的程式中引用。

例題 6-6-1

用 $DIST(X,Y)=(X^2+Y^2)^{0.5}$ 計算下列式子：

$A=\frac{1}{(U*U+V*V)^{1.5}}$　　$B=\frac{AL*AL+BE*BE}{4+(AL*AL+BE*BE)^{0.5}}$

$C=\cos^3\{[(A+1)^2+(B+2)^2]^{0.5}\}$

程式：

```
IMPLICIT NONE
REAL DIST, U, V, AL, BE, A, B, C, X, Y
DIST(X,Y) = SQRT(X*X + Y*Y)              ！定義函式 DIST(X,Y)
READ(*, *) U, V, AL, BE
A = 1.0 / DIST(U, V) **3
B = (AL*AL + BE*BE) / (4.0 + DIST(AL,BE))
```

```
C = (COS(DIST((A + 1.0), (B + 2.0)))) **3
WRITE (*, *) 'A-B-C ->', A, B, C
END
```

程式第三列

DIST (X, Y) = SQRT (X*X + Y*Y)

左邊的變數帶括號，此變數不是陣列（array），所以是算數指述函數（另一種可能是函數副計畫－第九章）。等號右邊為一帶變數（X,Y）的函數。本列為對「DIST」變數的定義，當「DIST」括號內的變數有值時，這些值會代入等號右邊的式子，經計算後得一結果，此結果拷貝到等號左邊「DIST」變數上。

程式第五列

A = 1.0 / DIST(U, V) **3

等號右邊先執行，其中「DIST(U, V)」因已定義為算數指述函數，在括號內的兩個值「U, V」就代入第三列的「DIST(X, Y)」中的「X, Y」上，經第三列等號右邊計算式後，「DIST」就得一值。然後繼續第五列的「DIST(U, V) **3」此式的計算。

6-7 計值 GO TO 指述

類似算術「IF」指令可因著計算結果移轉程式的執行順序，「**計值 GO TO**」指述具更大的使用彈性，它的使用方式如下：

GO TO (N1, N2, N3,...), I

其中「I」是整數變數或表示式，當「I」等於「1」時程式執行「N1」指述標籤的列，等於「2」時程式執行「N2」指述標籤的列，以此類推。在括號中的引數的數目沒限制，但它們（N1、N2.. 等）必須出現在程式裡的指述標籤。如果表示式 I 的值小於「1」或大於括號內指述標籤的數目，則程式將繼續執行下一列的指述。

例題 6-7-1

購買某數量的書，此書單價為 10.0 元。若購買數量達 1,000 本以上全數打九五折，達 2,000 本以上全數打九折，若達 3,000 本以上全數打八五折。輸入購買的數量計算需付款額。

程式：

```
IMPLICIT NONE
REAL TOTAL,T1
INTEGER NUM_BOOK,K
READ (*, *) NUM_BOOK
TOTAL = NUM_BOOK*10.0              ! 計算總金額
K = NUM_BOOK/1000 + 1              ! 所購買書本為 1000 的倍數加 1
T1 = TOTAL*0.05                    ! 總金額的百分之五
IF(K. GT. 4) K = 4                 ! 指標值不要超過 4
GO TO (100, 101, 105, 109) , K     ! 依指標值「K」到指述標籤列
101   TOTAL = TOTAL – T1
WRITE(*, *)‘Pay->’,TOTAL
STOP
105   TOTAL = TOTAL – T1 – T1
WRITE(*, *)‘Pay->’,TOTAL
STOP
109   TOTAL = TOTAL – T1 – T1 – T1
100   WRITE (*, *)‘Pay->’,TOTAL
```

```
STOP
END
```

程式的第九列：

```
GO TO (100,101,105,109),K
```

表示如果「K」的值為「1」，就將執行權移轉到指述標籤為「100」的列去；如果「K」的值為「2」，就將執行權移轉到指述標籤為「101」的列去，以此類推。注意的是：

(1)括號內的指述標籤沒有數字大小的意義，不用依數字大小排列。

(2)指標值的數值，如本例的「K」，不能小於「1」或大於括號內的數字的個數，如本例的指標值的數值範圍限定為 0≦K≦4。

註：**Fortran 建議這個指令應不要繼續再使用了**，因它破壞程式結構。也就是說，盡可能不要用指述標籤。

6-8 繼續、暫停指述 (CONTINUE、PAUSE)

為控制程式在執行中的次序、暫停、或停止，可用一些指述達到此目的。以下三小節分別敘述其指述與用法。

6-8-1 繼續指述

繼續指述（CONTINUE）可為一指述標籤後的程式敘述，它不執行任何事，只是令程式由它目前所處的位置繼續往下一列程式執行。如下：

```
IF(X. GT. 100) GO TO 200
    ……
200 CONTINUE      ！移轉程式的執行順序，接著執行下一列程式
    …
```

另一種用法為用在帶標籤的「DO」迴路結構的最後一個指述（請參閱第七章），將它移轉程式控制到「DO」迴路的最前面。如下例題：

```
DO 100 I = 1,10
  X = X + 1
100 CONTINUE      ！DO 迴路的最後一指述（參閱第七章 DO 迴路）
```

6-8-2　暫停指述

於程式執行過程，因著需要有時須暫停（PAUSE）一下，此時有兩種方式可用：

(1)用「READ」指述，如下　　！建議使用此指令

READ (*, *)

加此敘述後，程式會在這裡等待鍵盤輸入「Enter」才繼續。

(2)用「PAUSE」指述，如下　　！不建議使用此指令

PAUSE

加此敘述後，程式會在這裡等待鍵盤輸入「Enter」才繼續。

6-8-3　停止指述

於程式執行過程，因著需要有時須停止程式的執行，此時可用「STOP」指述。此指述會終止程式的執行，它是一強制性停止程式繼續執行的指令。

6-9 總結

本章所敘述的指述有下列幾種：

▲簡單型 IF：

IF(邏輯判斷)程式敘述

▲算術 IF：

IF(算術結果)N1, N2, N3

▲塊狀 IF：

```
IF(邏輯判斷)THEN
  ……
  ELSE IF(邏輯判斷)THEN
  ……
  ELSE
  ……
END IF
```

▲事例 CASE：

```
SELECT CASE(指標值)
  CASE(條件值)
  ……
  CASE DEFAULT
  ……
END SELECT
```

▲無條件 GO TO

GO TO N

▲計值 GO TO

GO TO (N1, N2, N3,…),I

▲算術指述函式

▲繼續 CONTINUE

▲暫停 PAUSE

▲停止 STOP

第七章

各種迴路的介紹

在數學的計算上，有一些是屬於重覆性的運算，電腦程式的迴路指令就是專為此目的而發展。本章將介紹迴路指令有關的應用。於上一章用到「**IF**」加上「**GO TO**」指述也可以達到迴路的執行效果，但利用「**DO**」迴路指述於程式的寫作上較受到一般人的喜歡。在迴路的執行過程可以用「**EXIT**」或「**CYCLE**」兩指令來移轉執行順序。本章最後另介紹「**IOSTAT**」的指令。對於讀取連續檔（sequential file，第三章）時，資料是否可以正確的被讀入程式的變數中，此時可用「IOSTAT」的指令來檢查。

迴路的應用很廣，如：重覆的計算（如展開式）、數值分析（如數值積分、數值解）、聯立方埕式、資料的處裡（組織、搜尋）等等。

DO 迴路程式指述有下列四種寫法（每種寫法又有稍微不同表示法）

- 計值
- 巢狀
- 條件式
- 無條件式

7-1 計值迴路

「**計值 DO**」迴路（count-controlled DO loop）共有三種寫法，前兩種為一般常用的寫法，第三種為具名迴路。

⑴第一種寫法為傳統的使用法，採用**指述標籤**。它又稱為**非塊狀 DO 結構**（nonblock DO construct）。它的表示法如下：

```
DO 100   I = N1, N2, N3
      ..
      迴路內部的程式指述
      ..
100 CONTINUE              ！可不用「CONTINUE」指令
```

其中：

I：**指標變數**，用**整數變數**（FORTRAN 77 允許用實數變數）。

N1：**起始值**，用**整數變數**或**常數**（FORTRAN 77 允許用實數變數）。

N2：**終值**，用**整數變數**或**常數**（FORTRAN 77 允許用實數變數）。

N3：**增量**，用**整數變數**或**常數**（FORTRAN 77 允許用實數變數）。

100：**指述標籤**，用**整數常數**或**變數正整數常數**。

CONTINUE：表示**繼續執行程式**，為「DO」迴路結構的最後一指述。它引導程式執行次序回頭到原來「DO」迴路的開始之處。

程式剛進入「DO」迴路後，將指標變數「I」指定為起始值「N1」。此時電腦依據增量「N3」的正負符號來比較終值與指標變數間的關係，如下三種狀態：

1. 若增量為**正**符號，且終值**大**於指標變數時，執行迴路內部的程式指述。
2. 若增量為**負**符號，且終值**小**於指標變數時，執行迴路內部的程式指述。
3. 當上述兩條件**不成立**時，程式將到「CONTINUE」後一列的指述繼續執行。

有時寫「**DO**」迴路時，沒有指定增量，此時增量視為「**+1**」。指標值、起始值、終值、及增量最好用整數型態，在迴路裡的程式敘述執行時，這幾個變數值不可去更改。

在 FORTRAN 77 裡允許指標變數、起始值、終值、與增量的變數用實數表示。但這將引起迴路執行次數的計算問題，比如

A = 3.0/7.0*7.0

經運算後的「A」值在電腦的記憶體（二進位）內部存放的值不見得會恰等於「3」，在不容易精確的判斷數值大小的狀況下，程式執行的次數可能會多一次或少一次，如下例：

```
IMPLICIT NONE
REAL A, B
A = 0.0
DO 1 B = 0.3, 0.9, 0.3
   A = A + B          ! 第一輪，A = 0.300000011920929
1   CONTINUE          ! 第二輪，A = 0.600000023841858
WRITE (*, *) A        ! 最後輪，A = 0.900000035762787，有誤差
END
```

本例在理論上應會執行迴路三次，即指標「B」為0.3、0.6、和0.9，直到指標「B」為 1.2 時才跳出迴路，所以變數「A」應是 1.8。但實際上，經電腦執行後變數 「A」是 0.9。理由是少算了一次，因在電腦內的 0.3 + 0.3 + 0.3> 0.9。

以下介紹採用指述標籤的「**DO**」迴路的例題：

例題 7-1-1

計算由 101 累加至 999 的總和，但只算奇數值。

程式：

```
REAL TOTAL
INTEGER I
TOTAL = 0.0
DO 100 I = 101, 999, 2
   TOTAL = TOTAL + I
100   CONTINUE
WRITE (*, *) 'Total ->', TOTAL
```

```
END
```

指述標籤「100」必須位於除空格外的最前面程式敘述，其範圍由「1」到「99999」之間的數值可供選用。指述標籤的作用為：引導程式的參考資料的位置（如 FORMAT）、執行時程式移轉執行順序（如 GO TO N）、或標示某塊狀指令的範圍（如 CONTINUE）。在一程式（主或副程式）裡的指述標籤沒有數字大小的意義，一個號碼只能在一程式中（主或副程式）出現一次。

本例指述標籤之後所用的「CONTINUE」是用來標示前面「DO 100」指令的範圍而已。本例的「CONTINUE」也可取消，將指述標籤「100」直接寫在「TOTAL = TOTAL + 1」之前，結果是完全相同的。如下：

```
IMPLICIT NONE
REAL TOTAL
INTEGER I
TOTAL = 0.0
DO 100 I = 101, 999, 2
100 TOTAL = TOTAL + I                ！可執行指述
WRITE (*, *) 'Total ->',TOTAL
END
```

此種 DO 迴路的最後一指述**不可為**下述任一種指令：

▲CYCLE

▲END

▲EXIT

▲GO TO

▲算術 IF

▲RETURN

▲STOP

▲FORMAT

⑵第二種是較上述⑴更簡捷的寫法，其不用指數標籤，它又稱為**塊狀 DO 結構**（block DO construct）。它的表示式如下：

```
DO I = N1, N2, N3
     ..
     迴路內部的程式指述
     ..
END DO
```

此寫法避免多一個指述標籤的使用。「END DO」的功用在此視同前例的「CONTINUE」指令，其將引導程式執行次序回頭到「DO」迴路的開始之處。**Fortran 建議此方式較好**。

例題 7-1-2

每個月存 X 元，以月息 5 厘（5%）複利計，一年後共有多少錢？

程式：

```
IMPLICIT NONE
REAL X, FINAL
INTEGER I
READ (*, *) X
FINAL = 0.0                !變數在使用前先歸零
DO I = 1,12
     FINAL = (FINAL + X)*1.05
END DO
WRITE (*, *) FINAL
END
```

例題 7-1-3

計算下列方程式，已知 X 及收斂值 CONV，求 sin(X)。

$$\sin(X) = X - \frac{X^3}{3!} + \frac{X^5}{5!} - \frac{X^7}{7!} + \ldots\ldots$$

程式：

```
IMPLICIT NONE
REAL X, CONV, RES, TERM, XX, XACCUM, ACCUM
INTEGER KK, I
READ (*, *) X, CONV
RES = X;TERM = X;XACCUM = X                    ! 累計值、第一項值、與分子
ACCUM = 1; KK = 1                              ! 第一項的分母、與第一項的符號
XX = X*X                                       ! X 的平方
DO I = 2, 10000                                ! 由第二項執行到第 10000 項
   IF(abs(TERM). LT. CONV) THEN                ! 目前項次的值已達收斂範圍
      WRITE (*, *) ' Terms ->',I, ' RES>',RES
      STOP                                     ! 結束本程式
   END IF
   ACCUM = ACCUM* (2*I - 1)*(2*I - 2)          ! 目前項次分母的值
   XACCUM = XACCUM*XX                          ! 目前項次分子的值
   TERM = XACCUM/ACCUM                         ! 目前項次的值
   IF (KK. EQ. 1) THEN                         ! 變換正負符號
      KK = - 1
      ELSE
      KK = 1
   END IF
   RES = RES + KK*TERM                         ! 累計至目前項次的和
END DO
END
```

在第八列中：

DO I = 2, 10000

此指述裡的終值用「10000」，這是因不能預先知道此迴路要執行幾次，用一很大值可以保證所執行迴路的次數一定夠。

⑶第三種為**具名迴路**，此適用於上述兩種寫法，表示如下：

```
[name: ] DO I = N1, N2, N3
   迴路内部的程式指述
   …
END DO [name]
```

例題 7-1-4

某人貸款 N 元，償還計劃為：當欠款達 1000 元以上每個月還 30%；否則一次還清。月息 1 分（1%）複利計，多久可以還清？

程式：

```
IMPLICIT NONE
REAL AMOUNT, PAY
INTEGER MONTH, I
READ (*, *) AMOUNT
MONTH = 0
IFLBK : DO I = 1, 1000           ! 標示此迴路的範圍，以代號 IFLBK 表示
   AMOUNT = AMOUNT*1. 01         ! 計算利息
   IF(AMOUNT. GT. 1000. 0) THEN
      MONTH = MONTH + 1
      PAY = AMOUNT*0. 3
      AMOUNT = AMOUNT − PAY
```

```
    WRITE (*, *) MONTH, PAY    ! 輸出月份及所需支付金額
    ELSE
    MONTH = MONTH + 1          ! 一次還清的月份了
    EXIT IFLBK                 ! 跳出 IFLBK 所設定的範圍
  END IF
END DO IFLBK
WRITE (*, *) 'Month->', MONTH, '  Pay->', AMOUNT
END
```

當執行到

```
EXIT IFLBK                     ! 注意，IFLBK 不能設定為任何資料型態
```

列時，程式的執行順序就會移轉到帶「IFLBK」名稱的塊狀指令區（如 DO、DO WHILE 等。請參考第六、七等章節）後面的程式指述。

例題 7-1-5

每個月存 X 元，以月息 5 厘（5%）複利計，多久才可以達 1000 元以上？

程式：

```
IMPLICIT NONE
REAL X, FINAL
INTEGER I
READ (*, *) X
FINAL = 0. 0
IBOX : DO I = 1, 10000
    FINAL = (FINAL + X)*1. 05
    IF(FINAL. GT. 1000. 0) EXIT IBOX
END DO IBOX
WRITE (*, *)'Number of months ->',I,'  Money ->' ,FINAL
```

```
END
```

例題 7-1-6

貸款N元，以年利率5%計，擬在M年後還清，若以每年歸還相同金額，求一年需歸還多少？

程式：

```
IMPLICIT NONE
REAL AMOUNT, AINT, TOTAL, PAY
INTEGER IYEAR, I
READ (*, *) AMOUNT, IYEAR, AINT
TOTAL = 0. 0
DO I = 1, IYEAR
      TOTAL = 1. 0 + TOTAL/(1. 0 + AINT)
END DO
PAY = AMOUNT/TOTAL
WRITE (*, *)'Pay ->', PAY
! check, the total money left should be zero.
TOTAL = AMOUNT
DO I = 1, IYEAR
      TOTAL = (TOTAL - PAY)*(1.0 + AINT)
END DO
WRITE (*, *)'Left ->', TOTAL                    ! 用逆算驗證
END
```

7-2　巢狀迴路（DO LOOP）

在 DO 迴路內還可有 DO 迴路。如下式：

```
DO I=1,N
  迴路內部的程式指述
  ..
  DO J=1,K
    迴路內部的程式指述
    ..
  END DO
  迴路內部的程式指述
END DO
```

由最外部的迴路進入，先指定指標變數「I」為「1」；當進入第二個迴路時指定指標變數「J」為「1」後，先完成此迴路的執行（假定內部沒有其它的迴路），於跳出此迴路的「END DO」後繼續執行，直到第二個「END DO」後回到原來外部迴路的「DO」開始的列式。接著指定「I」為「2」後再進行迴路內部的指述，再次完整的執行內部的迴路一次。就像算式內的括號一般，由最外進入內部後，最內部的迴路執行完後才繼續外部的迴路。如前節 7-1 每一個迴路均可帶標籤。

每個迴路須在自己的範圍結束，**不可有交錯**的情形，如：

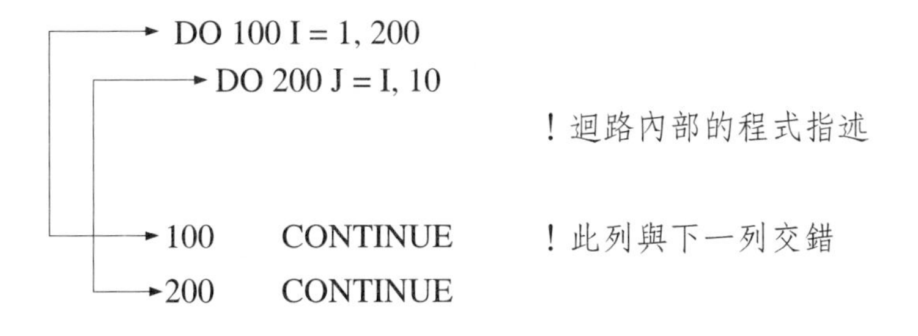

本例就有在外面的迴路「DO 100」結束在裡面迴路「DO 200」之內，如上圖程式左邊的線條相互交叉，在編譯時應會有錯誤訊息。

須注意的是於迴路的範圍內，有關**迴路控制變數如：指標變數、起始值、增量、與終值在迴路的執行過程均被視為特殊變數不得自行改變其值**。當然，未進入或已出迴路時，這些變數就為一般變數，可以改變它們的值。如下例：

```
DO I = N1, N2, N3
   …
   I=I + 1      ! 錯誤的指述，指標變數「I」不能在此改變
   N1 = …       ! 錯誤的指述，起始值「N1」最好勿在此改變
   N2 = …       ! 錯誤的指述，終值「N2」最好勿在此改變
   N3 = ..      ! 錯誤的指述，增量「N3」最好勿在此改變
END DO
```

以下為巢狀迴路的一程式案例：

例題 7-2-1

計算下列方程式

$$\log(1+X)=X-\frac{X^2}{2}+\frac{X^3}{3}-...=\sum(-1)^{N+1}\frac{X^N}{N}$$

計算 X = 1 到 9，以及 N = 5 到 10 所有組合的 log(1+X)的值。

程式：

```
IMPLICIT NONE
REAL X, RES, AX
INTEGER I, J, K
DO I=1, 9
   X=I                                  ! 令 X = I
   RES = X; AX = X                      ! 累加值與第一項的分子
   DO J = 2,10
      AX=−X*AX                          ! 第 J 項的分子
      RES = RES + INDEX*AX/J            ! 累加至第 J 項的值
```

```
        IF(J.GE.5) WRITE (*, *) X, J, RES
      END DO
   END DO
   END
```

7-3　條件式迴路（DO WHILE）

若迴路的運用無法事先決定所須執行的次數，這時有三種處理方式：

⑴**用前述計值迴路**，將終值設定成很大的值，然後用 7-5 節的控制指令以在必要時移轉執行次序（如「**EXIT**」、「**CYCLE**」、「**QUIT**」、「**GO TO**」指令等）。這方式較受 Fortran 95/90 鼓勵使用。相較之下，以下兩種方法就較不鼓勵使用了，因它們可能會造成無窮迴路，而致程式無法跳出迴路的狀況。

⑵**用條件式迴路**「DO WHILE (　)」的指令。

⑶**用無條件式迴路**「DO」的指令。（參閱 7-4 節）

有關條件式迴路「DO WHILE (　)」的寫法如下：

```
DO WHILE (condition)
   迴路內部的程式指述
   ...
END DO                    ! 其中（condition）如同 IF (condition) 的條件一樣
```

只有在括號內的條件成立時才會繼續執行迴路內的指述，否則就跳到「END DO」後的指述繼續執行程式。

例題 7-3-1

某人貸款 N 元，償還計劃如下：當欠款達 1000 元以上每個月還 30%；否則一次還清，以月息 5 厘（5%）複利計，求多久才可以還清？

程式：

```
REAL BALANCE, PAYMENT
INTEGER MONTH
READ (*, *) BALANCE
MONTH = 1
BALANCE = BALANCE*1. 05
DO WHILE(BALANCE. GT. 1000.0)     ！條件成立就執行內部程式敘述
    PAYMENT = 0.3*BALANCE
    WRITE(*,*) 'Month ->', MONTH, '  Pay ->', PAYMENT
    MONTH = MONTH + 1
    BALANCE = (BALANCE − PAYMENT)*1. 05
END DO                            ！將程式執行權移轉到上方的「DO WHILE」
WRITE(*, *)'Month ->', MONTH, '  Last Pay ->', BALANCE
END
```

例題 7-3-2

求 1 到 N 所有質數。

程式：

```
IMPLICIT NONE
INTEGER N, NUM, IDIVIDE, IMODE, MAX1
100   FORMAT(1X, 'Prime numbers between 1 to', I5)
200   FORMAT(1X, 3I5)
300   FORMAT(1X,'Input the N value -->',\)
```

```
WRITE(*, 300)
READ(*, *) N
WRITE(6, 100) N
WRITE(6, 200) 1, 2, 3
DO NUM = 5, N, 2                        ! 被除數，分子的值
  IDIVIDE = 1; IMODE = 1
  MAX1 = SQRT (FLOAT(NUM)) + 1          ! 取得最大的除數，分母
  DO WHILE(IDIVIDE. LT. MAX1)           ! 條件式迴路
      IDIVIDE = IDIVIDE + 2
      IMODE = MOD(NUM,IDIVIDE)          ! 取 NUM/IDVIDE 的餘數
      IF(IMODE. EQ. 0)exit
  END DO
  IF (IMODE. NE. 0) WRITE (6, 200) NUM
END DO
END
```

此題的原理為：當要判斷數值「N」是否為質數時，只要由「3」以上的奇數連續的去計算看是否可以被整除。如果算到「$\sqrt{N}+1$」都不能被「N」整除時，「N」就一定是質數。

MOD 函式：如下

K = MOD(N, M)

「MOD(　)」是編譯軟體內的庫存函式，此是計算整數除法的餘數，其中「N」是被除數，「M」是除數。除了以後，餘數放在變數「MOD」，然後由「K = MOD」結束本列的運作。

7-4 無條件式迴路（DO）

有時在迴路的開始時不寫任何條件，直接由迴路內的指令來控制所須執行的次數。「DO」的指令即為此目的而設，顯然的此指令必須藉由迴路範圍內的其它指令以跳出此迴路，這些可控制跳出迴路的指令將在下一節中說明。無窮迴路程式的表示如下：

```
[name: ] DO
        statement(s)
END DO [name]
```

例題 7-4-1

```
DO
    READ (*, *) X
    IF(X. EQ. 99.0) EXIT        ! 跳到 END DO 之後的程式指述
    WRITE (*, *) X
END DO
……                              ! 可寫入其它的程式敘述
END
```

此種迴路指令的方式必須靠迴路內的指令決定何時跳出迴路，通常可用下面四種指令之一：

1. EXIT
2. CYCLE
3. GO TO
4. STOP

7-5　迴路控制指令（EXIT, CYCLE）

在迴路的執行過程中，有時因某條件要控制執行順序，此時除了傳統 FORTRAN 用「GO TO N」的指令外，Fortran 95/90 提供了兩個迴路控制指令，即「EXIT」與「CYCLE」。

此兩指令分別敘述如下：

(1) **CYCLE** [name]

將執行順序移轉到迴路最後一個結束指令，這些迴路指令含「DO」、「DO WHILE」等。若有名稱（name）則執行順序轉到該名稱的迴路的最後一個結束指令。需注意的是，當執行順序移轉到迴路最後一個結束指令時並不代表此迴路立刻要結束了，而是回到迴路的最前端。

(2) **EXIT** [name]

將執行順序移轉到下列項次之一：

▲「DO」、「DO WHILE」迴路最後一個結束指令的程式指述。

▲若有名稱，則執行順序移轉到該名稱的迴路的最後一個結束指令之後的指述。

下例以 DO - END DO 的指令說明：

例題 7-5-1

```
DO                                ！迴路開始
    READ (*, *) X
    IF(X. EQ. 99. 0) EXIT         ！若條件成立，跳出迴路「END DO」後
    IF(X. LT. 10. 0) CYCLE        ！若條件成立，到迴路「END DO」繼續
    WRITE (*, *) 'Inside loop, X =', X
END DO
WRITE (*, *) 'Outside loop, X =', X
END
```

EXIT：跳出「END DO」後的指令繼續執行，即跳出迴路。

CYCLE：跳到「END DO」的指令繼續執行，即回到「DO」指令處。

7-6 檔案輸入狀況（IOSTAT）

在檔案資料輸入的指令中，即「READ」，括號內的引數可用一些判斷指令以得到必要的訊息。如下利用「END」、「ERR」、及「IOSTAT」等三種指令：

```
READ (*, *, END = 100, ERR = 200, IOSTAT = IEND) A, B
IF(IEND. EQ. 0) WRITE (*, *) IEND, A, B    ! 正確的輸入
STOP
100 WRITE (*, *) IEND    ! 沒有資料供輸入，Compaq 用「－1」
STOP
200 WRITE (*, *) IEND    ! 輸入錯誤的資料，Compaq 用「7」
STOP
END
```

程式說明：

1. END = N1：表示若沒有資料時，移轉程式執行順序到「N1」指述標籤列去。
2. ERR = N2：表示若沒有資料或有錯誤的資料時，移轉程式執行順序到「N2」指述標籤列去。
3. IOSTAT = IEND：後面帶一整數變數「IEND」，當執行完此列後這個變數「IEND」就會有一值，

   當「IEND」為**零**時，表示資料正確；

   當「IEND」為**大於零**時，表示資料有誤；

   當「IEND」為**小於零**時，表示資料欠缺。

上例的檔案輸入狀況的三種指令可擇一應用，如下程式指述：

```
READ (1, 101, END = 100) A, B, C      ！輸入資料讀完了就跳到 100 那列
READ (1, 101, ERR = 102) D, E         ！輸入資料有錯誤就跳到 102 那列
READ (1, 101, IOSTAT = IEND) F        ！不論輸入是對或錯均繼續執行
```

例題 7-6-1

輸入多邊形連續各邊界點的座標（X, Y）若干點，求此多邊形邊界總長。

程式：

```
IMPLICIT NONE
REAL X, Y, X1, Y1, DIST
INTEGER I, IEND
I = 0
READ (*, *, IOSTAT = IEND) X, Y          ！有錯誤的資料時，「IEND」 ≠ 0
IBK : DO WHILE (IEND. EQ. 0)             ！若成立，表示輸入正確
   READ (*, *, IOSTAT = IEND) X1, Y1    ！有錯誤的資料，「IEND」 ≠ 0
   IF(IEND. EQ. 0) THEN
       I = I + 1
       DIST =DIST + SQRT ((X1 − X) **2 + (Y1 − Y)**2)
       X = X1
       Y = Y1
       ELSE
       EXIT IBK              ！下一個執行「END DO」之後的「WRITE」
   END IF
END DO IBK
WRITE (*, *) 'Number of lines ->', I, '  Distance ->', DIST
END
```

上述在讀檔案時（限用於「**連續存取檔**」一請參考第三章），在「READ」括號的引數中也可用「END = 」的指令來移轉程式的執行順序。

7-7 總結

本章主要為介紹迴路的「DO」指述、控制迴路的兩個指述、及檔案的輸入狀況檢核指述等。以下分別簡述各種表示式：

▲ **計值迴路**－有以下三種表示法

⑴ DO N I = N1, N2, N3

```
        …
   N CONTINUE
```

⑵ DO I = N1, N2, N3

```
        …
   END DO
```

⑶ [name :] DO I = N1, N2, N3

```
        ..
   END DO [name]
```

▲**巢狀 DO 迴路**

```
DO I = N1, N2, N3
     DO J = K1, K2, K3
     …
     END DO
END DO
```

▲**條件式迴路**

```
DO WHILE(條件式)
     …
```

END DO

其中條件式可用（如同第六章「IF」指令）：

－比較 DO WHILE(A.GT.B)

－邏輯變數或是常數 DO WHILE(L)

－數值或是運算式 DO WHILE(a+b)

▲無條件迴路

```
[name : ] DO
    …
END DO [name]
```

▲控制指述

CYCLE

EXIT

GO TO

STOP

▲檔案輸入狀況

IOSTAT

與迴路相關的程式控制指令與程序，如下總表（Intel® Fortran Compiler User and Reference Guides）

指令	
名稱	敘述
CASE	在 SELECT CASE 結構內，標示程式指述可執行的塊狀區。
CONTINUE	用在 GOTO 指令的目標或 DO 迴路的最後指述；它不執行。
CYCLE	將程式控制移轉到 DO 迴路的最後一指述繼續執行。
DO	DO 迴路的起始指令。
DO WHILE	條件式的 DO 迴路，只要該指述最後括號內的邏輯運算結果為真，就執行此塊狀區的指述。

ELSE	引入 ELSE 指述塊狀區。
ELSE IF	引入 ELSE IF 指述塊狀區。
ELSEWHERE	引入 ELSEWHERE 指述塊狀區。
END	標示一程式單元的結束。
END DO	為 DO 或 DO WHILE 指述塊狀區的結束指令。
END FORALL	為 FORALL 指述塊狀區的結束指令。
END IF	為 IF 指述塊狀區的結束指令。
END SELECT	為 SELECT CASE 指述塊狀區的結束指令。
END WHERE	為 WHERE 指述塊狀區的結束指令。
EXIT	將程式控制移出 DO 迴路的塊狀區。
FORALL	對其他指述條件式的控制其執行。
GOTO	將程式執行的控制移轉到指定之處。
IF	對其他指述條件式的控制其執行。
PAUSE	暫停程式的執行。
SELECT CASE	移轉程式控制到一塊狀區的指述，由引數控制。
STOP	終止程式的執行。
WHERE	對其他指述條件式的控制其執行。

有些關鍵字須用空白文字為區隔，但有些不須區隔的空白鍵文字。

兩字間可選擇性的使用空白文字	兩字間一定要用空白文字
BLOCK DATA 、DOUBLE COMPLEX	CASE DEFAULT
ELSE IF 、DOUBLE PRECISION	DO WHILE
END DO 、END BLOCK DATA	IMPLICIT NONE
END FILE 、END FORALL	INTERFACE ASSIGNMENT
END IF 、END FUNCTION	INTERFACE OPERATOR
END MODULE 、END INTERFACE	MODULE PORCEDURE
END SELECT 、END PROGRAM	RECURSIVE FUNCTION
END TYPE 、END SUBROUTINE	RECURSIVE SUBROUTINE
END WHERE 、GO TO	
IN OUT 、SELECT CASE	

第八章

陣列介紹

Fortran 語法的特點之一就是強調數值上的運作，包括陣列在內。在 Fortran 程式中，**任何一個有效變數代表的是電腦記憶體內的一個位置，此位置後面的一些特定空間就存放著這個變數的資料**，因著此變數的精準度及資料型態就可正確的存入或讀取它的資料。若有一群具相同精準度及資料型態的資料放在一起，那麼只要知道這群資料在電腦記憶體內的起始位置及資料間的次序，就可以處理任何一筆單獨的資料，這就是需要運用陣列。因應著電腦硬體的進步，在處理通常工程程式中最佔運算時間的就是屬於陣列計算，Fortran 有一些因應的新措施，如用陣列運算的方式，來提高程式效率。在處理陣列問題時，可定址陣列往往可以讓程式員有彈性的去應付有限的電腦空間。因著軟體程式觀念的進步，在程式中使用指標的方式可以讓程式員以更有效與更大彈性的方式去處理問題。Fortran 在處理陣列的問題上較以前的版本有大的進展。

8-1 陣列定義

陣列為用一個變數表示一群資料，也就是在一個變數名稱之下可以有多個相同**型態**（type）與**性質**（kind 指記憶體空間）的純量元素，即個別元素個體。在同一陣列裡存有若干個元素，每一個元素以**下標**（subscript）來區別。**下標的表示方式為在變數後帶括號**，括號內有整數數值，此數值就可代表是第幾個元素。對於每個元素，即陣列變數帶下標者，其在程式裡的使用方式與前面幾章所用的純量變數（scalar variable 即一變數表示一個資料）完全相同。利用陣列名稱與其下標可以對陣列的個別元素、一部份區段、或全部等加以運作。

一個陣列具有下列的性質：

▲**資料型態**（data type）：陣列可用內部（intrinsic）或導出（derived）的資料型態。在一陣列中所有的元素有共同的資料型態與性質（記憶體空間）。

▲**維度**（rank）：可視為向量的一種。一陣列最多可以有七維。

▲**限度**（bound）：在陣列中的每一維度有其限度的範圍，亦上與下限。這些限度就限制陣列下標的使用範圍不能超過它們。限度可為正或負的整數。

▲**大小**（size）：一陣列中所具有的元素的總數。

▲**範圍**（extent）：一陣列中某一維度所具有的元素總數。

▲**型式**（shape）：指一陣列的維度與其範圍。兩陣列有相同的型式時，稱為一致的（conformable），它們可以作相加的運算。

如下例的陣列宣告指述：

INTEGER AA(2:10, 5)

上述指述所宣告陣列「AA」的描述如下：

▲資料型態（data type）： INTEGER 表示整數

▲維度（rank）：二維

▲限度（bounds）：第一維度為 2 到 10，範圍（extent）是 9
第二維度為 1 到 5，範圍（extent）是 5

▲大小（size）：45，以 9 乘以 5 得之

▲型式（shape）：(9, 5)，為各別維度的範圍

DIMENSION 屬性與指述

「DIMENSION」屬性用以設定一物件為陣列，它並可設定陣列的型式。「DIMENSION」屬性也可以在型態宣告指述中使用。它的型式如下：

type, [att-ls,] DIMENSION(a-spec)[, att-ls] : : a[(a-spec)

其中 type：資料型態

att-ls：可選用的屬性的設定

a-spec：一陣列的設定

a：陣列的名稱

使用陣列時，有幾點注意事項：

1. 使用時必須先宣告， 一般有以下的六種方式可用以宣告：

a. **以 DIMENSION 宣告**。如：

```
REAL*8 A
DIMENSION [ : : ] A(100)
```

上式宣告 A 變數為一維陣列，元素編號由 1 到 100 的元素。

另一種寫法為：

```
INTEGER, DIMENSION [ : :] A(1 : 100)
```

此處括號內的第一個引數表示起始值，冒號後的數值表示終值。也就是說，這個程式指述宣告變數「A」為一維陣列，元素編號由「1」到「100」共一百個元素。

另一種寫法為：

```
INTEGER, DIMENSION(100) : : A, B
```

這時的寫法為於宣告陣列「DIMENSION」後帶括號以設定陣列的性質和維度，接著為冒號後的變數。此時意味著括號後的變數均是宣告同一陣列型態。

b. **宣告資料型態時，同時宣告陣列：**

```
INTEGER I (100)
```

上式宣告「I」變數為內定精準度整數型態，是一維陣列，元素編號由「1」到「100」共一百個元素。

c. **宣告共用區時，同時宣告陣列：**（見 9-3 節）

COMMON/AA/A(100)

上式宣告標註共用區內有「A」變數，並且「A」是一維陣列，元素編號由「1」到「100」共一百個元素。

d. **以可定址宣告，ALLOCATABLE**（見 8-6 節）

e. **以指標宣告，POINTER**（見 8-8 節）

f. **以目標宣告，TARGET**（見 8-8 節）

2. 在陣列中每一個元素原則上應該是同一種資料型態及精準度。

3. 程式中用到陣列變數時，應以下標指定陣列中各別的元素。

4. 用下標時不可超過原先設定的範圍，也就是元素個數不能超出原先宣告的數目。

5. 在陣列中的每一個元素是獨立的。

6. 陣列的宣告可用上及下限值來表示它的範圍，如

DIMENSION A(− 10 : 20)

表示變數「A」的下標值由「 − 10」至「20」共 31 個元素。變數括號內的冒號前的數字為下限，即最小值；冒號後的數字為上限，即最大值。這兩數值應為整數常數或是已確定數值的整數變數。如果陣列變數括號內沒定義下限數值，如前例 *1.* 項所示，那就內定下限值是「1」，而上限值是括號內的數值。

7. 一陣列變數可以有多個下標，因著下標的個數我們稱之為幾維（ranks）陣列。下式為一個三維陣列的宣告：

DIMENSION A(4, 3, 5)

上式宣告陣列變數「A」為三維變數，共有 $4 \times 3 \times 5 = 60$ 個元素。對於一陣列變數所具有的元素總數稱為陣列的大小（size）。Fortran 95/90 原則上以七維為限制，也就是說，使用陣列變數時最好不要超過七維。

8-2 輸入與輸出

陣列變數中，每一個元素有它自己的特定位置。在資料的輸入或輸出此陣列變數時，須明確的告知是針對那一元素運作。在 Fortran 95/90 程式中對於一維陣列中元素值的設定可用**陣列建構**（array constructor）方式（請參閱 8-2-2 節）。

8-2-1 一維陣列輸入與輸出

以下說明對一維陣列的輸入及輸出的三種方式：

1. 第一種方式：利用外部的迴路一個一個的輸入／輸出資料

```
IMPLICIT NONE
REAL A(100)
INTEGER N, I
OPEN(12, FILE ='MYFILE. TXT')
READ(12, *) N
DO I=1, N                    ! 視同 READ(12, *) A(1)
    READ(12, *) A(I)         !      READ(12, *) A(2)
END DO                       !         ⋮
END                          !      READ(12, *) A(N)
```

透過迴路「DO」的改變指標變數「I」以對陣列變數「A」輸入。須注意每一個「READ」就是一筆資料記錄（record）。換句話說，上例「MYFILE. TXT」資料的檔案至少須有「N」列（筆）資料。

2. 第二種方式：利用內部的迴路一個一個的輸入／輸出資料

```
INTEGER I
REAL, DIMENSION(100)::A
READ (*,* ) N
```

```
READ (*,*) (A(I),I = 1,100,2)          ! 或 READ (*,*) A(1:100:2)
                                       ! 視同 READ(*,*)A(1), A(3)……
```

這是一種迴路的表示，對陣列變數的輸入值依迴路指標變數「I」而指定所運作的元素。以上例而言，迴路指標變數「I」的變化是由「1」開始，然後「3」、「5」、「7」、……直至「101」截止。需注意的是當「I = 101」時，此迴路不再運作，也就是並沒有用到A(101)這個元素。此例只用到一個「READ」指令，是以所有的資料可以在一列（筆）記錄內連續的擺放即可。

換言之，把要輸入的資料全放在一列就行；當然如果在一列上的資料不足時，程式自動會到下列去尋找資料。原則上第二種方式的程式效率會比第一種方式快。

3. 第三種方式：利用內定的迴路一次輸入／輸出全部資料

```
DIMENSION A(100)
READ (*, *) N
READ (*, *) A     ! 視同 READ (*, *) A(1), A(2), A(3), …, A(100)
```

在此例的第二個「READ」中對陣列變數「A」並沒用下標表示，此時程式認定是利用內定的迴路一次輸入/輸出全部資料。亦一次讀入一百個資料給「A」變數。如同第二種方式，此例只用到一個「READ」指令，所有的資料可以在一列（筆）記錄內存放。這種方式的程式效率是三種中最好的，唯它無法任意去控制所運作的元素。

8-2-2　一維陣列元素值的建構

陣列建構（array constructor）為在程式中設定陣列中的元素值。

可用以下兩種方式之一來運作：

1. 純量的設定。格式如下：

(/實際值/)或 [實際值]

2.隱含 DO 迴路。格式如下：

（實際值, DO 指標值 = 起始值, 終值 [, 增量]）

程式案例如下：

```
IMPLICIT NONE
INTEGER B(4), C(4), D(4), E(4), F(4), G(6), I
D = [1, 2, 3, 4]        ! 純量的設定方法之一，用中括號 [ ]
B = (/5, 6, 7, 8/)      ! 純量的設定方法之二
C = (/B(1 : 4) + 1/)                ! 陣列的設定
E = (/(I + 1, I = 1,7,2)/)          ! 隱含 DO 迴路的設定
F = (/4 : 10 : 2/)                  ! 三態格式（triplet form）設定
G = (/1, B(1 : 2),(I, I = 5, 7)/)   ! 混合設定
WRITE (*, *) B          ! 結果為 5, 6, 7, 8
WRITE (*, *) C          ! 結果為 6, 7, 8, 9
WRITE (*, *) D          ! 結果為 1, 2, 3, 4
WRITE (*, *) E          ! 結果為 2, 4, 6, 8
WRITE (*, *) F          ! 結果為 4, 6, 8, 10
WRITE (*, *) G          ! 結果為 1, 5, 6, 5, 6, 7
END
```

程式說明如下：

▲程式的第二列，等號右邊的中括號是一特殊符號。其中的數值會依序置入等號左邊的一維陣列內的元素位置。此作用與下列同。

▲程式的第三列，等號右邊的小刮號與斜線是一種特殊符號。其中的數值會依序置入等號左邊的一維陣列內的元素位置。

▲程式第四列，以陣列運算來設定值。B(1 : 4) 此相當於有 B(1)、B(2)、B(3) 與 B(4) 等四個值，分別加上 1 後置入 C 陣列。

▲程式第五列，「I+1」為一運算值，它是依賴後面的迴路來決定「I」的值。「I = 1,7,2」此是一迴路的表示，即 I = 1,3,5,7。

▲程式第六列，「4 : 10 : 2」此是三態格式的表示，4, 6, 8, 10，也就是

第一個「4」是起始值，「10」是終值，「2」是增量。

▲程式第七列，是一種混合式的寫法。其中分別為純量、陣列、以及隱含迴路等三種表示。

8-3 程式案例

在使用 Fortran 程式時，對於數值計算幾乎都少不了用「DO」迴路的機會。以下列出五個程式案例：

例題 8-3-1

有下列方程式，輸入 X 及計算項次後求解。

$$\sin(X)*\sin(X)=X^2-\frac{2^3*X^4}{4!}+\frac{2^5*X^6}{6!}-\cdots\cdots$$

計算方式為：將上式等號右邊展開式的每一項均算出後存入一陣列裡，最後再累加這些在陣列內的每個元素值。

程式：

```
IMPLICIT NONE
REAL X, XX, SEG_VALUE, ACCUM, FINAL
INTEGER NUM_TERMS, I
DIMENSION SEG_VALUE(100)
READ(*, *) X, NUM_TERMS
SEG_VALUE(1)=X*X        ! 第一項的值
ACCUM=2.0               ! 目前分母的數字，第一項的分子與分母是 2
XVALUE = X*X            ! 目前項次分子的 X 值
VALUE2 = 2              ! 目前項次分子的數字
XX = X*X                ! X 的平方值
DO I = 2, NUM_TERMS
```

```
    ACCUM = ACCUM*(2*I − 1)*(2*I)      ! 目前項次分母的值
    XVALUE = XVALUE*XX                 ! 目前項次分子的 X 值
    VALUE2 = VALUE2*4                  ! 目前項次分子的數字係數
    SEG_VALUE(I) = −VALUE2*XVALUE/ACCUM   ! 目前項次的值
END DO
FINAL = 0. 0
DO I = 1,NUM_TERMS
    FINAL = FINAL + SEG_VALUE(I)       ! 累加每一項的值
END DO
WRITE (*, *) 'Final value ->', FINAL
END
```

例題 8-3-2

有十點座標（x, y），找出離中心點最遠距離的點。

程式：

```
IMPLICIT NONE
REAL X, Y, DISTANCE, XX, YY, AMAXX
INTEGER I, IPT
DIMENSION X(10), Y(10), DISTANCE(10)
READ (*, *) (X(I), Y(I), I = 1, 10)    ! 讀入每一點的（X, Y）座標值
! 分別累加每一點的 X 與 Y 值，再除以座標點數得中心點
XX = 0. 0; YY = 0. 0
DO I = 1, 10
    XX = XX + X(I)                     ! 累加每一點的 X 座標值
    YY = YY + Y(I)                     ! 累加每一點的 Y 座標值
END DO
XX = XX/10.0                           ! 中心點位置
YY = YY/10.0
```

```
！計算中心點與各點的距離，計算後存於陣列 DISTANCE 內
DO I = 1, 10
  DISTANCE(I) = SQRT((X(I) − XX)**2 + (Y(I) − YY)**2))
END DO
！找距離中心點最遠的點
IPT = 1
AMAXX = DISTANCE(1)
DO I = 2, 10
    IF(DISTANCE(I). GT. AMAXX) THEN
      AMAXX = DISTANCE(I)
      IPT = I
    END IF
END DO
WRITE (*, *) 'Pt num->', IPT, '  Distance->', AMAXX
END
```

例題 8-3-3

迴歸直線

有十點資料（x, y）表示某植物的生長狀況，求其生長年數與成長高度間的迴歸直線。

年數	1	2	3	4	5	6	7	8	9	10
高度	2.1	2.8	5.7	7.5	8.0	9.0	9.6	11.2	13.8	14.1

解

迴歸直線為把一群二維關係的資料以一直線來表示，各點與此線的距離平方和為最小。此直線的表示式如下：

$Y=B_0+B_1 * X$

其中「B_0」與「B_1」為兩常數，需計算求出。

通常所求出直線的代表性，亦資料點與直線間的關係，可用一相關係數「M」表示。

M= (ΣX) (ΣY) / SQRT ((ΣX*X) * (ΣY*Y))

其中：$0.0 < M < 1.0$

此係數如果是 1，表示所有的點均在直線上，此直線的代表性最高。「M」值愈小，它的代表性愈差，也就是資料點距此直線愈遠。

有關「B_0」與「B_1」兩係數的計算公式如下：

$X_2 = \Sigma(X \cdot X) - (\Sigma X)^{**}2/N$

$Y_2 = \Sigma(Y \cdot Y) - (\Sigma Y)^{**}2/N$

$B_1 = (\Sigma(X \cdot Y) - (\Sigma X)*(\Sigma Y)/N)/ X_2$

$B_0 = (\Sigma Y)/N - B_1*(\Sigma X)/N$

程式：

```
REAL X, Y, XX, YY, XY, SX, SY, X2, Y2, AM, B1, B0, SQRT
INTEGER N, I
DIMENSION X(100), Y(100)
READ (*, *) N, (X(I), Y(I), I = 1, N)
DO I = 1, N
     XX = X(I)*X(I) + XX    ! Σ(X · X)
     YY = Y(I)*Y(I) + YY    ! Σ(Y · Y)
     XY = X(I)*Y(I) + XY    ! Σ(X · Y)
     SX = X(I) + SX         ! ΣX
     SY = Y(I) + SY         ! ΣY
END DO
X2 = XX - SX*SX/N
Y2 = YY - SY*SY/N
XY = XY - SX*SY/N
AM = SX*SY/SQRT(XX*YY)
B1 = XY/X2
```

```
B0 = SY/N − B1*SX/N
WRITE (*, *) 'B1->', B1, '  B0->', B0, '  AM->', AM
END
```

例題 8-3-4

計算多邊形面積。公式如下：

$$AREA = 0.5 \times \left| \sum_{k=0}^{n-1} (X_k \cdot Y_{k+1} - X_{k+1} \cdot Y_k) \right|$$

解

上式用到零點（X0，Y0），也就是多邊形的最後一點座標。於 Fortran 程式通常陣列是由「1」開始起算，因此對於上面公式在程式的寫法上需作特別處理。下面程式的處理方式為先用迴路計算「k = 1」至「k = n − 1」，離開迴路後，再加上座標的最後一點（Xn，Yn）與第一點（X1，Y1）的計算值。

程式：

```
REAL X(100), Y(100), AA, AREA
INTEGER N, I
READ (*, *) N, (X(I), Y(I), I = 1, N)
AA = 0. 0
DO I = 1, N − 1
      AA = AA + X(I)*Y(I + 1) − X(I + 1)*Y(I)
END DO
AA = X(N)*Y(1) − X(1)*Y(N) + AA    ！累加最後一點與第一點
AREA = 0. 5*ABS(AA)
WRITE (*, *) 'Area ->', AREA
END
```

例題 8-3-5

排序的汽泡法：Bubble sort method

解

原理：汽泡法為對於一組數字要予重新排列時，可用兩相鄰數字的比較與交換位置來完成。比較的方式如下：（假設由小至大）

1. 將數字讀入陣列中。
2. 由第一個值與第二個值作比較，若第一個值大於第二個值就交換位置，否則就不動位置。
3. 接著比較第二個值與第三個值，以此類推，看是否須更動位置，如此直至最後一個值。這種由第一個比到最後稱為一輪。一輪結束後，最後一個數值就固定住，下次不用作比較。
4. 在這一輪的過程，若曾有兩個數字交換過位置，就必須進行下一輪的比較，就是重複「2.」與「3.」的步驟，直至某一輪的過程沒有任何連續的兩數字需交換位置。每經一輪的比較，最後固定的數值就多一個，也就是說，在下一輪比較時可以少比一個在最後面的數值。

程式：

```
INTEGER LIST(100), N, IPASS, IFIRST, ITEMP
LOGICAL SORTED
READ (*, *) N, (LIST(I), I = 1, N)
IPASS = 1; SORTED = .FALSE.        ! 指標值，測是否在一輪的比較中交換過
DO WHILE (.NOT. SORTED)
  SORTED = .TRUE.                  ! 指標值先定為「真」
  DO IFIRST = 1, N − IPASS
    IF(LIST(IFIRST). GT. LIST(IFIRST + 1))THEN
      ITEMP = LIST(IFIRST)                ! 暫存第一個值於一變數上
      LIST(IFIRST) = LIST(IFIRST + 1)     ! 拷貝到上個位置
      LIST(IFIRST + 1) = ITEMP            ! 拷貝到下個位置
      SORTED = .FALSE.                    ! 交換過位置就定為「假」
```

```
    END IF
   END DO
   IPASS = IPASS + 1                    ! 曾處理的輪數
  END DO
 WRITE (*, *) , IPASS, (LIST(I), I = 1, N)
 END
```

8-4　二維陣列

在電腦的記憶體中恆用一維的方式處理資料，為了程式員使用上的方便可依需要將一些變數定義成不同維度（以七維為限）。二維陣列的表示如下：

NVALUE(IROW, ICOL)，IROW 表示列（水平），ICOL 表示行（垂直）

如果在程式中的宣告方式為：DIMENSION A(3, 4)

此時各元素的位置如下：

	ICOL1	ICOL2	ICOL3	ICOL4
IROW1	A(1, 1)	A(1, 2)	A(1, 3)	A(1, 4)
IROW2	A(2, 1)	A(2, 2)	A(2, 3)	A(2, 4)
IROW3	A(3, 1)	A(3, 2)	A(3, 3)	A(3, 4)

例題 8-4-1

有十點座標（x, y），求與中心點最大距離的點。

程式：

```
 IMPLICIT NONE
 REAL PT, DISTANCE, XX, YY, SQRT, AMAXX
```

```
INTEGER I, IPT
DIMENSION PT(2, 10), DISTANCE(10)
DO I = 1, 10
    READ (*, *) PT(1, I), PT(2, I)
END DO
！累加每一點的值
XX = 0. 0
YY = 0. 0
DO I = 1, 10
    XX = XX + PT(1, I)
    YY = YY + PT(2, I)
END DO
XX = XX/10. 0    ！中心點的 X 值
YY = YY/10. 0    ！中心點的 Y 值
！ 計算各點與中心點的距離
DO I = 1, 10
    DISTANCE(I) = SQRT((PT(1, I) − XX)**2 + (PT(2, I) − YY)**2))
END DO
！求最大距離的點
IPT = 1
AMAXX = DISTANCE(1)  ！先設第一點的距離就是最大距離
DO I = 2,10
    IF (DISTANCE(I). GT. AMAXX) THEN
        AMAXX = DISTANCE(I)
        IPT = I                  ！記錄點位
    END IF
END DO
WRITE (*, *) 'Pt num->', IPT, '  Distance->', AMAXX
END
```

8-5　二維陣列的輸入與輸出

二維陣列的輸入及輸出有三種方式。下例用實際數字來說明，如果在程式中，「A」陣列要如下式：

$$[A]=\begin{bmatrix}1 & 2\\4 & 5\end{bmatrix}$$

例題程式：以下四列程式為後續三種讀入方式的起頭

```
IMPLICIT NONE
REAL, DIMENSION(2,2) : : A          ！程式中對「A」的宣告
INTEGER I, J
N = 2
```

！對二維陣列的三種讀入方式：

！第一種方式：一次一個資料單元的讀入

```
DO I = 1, N                         ！視同 READ(*, *) A(1, 1)
  DO J = 1, N                       !      READ(*, *) A(1, 2)
        READ(*, *) A(I, J)          !      READ(*, *) A(2, 1)
  END DO                            !      READ(*, *) A(2, 2)
END DO                              ！以上須四筆記錄
```

輸入的數字安排須為：

```
1. 0
2. 0
4. 0
5. 0
```

！第二種方式：一次輸入一個記錄，亦一筆資料（多個單元）一次輸入

```
READ (*, *) ((A(I, J), J = 1, N), I = 1, N)      ！同 READ(*,*) A(1,1), A(1,2)...
```

輸入的數字安排為：只須一筆記錄即可

```
1. 0, 2. 0, 4. 0, 5. 0
```

```
!第三種方式：一次輸入全部資料，填滿變數內的所有單元
   READ (*, *) A            ! 同 READ(*,*) A(1,1), A(2,1), A(1,2), A(2,2)
  輸入的數字安排為：只須一筆記錄即可
   1. 0,  4. 0, 2. 0, 5. 0
```

注意這些不同的輸入寫法導致資料安排的不同。尤其是第三種方式是用 Fortran 的內定輸入方式，其是列優先的作法，就是先處理列後再跳行（**此與「C」語法的次序正好相反**）。

例題 8-5-1

計算多邊形面積，如例題 8-3-4 的公式，用二維處理。

程式：

```
REAL X (2, 100) , AREA, AA
INTEGER N, I
READ (*, 100) N, ((X(I,J) , I = 2), J = 1, N)
AA = 0. 0
DO I = 1, N − 1
    AA = AA + X(1, I)*X(2, I + 1) − X(1, I + 1) *X(2, I)
END DO
AA = X(1, N)*X(2, 1) − X(1, 1)*X(2, N) + AA
AREA = 0. 5*ABS (AA)
WRITE (*, *) 'Area ->',AREA
END
```

8-6　可定址陣列（Allocatable）

資料物件（如陣列變數、或一變數）可以是**靜態**（static）或**動態**（dy-namic）。如果資料物件是靜態的，在編譯時就將它設定在一固定大小並且連續的記憶區，直到程式結束之前不會改變。相對的，如果資料物件是動態的，在程式執行中可隨時在記憶體的位置予以定址（allocate）、改變（alter）、或取消定址（deallocate）。

在 Fortran 的設定**指標**（pointer）、**可定址陣列**（allocatable array）、及**自動陣列**（automatic array）等均是動態的資料物件。其中：

▲**指標**：開始時所設定的指標並沒有指定一記憶空間，直到用可定址「ALLOCATABLE」指述設定後它才有自己的記憶空間。一指標也可在它相關聯的目標被用「NULLIFY」指定為空的時，就被取消記憶空間。請參閱 8-8 節。

▲**可定址陣列**：以定址「ALLOCATE」指述取得記憶區的使用權，而以「DEALLOCATE」取消記憶區的設定。

▲**自動陣列**：它與可定址陣列不同，它是在進入或離開程序時自動取得或取消記憶區的使用。副計劃才可用，請參閱 9-11-1 節。

對於陣列變數需先宣告其**範圍**（extent），才能使用它們。在 Fortran 提供了一種方式，可在程式中隨著需要再決定陣列中各維度的範圍，並可在不需要用時取消某些陣列變數。「ALLOCATABLE」屬性是用來設定一**延緩形式**（deferred shape）的可定址陣列（allocatable array）。可定址陣列中各維度的範圍在程式執行時才用「ALLOCATE」函式來指定，於不需用到這些陣列時用「DEALLOCATE」指述來取消它們。可定址陣列**不可在**「COMMON」、「EQUIVALENCE」、「DATA」及「NAMELIST」指述中設定。可定址陣列的值在離開該程式後並不保存，此時可用「SAVE」屬性來達到保存效果。

Intel Fortran 對可定址陣列的使用方式如下例：

```
IMPLICIT NONE
REAL, ALLOCATABLE : : A( : ), B( : , : ) ! 分別設定一維與二維可定址陣列
INTEGER N
READ (*, *) N
ALLOCATE (A(N))                           ! 宣告「A」陣列有「N」個元素
ALLOCATE (B(0 : 5,3))     ! 宣告「B」陣列有 6 ×3 個元素
READ (*, *) A             ! 在A陣列內所有的元素值一次讀入N個元素
READ (*, *) B             ! 在B陣列內所有的元素值一次讀入18個元素
WRITE (*, *) A, B         ! 寫出在 A、B 陣列內所有的元素值
DEALLOCATE (A)            ! 取消「A」陣列
DEALLOCATE (B)            ! 取消「B」陣列
END
```

上例顯示在宣告可定址陣列變數時，首先要對陣列變數作一宣告，以定出**維度**（rank），但不先決定陣列的**範圍**（extent），此稱為**假設形式**（assumed-shape）。直到程式需用某一陣列變數時，才用**定址宣告**「ALLOCATE」指令宣告陣列的大小。當不需某一陣列變數時可取消它；如果後來還要用這陣列變數，那得用「ALLOCATE」指令再度宣告陣列的範圍。

可定址陣列的規則與行為：

▲在定址（allocate）的指述中對陣列的極限（bounds）作設定。如果沒有設定下限，就取內定值「1」；如果下限值大於上限值，那麼此陣列的範圍是「0」，也就是沒有任何元素。

▲對一已定址的陣列再度下定址指令時程式會出現錯誤的訊息如下：

```
INTEGER ERR
REAL, ALLOCATABLE : : A( : ) , B( : )
…
ALLOCATE (A(1 : 10), B(I), STAT = ERR)
…
```

上程式若「ERR」變數為「0」表示正確的對 A 與 B 陣列定址。

▲可用一內定函式「**ALLOCATED**」檢查陣列是否已定址好，如下：

```
REAL, ALLOCATABLE : : A( : , : )
…
IF(.NOT. ALLOCATED(A)) ALLOCATE (A(10, 10))    ！產生邏輯結果
…
```

▲若可定址陣列具有保存「SAVE」的屬性，則它在開始時具有「not currently allocated」狀態。當它被完成定址時，它的狀態變成「currently allocated」。此狀態將保持到陣列被解除定址為止。

▲若可定址陣列沒有保存「SAVE」的屬性，則它在該程序被引用時就具「not currently allocated」狀態。當它被完成定址時，它的狀態變成「currently allocated」。此狀態將保持到這程序碰到「RETURN」或「END」指述為止。接著有下列情形可使它保有原先的定址與狀態：

—它是在模組中的一單元，它正被其他單元運用中。

—它被主機所關聯運用。

—它仍被其他程序關聯運用。

8-7　陣列計算（Array Expression）

8-7-1　陣列運算

Fortran 允許陣列變數如同純量變數一樣的使用，將陣列變數視為一物件（object）來處理。此種指令為應用 CPU 上的向量（vector）、平行處理、或超純量（super scalar）硬體的優勢，以在運算方面加快速度。

陣列運算應用在一運算式中，如果等號右邊的表示式為一純量結果或與左

邊變數的陣列相同型式時。此三種狀況分述如下：

1. **等號右邊表示式的結果為一純量結果時**：等號左邊陣列中每一元素值均為純量結果值。
2. **等號右邊表示式的結果為一陣列時**：等號左邊陣列中每一個元素值等於在右邊表示式結果陣列中相同位置的元素值。
3. **等號右邊表示式的結果為一陣列時**：等號左邊必須為相同型式的陣列。

以下為一例題：

```
IMPLICIT NONE
REAL ARRAY1, ARRAY2, ARRAY3, ARRAY4
DIMENSION ARRAY1(10), ARRAY2(10), ARRAY3(10), ARRAY4(10)
ARRAY1(1:10)=100.0          ! ARRAY1 中第一到十的元素均等於 100.0
ARRAY3 = ARRAY2/ARRAY1      ! ARRAY3 中每個元素均等於 ARRAY2/
                            ! ARRAY1
ARRAY2 = ARRAY1 − 3.0       ! ARRAY2 中每個元素均等於 ARRAY1−3
ARRAY2 = ARRAY1 − ARRAY3
ARRAY4 = ARRAY1*ARRAY2      ! 此並非一般兩陣列相乘的運算
WRITE (*, *) ARRAY1(1:10:2) ! 只輸出奇數的元素
WRITE (*, *) ARRAY2(2:10:2) ! 只輸出偶數的元素
WRITE (*, *) ARRAY3
WRITE (*, *) ARRAY4
END
```

在上例中第四列

```
ARRAY1 = 100.0
```

相當於 FORTRAN 77 程式的下面三指述：

```
DO I = 1, 10
ARRAY1 (I) = 100. 0
END DO
```

在上例中第五列

```
ARRAY3 = ARRAY2 / ARRAY1
```

相當於 FORTRAN 77 程式的下面三指述：

```
DO I = 1, 10                 ! 10 為程式在 DIMENSION 處宣告的大小
    ARRAY3(I) = ARRAY2(I) / ARRAY1(I)
END DO
```

在上例中第六列

```
ARRAY2 = ARRAY1 − 3.0
```

相當於 FORTRAN 77 程式的下面三指述：

```
DO I = 1, 10
    ARRAY2(I) = ARRAY1(I) − 3.0
END DO
```

要用單一變數表示整個陣列時，須注意的是若在一程式表示式中有兩個以上陣列變數出現，如上例的五至八列程式，需這些陣列變數的形式（shape）與維度（rank）均相同。

8-7-2　元素型內部程序

在陣列的運作中，使用元素型內部程序（elemental intrinsic procedures）時（選用附錄五中的內部函式的屬性為**元素型**者），Fortran 提供一特殊的好處，那就是陣列的運作。如下例：

```
REAL: :   array1(100) , array2(100)
…
array1 = SIN(array2)        ! 等號右邊為呼叫函式 SIN，並帶引數 array2
…
```

上述程式計算「SIN」時，因其「**真引數**」為一陣列（呼叫端），所以它視同如下以 FORTRAN 77 程式的寫法：

```
REAL : : array1(100) , array2(100)
…
DO i = 1, 100
    array1(i) = SIN(array2(i))
END DO
…
```

注意，以上例題中所引用的內部函式須為具「**元素函式**」屬性才可。

請參閱本書附錄五中所述的內部函式的詳細屬性。

註：欲利用本節的**陣列計算**的寫法，須先查看您的編譯軟體（compiler）是否有提供此功能。

8-8 指標與目標（POINTER, TARGET）

用指標指向一變數，如此可以間接的使用該變數。Fortran 提供了此種功能。使用指標的兩個最大的好處為(1)更有彈性的對陣列定位，(2)用以建立與運作連結串列（link lists）的工具。

一般的純量或陣列變數均存有某種形式的資料值；但另一種形式的變數不用任何的資料值，它用以指向某一純量或陣列變數的貯存資料的位置，這種變數稱為指標（pointer）。指標經常用在對未能事先知道的資料實體及其排列的次序予以動態的建立或消除。指標也用在有效的運作資料物件的連結。例如對於一大堆的資料予以排序，而這些資料的型態都是導出型態等的複雜狀態。

指述中若包含指標（pointer）時，指標為目標（target）的別名（alias）。當指定指標時，它就關聯（associate）於一目標。若目標是未定義（undefined）或是不具關聯性（disassociated），則其關聯的指標也是有如同目標一樣的狀態。

宣告指標的案例如下：

```
INTEGER, POINTER: :  p1            ！內部資料型態的指標宣告
TYPE(mytype), POINTER: :  p2      ！導出資料型態的指標宣告
```

一通用的宣告形式示意如下：

```
type specifier, attribute list, POINTER: : list of variable
其中，type specifier：為型態的設定
        attribute list：為屬性的設定
        list of variable：為指標變數的名稱
```

當指標被宣告時，它的關聯狀態（association status）是**未定**（undefined）。若是將它與目標（target）物件關聯起來，它的狀態就是**關聯**的（associated）；若隨後將關聯狀態結束掉（用「NULLIFY」指述），它的狀態就是**不關聯**的（disassociated）。須注意的是未定與不關聯是不同的。

Fortran 程式中對於指標的使用與其他語法有如下不同之處：

因著執行效率的考量，Fortran 對於指標所要關聯的物件變數須具有目標的屬性，即「TARGET」。

8-8-1　指標與目標的設定

指標指定指述（pointer assignment statement）的表示式如下：

指標物件（pointer-object）=> **目標**（target）

其中：指標物件（pointer-object）是一變數名稱或結構的部分，它以 POINTER 屬性宣告。

目標（target）是一變數或表示式。它的資料型態與佔記憶體

的空間大小須與指標物件相同。

指標指定指述的規則與行為敘述如下：

▲如果目標為一變數，它必須要有 POINTER 或 TARGET 的屬性。

▲如果目標為一表示式，它的結果必須為一指標。

▲如果目標不為一指標（它有 TARGET 的屬性），指標物件必須與目標相關聯。

▲如果目標是一指標（它有 POINTER 的屬性），它的狀態決定了相關聯的指標物件的狀態，如下：

—如果指標是關聯的，指標物件與目標具有相同的物件。

—如果指標是不關聯的，指標物件就成不關聯狀態。

—如果指標是未定狀態，指標物件就是未定狀態。

▲除非指標被關聯於一可被引用與設定的目標，否則指標是不能被引用與設定。

▲當一指標被指定時，任何以前此指標與目標的關聯關係均終止。

▲指標用「ALLOCATE」指述去定址以變成可關聯（associated）。與可定址陣列不同的是，一指標縱使已經與一目標有關聯，它仍然可以被定址到另一新目標。

▲內部函式「ASSOCIATED」可以測試一指標與一目標是否有關聯。

如下例程式：

```
REAL, TARGET: : T1(100)
REAL, POINTER: : PT( : )    ！指標與目標物件的資料型態須同
PT => T1    ！指標設定指述（pointer assignment statement）
…
IF(ASSOCIATED(PT))…    ！在此測試 PT 是否為有關聯
IF(ASSOCIATED(PT,T1))    ！在此測試這兩物件是否有關聯
```

注意的是，在指標是未定狀態時不可用「ASSOCIATED」函式。

以下為一指標的案例程式：

```
INTEGER,TARGET: : II(2,3)    ! II 陣列設定為一目標物件
INTEGER, DIMENSION( : , : ), POINTER: : P, L    ! P 與 L 為陣列的指標
INTEGER K
II(1, 1) = 1
II(2, 1) = 2
II(1, 2) = 3
II(2, 2) = 4
II(1, 3) = 5
II(2, 3) = 6
P => II                          ! P 指標與 II 目標具關聯性
K = P(1, 1) + 1
L => P                           ! L 指標與 P 指標具關聯性
WRITE (*, *) 'P =',P(1, 2)       ! P(1, 2) = 3
WRITE (*, *) 'K=P + 1', K        ! K = 2
WRITE (*,*)' L =', L             ! L = 1, 2, 3, 4, 5, 6
END
```

以下為一指標的另一案例程式：

```
INTEGER, POINTER: : p1, p2
INTEGER, TARGET: : i1 = 3, i2=5
p1 => i1          ! 指標的關聯
p2 = i2           ! p2 與 i2 關聯
p1 = p2 + 1       ! i1 的值改成 i2 + 1 = 6
p1 => i2          ! p1 與 i2 關聯
p1 = p2 + 1       ! i2 值為 i2 + 1
```

以下為用指標處理陣列值對調：

```
TYPE(huge), TARGET: : array1, array2
TYPE(huge), POINTER: : pt1, pt2
pt1 => array1
```

```
pt2 => array2
…
pt1 => array2    ！以下兩列為執行對調工作
pt2 => array1
```

8-8-2 取消定址

有關對指標取消定址「DEALLOCATE」的規則與行為敘述如下：

▲一指標當它與一可定址陣列相關聯時，它就不可被取消定址。

▲當執行「RETURN」或「END」指述時，指標在程序中的任何宣告均成無效，除非有下列狀況：

—有保存「SAVE」的屬性

—它是位於模組中的一單元並正被其他單元執行運用中

—它可被主體程式關聯使用

—它在一不具名共用區（blank common）

—它在一具名共用區並正被其他單元使用中

—它是函式的一返回值並被宣告成指標的屬性

8-8-3 取消指標

「NULLIFY」指述可以取消一指標與它的目標的關聯性。表示式如下：

NULLIFY (pointer-object [,pointer-object]…) 其中 pointer-object：結構的一部份或為一變數的名稱，它須是指標

如下例程式：

```
REAL, TARGET: : T1(100)
```

```
REAL, POINTER: : P1( : ), P2( : )
P1 => T1
P2 => T1
…
NULLIFY(P1)
…
```

執行本程式後，P1 變成不關聯的狀態，而 P2 仍與變數 T1 相關聯。可用「ASSOCIATED」函式來測試。

8-8-4　指標與陣列

針對目標物件為陣列時，指標物件必須宣告與目標物件相同的資料型態與維度的陣列，但不用宣告各維度的範圍與極限。如下：

```
REAL, DIMENSION(10), TARGET: : a1, a2
REAL,DIMENSION(10,10),TARGET: : b1
REAL,DIMENSION( : ), POINTER : pt1
REAL,DIMENSION( : , : ), POINTER : pt2
Pt1 => a1               ! 可行
Pt2 => b1               ! 可行
Pt1 => b1               ! 不可行，因維度不同
Pt1 => a2(1:10:3)       ! 可行
```

對可定址陣列而言，指標更可發揮其好處。它的表示式如下：

ALLOCATE (pointer (dimension specification)) 或 ALLOCATE (pointer (dimension specification) , STAT=staus) 其中 dimension specification：設定陣列的維度上的範圍與極限

status：為一整數變數，由系統送出一值。此值為零就表示正確。若由動態指標所宣告的陣列因沒有特定的名稱，它為隱性目標屬性。它只能經由指標去引用。

要取消動態指標陣列時用：

```
DELLOCATE (pointer)
或
DELLOCATE (pointer, STAT=status)
```

以下為一例題：

```
PROGRAM my_program
IMPLICIT NONE
INTEGER, DIMENSION (:), ALLOCATE:: a
INTEGER, DIMENSION (:,:), POINTER:: p
INTEGER:: alloc_err, dealloc_err
INTEGER:: i, n
OPEN (1, FILE="myfile", STATUS="old", ACTION="read")
READ (1, FMT=' (*) ') n
ALLOCATE (a(n) , STAT=alloc_err)
IF(alloc_err /= 0) THEN
…
END IF
READ (1, FMT=' (*) ') a
ALLOCATE (p(SIZE(a, 1), SIZE(a, 1), STAT=alloc_err)
IF(alloc_err /=0) THEN
…
END IF
```

```
p = 0.0                                 ! 將在 p 陣列的所有元素設為零
DO i=1, SIZE(a, 1)
   p(i, i) =a(i)                        ! p 的對角線元素等於 a
END DO
…                                       ! 注意以下三式
DEALLOCATE(a, p, STAT=dealloc_err)      ! a, p 一起取消
DEALLOCATE(p)                           ! 不可如此寫，應如下式
NULLIFY(p)                              ! p 變成無關聯，a 陣列不變
END PROGRAM my_program
```

8-8-5　指標為導出型態的部份

若指標為導出型態的部份時，如下的程式例題：

```
TYPE mytype
   INTEGER:: i
   REAL, DIMENSION(:), POINTER:: p
END TYPE mytype
TYPE (mytype) :: a, b
ALLOCATE (a%p(20) , b%p(40) )
a%i  = 1
a%p = 0.0              ! 所有的元素為零
b%i  = 2
b%p(1:40:2) = 1.0 ! 所有奇數位置的值均是 1.0
```

在此用可定址陣列時有其特殊效果，如下程式：

```
TYPE mytype
   PRIVATE
   INTEGER:: len
   REAL, DIMENSION(:), POINTER:: array
```

```
END TYPE mytype
TYPE (mytype) :: a1, a2, a3        ！引用相同的指標陣列型態
ALLOCATE(a1%array(10), a2%array(10) , a3%array(20) )
a1%len = 10
a2%len = 10
a3%len = 20
```

以下為一搜尋的程式：

```
MODULE storage
  IMPLICIT NONE
  INTEGER, PARAMETER:: name_len = 15 ！以下三列為設定三個參數
  INTEGER, PARAMETER:: title_len = 20
  INTEGER, PARAMETER:: phone_len = 20
  TYPE contact        ！設定資料型態
    CHARACTER(LEN=name_len):: first_name, last_name
    CHARACTER(LEN=title_len):: title
    CHARACTER(LEN=phone_len):: telephone
  END TYPE contact
  TYPE contact_pointer        ！設定指標
    TYPE (contact), POINTER:: pointer_to_contact
  END TYPE contact_pointer
  INTEGER:: n        ！全域變數。下兩列為設定動態目標與指標物件
  TYPE (contact), ALLOCATE, DIMENSION(:), TARGET, SAVE:: contacts
  TYPE (contact_pointer), ALLOCATABLE, DIMENSION(:), &
      SAVE:: p_contacts
END MODULE storage
PROGRAM my_program        ！本例題的主程式
  USE storage
  IMPLICIT NONE
```

```
  OPEN (1, FILE="contract.dat", STATUS="OLD", ACTION="READ")
    READ (1, FMT=" (*) ") n                        ！讀入資料的數量
    ALLOCATE (contacts(n) , p_contacts(n) )        ！動態設定陣列
    READ (1, FMT=*) contacts                       ！將所有的資料放入陣列中
    CLOSE (UNIT=1)
    CALL sort                 ！開始搜尋比對資料
    CALL display              ！輸出結果
    DEALLOCATE (contacts, p_contacts)
END PROGRAM my_program
SUBROUTINE sort               ！搜尋比對資料
    USE storage
    IMPLICIT NONE
    INTEGER:: i, j            ！區域變數。下列為設定指標陣列的起始
    p_contacts(1) %pointer_to_contact => contacts(1)
    Main: DO i=2, n           ！最外圈的迴路
      DO j=1, i-1             ！一一予以比對各資料中的姓氏
        IF (contacts(i)%last_name < &
          p_contacts(j)%pointer_to_contact%last_name) THEN
          p_contacts(j+1: i) = p_contacts(j: i-1)
          p_contacts(j)%pointer_to_contact => contacts(i)
          CYCLE main          ！最外圈迴路的下一輪
        END IF
      END DO
  END DO main                 ！下一列為將目前指標放到本輪的最後位置
  p_contacts(i)%pointer_to_contact => contacts (i)
END SUBROUTINE sort
SUBROUTINE display
  USE storage
  IMPLICIT NONE
```

```
      INTEGER:: i
      DO i=1, n
         PRINT ' (1x, A, 1x, A) ', &
            p_contacts(i)%pointer_to_contact%firsts_name, &
            p_contacts(i)%pointer_to_contact%last_name, &
      END DO
   END SUBROUTINE display
```

8-8-6 指標為程序的引數

可定址陣列不可成為程序的引數。指標（與目標）卻可以為程序的引數，但下列三條件需要滿足才可：

1. 如果一程序有指標或目標虛擬引數，此程序要有明確介面。
2. 若虛擬引數是指標，真引數也必須是指標，並且有相同的資料型態、型態參數、及維度。
3. 一指標引數不能有「INTENT」屬性。

一指標引數的定址（allocation）與取消定址方面是較特殊的。指標在作此兩運作時不一定要在同一程式單元。如下程式：

```
   SUBROUTINE my_sub1
      IMPLICIT NONE
      INTERFACE           ! 明確介面是需要的
         SUBROUTINE my_sub2
            IMPLICIT NONE
            REAL, POINTER, DIMENSION(: , :) :: p2
      END INTERFACE
      REAL, DIMENSION(:,:) :: p2
      ALLOCATE (p2 (10, 10) )
```

```
   …
   CALL my_sub2(p2)
END SUBROUTINE my_sub1
SUBROUTINE my_sub2(p1)
   IMPLICIT NONE
   REAL, POINTER, DIMENSION(:,:) :: p1
   …
   DEALLOCATE(p1)
   …
END SUBROUTINE my_sub2
```

可定址陣列不可用為真引數與虛擬引數，因此它通常是在同一程式單元中予以定址使用及取消定址兩動作。

8-8-7　指標值函式

函式的結果也可成為一指標。此時關鍵字「RESULT」必須使用在第一列的函式程式單元中。如下程式：

```
MODULE my_sub1
    IMPLICIT NONE
    CONTAINS
      FUNCTION change_pointer(a) RESULT(p)
        REAL, DIMENSION(:), POINTER:: a
        REAL, DIMENSION(:), POINTER:: p
        p => a (1: :2)        ! p 指向陣列的區段
      END FUNCTION change_pointer
END MODULE my_sub1


PROGRAM my_program
```

```
    USE my_sub1
    IMPLICIT NONE
    REAL, DIMENSION(10), TARGET:: a
    REAL, DIMENSION(:), POINTER:: p1, p2, p3
      pa => a                        ! pa 指向 a 陣列
      p1 => change_pointer(pa)       ! p1 指向 a 陣列的奇數元素
      p2 => change_pointer(p1)       ! p2 指向 p1 陣列的奇數元素
      ..
END PROGRAM my_program
```

8-9 WHERE 與 FORALL 指述

以一種隱藏式 DO 迴路方式來執行一或多個指述，在 Fortran 中利用「WHERE」與「FORALL」新的指述以達到更好的效果。

8-9-1 WHERE

WHERE 指述與建構可以讓你用**遮罩陣列**（masked array）指述以對陣列中某一選定的區段運作。這種型式的指定可對一個個元素予以邏輯性的測試。WHERE 指述的寫法有如下兩種表示法：

1. WHERE 單一指述敘述

```
WHERE (mask-expr1) assign-stmt
```

2. WHERE 結構指數敘述

```
[name:] WHERE (mask-expr1)
[where-body-stmt]
[ELSEWHERE (mask-expr2) [name]
[where-body-stmt]
[ELSEWHERE (mask-expr3) [name]
[where-body-stmt]
END WHERE [name]
```

此兩式的說明如下：

mask-expr1, mask-expr2　　！為陣列邏輯的表示（mask expressions）

assign-stmt　　！陣列變數 = 陣列表示式

name　　！WHERE 結構的名稱

where-body-stmt　　！為一指定的指數或 WHERE 指述（或結構）

如果對一「WHERE」指述設定一名稱，同樣名稱必須出現在「END WHERE」的指述上。

以下為 WHERE 單一指述敘述程式例題：

```
INTEGER A, B, C
DIMENSION A(4), B(4), C(4)
DATA  A/1, 2, 3, 4/          ！設定A陣列中元素的對應值，下列對B陣列
DATA  B/10, 20, 30, 40/
C = 0                        ！表示C陣列中每一個元素均為0
WHERE (A.GT.2) C=B/A         ！一個個元素測試，引號內為真才執行C=B/A
WRITE (*,*) C                ！ C = 0, 0, 10, 10
END
```

以下為 WHERE 結構指述敘述程式例題：

```
INTEGER A, B, C
DIMENSION  A(4), B(4), C(4)
DATA  A/1, 2, 3, 4/
DATA  B/10, 20, 30, 40/
C = 0
WHERE ( A .LT.  2)     ！由 A 陣列的第一個元素到第四個元素分別執行
        C = B/A        ！只執行與前面 A 陣列相同位置的元素
        ELSEWHERE (A. GT. 3) ！不能寫成 ELSE WHERE
        C = 100
        ELSEWHERE        ！無條件成立
        C = 1000
END WHERE
WRITE (*,*) C
END
```

在 WHERE 後的指述若是在函式（如本例的 SUM）的引數中的陣列其含的元素必須全部執行，如下例題：

```
MPLICIT NONE
INTEGER  P(4), Q(2)
DATA  P/1, 2, 3, 4/                ！指定起始值給 P 陣列的元素
Q=[1, 2]                           ！指定數值給 Q 陣列的元素
WHERE(Q. GE. 2)  Q=SUM(P)          ！Q(2) =P(1)+P(2)+P(3) +P(4)
WRITE(*,*) P                       ！P = 1, 2, 3, 4
WRITE (*,*) Q                      ！Q = 1, 10
END
```

8-9-2　FORALL

FORALL 指述與結構為 Fortran 新一代的遮罩陣列（masked array）的指令。相較於WHERE指述，它具有更一般性的用途。所有的陣列指述與WHERE的指述均可用 FORALL 來取代。

FORALL 指述的寫法有如下兩種表示法：

1. FORALL 單一指述敘述
FORALL (triplet-spec [,triplet-spec]..[, mask-expr]) assign-stmt
2. FORALL 結構指數敘述
[name:] FORALL (triplet-spec[, triplet-spec]..[, mask-expr])
　　forall-body-stmt
　　[forall-body-stmt]
END FORALL [name]

此兩式的說明如下：

triplet-spec：為三連項設定（如同 DO 迴路中第一列的三連項）

寫法為 subscript-name = subscript-1: subscript-2 [: stride]

即　指標變數=起始值：終值[：增量]　！三連項必須均為整數

mask-expr：為一邏輯表示式。若它沒寫，視同真「.true.」

assign-stmt：為指定指述或指標指述

name : FORALL 的名稱

forall-body-stmt：為下列的一項

▲一指定指述

▲一 WHERE 指述或結構

▲一 FORALL 指述或結構

mask-expr：為遮罩邏輯的表示（mask expressions）

FORALL 指述的行為與規則：

▲如果對一「FORALL」指述設定一名稱，同樣名稱必須出現在「END FORALL」的指述上。

▲FORALL 指述的執行，首先計算三連項的極值（起始值與終值）與增量，給一組值於每一個註標名稱。然後，對每一個註標名稱中的所有組合予以測試遮罩表示式（mask-expr），若此結果是真就執行指定的指述（assign-stmt）。

FORALL 的程式例題：

```
IMPLICIT NONE
REAL  A(2, 2), B(2, 2)
INTEGER I, J
DATA  A/1.0, 2.0, 3.0, 4.0/
B = 1.0
FORALL(I=1:2, J=1:2, A(I, J). GT. 2. 0) B(I, J) = 1.0/A(I, J)
WRITE(*,*)‘ A=’, A         ! A = 1.0, 2.0, 3.0, 4.0
WRITE(*,*)‘ B=’, B         ! B = 1.0, 1.0, 0.33333, 0.2500
END
```

此程式的主要指述與說明如下:

```
FORALL(I=1:2, J= 1:2, A(I, J) . GT. 2.0) B(I, J) = 1.0/A(I, J)
```

▲程式首先計算三連項的極限與增量，即 I 與 J 兩者。

▲給一組值於每一個註標名稱，也就是對 I 與 J 分別設定一名稱；顯然的在這題中，I 與 J 的值均為 1, 2。

▲在 I 與 J 不同的組合中測試遮罩表示式「A(I, J). GT. 2.0」，若此式為真就執行括號後面的指定指述。總共進行了 2 × 2 = 4 次的測試。

以下的 WHERE 指述與接著的 FORALL 指述的程式敘述是相同的：

```
WHERE ( A/= 0.0 ) A = B/2.0
FORALL (I = 1:N, J=1:N)
   WHERE (A(I, J). NE. 0) A(I, J) = B(I, J) /2.0
END FORALL
```

8-10 總結

在本章中介紹了陣列的使用法。在早期的FORTRAN中對這個題目就下了很大的功夫，因使用者比較偏向於以計算為重的問題。本章的 8-1 到 8-5 節所敘述的均是傳統的程式語法。

動態陣列的運用接著在8-6節中介紹，接著8-7節主題為對於陣列的計算。此是 Fortran 所新增加的功能，它不但令使用者在程式的寫作上較方便，對於編譯軟體有效率的去使用 CPU 硬體上的好處亦有助益。

8-8 節的指標與目標也是Fortran新增加的功能，它對於程式的處理方式不同於傳統的方法，然它是一非常有效的工具，尤其是在處理陣列的問題上更是有利。作者建議讀者在這一節多下一點功夫，以備寫些有效率的Fortran程式、寫視窗程式、或引用其他語言的程式等等好處多多。

8-9 節則以兩個新指述為主－ WHERE 與 FORALL，它們均是處理陣列的好指令。

由第六章起的一些有關塊狀區的控制指令包括如下：

- IF 指令
- CASE 指令
- DO 指令
- FORALL 指令
- WHERE 指令

在塊狀區內的控制指令包括如下：

- CONTINUE 指令
- CYCLE 指令
- EXIT 指令
- 指定 GO TO 指令（assigned）
- 計算 GO TO 指令（computed）
- 無條件 GO TO 指令
- 數學 IF 指令
- 邏輯 IF 指令
- PAUSE 指令
- STOP 指令

附錄 5-2-95「**SUM**」可計算陣列元素的總和，5-2-74「**MINVAL**」與5-2-73「**MINLOC**」兩函式可分別找出陣列中最小值與其位置，附錄 5-2-70「**MAXLOC**」與5-2-71「**MAXVAL**」兩函式可分別找出陣列中最大值與其位置。這些都是很好用的函式，如下程式：

```
IMPLICIT NONE
INTEGER A(10), B, IMAXV, IMINV, IMAXL, IMINL
A = [10, 7, 5, 4, 3, 1, 2, 4, 8, 9, 6]
B = SUM(A(1:10))           ! B 為 A 陣列中元素 1 到 10 的總和
IMAXV = MAXVAL(A)          ! 10,最大值
IMAXL = MAXLOC(A, 1)       ! 1, 最大值的位置，函式內引數 1 表示一維陣列
IMINV = MINVAL(A)          ! 1, 最小值
IMINL = MINLOC(A, 1)       ! 6, 最小值的位置，函式內引數 1 表示一維陣列
WRITE(*, *)B               ! 55
END
```

對於陣列可用的內部指述如下（引用自 Intel® Fortran Compiler User and Reference Guides）：

名稱	敘述
ALL	沿一選擇的維度測試陣列中的所有元素是否符合遮罩的條件。
ANY	沿一選擇的維度測試陣列中的任一元素是否符合遮罩的條件。
COUNT	沿選擇的維度計算陣列中的元素符合遮罩的條件的個數。
CSHIFT	沿一選擇維度作圓形的位移。
DIMENSION	確認一變數為陣列以及其維度與元素數目。
DOT_PRODUCT	對兩個一維陣列作相乘的運算。
LBOUND	對一選擇性的陣列維度回傳最低限邊界值。
MATMUL	執行兩個二維陣列相乘的運算。
MAXLOC	在一陣列中對一選擇性的維度回傳符合設定條件的最大值的位置。
MAXVAL	一陣列中對一選擇性的維度回傳符合設定條件的最大值。
MERGE	根據遮罩條件將兩個陣列合併。
MINLOC	在一陣列中對一選擇性的維度回傳符合設定條件的最小值的位置。
MINVAL	一陣列中對一選擇性的維度回傳符合設定條件的最小值。
PACK	使用一遮罩將一陣列轉換成選擇性大小的一維陣列。
PRODUCT	在一遮罩且符合條件下回傳沿一選擇性維度陣列元素相乘的結果。
RESHAPE	用選擇性的敘述次序重新建立一新陣列。
SHAPE	回傳一陣列的型式。
SIZE	回傳在一陣列沿一選擇性的維度的大小。
SPREAD	對一陣列增加一個維度。
SUM	一陣列在一遮罩條件下將一選擇維度的所有元素相加。
TRANSPOSE	旋轉一個二維陣列。
UBOUND	對一選擇性的陣列維度回傳最高限邊界值。
UNPACK	將一個一維陣列轉換成在一遮罩下結合一區域的值形成另一陣列。

第九章

副程式計畫

寫一程式以解決或分析某一問題時，若所須用的程式太長（通常指超過一頁的列表紙可列印的長度，也就是約五十五列左右）就應將其分成若干個小程式；即把一個大的問題拆解成若干個小問題。針對這些小問題來寫程式，其後再結合所有的小程式組成一完整的大程式。一個程式愈長則愈不容易被偵錯、瞭解、及維護或擴增。

程序（procedure）為將一段具有特定功能的敘述區塊寫成一個獨立的程式單元。程序的用途有兩種，其一是「事件程序」（event procedure），另一為「一般程序」（general procedure）。

事件程序：為回應使用者或系統所觸發的事件時才會被呼叫。

一般程序：不被事件所觸發，由執行的程式來呼叫以執行一般動作。

使用程序的好處為：

⑴它具有重複使用性，易於維護與閱讀。

⑵可減少程式的重複寫作。

缺點：

⑴須多加呼叫敘述，以及引述變數的使用。

⑵使程式的執行速度?慢，因多一道呼叫的步驟。

一般的程序有幾種寫法：

⑴常用副計畫（subroutine）

⑵函式副計畫（function）

⑶模組或設定的物件（module or objects）

⑷事件處理程序（event procedure）

在一個完整的程式中，其程式單元可分成：一個**主程式單元**（main program unit）、**模組**（module）、**塊狀資料**（block data）、與**副程式單元**（subprogram unit）等四種。副程式單元包括兩種**外部副程式**（external subprograms）含：由使用者撰寫的**函式副計畫**（function）與**常用副計畫**（subroutine），以及與由編譯軟體所提供的兩種副程式，分別為**內部函式副計畫**與**內部常用副計畫**，共有四種不同形式的副程式單元。如下圖：

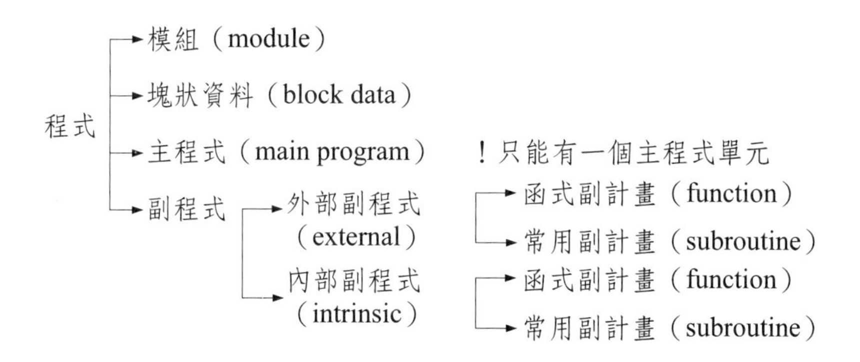

基本上，程式的寫作原則是要對所處理的問題儘可能的予以細分成若干個獨立的程序。亦先規畫好程式的處理程序（procedure），然後對於這些獨立的程序寫成副程式，**每個程式內部細節及變數等均各不相干**。最後藉由介面（interface）來串接主程式與這些副程式成一完整的程式。一程序的主要目的是讓程式能夠細分化成一些較小的單元，如此在程式的寫作、測試、效率、及再利用等方面都有好處。

本章將介紹處理程序（procedure）的方法與觀念以協助寫作一程式中的不同程式單元。在 Fortran 中有兩種主要的程序處理的方式，即一為由程式員自行寫作的處理程序的程式，稱為**外部程序**（或程式），如：**函式副計畫**（function）、與**常用副計畫**（subroutine）；另一為由編譯軟體提供應用的程序如：**內部函式副計畫**（intrinsic functions）、與**內部常用副計畫**（intrinsic subroutines）（其中內部函式副計畫佔絕大部份），這些稱為**內部程序**（或程式）。另有一種稱為**外部程序**（external procedure），為使用者寫作的程序。

在 Fortran 程式中，每個程式裡（不管是主程式或副程式）的變數均僅適用於該程式單元範圍內，此稱為**局部變數**（local variables）。在串接不同程式時，須共用一部份的資料或變數，此時有以下七種方法可以用：

⑴**使用檔案**。把某值寫入一檔案，於另一程式單元讀出這些值。

⑵**使用函式副計畫的變數名稱**。通常只傳一個值。

⑶**使用函式副計畫或常用副計畫名稱後括號內的引數**（arguments）。

⑷**使用共用區**（common）。此為全域型的指令。

⑸**使用塊狀資料**（block data）。此為全域型的指令。

⑹**使用包含檔**（include）。

⑺**使用模組**（module）。此為全域型的指令。

在副程式的應用，除了函式副計畫與常用副計畫外，模組與塊狀資料的使用可以方便程式中的資料型態的宣告、程序處理、提高程式的安全性與簡化性。模組的應用是 Fortran 程式中所樂見採用。本章將說明函式副計畫、常用副計畫、共用區、塊狀資料、及模組等五種主題。

註：全域型的指令為只要在一程式單元宣告後，其它的程式單元可直接使用，以為不同程式單元間資料的互通。

9-1 函式副計畫（FUNCTION）

對於一般常用的數學函數，如：開根號、三角函式、及資料型態轉換等等，由編譯軟體提供，這些稱為**內部函式副計畫**（intrinsic functions）。另一種由程式員自行寫作的**函式副計畫**（function）稱為**外部函式副計畫**（external functions）。

函式副計畫（function subprograms）的名稱為既是用以稱呼的名字，同時也是一個變數；也就是說此名稱變數是帶有資料。在函式副計畫程式內容的寫作上與主程式一樣，可宣告資料型態、陣列、指令、以及一程式單元用「END」當結束的指令。**函式副計畫與主程式的寫作上有下列三個主要不同處：**

1. 函式副計畫的名稱既是用以稱呼的名字，同時也是一個變數。在程式中

一定要**對此變數名稱指定一個值**，也就是在程式中至少要出現函式副計畫的名稱等於某一值一次以上。

2. 函式副計畫的名稱後的括號內可以帶有若干變數，稱為**虛擬引數**（dummy arguments）。這些變數分別對應於呼叫端的變數，稱為**實際引數**或**真引數**（actual arguments），它們在記憶體內的位置相同。通常會指定虛擬引數與實際引數內的**變數數目相同，對應變數的資料型態與性質相同**，此時在虛擬引數與實際引數內的對應變數會有相同的值。也就是相同位置的引數變數的值會相同。
3. 函式副計畫內通常會有一個以上的「RETURN」指令或是用程式最後的「END」指令以移轉程式執行權到原呼叫端。

函式副計畫的表示式如下：

```
[prefix] FUNCTION name ([d-arg-list]) [RESULT (r-name) ]
```

其中

prefix：為以下兩者之一

(1) type[keyword]　資料型態的設定

(2) keyword　為下面三種選擇之一

(a)RECURSIVE：可遞回。一函式若設定為可遞回或陣列值時，必須同時設定「RESULT」。

(b)PURE：確定程序沒有副作用，為單純程序。

(c)ELEMENTAL：限制一次只能執行一陣列的一元素。

name：此函式的名稱。它可設定資料型態，並為結果的值。但若有設定「RESULT」時，函式名稱就不能設定任何資料型態，也不為函式的結果值。

d-arg-list：一串列的虛擬引數。

r-name：函式結果值的名稱。它必須與函式名稱不同。

函式副計畫的行為與規則敘述如下：

▲在「FUNCTION」指述中可以設定函式結果的資料型態與性質，或在宣告資料型態的地方予以設定函式結果的屬性。

▲一經進入函式副計畫，在執行中遇到「RETURN」或最後的「END」指述時才會將執行權移轉到原呼叫處。

▲一函式副計畫中不能包括「SUBROUTINE」、「BLOCK DATA」、「PROGRAM」、或其他「FUNCTION」指述。

▲一函式副計畫中可用「ENTRY」以設定多個進入點。

▲若一函式副計畫式名稱為陣列值或指標時，在它的宣告資料型態處必須明確的設定函式結果名稱的屬性。

▲設定函式結果屬性、虛擬引數的屬性、與程序前端的資訊等形成定義函式的介面。

例題 9-1-1

計算若干數目的和。

程式：

```
IMPLICIT NONE
REAL A(5), VALUE1, VALUE2, SUM
DATA A/1.0, 2.0, 3.0, 4.0, 5.0/          ! 對變數「A」給予起始值
VALUE1 = SUM(5, A)                        ! 啟動函式副計畫「SUM」
VALUE2 = SUM(3, A(2))                     ! 再度啟動函式副計畫「SUM」
WRITE (*,*) 'VALUE1 =', VALUE1,', VALUE2 =', VALUE2
END
REAL FUNCTION SUM(N, AA)                  ! 函式副計畫「SUM」宣告為實數
IMPLICIT NONE
REAL AA
INTEGER I, N
DIMENSION AA(1)                           ! 宣告變數「AA」為一維陣列至少一個元素
```

```
SUM=0.0
DO I=1, N
    SUM=SUM+AA (I)
END DO
RETURN                          ! 在此可以不用此指令
END
```

程式說明：

(1)本例的最後輸出為 VALUE1 = 15.0, VALUE2 = 9.0

(2) VALUE1 = SUM(5, A)的執行順序為：

▲等號右邊先執行。「SUM」變數帶括號但它不是陣列，因此必然是屬於函式副計畫。在「SUM」後的括號內可以有一些常數或變數，這些通稱為**實際引數**（actual arugments）。電腦會先在您的程式中尋找一名叫 FUNCTION SUM ( )的程式，若是沒找到那就會往編譯軟體的函式庫找；假使都找不到，電腦就會發出錯誤的訊息給使用者並中斷程式的執行。其實這種錯誤訊息應會在程式**連結**（link）的階段發生，不會在**執行**（execute）時發生才對。

▲SUM(5, A) 表示將執行次序移轉到

REAL FUNCTION SUM(N, AA)

函式副計畫。其中「SUM(5, A)」稱為**呼叫端**，「REAL FUNCTION SUM (N, AA)」稱為被呼叫端。須注意的是函式一定要帶括號，括號內的變數（不可為常數）則稱為**虛擬引數**（dummy arguments）。基本上，**實際引數**（呼叫端括號內的變數）在記憶體上的位置會與**虛擬引數**（被呼叫端括號）同一順序的變數位置相同。以本例而言，下面兩式是對應的：

```
VALUE1 = SUM(5, A)            ! 呼叫端
REAL FUNCTION SUM(N, AA)      ! 被呼叫端
```

上兩式就可確定虛擬引數的值「(N, AA)」，如下：

N = 5

AA(i) = A(i)　其中 $0 < i < 6$

「AA」變數在記憶體上的位置與變數「A」相同；變數「A」在呼叫端被

定義為一陣列。因在本例中未指定出「A」陣列中的那一個變數，是以在沒指定情況下用內定值，那就是第一個位置。被呼叫端的變數「AA」不能在此時被定義為陣列，是以恆是指此變數的第一個位置。此時唯有變數「AA」被定義成與呼叫端的變數「A」有相同的資料型態及精準度時此兩陣列對應的值才會相同。

▲當被呼叫端「REAL FUNCTION SUM()」執行到最後第二個指令「RETURN」時，程式執行權將返回原呼叫端「SUM()」，這時變數「SUM」就帶有一值了，此值會接著拷貝到等號左邊的變數位置上，即「VALUE 1」。

(3) VALUE2 = SUM(3, A(2)) 的執行順序與上式(2)同，唯在引數上是用陣列變數「A」的第二個位置對應到呼叫端的變數「AA」的第一個位置上。

(4)在函式副計畫的第五列用

DIMENSION AA(1)

它的意義為宣告變數「AA」為一維陣列，至少有一個元素。值得注意的兩件事，**第一件事**是陣列在記憶體中的排放位置是連續的，也就是「AA (2)」必然排在「AA(1)」之後；**第二件事**為在被呼叫端虛擬引數中已定義「AA」的第一個位置與呼叫端的真引數變數「A」的第一個位置同，再由兩程式中各別對此兩資料型態及精準度的定義中可發現此兩變數的資料型態及精準度均同。因此在主程式中變數「A」陣列上的每一個值會等於在函式副計畫中變數「AA」陣列的相對應元素的值。

例題 9-1-2

輸入多邊形節點上的座標點後計算多邊形面積。

$$AREA = 0.5 \times \left| \sum_{K=0}^{K=N-1} (X_K Y_{K+1} - X_{K+1} Y_K) \right|$$

程式：

```
IMPLICIT NONE
REAL X, Y, AREA, SIZE
```

```
INTEGER I, N
DIMENSION X(100), Y(100)
READ(*,*) N, (X(I), Y(I), I=1, N)          ! 輸入各座標點
AREA=SIZE(N, X, Y)                          ! 呼叫副程式
WRITE(*,*)' Area -> ', AREA
END

REAL FUNCTION SIZE(N, X, Y)
IMPLICIT NONE
REAL X, Y, AA, ABS
INTEGER I, N
DIMENSION X(1), Y(1)
AA=0.0
DO I=1, N-1
    AA=AA+X(I)*Y(I+1) − X(I+1)*Y(I)
END DO
AA=X(N)*Y(1) − X (1)*Y(N)+AA
SIZE=0.5*ABS(AA)                            ! ABS( ) 指取括號內實數的絕對值
RETURN
END
```

當外部函式副計畫或常用副計畫被引用時，程式會進行下列步驟：

1. 計算實際引數的值。
2. 計算與實際引數對應的虛擬引數的值。
3. 執行副計畫程式。

真引數（或稱為實際引數）必須為下列敘述之一：

1. 任何的運算表示式。但不可為不確定長度文字串（以「*」表示長度）

的運算，如結合（concatenation「//」）等。

2. 常數、變數、或陣列變數。

3. 內部函式副計畫名稱（intrinsic function name）。但要先以「INTRINSIC」宣告。請參考 9-1-1 節介紹此宣告。

4. 外部程序名稱（external procedure name）。參考 9-1-2 節。

5. 虛擬程序名稱（dummy procedure name）。

虛擬引數只能用變數；不能用常數、或陣列元素變數等。虛擬引數的變數僅供在該副程式內使用，在程式裡不可用於「EQUIVALENCE」、「PARAMETER」、「INTRINSIC」、或「DATA」等指令上。

9-1-1 引數

當一副程式被引用時，資料的互通可藉由**引數**（argument）來傳遞。在呼叫端的引數稱為**真引數**（actual argument），被呼叫端的引數稱為**虛擬引數**（dummy argument）。真引數與虛擬引數的資料型態須為相同或相容才不會引起錯誤的結果。虛擬引數是一假變數（pseudo-variable），它在程序之外是不存在的，只有在引用真引數的資料後才能使用。

真引數與虛擬引數間變數資料的互動有以下兩種方式：

⑴將真引數的記憶體位置傳遞給虛擬引數。（一般 Fortran 用法）

⑵將真引數的值傳遞給虛擬引數。（一般 C 用法）

虛擬引數一般是純量變數或陣列。一程序的名稱也可以用在真引數上，但使用外部程序名稱為真引數時須先宣告為「EXTERNAL」，使用內部程序名稱時須先宣告為「INTRINSIC」。內部程序名稱只有特定名稱（specific）才可用在真引數上，通用（generic）名稱則不可以。參閱附錄五有關內部程序的名稱使用。

9-1-2 RESULT 宣告

一般而言，一函式的結果是以函式名稱為媒體以帶回一值給原呼叫或引用此函式的敘述之處。如果在一「FUNCTION」指述中用「RESULT」時，可設定一區域變數給函式結果。如此函式名稱可遞回的呼叫使用。函式的結果是放在「RESULT」的引數。它的程式表示式如下：

```
！主程式如下
IMPLICIT NONE
INTEGER A1, A2, MYPROGRAM
A1=5
A2=MYPROGRAM(A1)        ！A2 = 2 × 2 × 3 × 4 × 5 = 240
WRITE(*,*) A1, A2
END

！副程式如下，此副程式會呼叫自己所以必須宣告為「RECURSIVE」
RECURSIVE FUNCTION MYPROGRAM(A) RESULT(B)
  INTEGER, INTENT(IN):: A
  INTEGER B
  IF(A == 1) THEN
    B = 2
    ELSE
    B = A * MYPROGRAM(A-1)
  END IF
END FUNCTION MYPROGRAM
```

註：「遞回的呼叫」的意思為副程式可以直接或間接呼叫自己。

9-2 常用副計畫（SUBROUTINE）

常用副計畫的用法大致上與函式副計畫相同，一些不同之處敘述如下：

⑴常用副計畫的使用方式必須用「**CALL**」指令來呼叫，不同於函式副計畫的名稱本身就是一變數其呼叫方式用等號「=」。

⑵常用副計畫的名稱不能為變數，也就是說不帶值。在常用副計畫的程式內不須出現其名稱等於某一值的程式敘述。

⑶常用副計畫的名稱後不一定要帶括號，亦可不帶任何引數。

常用副計畫的表示式如下：

```
[prefix] SUBROUTINE name ([d-arg-list])
```

其中，prefix：為以下三者之一

⑴ RECURSIVE：可遞回。

⑵ PURE：確定程序沒有副作用，為單純程序。

⑶ ELEMENTAL：限制一次只能執行一陣列的一元素。

name：此函式的名稱。

d-arg-list：一串列的虛擬引數或返回的設定「*」。

常用副計畫的行為與規則敘述如下：

▲常用副計畫是以「CALL」指述或設定指述以為引用。當它被引用時，虛擬引數與真引數相關聯。

▲一經進入常用副計畫後，在執行中遇到「END」或「RETURN」指述時才會將執行權移轉到原呼叫處。

▲一常用副計畫中不能包括「FUNCTION」、「BLOCK DATA」、「PROGRAM」、或其他「SUBROUTINE」指述。

▲一常用副計畫中可用「ENTRY」以設定多個進入點。

例題 9-2-1

輸入多邊形節點上的座標點後，計算多邊形面積。

程式：

```
IMPLICIT NONE
REAL X, Y, AREA
INTEGER I, N
DIMENSION X(100), Y(100)
READ(*,*) N, (X(I), Y(I), I=1, N)
CALL SIZE(AREA, N, X, Y)              ！呼叫常用副計畫「SIZE」
WRITE(*,*)' Area -> ', AREA
END
SUBROUTINE SIZE(AREA, N, X, Y)
IMPLICIT NONE
REAL AA, X, Y
INTEGER N, I
DIMENSION X(1), Y(1)
AA=0.0
DO I=1, N-1
    AA=AA+X(I) *Y(I+1) – X (I+1) *Y(I)
END DO
AA=X(N) *Y(1) – X(1) *Y(N)+AA
AREA=0.5*ABS(AA)
END
```

此程式利用副計畫中的虛擬引數「AREA」將值傳回主程式。

9-3 共用區宣告（COMMON）

Fortran 程式對變數處理原則是以**區域性變數**（locality of varibles）為主。不同程式內的變數縱使有用同樣的名稱，但均是各自獨立的。為使某些變數值可在不同程式間共用，共用區宣告在記憶體中建立一共用區域，供幾個變數共同使用。共用區宣告的使用有兩種方式，即**一般共用區**（unnamed common or blank common，或稱為不具名共用區），與**具名共用區**（named common，或稱為標註共用區）。它們的表示式如下：

```
COMMON[/[cname]/]var-list[ [,]/[cname]/var-list]..
```

其中，cname：為共用區的名稱。若沒有名稱就是不具名共用區。
var-list：一串列的變數，以逗點區隔開。

共用區的行為與規則敘述如下：

▲它所包括的變數不可為：虛擬引數、可定址陣列、自動物件、式、函式結果、及程序的進入點。它不可有「PARAMETER」屬性。

▲共用區是一全域的實體。

▲一變數只能出現在一程式單元的一共用區內一次，不可在該程式單元的其他共用區內。

▲若是設定陣列在共用區，它必須是明確型式的陣列。陣列中的變數不可有指標的屬性。在共用區間的不同數值變數可以相關聯。

▲指標只能與具相同型態、參數、及維度的指標相關聯。

▲目標物件只能與具相同型態、參數、及維度的目標物件相關聯。

9-3-1　一般共用區

在「COMMON」後的變數會存在記憶體中的一特別位置。當不同程式採用此宣告時（即「COMMON」），在宣告後面的變數就會依序對應到此記憶體中的特別位置。每一程式單元最多只能宣告一個一般共用區（或稱為不具名共用區（blank common））。

例題 9-3-1

輸入多邊形節點上的座標點後計算多邊形面積，公式如例題 9-1-2。

程式：

```
IMPLICIT NONE
REAL AREA, X, Y
INTEGER N, I
COMMON N, AREA, X(100), Y(100)          ! 一般共用區的宣告
READ(*,*) N, (X(I), Y(I), I=1, N)
CALL SIZE                               ! SUBROUTINE 可不帶引數
WRITE(*,*)' Area -> ', AREA
END
SUBROUTINE SIZE
IMPLICIT NONE
REAL AREA, XX, YY, AA
INTEGER I, N
COMMON N, AREA, XX(100), YY(100)        ! 一般共用區的宣告
AA=0.0
DO I=1, N-1
    AA=AA+XX(I) *YY(I+1) − XX (I+1) *YY(I)
END DO
```

```
AA=XX(N) *YY(1) − XX(1) *YY(N) +AA
AREA=0.5*ABS(AA)
END
```

在上面程式中，變數須先被宣告資料型態及精準度後才能出現在「COMMON」指令。陣列變數可直接在「COMMON」指令後宣告。由本例可知，對於共用區內的變數名稱在不同程式上不一定要相同，只要在記憶體上的位置相同，資料型態及性質也相同時，變數所取得的值就會相同。須注意的是，不同共用區內變數採一對一的方式對應。

下例的寫法是正確的：

```
REAL A, B
DIMENSION A(10), B(10)
COMMON A, B
```

此程式指在共用區內有陣列「A」與「B」，這兩陣列各有十個元素。

9-3-2 具名共用區（named common block）

每一程式最多只能宣告一個一般共用區，此對程式員造成很大的限制。具名共用區則為共用區標註名稱，如此在一程式中可用的共用區的數目就不受限制了。在不同程式間只有相同名稱的具名共用區才使用相同的記憶體位置。

例題 9-3-2

輸入多邊形節點上的座標點後計算多邊形面積，公式如例題 9-1-2。

程式：

```
IMPLICIT NONE
REAL AREA, X, Y
```

```
INTEGER N, I
COMMON/A1/N, AREA                    ! 「A1」具名共用區
COMMON/A2/X(100), Y(100)             ! 「A2」具名共用區
READ(*,*) N, (X (I), Y(I), I=1, N)
CALL SIZE
WRITE(*,*)' Area -> ', AREA
END
SUBROUTINE SIZE
IMPLICIT NONE
REAL AREA, X, Y, AA
INTEGER I, N
COMMON/A1/ N, AREA                   ! 「A1」具名共用區
COMMON/A2/XX (100), YY (100)         ! 「A2」具名共用區
AA=0.0
DO I=1, N-1
    AA=AA+XX(I) *YY(I+1) – XX(I+1) *YY(I)
END DO
AA=XX(N) *YY(1) – XX(1) *YY(N) +AA
AREA=0.5*ABS(AA)
RETURN
END
```

本例每個程式用了兩個具名共用區，名稱分別是「A1」與「A2」。不同程式裡，具相同名稱的具名共用區中的變數被分配在相同的記憶體位置。須注意的是，這並不表示不同程式中具相同名稱的具名共用區中的相同順序的變數會相同，因它還得查看在某變數之前的所有變數所佔用的位置有多大。

要令對應在共用區的變數相同的條件有三：

⑴在記憶體的位置要相同，此與變數的順序可能沒絕對關係。

⑵變數的資料型態要相同。

⑶變數的性質（精準度）要相同。

9-4 包含檔（INCLUDE）

雖然在前面三節分別敘述的函式副計畫、常用副計畫、及共用區等，其均可令一些變數在不同程式間通用。當於不同程式裡對某一些變數須有共同的定義時，不太容易用上述三種方式來達成此目的。包含檔是常被用於在不同程式上具相同的變數定義與指定值。表示式如下：

INCLUDE ‘file-name [/NOLIST]’

其中，file-name：為將包含在內的程式名稱。它不能為具名常數。

[/NOLIST]：指明是否將包含的檔案顯示在編譯程式裡。

包含檔的程式行為與規則：

▲包含檔可出現在程式單元的任何地方。

▲被包含的檔案的開頭不可為連續列，每一 Fortran 指述必須完整的描述在一檔案中。它不可為不完整的 Fortran 指述。

▲須注意出現程式裡的指述次序，當用包含檔時也必須遵守規定。

令下面兩程式是在‘AA.F90’的檔案上：

```
INCLUDE   'MYPROGRAM'
READ(*,*) N, (X(I), Y(I), I=1, N)
```

```
CALL SIZE
WRITE(*,*) 'Area -> ', AREA
END

SUBROUTINE SIZE
INCLUDE   'MYPROGRAM'
AA=0.0
DO I=1, N-1
     AA=AA+X(I) *Y(I+1) – X(I+1) *Y(I)
END DO
AA=X(N) *Y(1) – X(1) *Y(N)+AA
AREA=0.5*ABS(AA)
RETURN
END
```

令下方的程式是在'MYPROGRAM'的檔案中：

```
IMPLICIT NONE
REAL AREA, X, Y, AA, ABS
INTEGER I, N
COMMON/A1/ N, AREA
COMMON/A2/X(100), Y(100)
```

在使用編譯軟體編譯上述「AA.F90」檔案時，因在程式裡有

INCLUDE 'MYPROGRAM'

的指述。這列的意義是指：到目前使用的電腦目錄中找「MYPROGRAM」的檔案予拷貝插入程式的這一列之後，視同本程式的一部份。然後繼續執行電腦編譯的工作。在編輯程式時有兩個檔案，分別為「'AA.F90'」與「'MYPROGRAM'」。在編譯「'AA.F90'」程式時，電腦會將包含檔引入後視同本身的程

式。若包含檔與主程式在不同的電腦目錄之下時，於包含檔的路徑中須宣告其正確的路徑。例如：

INCLUDE 'D:\WINDOWS\WINDOWS.FI'

上式為取用路徑「D:\WINDOWS」目錄的「WINDOWS.FI」檔案。

9-5 塊狀資料（BLOCK DATA）

塊狀資料用於定義資料型態及起始值。它可以用具名塊狀資料（named block data），或不具名塊狀資料（unnamed block data）。

塊狀資料的表示式如下：

```
BLOCK DATA [name]
     [specification-part]
END [BLOCK DATA [name]]
```

其中，name：塊狀資料程式單元的名稱。

在塊狀資料中只能有下列的定義：

COMMON	DATA	Derived-type	definintion
DIMENSION	EQUIVALENCE	IMPLICIT	INTRINSIC
PARAMETER	POINTER	RECORD	SAVE
STATIC	STATIC	TARGET	TYPE declation
USE	Record structure declation		

塊狀資料的程式行為與規則：

▲一介面區塊（interface block）不可出現在塊狀資料內。可執行指述也不可在塊狀資料內。

▲程式中可有一個以上的具名塊狀資料，但只能有一個不具名塊狀資料。

▲在塊狀資料區內的變數必須定義，如資料型態等。變數不一定要設定起始值。

▲一具名塊狀資料的名稱可以出現在不同程式單元的「EXTERNAL」指述中，如此可強迫在程式作連結時去搜尋塊狀資料程式單元。

▲不具名塊狀資料只可能出現一次。

▲一個具名塊狀資料只可能出現在其執行程式（an executable program）中一次。

例題 9-5-1

```
BLOCK DATA
    REAL A, B
    DIMENSION A(3), B(3)
    COMMON/ CB / A, B
    DATA A/3*1.0/, B/3*2.0/
END BLOCK DATA
PROGRAM MYDATA
    IMPLICIT NONE
    REAL A, B
    COMMON/ CB/ A(3), B(3)
    WRITE(*,*) A, B
END PROGRAM MYDATA
```

執行結果為：

1.000000　1.000000　1.000000　2.000000　2.000000　2.000000

此例的用意為定義了共用區內變數的資料型態與起始值。

註：一般在「COMMON」指述中的變數不能使用「DATA」來設定起始值，因此需借重「BLOCK DATA」來設定起始值。在「BLOCK DATA」程式中不能用「PARAMETER」來設定常數。

9-6 結束（END）

結束指述「END」為每一程式單元的最後一個指述。它有下述的格式：

```
END [PROGRAM [program-name]]
END [FUNCTION [function-name]]
END [SUBROUTINE [subroutine-name]]
END [MODULE [module-name]]
END [BLOCK DATA [block-data-name]]
```

對於內部程序或模組程序，結束「END」指述後必須有「FUNCTION」或「SUBROUTINE」等的關鍵字；其他情況，關鍵字是可選擇性使用。在主程式、函式副計畫、或常用副計畫，「END」指述是可執行的並且可分支到目標指述去。如果程式執行到「END」指述時：

▲在主程式，整個程式的執行將結束。

▲在函式副計畫、或常用副計畫，「RETURN」指述將隱性的執行。在模組或塊狀資料程式單元時，「END」指述為不可執行的指述。

9-7 遞回副程式（RECURSIVE SUBPROGRAM）

遞回（recursion）讓副程式可以自己呼叫自己，此為 Fortran 所應用的指令，並會保留在副程式中使用過的變數值，待下次再度進入此程式時使用。要使副程式具有遞回的功能必須依照下列三種方式之一作設定：

⑴用「RECURSIVE」作為在「FUNCTION」或「SUBROUTINE」指述之

前的關鍵字。

⑵用編譯時的選項設定

⑶在「OPTION」指述的選項中設定

例題 9-7-1

計算 N！= N × (N − 1)！當 N > 1

N！= 1　　　　　！當 N < 1

使用 SUBROUTINE 程式案例如下述：

程式：

```
INTEGER:: n, fact_n
READ(*,*) n
CALL factorial(n,fact_n)
WRITE (*,*)' N！ ->', fact_n
END
RECURSIVE SUBROUTINE factorial(n, fact_n)
INTEGER, INTENT(IN):: n
INTEGER, INTENT(OUT):: fact_n
SELECT CASE(n)
    CASE(0)
    fact_n = 1
    CASE(1:)
    CALL factorial(n-1, fact_n)
    fact_n = n*fact_n
    CASE DEFAULT
    fact_n = 0
END SELECT
END SUBROUTINE factorial
```

遞回的函式副計畫與遞回的常用副計畫有一點不同，那就是函式副計畫的名稱是一變數，它為函式結果的值。通常為避免困擾，用另一變數名稱在關鍵字「RESULT」的引述中當成結果變數。如下例使用 FUNCTION 的案例：

```
INTEGER:: n, fact_n, factorial
READ(*,*) n
fact_n = factorial(n)
WRITE (*,*)‘ N！ ->’, fact_n
END

RECURSIVE FUNCTION factorial(n) RESULT(fact_n)
IMPLICIT NONE
INTEGER:: fact_n
INTEGER, INTENT(IN):: n
SELECT CASE(n)
   CASE(0)
      fact_n = 1
   CASE(1:)
      fact_n = n*factorial(n-1)
   CASE DEFAULT
      fact_n = 0
   END SELECT
END FUNCTION factorial
```

須注意的是，函式名稱「factorial」並未直接設定資料型態。它的資料型態是被設定在結果的變數上，即本例「RESULT (fact_n)」中的變數「fact_n」。

9-8　進入點（ENTRY）

在函式副計畫（FUNCTION）或常用副計畫（SUBROUTINE）中可設「**進入點**」（ENTRY）以共用程式的一部份。進入點的寫法如下：

```
ENTRY name[ ([d-arg[,d-arg]..]) [RESULT (r-name) ]
```

其中

name：為此進入點的名稱。如果「進入點」是在函式副計畫中，此進入點的名稱就視同一函式副計畫的名稱；同樣的，如果「進入點」是在常用副計畫中，這進入點的名稱就視同一常用副計畫的名稱。若「RESULT」有設定，則此處名稱不可以設定任何資料型態。

d-arg：虛擬引數。

r-name：函式結果的名稱。它只能用於函式副計畫中。

「ENTRY」指述的行為與規則：

▲「ENTRY」指述只能出現在外部或模組程序中。

▲「ENTRY」指述不能出現在「CASE」、「DO」、「WHREE」、「IF」、或「FORALL」等構架中。

▲當「ENTRY」出現在常用副計畫中，它是以「CALL」指述來呼叫。若它是在函式副計畫中，則以函式的引用方式來使用。

▲在函式副計畫中的「ENTRY」名稱可以宣告資料型態以供使用。

▲如果「ENTRY」設定為「RECURSIVE」就可引用它自己。

▲「ENTRY」指述可以有虛擬引數。

「ENTRY」在函式副計畫中的程式例題如下：

```
REAL   FUNCTION  TANH(X)
```

```
REAL:: X, Y
TSINH(Y) = EXP(Y) – EXP(-Y)          ! 指述函式
TCOSH(Y) = EXP(Y) + EXP (-Y)         ! 指述函式
   TANH = TSINH(X) /TCOSH(X)         ! 引用指述函式
   RETURN
   ENTRY SINH(X)                     ! 進入點
   SINH = TSINH(X) /2.0              ! 引用指述函式
   RETURN
   ENTRY COSH(X)                     ! 進入點
   COSH =TCOSH(X) /2.0               ! 引用指述函式
   RETURN
END

PROGRAM MYFILE                       ! 主程式
REAL:: X, Y, TANH, SINH, COSH
   WRITE(*,*)' Input a real value'
   READ(*,*)  X
   Y = TANH(X)
   WRITE(*,*)' TANH (X) =', Y
   Y = SINH(X)
   WRITE(*,*)' SINH(X) =', Y
   Y = COSH(X)
   WRITE(*,*)' COSH(X) =', Y
END PROGRAM MYFILE
```

例題 9-8-1

任意輸入五個數字，找出前兩個與後三個數字最大者。

程式：

```
READ(*,*) A, B, C, D, E   ！輸入五個數字
WRITE(*,*) T2(A, B)       ！利用函式副計畫「T2」找出大者
WRITE(*,*) T3(C, D, E)    ！利用函式副計畫「T3」找出大者
END
FUNCTION T3(A, B, C)
TX3 = C
GO TO 10
ENTRY T2(A, B)            ！進入點，視同一函式副計畫程式
TX3 = A
10 T2 = A
IF(B. GT. T2) T2 = B
IF(TX3. GT. T2) T2 = TX3
T3 = T2
END
```

此程式的第二列

　　WRITE(*,*) T2(A, B)

呼叫副計畫「T2」，因「T2」已在函式副計畫「T3」中定義為一進入點，所以「T2」是一函式副計畫。程式的執行次序為當執行到第二列後，執行權移轉到第八列的

　　ENTRY T2(A, B)

往下執行，直到「END」指令處才回到原呼叫的第二列繼續執行。

當程式執行第三列的

　　WRITE (*,*) T3(C, D, E)

就呼叫第五列的

　　FUNCTION T3(A, B, C)

以繼續執行程式。這時對於第八列的

　　ENTRY T2(A, B)

指述視為無效指述，不執行此列，直接跳到下一列繼續執行。

若執行本程式時的輸入為： 1.0, 2.0, 3.0, 4.0, 5.0
在執行後會得到： 2.0 與 3.0

9-9 結構與記錄 (STRUCTURE and RECORD)

此指述的寫法就類似第四章以後所介紹的導出資料型態，唯在符號的表示上有些許的不同。通常在 Fortran 程式中，一個變數就表示在 CPU 內的一個位置（由編譯軟體控制），此位置後面有一個空間（也許是一個字元或多個字元的大小）供存放資料。基本上，一個變數可代表示一個資料或數字；如果將一變數定義為陣列，那就可以存放一組同樣資料型態與性質的資料。「STRUCTURE」指令用以定義在一變數名稱之下有多種不同的資料型態，這些資料的型態與性質可以完全都不相同。它的表示法如下：

```
STRUCTURE [/structure-name/][field-namelist]
   Field declaration
   [field declaration]
   …
END STRUCTURE
```

其中

structure-name：為結構的名稱。它是全域的名稱，因此不可重複。但它可與變數、共用區塊、或紀錄等同名。它可以巢狀的方式內含另一結構。

Field-namelist：在巢狀結構時，與它相關聯的結構宣告

Filed-declaration：它可含以下的宣告

▲資料型態宣告

▲子結構宣告

▲「PARAMETER」參數宣告

▲「UNION」宣告

在程式中要使用上述結構「STRUCTURE」時用記錄「RECORD」指令。「RECORD」指述的表示如下：

RECORD/structure-name/record-namelist

其中，structure-name：為既定的結構的名稱

record-namelist：為變數或陣列名稱

結構與記錄指述的行為與規則：

▲與資料型態宣告指述不同的是，結構的宣告不產生變數。要用結構時，以「RECORD」指述指定變數。

▲在結構中，指述與名稱出現的次序很重要，因它們將對應到所使用的「RECORD」指述內的變數。

▲記錄的名稱可以在「COMMON」、與「DIMENSION」指述中；但不可在「DATA」、「EQUIVALENCE」、或「NAMELIST」指述中。

例題 9-9-1

輸入一組同學的資料，含名字、年齡、及性別。計算這一組同學中，男同學的平均年齡。

程式：

```
IMPLICIT NONE
INTEGER IEND, N, I, M
REAL TOTAL, AVERAGE
STRUCTURE/STUDENT/                   ! 定義結構STUDENT的資料型態，全域型
        CHARACTER*15 NAME
        INTEGER*4 AGE
        LOGICAL SEX
END STRUCTURE                        ! 結束對結構體 STUDENT 的定義
RECORD/ STUDENT/ ONE (50)            ! 變數 ONE 為陣列用 STUDENT 結構
OPEN(12, FILE=' C.DAT', STATUS=' OLD')
I = 1
DO                                   ! 無窮迴路
     READ (12,' (A15, I4, L1)', IOSTAT=IEND) ONE(I)
     IF(IEND. NE.0) EXIT             ! 若讀不到正確資料時就跳出迴路
     WRITE(*,*) ONE(I) .NAME, ONE(I)%AGE, ONE (I)%SEX
     I = I + 1
END DO                               ! 迴路的結束
N = I - 1
WRITE (*,*)' Num. of persons were read in ->', N
TOTAL = 0.0; AVERAGE = 0.0; M = 0.0
DO I = 1, N
     IF(ONE(I) .SEX) THEN            ! 如果是正（表示男同學）就繼續執行
        TOTAL = TOTAL + ONE(I) %AGE ! 累加年齡資料
        M = M + 1
     END IF
END DO
IF(M.NE.0) AVERAGE = TOTAL / M
WRITE (*,*)' Men ->', M,' Average age ->', AVERAGE
END
```

所需用的資料檔如下：最後一行表示性別，以 T 為男性，F 為女性。

C.DAT

```
WANG H.H      19  T
LEE G.F       20  F
CHANG W.E     18  F
CHIANG C.C    21  T
CHIO T.T      19  T
HUANG C.H     19  T
WANG T.I.     20  T
CHENG C.K.    21  T
LIN E.E.      18  F
KENG A.G.     20  T
CHI E.E       20  F
CHIAO A.L.    18  T
WU K.O.       21  T
```

在此程式中，第四列宣告一資料結構「STRUCTURE」，其宣告方式為：

▲如第四列，在「STRUCTURE」此宣告，其後有一變數名稱「STUDENT」。這個名稱在程式裡若某個變數要宣告為此資料結構時會用到。

▲前述「STRUCTURE」宣告的結束指令為第八列的「END STRUCTURE」，在此兩指令之間用為宣告一些變數的資料型態及大小，如本例中的「NAME」、「AGE」、與「SEX」。

▲在程式中，宣告資料結構的位置為在可執行指述之前。

▲在一資料結構中，可宣告的資料型態、大小、或個數沒有限制。

▲於完成宣告一資料結構「STRUCTURE」後，並不代表在程式中就可直接利用這些變數。要用此資料結構時須用「RECORD」指令。

在此程式中，第九列宣告一「RECORD」指令。它的使用方式說明如下：

▲這指令可出現在不同程式。

▲隨著「STRUCTURE」指令後的變數為一「結構變數」，它的資料型態將被

用在所指定的變數上「ONE(50)」。本例的程式如下：

RECORD/STUDENT/ ONE(50)

表示宣告變數「ONE」為一維陣列的「結構變數」，它有五十個元素。其中每一元素的資料長度有二十字元，含：一個十五字元的文字「NAME」、一個四字元的數字「AGE」、及一個一字元的邏輯變數「SEX」。

程式裡使用「結構變數」時，有以下兩種方式：

▲只用「結構變數」時，如本例的第十三列：

READ(12,‘ (A15, I4, L1)’, IOSTAT=IEND) ONE(I)

此表示執行這結構變數「ONE (I)」中所有的資料，也就是一次讀入三筆資料（分別為「NAME」、「AGE」、與「SEX」）。

▲另一使用方式為指定結構變數中的特定資料，如本例的第十四列：

WRITE (*,*) ONE(I)%NAME, ONE(I) %AGE, ONE(I)%SEX

在結構變數的百分號「%」後指定其資料結構中的特定變數，此特定變數應以出現於資料結構「STRUCTURE」的宣告內的變數名稱為限。

一資料結構中還可以有資料結構，即於結構變數後的百分號不限定只能有一個，如下例：

```
IMPLICIT NONE
INTEGER N, I
STRUCTURE/DATA/              ! 宣告資料結構（DATA）
  INTEGER*2 NUM              ! 含兩字元的整數 NUM
  RECORD/POINT/ XY           ! 另一結構變數（XY）定義在結構（POINT）
END STRUCTURE
STRUCTURE/POINT/             ! 宣告一資料結構（POINT）
    REAL X                   ! 含兩個實數（X,Y）
    REAL Y
END STRUCTURE
RECORD/DATA/COORD(10)        ! 宣告變數 COORD 為含十個元素的陣列
```

```
READ(*,*)N
READ(*,*) (COORD(I), I=1, N)  ！輸入 NUM、XY.X, XY.Y 三組資料
        WRITE(*,*)COORD(1)%XY%X, COORD(1)%XY%Y
        WRITE (*,*)COORD(2) %XY%X, COORD(2) %XY%Y
END
```

註：程式中，一結構經宣告後，後面的程式在引用時不須再對結構中所包括的變數宣告其資料型態及精準度。

9-10 程式間資料的互通

Fortran對於程式內變數的使用內定為**區域變數**（local variables），也就是在一程式裡（不管是主或副程式）的變數與其它程式無關。但在程式的運作上有一些變數的值是需要在不同程式間互通，此時可用下列幾種方式：

⑴在編譯時，宣告程式的變數為**全域變數**（global variables）。此時在不同程式內，只要用到相同的變數名稱，其值會相同。此方式較不被一般Fortran 接受。

⑵利用外部檔案（files）來存取資料。對於資料量需求很大，不在乎程式的執行時間的情況下，可考慮用這種方法。

⑶用函式副計畫（functions）的程式名稱帶回值。用函式副計畫（functions）或常用副計畫（subroutines）的引號內的虛擬引數。

⑷以共用區（common）來設定共同使用的記憶體位置。

⑸記錄變數在記憶體的位置（用 loc( )函式）。

⑹用模組（module）、或結構（structure）。

⑺用塊狀資料（block data）。

9-11 副程式中的陣列宣告

在陣列變數被宣告時，它的名稱與維度必須同時設定。每一維度上的範圍（extent）可以是常數，也可以是變數。如果是使用虛擬引數陣列（dummy argument array）、自動陣列（automatic array）、陣列指標（array pointer）、或可定址陣列（allocatable array）等時，一陣列的維度所屬的範圍可以在程式執行過程改變。於副程式中宣告陣列形式（shape）時，可採用下列四種不同的格式（form）：

▲明確形式（explicit-shape）

▲假設形式（assumed-shape）

▲假設大小（assumed-size）

▲延緩形式（deferred-shape）

如下例題為具各種格式的宣告：

```
SUBROUTINE SUB(N, A, B, C)                  ! 宣告為常用副計畫
INTEGER, DIMENSION(N, N):: IAR              ! IAR 為明確宣告形式陣列
REAL A(:), B(1:)                            ! A 與 B 為假設形式陣列
REAL, POINTER:: D(:,:)                      ! D 為延緩形式陣列
REAL, ALLOCATABLE, DIMENSION(:):: T         ! T 為延緩形式陣列
REAL:: C(N,*)                               ! C 為假設大小陣列
REAL E(2,2)                                 ! E 為明確宣告型式陣列
```

以下將對上述四種不同格式的宣告陣列形式分別說明。

9-11-1 明確形式

明確形式（explicit-shape）的宣告陣列是明確的設定陣列的維度、及在各維度的上下限（lower and upper bounds）範圍。極限（bound）的設定可用常數

或非常數來表示，說明如下：

▲若為常數的設定，在陣列中一個維度的元素範圍就在上與下限間。如果沒有指定下限值，就以「1」為內定值。如果下限值大於上限值，該維度的範圍（extent）為零。

▲若為非常數的設定，陣列必須在程序中設定。每次該程序被執行時，陣列的極限值可能不同。如以下的兩種陣列：
自動陣列（automatic array）—陣列是區域變數
可調整陣列（adjustable array）—陣列是副程式中的虛擬引數

自動陣列（automatic array）是一區域變數（local variable）的明確形式陣列。它只允許在副程式中存在，如常用副計畫或函式副計畫。如下例題：

```
SUBROUTINE SUB (N1, N2, N3)
INTEGER ARRAY1 (N1), ARRAY2 (N2: N3)
……
```

上式所宣告的區域變數陣列 ARRAY1 與 ARRAY2 為自動陣列，它們隨著程序被執行所帶來的虛擬引數 N1、N2、及 N3 而改變陣列維度的範圍。

可調整陣列（adjustable array）是一種明確形式陣列，它是在副程式的虛擬引數中。可調整陣列至少有一極限設定為非常數。當副程式被呼叫時，陣列的極限均被設定。陣列用以設定極限的整數變數可以在虛擬引數或共用區中。可調整陣列的大小必須小於或等於其關聯的真引數陣列的大小。如下面的程式：

```
DIMENSION A(10, 10), B(10, 10)
A = 10.0
B = 20.0
SUM1 = SUM(A, 10, 10)
SUM2 = SUM(B, 10, 5)
…
FUNCTION SUM(A, I, J)
```

```
DIMENSION A(I, J)        ! A 陣列為可調整陣列
SUM = 0.0
DO K = 1, I
    DO L = 1, J
        SUM = SUM + A(K, L)
    END DO
END DO
END
```

9-11-2 假設形式

一假設形式陣列（assumed-shape array）是一虛擬引數陣列，它的形式假設與其關聯的真引數相同。在假設形式陣列的設定中如沒有指定下限值就用內定的「1」。如下面的程式：

```
DIMENSION A(10, 10), B(10, 10)
A = 10.0
B = 20.0
SUM1 = SUM(A)
SUM2 = SUM(B)
…
FUNCTION SUM(A)
DIMENSION A(:,:)        ! A 陣列為假設形式陣列，與呼叫端同
SUM = 0.0
DO K = 1, I
    DO L = 1, J
        SUM = SUM + A(K, L)
    END DO
END DO
END
```

9-11-3　假設大小

一假設大小陣列（assumed-size array）是一虛擬引數陣列，它的大小假設與其關聯的真引數相同，但這兩陣列的維度和範圍可能不同。在假設大小陣列的設定中如沒有指定下限值就用內定的「1」。如下面的程式：

```
DIMENSION A(10, 10), B(10, 10)
A = 10.0
B = 20.0
SUM1 = SUM(A, 10)
SUM2 = SUM(B, 10)
…
FUNCTION SUM(A, N)
DIMENSION A(*)          ! A 陣列為假設大小，與真引數的維度不同
SUM = 0.0
K = N*N
DO I = 1, K
    SUM = SUM + A(I)
END DO
END
```

9-11-4　延緩形式

延緩形式陣列（deferred-shape array）是一指標陣列（array pointer）或可定址陣列（allocatable array）。對於陣列中各維度極限的設定均是以冒號「：」表示。在程式執行中對陣列定址到一空間時，這時指標陣列或可定址陣列的極限才被設定。（請參閱 8-6 與 8-8 節）

在指標的指定上，指標陣列中各維度的下限值可對其關聯的目標陣列用

「LBOUND」內定函式查出。同樣的可用「UBOUND」內定函式查出上限值。指標的虛擬引數只能關聯於指標真引數；但指標真引數能關聯於非指標虛擬引數。

一可定址陣列（allocatable array）為以「ALLOCATABLE」屬性宣告的陣列。它的形式及極限均是在執行程式時用「ALLOCATE」函式來設定。如下列程式：

```
REAL, POINTER:: A(:), B (:,:)          ! A 為一維指標陣列，B 為二維
INTEGER, ALLOCATABLE:: C(:,:,:)        ! C 為三維可定址陣列
```

9-12 模組（MODULE）

常用副計畫與函式副計畫為在本章中所介紹的兩種程序。另一種寫法相近的程式單元為模組（module）。它的表示方式為：

```
MODULE name
  ...
END MODULE name
```

模組的應用主要是宣告一些實體的資料型態，如變數、常數、或導出型態設定，以供其他程式單元使用。它可被全域引用，它被引用的方式是用「USE」指述，稱為使用關連（use association），如下：

```
USE name
```

其中 name 是模組的名稱。

「USE」指述必須在開始的程式名稱之後（SUBROUTINE, FUNC-

TION），在其他任何指述之前的位置。

模組有助於程式在資料的分類與組合上。它可依不同程序組合不同的資料以供使用。模組可提供全域的引用變數、導出型態、或對外部程序的顯性介面。更重要的是它可成為資料擷取的有利工具。

9-12-1　例題程式

例題 9-12-1

寫一程式以為複數計算的加法、乘法、及除法的公式

$(x_1+iy_1)+(x_2+iy_2)=(x_1+x_2)+i(y_1+y_2)$

$(x_1+iy_1)\times(x_2+iy_2)=(x_1x_2-y_1y_2)+i(x_1y_2+x_2y_1)$

$(x_1+iy_1)\div(x_2+iy_2)=(x_1x_2+y_1y_2)/(x_2^2+y_2^2)+i(x_2y_1-x_1y_2)/(x_2^2+y_2^2)$

以下為上述三公式的例題程式：

```
MODULE c_data                          ！在模組中宣告資料型態供全域使用
    IMPLICIT NONE
    SAVE                               ！保存起來，此時變數為全域變數
    TYPE c_number                      ！宣告資料型態
        REAL:: r_part, i_part
    END TYPE c_number
END MODULE c_data

FUNCTION c_add(a1, a2)                 ！複數的加法
  USE c_data                           ！引用模組中的變數資料宣告
  IMPLICIT NONE
  TYPE(c_number):: c_add
  TYPE(c_number), INTENT(IN):: a1, a2
  c_add%r_part = a1%r_part + a2%r_part
  c_add%i_part = a1%i_part + a2%i_part
```

```
END FUNCTION c_add

FUNCTION c_mult(a1, a2)                    ! 複數的乘法
  USE c_data                               ! 引用模組中的變數資料宣告
  IMPLICIT NONE
  TYPE(c_number) :: c_mult
  TYPE(c_number), INTENT(IN) :: a1, a2
  c_mult%r_part = a1%r_part*a2%r_part − a1%i_part*a2%i_part
  c_mult%i_part = a1%r_part*a2%i_part+a1%i_part*a2%r_part
END FUNCTION c_mult

FUNCTION c_div(a1, a2)                     ! 複數的除法
  USE c_data                               ! 引用模組中的變數資料宣告
  IMPLICIT NONE
  TYPE(c_number) :: c_div
  TYPE(c_number), INTENT(IN) :: a1, a2
    REAL:: r
    r=a2%r_part**2+a2%i_part**2
    c_div%r_part= (a1%r_part*a2%r_part+a1%i_part*a2%i_part) /r
    c_div%i_part= (a2%r_part*a1%i_part−a1%r_part*a2%i_part) /r
END FUNCTION c_div

PROGRAM c_example                                      ! 主程式
USE c_data
IMPLICIT NONE
TYPE(c_number), EXTERNAL:: c_add,c_mult,c_div          ! 須宣告為外部
Type(c_number) :: a1, a2
READ *, a1, a2
PRINT *,“ The sum     ->”, c_add(a1, a2)               ! 呼叫副程式
PRINT *,“ The product ->”, c_mult(a1, a2)              ! 呼叫副程式
```

```
PRINT *," The dividing ->", c_div(a1, a2)              ！呼叫副程式
END PROGRAM c_example
```

例題 9-12-2

多點的資料以一線性函式表示，即最小二乘法，公式如下：

$$y = ax + b$$

$$a = \frac{\sum x_i \sum y_i - n\sum x_i y_i}{(\sum x_i)^2 - n\sum x_i^2}$$

$$b = \frac{\sum y_i - a\sum x_i}{n}$$

程式：

```
MODULE conts
   IMPLICIT NONE
   INTEGER, PARAMETER:: max_dim=100        ！陣列最大空間限制
END MODULE conts
SUBROUTINE least_sqr(n, x, y, a, b)
   USE conts
   INTEGER, INTENT(IN) :: n                ！實際運作的陣列空間
   REAL, DIMENSION(n), INTENT(IN) :: x, y
   REAL, INTENT(OUT) :: a, b
   REAL:: sumx, sumy, sumxy, sumxx
   sumx = SUM(x)
   sumy = SUM(y)
   sumxy = DOT_PRODUCT(x, y)               ！運用內部函式計算
   sumxx = DOT_PRODUCT(x, x)               ！運用內部函式計算
   a = (sumx * sumy － n*sumxy) / (sumx*sumx － n*sumxx)
   b = (sumy － a*sumx) /n
END SUBROUTINE least_sqr
```

```
PROGRAM my_program
   USE conts
   IMPLICIT NONE
   REAL, DIMENSION(max_dim) :: x, y
   INTEGER:: n, i
   REAL:: a, b
   READ *, n
   READ(*,*)  (x(i), y(i), i=1, n)
   CALL least_sqr(n, x, y, a, b)
   WRITE(*,*) a, b
END PROGRAM my_program
```

9-12-2 程序介面

一程序介面（procedure interface）可視為它所包含的程序名稱以及引數的數目與型態等資料。傳統的FORTRAN77或其更早版本的語法中，呼叫或引用副程式時並不知道其程序為何。只有在連結（link）程式的階段才去檢查是否有程序介面的問題。也就是說呼叫的程式單元不知道程序的任何事情，此種呼叫的程序稱為隱性介面（implicit interface）。有關真引數與虛擬引數之間的適合性在此種呼叫程序的式中不予以檢查。

Fortran希望程式能更安全以及其他目的以便更正確的操作，於是它需要更多程序的資訊。此也就是顯性介面（explicit interface）的需求由來，程式員可將程序放在模組中以令程序介面能明確化。有一指述可達此目的，它就是「CONTAINS」，表示如下：

```
MODULE my_prog
   IMPLICIT NONE
   CONTAINS
```

```
        SUBROUTINE sub1(a1, a2, a3)          ！將常用副計畫放在模組中
          IMPLICIT NONE
          REAL:: a1, a2, a3
          IF (abs(a3) .gt. 0.001) THEN
            a1=a2/a3
            ELSE
            a1=a3
          END IF
        END SUBROUTINE sub1
    END MODULE my_prog

    PROGRAM main_p
        USE my_prog
        REAL, PARAMETER:: a3 = 1000.0
        REAL, a1=20.0, a2 = 30.0, a4
        CALL sub1(a1, a2, a3)
        CALL sub1(a4, a1, a2)
        WRITE (*,*) a1, a2, a3, a4
    END PROGRAM
```

因為副程式「sub1」在呼叫端是以「USE」關連起來，在呼叫程式時它的介面是明確的，所以檢查真引數與虛擬引數是更方便。在模組中所定的程序稱為模組程序（module procedure）。

9-12-3　資料擷取

前面兩節的程式示範應用模組於資料型態宣告及顯性介面程序的程式寫法。一程序設定在模組中稱為模組程序（module procedure）。顯然的若是模組中沒有任何的程序就不須有「CONTAINS」指述。

在一模組中其可包括若干個程序，如下式：

```
MODULE module_name
   Specification statements
   …
   CONTAINS
      Module procedure 1
      Module procedure 2
      …
END MODULE module_name
```

以下的例題為計算(1)經過兩點的線，(2)經任一其他點算出垂直已知線，(3)求經一點對一已知圓的切線。（本程式未寫完整）

```
MODULE myprogram
   IMPLICIT NONE
   TYPE circle
      CHARACTER(len=20) :: name
      REAL:: x, y, r
   END TYPE circle
   TYPE line
      CHARACTER(len=20) :: name
      REAL:: a, b, c
   END TYPE line
   TYPE point
      CHARACTER(len=20) ::name
      REAL:: x, y
   END TYPE point
   INTERFACE get_line                    ！通用程序的設定
```

```
   MODULE PROCEDURE two_points
   MODULE PROCEDURE perpt_line
   MODULE PROCEDURE point_circle
END INTERFACE
CONTAINS
SUBROUTINE two_points(line1, pt1, pt2)
   TYPE(line), INTENT(IN):: pt1, pt2
   TYPE(point), INTENT(OUT):: line1
   REAL:: s = TINY(1.0)
   Line1%a = pt2%y - pt1%y
   Line1%b = pt1%x - pt2%x
   Line1%c = pt1%y*pt2%x - pt2%y*pt1%x
   IF(ABS (line1%a) <s.and.ABS(line1%b) <s) THEN
      Line1 = line(0.0, 0.0, 0.0)
   END IF
END SUBROUTINE two_points
SUBROUTINE perpt_line(line1, pt1, line2)
   TYPE(line), INTENT(OUT):: line1
   TYPE(point), INTENT(IN):: pt1
   TYPE(line), INTENT(IN):: line2
   …
END SUBROUTINE pert_line
SUBROUTINE point_circle(line1, pt1, circle1, modif)
   TYPE(line), INTENT(OUT):: line1
   TYPE(point), INTENT(IN):: pt1
   TYPE(line), INTENT(IN):: circle
   CHARACTER(len=6):: modif
   …
END SUBROUTINE point_circle
```

```
END MODULE myprogram
```

任何程式單元只要用「USE」指述就可將這模組關連起來，由此使用三個導引型態：「circle」、「point」、「line」；三個程序：「two-point」、「perpt_line」、「point_circle」；一個通用程序：「get_line」。

例題 9-12-3

將輸入的度、分、秒單位的值換算成徑度量，並計算其 SIN、COS 與 TAN 的值。

程式：

```
MODULE pivalue
   IMPLICIT NONE
   REAL, PARAMETER:: pi = 3.141592536
END MODULE pivalue
REAL FUNCTION triangle_fun(funct,degree,minute,second)
      USE pivalue
      IMPLICIT NONE
      REAL, EXTERNAL:: funct
      INTEGER, INTENT(IN):: degree, minute, second
      REAL:: angle
      Angle = (degree + minute/60.0 + second/3600.0) *pi/180.0
      Triangle_fun = funct(angle)
END FUNCTION triangle_fun
PROGRAM triangle_test
      IMPLICIT NONE
      REAL, INTRINSIC:: SIN, COS, TAN
      REAL, EXTERNAL:: triangle_fun
         INTEGER:: degree, minute, second
         PRINT *,“ Keyin degrees, minutes, and seconds”
         PRINT *,“ Keyin three integers ->”
```

```
    READ *, degree, minute, second
    PRINT *,“ Its sine is”, &
       triangle_fun(SIN, degree, minute, second)
    PRINT *,“ Its cosine is”, &
       triangle_fun(COS, degree, minute, second)
    PRINT *,“ Its tagent is”, &
       triangle_fun(TAN, degree, minute, second)
END PROGRAM triangle_test
```

9-13　純程序

純程序（pure procedure）它只有對動態配置（通常在堆疊上）之資料進行修改的程式程序。純程序不能修改全域資料或自己本身的程式碼。因此它可安全的被不同的工作同時呼叫，如在平行運算時。

純程序是使用者設定的程序，它在「SUBROUTINE」或「FUNCTION」指述前冠上「PURE」（或「ELEMENTAL」）。

一單純程序是沒有副作用的。它不會更改程式的狀態，除非：

▲對函式副計畫：送回一值。

▲對常用副計畫：改「INTENT(OUT)」與「INTENT(INOUT)」參數。

對下列內部及庫存程序函式均隱含純程序的屬性：

▲所有的內部函式

▲元素內部常用副計畫「MVBITS」

純程序的程式行為與規則：

▲除非是程序引數與指標引數，對所有的虛擬引數必須有如下意向的宣告：

—對函式副計畫：「INTENT(IN)」

—對常用副計畫：「INTENT(IN, OUT, INOUT)」

▲在純程序的區域變數的宣告不可以：

—設定「SAVE」屬性

—在資料型態宣告或「DATA」指述中設定起始值

▲下列變數被禁止使用於純程序中：

—全域變數

—虛擬引數被宣告為「INTENT(IN)」

—被貯存的物件其與全域變數相關聯

▲以下為禁止使用在純程序中：

——設定指述等號左邊或指標設定指述

——真引數其相關聯的虛擬引數具有「INTENT(OUT) 」、「INTENT (INOUT)」、「POINTER」等的屬性。

——變數在「ASSIGN」指述中

—在「READ」指述的項目中

—在「WRITE」指述的內部檔案單元中

—在「ALLOCATE」、「DEALLOCATE」、與「NULLIFY」指述中

▲為目標物件

▲一純程序不可包括

—外部輸入／輸出指述

—「PAUSE」或「STOP」指述

▲一純程序可以在以下的程式敘述中

—可直接被「FORALL」指述引用

—可被其他純程序呼叫

—可當成真引數傳給一純程序

如下為一純程序的程式案例：

```
INTERFACE
  PURE FUNCTION MYPROGRAM(X)
    COMPLEX, INTENT(IN) :: X
    COMPLEX:: MYPROGRAM
  END FUNCTION MYPROGRAM
END INTERFACE
INTEGER:: I, J, N, M
COMPLEX:: A(10, 10)
COMPLEX, INTRINSIC:: CMPLX
READ (*,*) N, M
FORALL (I=1: N, J=1: M)
  A(I, J) =MYPROGRAM(CMPLX ( (I-1) *1.0/ (N-1), (J-1) *1.0/ (M-1) ))
END FORALL
WRITE (*,' (4F10.3)' ) A(1, 1), A(1, 2)
END
PURE COMPLEX FUNCTION MYPROGRAM(X)
  COMPLEX, INTENT(IN):: X
  COMPLEX:: TEMP
  TEMP = TEMP**2 - X
  MYPROGRAM = TEMP
END FUNCTION MYPROGRAM
```

第十章

說明指述

說明指述（specification statement）是不可執行的指述，它宣告資料物件的屬性，在第四章的資料型態宣告就是一例。Fortran 在資料型態的宣告裡，很多屬性可以在說明指述中選擇性的設定，本節將介紹以下的大部分內容：

▲型態宣告指述（TYPE DECLATION） （10-1 節）

明確的宣告資料物件的性質（如資料型態、陣列維度與範圍）。

▲可定址（ALLOCATABLE）陣列屬性與指述 （8-6 節）

設定一陣列名稱為可定址的陣列。

▲自動（AUTOMATIC）與靜態（STATIC）屬性與指述 （10-2 節）

控制在副程式中陣列記憶體位置的定址方式。

▲共用區（COMMON）指述 （9-3 節）

設定在記憶體的連續空間或塊狀區。

▲資料（DATA）指述 （10-3 節）

於程式開始執行之初，設定一些起始值給特定的變數。

▲陣列尺寸（DIMENSION）屬性與指述 （8-1 節）

指定一物件為陣列，並設定其形式（shape）。

▲等義（EQUIVALENCE）指述 （10-4 節）

在程式中指定兩個以上的物件在一共同記憶體位置上。

▲外部（EXTERNAL）屬性與指述 （10-5 節）

允許在其他副程式的引數（argument）中使用外部程序。

▲內隱（IMPLICIT）指述 （2-7 節）

改寫內定的資料型態。

▲意向（INTENT）屬性與指述 （10-6 節）

指定虛擬引數的輸入或輸出限制。

▲內部（INTRINSIC）指述 （10-7 節）

允許內部程序在副程式的引數中出現。

▲具名列式（NAMELIST）指述 （10-8 節）

利用一名稱表示若干個不同的變數，此名稱可用在輸入與輸出。

▲選擇性（OPTIONAL）屬性與指述　（10-9 節）

允許一程序引用不確定是否存在的引數。

▲參數（PARAMETER）屬性與指述　（10-10 節）

設定一名稱常數。

▲指標（POINTER）屬性與指述　（8-8 節）

設定一物件為一指標。

▲專用（PRIVATE）與公用（PUBLIC）屬性與指述　（10-11 節）

宣告個體在一模組（module）中可被使用的範圍。

▲保存（SAVE）屬性與指述　（10-12 節）

當副程式被執行過後，對其中某些物件的定義及狀態的保留。

▲目標（TARGET）屬性與指述　（8-8 節）

設定一指標的目標。

▲違犯（VIOLATILE）屬性與指述　（10-13 節）

防止一些特定物件被最佳化而改變。

▲返回（RETURN）指數　（10-14 節）

返回原呼叫端的指述。

▲非同步指令　（10-15 節）

可提高程式處理的速度。

▲系統時間與亂數取得　（10-16 節）

▲影響變數的指令總表　（10-17 節）

10-1　型態宣告指述（TYPE DECLARATION）

型態宣告指述可明確的設定資料物件或函式（function）的性質。一般的型態宣告指述的格式如下：

```
type [[, att].. ::] v [/c-list/] [, v [/c-list/] …
```

其中，type 為下列資料型態之一：

BYTE	DOUBLE COMPLEX
INTEGER[([KIND=] k)]	CHARACTER [([LEN=] n)]
REAL [([KIND=]k)]	LOGICAL [([KIND=] k)]
DOUBLE PRECISION	TYPE (derived-type-name)
COMPLEX [([KIND=] k)]	

k 是性質參數（指在記憶體中佔多少字元的空間）

att 為下列屬性之一：

ALLOCATABLE	INTRINSIC	PUBLIC
AUTOMATIC	OPTIONAL	SAVE
DIMENSION	PARAMETER	STATIC
EXTERNAL	POINTER	TARGET
INTENT	PRIVATE	VOLATILE

v 為一資料物件或函式的名稱。

c-list 為一串列的常數。

規則與行為：

▲型態的宣告必須寫在所有可執行指述之前。

▲通常，型態的宣告改寫隱性的型態（implicit type）。

▲型態宣告時，若含有屬性的設定或起始值，此時需用雙冒號。

▲在一程式中，一變數只能設定一次起始值。

以下的物件不能在型態宣告指述中設定起始值：

▲一虛擬引數（dummy argument）。

▲一物件在具名共用區（named common block）或不具名共用區。

▲一可定址陣列（allocatable array）。

▲一外部或內部名稱（external or intrinsic name）。

▲一自動物件（automatic object）。

▲一物件有 AUTOMATIC 屬性。

一物件可以有多個屬性，附錄六列出相對的相容屬性。

以下程式列出一些有效的指述性宣告：

```
DOUBLE PRECISION AA(10)            ! AA 為雙精準度實數，一維陣列含十
                                   ! 個元素
INTEGER(KIND=2) I                  ! I 為兩個位元的整數
REAL(4) Y, Z                       ! Y, Z 為單精準度實數
LOGICAL, DIMENSION(2, 2):: CC      ! CC 為一個字元的邏輯，二維陣列含
                                   ! 2x2 個元素
CHARACTER*12, SAVE:: MY_N          ! MY_N 為十二字元的字串，設定為
                                   ! 「保存」
REAL, INTRINSIC :: COS             ! COS 為單精準度實數，內定函式
TYPE (ADD) :: OUR_ADD              ! OUR_ADD 為一自定資料型態（在
                                   ! ADD 處定義）
                                   ! TYPE 請參考 9-12-1 節
```

10-1-1　非文字型態宣告指述

非文字型態宣告指述有如下：

BYTE	INTEGER
LOGICAL	INTEGER(1) (or INTEGER*1)
LOGICAL(1) (or LOGICAL*1)	INTEGER(2) (or INTEGER*2)
LOGICAL(2) (or LOGICAL*2)	INTEGER(4) (or INTEGER*4)
LOGICAL(4) (or LOGICAL*4)	COMPLEX
REAL	COMPLEX(4) (or COMPLEX*8)
REAL(4) (or REAL*4)	COMPLEX(8) (or COMPLEX*16)
REAL(8) (or REAL*8)	DOUBLE COMPLEX
DOUBLE PRECISION	INTEGER(8)(or INTEGER*8)

以下程式為有效的宣告：

```
INTEGER(4) I, J, K*2, IV(5) *1
REAL(4)  W1, W2*8, W3, W4*8
REAL(8)  P/3.14159/, A/2.1E2/, C(4) /2*0.5, 2*2.0/
```

上式第一列，I 與 J 為四字元的整數，K 重設為兩字元整數，IV 為一字元的一維陣列含五個整數元素

上式第二列，W1 與 W3 為四字元的實數，W2 與 W3 均為八字元的實數

上式第三列，P 為八字元實數，初始值為 3.14159

A 為八字元實數，初始值為 210.00

C 為八字元實數含 4 個元素，初始值為 0.5, 0.5, 2.0, 2.0

10-1-2 文字型態宣告指述

文字型態的宣告可同時設定文字物件或函式的長度（字元數目）。

表示方式如下：

```
CHARACTER [ ([ LEN=] len) ]
CHARACTER*len[,]
```

其中，len 為文字串的長度（亦字元的數目）

▲若沒有設定值，內定為 1

▲若為負值，則設為 0

▲若指定為*(*)，它是一種假設長度，用於虛擬引數或函式名稱。它會由真引數決定使用的長度（請參閱第九章）。如下：

```
SUBROUTINE A1 (BUB)
CHARACTER BUB* (*)    ! BUB 為一虛擬引數，具假設長度字串
```

以下程式為有效的宣告：

```
CHARACTER*8  N1(2), N2(6) *3, N3*4/'ABCD'/
INTEGER, PARAMETER:: LEN=4
CHARACTER* (1+LEN) A1, A2
```

第一列，N1 是八字元的字串，含兩個元素的陣列。

N2 是三字元的字串，含六個元素的陣列。

N3 是四字元的字串，初始值為'ABCD'。

第二列，LEN 為一整數具名常數，值為 4。

第三列，A1 與 A2 是五字元的字串。

10-2　自動與靜態（AUTOMATIC, STATIC）

自動（AUTOMATIC）與**靜態**（STATIC）的屬性控制變數在副程式裡所存在的記憶體位置。此兩屬性是在資料型態宣告時設定，如下：

型態宣告指述：

```
資料型態宣告時設定
type, [att-ls,] AUTOMATIC [,att-ls]:: v [,v]
type, [att-ls,] STATIC [,att-ls]:: v [,v]

指述：
AUTOMATIC v[,v]…
STATIC v[,v]…
```

其中，type：為資料型態的設定

att-ls：可選用性設定

v：變數或陣列名稱

規則與行為：

▲AUTOMATIC 與 STATIC 兩種宣告只會影響資料在記憶體的定址方式：

—變數宣告成AUTOMATIC時，它會被定址在堆疊記憶區（stack storage area）。

—變數宣告成 STATIC 時，它會被定址在靜態記憶區（static storage area）。

▲如果要保留在副程式中變數的定義以供再度進入此程式時使用，最好用「SAVE」屬性。

▲自動變數（AUTOMATIC）可以減少記憶體的使用，因只有在最近用到的變數才會被定址到記憶體。它允許可能的遞回（recursion）作用，也就是程式可以呼叫自己，並保留變數的值待再度進入此程式時使用。

▲編譯器將非遞回副程式中的區域變數，除了可定址陣列外，預設定址在靜態記憶體。如果某些變數在使用之前常被設定，這時編譯器就可能會選擇臨時的記憶體（如堆疊或暫存器－ stack or register）存放。適時的選用「SAVE」屬性可以避免編譯器對於一變數在使用前未作設定的警告。

▲欲改變對變數記憶體位置的預設，將它們設定為自動（AUTOMATIC）或指定成遞回（RECURSIVE）。

▲如果變數是一指標，「AUTOMATIC」與「STATIC」只能用在對指標的設定，不能用在目標上。

▲有些變數不能被設定為「AUTOMATIC」或「STATIC」，如下：

變數	AUTOMATIC	STATIC
虛擬引數（dummy argument）	不可	不可
自動物件（automatic object）	不可	不可
共用區項目（common block item）	不可	可以
函式結果（function result）	不可	不可
導出型態的部分（component of a derived type）	不可	不可
使用關聯的項目（use-associated item）	不可	不可

以下為程式表示：

```
REAL, AUTOMATIC:: A,B,C
INTEGER, STATIC:: D,E,F
...
CONTAINS
INTEGER FUNCTION REDEFINE
    INTEGER I1, I2, I3(10)
    REAL J1, J2, J3
    AUTOMATIC I1, I2(10), I3
    STATIC J1, J2, J3
    ...
  END FUNCTION
```

10-3 資料（DATA）

對某些變數欲在程式執行之初先設定起始值可用此指令。如下表示：

```
DATA var-list /c-list/[[,]var-lit/c-list/]...
```

其中，var-list：一串列的變數名稱或隱含 DO 迴路，它們以分號區隔。
c-list：一串列的常數或名稱常數，它們以分號區隔。

DATA 指述的規則與行為：

▲一個變數在程式中只能執行初始化一次。

▲在 DATA 指述的表示式上，在「c-list」的常數數目必須等於在「var-list」中的變數數目。

▲以下的物件不能在 DATA 指述中予以初始化：

——虛擬引數

——函式

——函式結果

——自動物件

——可定址陣列

——變數存在於具名或不具名共用區

▲除非變數在具名共用區中。一變數只要有任何一部份被初始化後就具有「SAVE」的屬性。

▲當一沒帶下標的陣列名稱出現在「DATA」中時，須對此陣列的每一元素予設定一值。

▲陣列元素要初始化的方法有三，即以名稱、元素、或用隱含 DO 迴路。如下程式例子：

```
INTEGER A
```

```
DIMENSION A(10,100)
DATA A/1000*2/                               ！以名稱進行初始化
DATA A(1,1), A(2,1), A(3,1) /1, 2, 3/         ！以元素進行初始化
DATA( (A(I,J), I=1, 10, 2), J=1, 3) /15*2/    ！以隱含 DO 迴路初始化
```

以下為一例題程式：

```
IMPLICIT NONE
INTEGER IA, IB, SUM
IA = 2
IB = SUM(IA)
IA = SUM(IB)
WRITE (*,*)' IA-IB ->', IA, IB
END
INTEGER FUNCTION SUM(IX)
IMPLICIT NONE
INTEGER IB, IX
DATA IB/3/              ！對變數「IB」定起始值，若有再一次呼叫則無效
IB = IX * IB
SUM = IB
END
```

<u>主程式的第四列</u>

```
IB = SUM(IA)
```

呼叫副程式。在副程式「SUM」的第三列

```
DATA IB/3/
```

定義「IB」的起始值為「3」。需注意的是，如果再次呼叫此程式時，「IB」不會被重新定義為「3」。其後在第四列

```
IB = IX * IB
```

此時，IB = IX * IB = 6。接著的執行列：

```
SUM = IB
```

因此函式副計畫的名稱「SUM」的值為「6」。返回主程式裡，

IB = SUM(IA)

主程式的第五列

IA = SUM(IB)

在副程式中，第三列「DATA」指令已無效，因它只能用一次，所以不執行此列。其後在第四列為「IB = IX * IB」為 6 * 6 = 36。返回主程式裡，IA = SUM(IB)，因此 IA = 36。此例最後結果為：IA = 36， IB = 6 。

註：用「DATA」宣告某一變數的起始值時，另一隱含的意義為此變數的值將會一直存在。如在副程式中，某一變數沒被「DATA」或「COMMON」宣告時，當第二次呼叫此副程式時，這個變數「可能」會重新被設定為「0」。

10-4 等義（EQUIVALENCE）

在程式裡，令兩個以上的變數在記憶體中使用相同位置，可使用「EQUIVALENCE」指述，如下表示：

```
EQUIVALENCE (equiv-list)  [, (equiv-list) ]..
```

其中

equiv-list：一串列變數名稱、陣列元素、或子陣列，以逗點區隔。

如下例「EQUIVALENCE」程式：

```
IMPLICIT NONE
REAL A, B
EQUIVALENCE(A, B)    ！令變數「A」與「B」的記憶體位置相同
READ (*,*) A
```

```
WRITE (*,*) B
END
```

本例只要輸入「A」變數值，「B」變數值就存在。在程式中也會有相同的效果，亦改變「A」的值時「B」同時改變。此指令容易產生困擾，在Fortran是不鼓勵採用。

以下的物件不能出現在「EQUIVALENCE」指述中：

▲一虛擬引數

▲一非順序（nonsequence）導出型態的物件

▲一函式、進入點（entry）、或結果的名稱

▲一具名常數

▲一結構的部分

▲以上物件的任何子物件

不同數字型態的物件可以在「EQUIVALENCE」指述中關聯（associate）起來，如下例：

```
INTEGER A(2)
REAL B(2)
EQUIVALENCE(A, B)
A = 1
WRITE (*,*) A    ！得 1,1
WRITE (*,*) B    ！得 1.4012985E-45, 1.4012985E-45
B=1
WRITE (*,*) A    ！得 1065353216, 1065353216
WRITE (*,*) B    ！得 1.0, 1.0
END
```

所輸出的答案看起來也許會覺得奇怪，但只要知道在記憶體中對於整數與實數的儲存方式不同後，就知道為什麼本例會出現此輸出結果。

10-5 外部（EXTERNAL）

在實際引數裡用外部程序（自己寫的副程式）或虛擬程序，而非使用內部函數副計畫名稱時，需先用「EXTERNAL」宣告。表示式如下：

```
型態宣告指述：
type, [att-ls,] EXTERNAL [,att-ls]:: ex-pro [,ex-pro]..
指述：
EXTERNAL ex-pro [,ex-pro]..
```

其中，type：資料型態的設定

att-ls：可選用的屬性設定

ex-pro：外部程序或虛擬程序的名稱

EXTERNAL 指述的規則與行為：

▲資料型態的設定中，只有函式（FUNCTION）可以被宣告「EXTERNAL」。

▲但用「EXTERNAL」指述可以宣告常用副計畫（subroutine）、塊狀資料單元、及函式（FUNCTION）為外部程序。

如下例程式：

```
IMPLICIT NONE
INTEGER IA, IB, SUM, SUM1
EXTERNAL SUM1              ! 亦可用 INTEGER, EXTERNAL::SUM1
IA=2; IB=SUM(SUM1(IA))     ! 引數內有函式時須為 EXTERNAL 或
                           ! INTRINSIC
WRITE (*,*)' IA-IB->', IA, IB
END
```

```
INTEGER FUNCTION SUM(IX)
  INTEGER IX
  SUM = IX + 100
END
INTEGER FUNCTION SUM1(I)
  INTEGER I
  SUM1 = I * 2
END
```

主程式的第三列宣告「SUM1」是外部程序 (external procedure) 的程式，在第五列函式副計畫名稱「SUM」的實際引數裡用「SUM1」為變數時，因這變數已被定義成外部程序，所以先執行「SUM1」函式副計畫，所得的值為「SUM」的實際引數後才呼叫「SUM」函式副計畫。

最後的結果為：IA = 2,　IB = 104。

<u>程式間傳遞資料時，除了傳遞文字、數字之外，也可傳遞函式名稱：</u>

```
IMPLICIT NONE
REAL, EXTERNAL:: FUNC          ! 宣告為外部檔案，也就是自己寫的函式
REAL, INTRINSIC:: SIN          ! 宣告為內部檔案，也就是用庫存函式
    CALL EXECFUNC(FUNC) ! 將 FUNC 函式名稱當變數傳出
    CALL EXECFUNC(SIN)
END
SUBROUTINE EXECFUNC(F) ! 在第一次被呼叫時，F 視同 FUNC
    IMPLICIT NONE              ! 在第二次被呼叫時，F 視同 SIN
    REAL, EXTERNAL:: F
    WRITE(*,*)F(2.0)           ! 在第一次使用時，視同 FUNC(2.0)
END                            ! 在第二次使用時，視同 SIN(2.0)
REAL FUNCTION FUNC(VAL)
    IMPLICIT NONE
```

```
    REAL:: VAL
    WRITE(*,*)' VAL->',VAL
    FUNC = VAL*2
END FUNCTION
```

此題的執行結果為：VAL-> 2.00000
4.000000
0.9092974

10-6 意向（INTENT）

對虛擬引數的傳遞資料上的保護屬性宣告，有下述三種方式：

1. INTENT(IN)：告知處理器此虛擬引數只是取得資料給程序，而程序不能改變它的值，也就是此值不回傳給呼叫的程式。在函式副計畫中的虛擬引數一般適用此種宣告。
2. INTENT(OUT)：告知處理器此虛擬引數只是送出經程序所得到的資料給呼叫的程式。在進入程序時此虛擬引數是未定義，因此在程序中必須先設定一值給它。
3. INTENT(INOUT)：告知處理器此虛擬引數與呼叫的程式可雙向的取得與提供資料。

「INTENT」屬性用以設定對一或多個虛擬引數的使用方式。它可在資料型態宣告指述的地方被設定，或用「INTENT」指述設定，如下：

```
type,[att-ls,] INTENT (intent-spec) [,att-ls]::d-arg[,d-arg]
INTENT (intent-spec) [::] d-arg[,d-arg]
```

其中

type：資料型態設定

att-ls：可選用的屬系設定

intent-spec：選用以下的一個設定

▲IN：設定虛擬引數只是提供資料給此程序。虛擬引數在此程序執行過程中不能重新定義。關聯的真引數必須為一表示式。

▲OUT：設定虛擬引數只是傳送資料給呼叫的程式。虛擬引數在此程序執行之初為未定義，執行此程序後必須定義此虛擬引數。關聯的真引數必須為可設定。

▲INOUT：設定虛擬引數可接受與傳遞資料給呼叫的程式。關聯的真引數必須為可設定。

d-arg：虛擬引數的名稱。它不能為虛擬程序或虛擬指標。

INTENT 的行為與規則：

▲INTENT 指數只能出現在副程式或介面體（interface body）的特別部分。

▲若在虛擬引數都沒有「INTENT」的屬性，它們的使用就受限於其關聯的真引數。

▲若在一函式中設定一指定的運算子，虛擬引數就必須要有「IN」屬性。

▲一虛擬引數具有「INTENT」屬性時，它不可出現在：

—DO 或隱含 DO 變數（三連項）

—一指定指述的變數

—一指標指定指述的指標物件

—「ALLOCATE」或「DEALLOCATE」指述的物件或「STAT=變數」

—在「READ」指述中的讀入項目

—在「NAMELIST」的變數名稱

—「WRITE」指述的內部檔案單元

—「INQUIRE」指述的可指定變數（definable variable）

—在輸入輸出指述的「IOSTAT=」或「SIZE=」的指定變數

程式表示：

```
SUBROUTINE TEST(I, J)
  INTEGER, INTENT:: I
  INTEGER, INTENT(OUT), DIMENSION(I):: J
```

如下例程式：

```
INTEGER A(5), B(5) ,C(5)
A=[1, 2, 3, 4, 5]
B=A
CALL    SUM(A, B, C)
WRITE(*,*)' In main program'
WRITE(*,*)' A=', A    ! 1,2,3,4,5
WRITE(*,*)' B=', B    ! 2,4,6,8,10
WRITE (*,*)' C=', C   ! 3,6,9,12,15
END
SUBROUTINE SUM(A, B, C)
  INTEGER, INTENT(IN), DIMENSION(5):: A
  INTEGER, INTENT(OUT), DIMENSION(5):: B
  INTEGER, INTENT(INOUT), DIMENSION(5):: C
  B=A+B
  C=A+B
  WRITE(*,*)' In subroutine'
  WRITE(*,*)' A=', A     ! 1,2,3,4,5
  WRITE (*,*)' B=', B    ! 2,4,6,8,10
  WRITE (*,*)' C=', C    ! 3,6,9,12,15
END
```

此例題的意向「INTENT」指述只是在編譯時給一些警告，如在副計畫中改變 A 陣列的值，或沒有重新定義 B 陣列的值，在編譯時會給警告訊息，但仍能執行此程式。常用副計畫的虛擬引數的屬性可設定為上述三種狀態的任一種。如下例程式：

```
IMPLICIT NONE
INTEGER, PARAMETER:: d=10
INTTEGER:: b=20, c=30, a
CALL SUB1(a, b, c)
CALL SUB1(b, c, d)
WRITE (*,*)' a=', a,' b=', b,' c=', c
END
SUBROUTINE SUB1(a1, a2, a3)
IMPLICIT NONE
INTEGER, INTENT(OUT):: a1
INTEGER, INTENT(IN):: a2, a3
a1=a2 * a3
END
```

「INTENT」屬性是保護引數的好方式，避免誤改需要保存的資料。

10-7　內部（INTRINSIC）

呼叫副程式的實際引數裡要使用內部函數程序名稱時，如「SIN」、「COS」等等，需先用「INTRINSIC」宣告。兩種表示式如下：

```
型態宣告指述：只有函式副計畫（function）可被宣告
type, [att-ls,] INTRINSIC [,ATT-LS]:: in-pro [,in-pro]..

指述：可以宣告常用副計畫或函式副計畫
INTRINSIC in-pro [,in-pro]..
```

其中，type：資料型態的設定

att-ls：可選用的屬性設定

in-pro：內部程序的名稱

下列的內部函數副計畫名稱不可以用「INTRINSIC」宣告：

1. 數字型態轉換，如：INT、IFIX、FLOAT、SNGL、REAL、CHAR、及CMPLX
2. 文字的比較大小，如：LGE、LGT、LLE、及LLT等等。
3. 最大或最小數的選取，如：MAX、MAX1、MIN、AMIN及DMIN1等。
4. 指標，如：ALLOCATED、ISIZEOF、及LOC等等。

以下為一程式例題：

```
IMPLICIT NONE
REAL A, B, SUM
INTRINSIC SIN       ！宣告「SIN」為內部函數副計畫
A = 0.5
B = SUM(SIN(A))     ！函式副計畫「SUM」引數含「SIN」函式
WRITE(*,*)' B ->', B
END
REAL FUNCTION SUM(A)
REAL A
SUM = 2.0 * A
END
```

在本例中，第三列宣告「SIN」為內部函數副計畫名稱；否則「SIN」只是一個通常的變數。第五列函數「SUM」的真實引數中用「SIN」名稱。程式會先呼叫「SIN」函數副計畫，執行後將結果帶回，然後再呼叫「SUM」函數副計畫去執行。此例最後所得結果是 B = 0.958811。

10-8　具名列示（NAMELIST）

具名列示（NAMELIST）指述用一名稱與一串列的變數關聯起來。此名稱主要是於輸入與輸出之用。它的格式如下：

```
NAMELIST /group/var-list[[,]/group/var-list]...
```

其中，group：一串列變數的名稱

var-list：一串列變數的個別名稱，它們可有不同的資料型態

NAMELIST 指述的行為與規則：

▲具名列示主要是用在輸入與輸出之用。

▲具名列示中的變數必須為可被使用的，它的形式必須是明確的。

▲以下的變數不能用在具名列示中：

— 一虛擬引數陣列它的極限值不是固定常數

— 一假設長度的文字變數

— 一可定址陣列

— 一自動物件

— 一指標

以下為一程式例題：

```
NAMELIST/NL/A, B, C
REAL A
INTEGER B
CHARACTER*5 C
READ(*, NML=NL)
WRITE(*, NML=NL)
END
```

如果輸入為：

```
&NL
 B = 200
 A = 100.0
 C = 'ABC'
/
```

輸出為如下：

```
&NL
A =    100.0000   ,
B =         200,
C = ABC
/
```

在具名列式的輸入與輸出中均有以下的特徵：

▲開頭與結尾的符號分別是「&」與「/」，並在開頭符號後有具名列式的名稱。

▲輸入資料時不一定要依以在具名列式中變數排列的順序，但必須標示變數名稱等於一值。

▲輸出資料時，它會依在具名列式中變數排列的順序標示變數名稱。

10-9　選擇式（OPTIONAL）

基本上真引數與關聯的虛擬引數間的對應是以一對一的方式共用一記憶體的位置。另有兩種對應方式，其一是用關鍵字引數（keyword argument），及選擇式引數（optional argument）。

選擇式屬性允許在一程序的參考中沒有虛擬引數。選擇式屬性可以在資料型態宣告時設定，或以「OPTIONAL」指述設定，如下：

資料型態宣告時設定：

```
type, [att-ls,] OPTIONAL [,att-ls]:: d-arg [,d-arg]...
```

「OPTIONAL」指述設定：

```
OPTIONAL [::]d-arg [,d-arg]...
```

其中，type：資料型態設定

att-ls：可選擇性的選用屬性

d-arg：虛擬引數的名稱

選擇式屬性的規則與行為：

▲選擇式「OPTIONAL」屬性只能在副程式或介面體（interface body）中出現，也只對虛擬引數設定。

▲與真引數有關聯時，虛擬引數就會出現。

▲若虛擬引數沒有選擇式屬性時，就必須出現。

▲可用出現「PRESENT」內部函式來測試具選擇式屬性的虛擬引數是否有關聯於真引數。

以下為選擇式的例題程式：

```
SUBROUTINE TEST(A, B, L, X)
  OPTIONAL:: B
  INTEGER A, B, L, X
  IF(PRESENT(B)) THEN    ！測試 B 是否存在
    PRINT*, A, B, L, X
    ELSE
    PRINT*, A, L, X
  END IF
END SUBROUTINE
INTERFACE
  SUBROUTINE TEST(ONE, TWO, THREE, FOUR)
    INTEGER ONE, TWO, THREE, FOUR
    OPTIONAL:: TWO
  END SUBROUTINE
END INTERFACE
INTEGER I, J, K, L
DATA I, J, K, L/1, 2, 3, 4/
CALL TEST(I, J, K, L)                  ！列印 1, 2, 3, 4
CALL TEST(I, THREE=K, FOUR=L)    ！列印 1, 3, 4
END
```

關鍵字引數用法為真引數與關聯的虛擬引數間的對應不一定是依照次序來排列，而是在真引數的地方設定其所對應的虛擬引數的名稱。如下列副程式：

```
SUBROUTINE myprogram(a1, a2, a3)
INTEGER, INTENT(INOUT):: a1, a2, a3
```

在呼叫端的下述兩種寫法可得到相同的效果：

```
CALL myprogram(one, two, three)              ！傳統的對應位置方式
CALL myprogram(a3=three, a2=two, a1=one)    ！用關鍵字引數
```

選擇性引數為在虛擬引數端，將若干的引數設為可選擇性「OPTIONAL」，也就是它們不一定會與真引數對應。如下列副程式：

```
SUBROUTINE myprogram(a1, a2, a3)
  INTEGER, INTENT(INOUT):: a1
  INTEGER, INTENT(INOUT), OPTIONAL:: a2, a3    ！可選擇性的引用
```

選擇性引數為在呼叫端可用如下的寫法，它們會有不同的結果：

```
CALL myprogram(one, two)
CALL myprogram(one, a3=three)
CALL myprogram(one, two, a3=three)
```

可在被呼叫端用邏輯函式「PRESENT」來測試哪個虛擬引數被用到。

以下為另一例題：

```
IMPLICIT NONE
REAL A, B, C, D
A=10.0; B=5.0; C=1.0
CALL ADD(A, B, D, C)
WRITE(*,*)'D=A+B+C->',D          ! D = 16.0
CALL ADD(A, B, D)
WRITE(*,*)'D=A+B    ->',D          ! D = 15.0
END
SUBROUTINE ADD(X, Y, Z, RES)
IMPLICIT NONE
OPTIONAL RES
REAL X, Y, Z, RES
IF(PRESENT(RES))THEN
    Z=X+Y+RES
    ELSE
    Z=X+Y
```

```
END IF
END
```

10-10 參數（PARAMETER）

參數（PARAMETER）屬性用以設定名稱常數（name constant）。參數屬性可以在資料型態宣告時設定，或以「PARAMETER」指述設定，如下：

資料型態宣告時設定： type, [att-ls,] PARAMETER [,att-ls]:: c = expr[,c=expr]... 「PARAMETER」指述設定： PARAMETER [::]c = expr[,c=expr]...

其中，type：資料型態設定
att-ls：可選擇性的選用屬性
c：一常數的名稱
expr：一初始值的表示式，它可以為任何的資料型態

名稱常數的規則與行為：

▲名稱常數不可為其他常數的一部份。

▲名稱常數只能在有「PARAMETER」指述的程式內使用。

以下為參數設定的程式：

```
IMPLICIT NONE
INTEGER IA, IB, SUM
```

```
IA = 2
IB = SUM(IA)
IA = SUM(IB)
WRITE (*,*)' IA-IB ->', IA, IB
END
INTEGER FUNCTION SUM(IX)
   INTEGER IB, IC, IX
   PARAMETER (IB = 3)
   IC = IX * IB
   SUM = IC
   RETURN
END
```

在副程式的第三列定義「IB」的起始值為「3」。再次呼叫此程式時，「IB」的值不變仍是「3」。需注意的是，變數一經宣告為參數「PARAMETER」，在程式中不能改變其值。

此例最後結果為：IA = 18，IB = 6。

10-11　專用與公用（PRIVATE and PUBLIC）

公用（PUBLIC）與專用（PRIVATE）屬性用以設定在模組（module）中實體的可接近性（accessibility）。公用與專用屬性可以在資料型態宣告時設定，或以「PUBLIC」或「PRIVATE」指述設定，如下：

資料型態宣告時設定：

```
type, [att-ls,] PUBLIC [,att-ls]:: entity [,entity]...
type, [att-ls,] PRIVATE[,att-ls]:: entity [,entity]...
```

「PUBLIC」或「PRIVATE」指述設定：

```
PUBLIC [::] entity [,entity]...
PRIVATE[::] entity [,entity]...
```

其中 type：資料型態設定

att-ls：可選擇性的選用屬性

entity：一實體，其可為下列任一項：

—變數名稱

—程序名稱

—導出型態名稱

—名稱常數

—具名列示名稱

公用與專用指述的規則與行為：

▲公用與專用指述只能出現在模組（module）程式內。

▲在模組程式中如果沒有指定，則以公用為內定。

▲具公用屬性的實體可以用「USE」指述由模組外的程式使用它們。

▲若一導出型態在模組中被宣告為專用，且它的元件（component）也是專用的屬性。此時這些導出型態及其元件只能由所定義的模組中的副程式來使用它們，但不能由模組外的程式來使用它們。若一導出型態在模組中被宣告為公用，但它的元件（component）被宣告為專用的屬性。此時任何程式可用「USE」的關聯來使用這些導出型態，但不能及於它的元件。

▲若一模組程序中的任一虛擬引數或函式結果是屬於專用屬性，此模組必須有專用的使用屬性。

以下為一具有公用與專用指述程式的部分：

```
MODULE MY_DATA
  REAL B_ALL
  PUBLIC B_ALL                    ! 公用
  TYPE REST_DATA
    REAL C_LOCAL
    DIMENSION C_LOCAL(10)
  END TYPE REST_DATA
  PRIVATE REST_DATA               ! 導出型態的專用
END MODULE
```

10-12　保存（SAVE）

Fortran的變數是屬**區域性變數**（local variables），也就是說變數只適用於該變數所在的程式裡。一旦執行權移轉到不同程式時，如由主程式到副程式，縱使用相同名稱的變數在不同程式內就是不一樣的變數。問題是，當一副程式被呼叫若干次，那麼其中的變數的值是否每一次均重新設定呢？原則上，在副程式內的變數應能保持前一次執行後的結果，**但此並不保證，甚至在共用區內的變數也不保證原有的值不變**。「SAVE」指令是用來確定所要保留的變數能正確的提供下次執行之用。保存屬性可以在資料型態宣告時設定，或以「SAVE」指述設定，如下：

```
資料型態宣告時設定：
type, [att-ls,] SAVE [,att-ls]:: [object [,object]]...

「SAVE」指述設定：
SAVE [::][object [,object]]...
```

其中 type：資料型態設定
att-ls：可選擇性的選用屬性
object：一物件，或在共用區（COMMON）斜線內的名稱

保存（SAVE）指述的規則與行為：

▲在 Compaq Fortran 中，於 COMMON 內的變數、及非遞回副程式中的區域變數（不含可定址陣列（allocatable array）與自動變數—automatic）均設定為保存的屬性。若要使得程式能在不同的編譯軟體上共用，建議適當的採用「SAVE」指述。

▲在主程式中的變數不受「SAVE」指述的影響。

▲在一個副程式中將某一共用區設定為「保存」，則在其他副程式若有用到此共用區時也要設定為「保存」。

▲以下的變數不用「SAVE」來設定（它們也許已有保存的屬性）：

— 非具名共用區（blank common）
— 一物件在共用區內
— 在非遞回函式中純量局部變數不是由內定的 INTEGRE, REAL, COMPLEX, and LOGICA 資料型態所定義
— 在非遞回函式中非純量局部變數
— 由 DATA 指令起始設定
— 模組變數
— 一程序
— 一虛擬引數

— 一函式結果
— 一自動物件
— 一具名常數（PARAMETER）

▲以下變數內定不保存：

— 沒內定初始化的內定資料型態的純量局部變數如 INTEGER, REAL, COMPLEX 及 LOGICAL
— 用「AUTOMATIC」變數的宣告
— 可動態宣告陣列的局部變數
— 導出型態變數其資料被內定初始化設定
—結構化紀錄「RECORD」變數，其資料在結構「STRUCTURE」中宣告時內定初始化

保存的程式例題如下：

```
IMPLICIT NONE
REAL A, B, C, D
COMMON/AA/A, B, C
CALL SUM
      …
END
SUBROUTINE SUM
COMMON/AA/A, B, C
SAVE /AA/
      …
RETURN
END
```

在副程式中，「SAVE」指令用於標註共用區「COMMON」指令之後，此共用區內的變數就會被正確的保留到下次執行之用。另一種更簡單與直接的方式保證在共用區的所有變數均是前次執行後的最新值，那就是將所有的共用區

在主程式裡宣告，縱使在主程式內沒用到這些變數也沒關係。此種寫法就不用「SAVE」指令。「COMMON」指令請參考 9-3 節。

10-13 揮發性（VOLATILE）

揮發性（VOLATILE）屬性是用來設定一物件的值是完全不可預測的，它須根據當時程式單元中的區域資訊。它用以防止在編譯過程中被最佳化。揮發性屬性可以在資料型態宣告時設定，或以「VOLATILE 」指述設定，如下：

```
資料型態宣告時設定：
type, [att-ls,] VOLATILE [,att-ls]:: object [,object]...

「VOLATILE」指述設定：
VOLATILE [::] object [,object]...
```

其中 type：資料型態設定
att-ls：可選擇性的選用屬性
object：一物件名稱，或在共用區（COMMON）斜線內的名稱

揮發性（VOLATILE）指述的規則與行為：

▲如果要使一變數或共用區的讀入或是輸出不被編譯軟體所察覺時，必須將之宣告為「VOLATILE」。如下狀況：

—如果一作業系統將一變數放入共享記憶體（share memory）以便其他程式使用時，此變數必須宣告為揮發性「VOLATILE」。

—在作業系統以程式使用某一變數或呼叫其他程式時有非同步（asynchronous）事件發生，此時變數必須宣告為揮發性。

▲省略的虛擬引數必須宣告為揮發性。

▲一陣列或共用區宣告為揮發性時，其中的元素也均有此屬性。

▲揮發性指述不能設定以下的資料：

— 一程序

— 一函式結果

— 一具名列示

如果一陣列被宣告為揮發性「VOLATILE」，則在陣列中每個元素就變成浮動（volatile）。如果一共用區被宣告為「VOLATILE」，則在陣列中每個元素就變成揮發性（volatile）。如果一導出資料型態的物件被宣告為「VOLATILE」，則它的所有元素都變成揮發性（volatile）。如果一指標被宣告為「VOLATILE」，則指標就變成揮發性（volatile）。

程式例題：

```
PROGRAM TEST
LOGICAL(KIND=1) IPI(4)
INTEGER(KIND=4) A, B, C, D, E, ILOOK
INTEGER(KIND=4) P1, P2, P3, P4
COMMON /BLK1/A, B, C
VOLATILE /BLK1/, D, E
EQUIVALENCE(ILOOK, IPI)
EQUIVALENCE(A, P1)
EQUIVALENCE(P1, P4)
```

在具名共用區 BLK1 中 D 與 E 變數被定義成揮發性。P1 就直接被設定為揮發性，P4 則間接被定義為揮發性。

10-14 返回（RETURN）

在副程式裡，一旦執行到「RETURN」指令就將執行權移轉到原呼叫處。另一種「RETURN」的寫法可指定執行權移轉的地方，如下表示：

```
RETURN [expr]
```

其中　expr：一純量表示式。

如下例「RETURN」程式：

```
IMPLICIT NONE
REAL X, Y, A
READ(*,*) X, Y
A = SUM(X, Y, *100, *200)    ！打「*」的數字為指述標籤
WRITE(*,*)' X = Y'
GO TO 300
100  WRITE(*,*)' X < Y'
GO TO 300
200  WRITE (*,*)' X > Y'
300  CONTINUE
END
REAL FUNCTION SUM(X, Y, *, *)
REAL X, Y
IF(X. LT. Y) RETURN 1
IF(X. GT. Y) RETURN 2
END
```

在主程式的第四列

```
CALL SUM(X, Y, *100, *200)
```

於實際引數的最後兩個數值前均帶有「*」符號，此是指所呼叫的副程式執行結束後會對應到這些不同的數值。例如，「RETRUN 1」是指對應於呼叫端第一個帶「*」符號的數值（也就是本例中的「*100」），接著就到主程式的「100」指述標籤列繼續執行程式。

10-15　非同步（ASYNCHRONOUS）

對一變數的輸入或輸出指定為非同步。非同步的輸入輸出允許一程式在執行程式時同時也在背景執行輸入輸出。

一變數當指定成非同步的屬性（ASYNCHRONOUS），此意味在輸入（READ）或輸出（WRITE）的指令為非同步。

```
Type, [att-ls,] ASYNCHRONOUS [att-ls,] :: var [, var] ...
```

其中　Type：資料型態的設定

att-ls：選擇性的屬性設定

var：變數名稱

程式例題：

```
program test
integer, asynchronous, dimension(100) :: array
open (unit=1,file='asynch.dat',asynchronous='YES',&
form='unformatted')
write (1) (i, i=1, 100)
rewind (1)
```

```
read (1, asynchronous='YES') array
wait(1)
write (*,*) array(1:10)
end
```

10-16 系統時間與亂數

電腦系統內的時間可供程式呼叫，並可由程式設定。

有關的函式如下：

SECNDS(X) 系統一天的時間，以秒計。X 為實數值。

CPU_TIME(TIME) 處理器的時間，以秒計。

DATE(BUF) 目前的時間，以鍵盤碼的「日－月－年」格式。

DATE_AND_TIME([DATE][,TIME][,ZONE][,VALUES])

表示標準時鐘的日期與時間的資訊，以文字表示。

IDATE(I,J,K) 系統目前的時間，以三整數表示月、日、年。

程式例題：

```
IMPLICIT NONE
REAL a1, a2, a3
CHARACTER*24 dd
INTEGER i1, i2, i3, j1, j2, j3, j4
a1= SECNDS(0.0)                  ! 38140.62，由零點至今的秒數
CALL IDATE(i1, i2, i3)           ! 5 28 6，月、日、年
CALL GETTIM(j1, j2, j3, j4)      ! 10 35 40 62，時、分、秒、百分秒
CALL CPU_TIME(a2)                ! 3.1250000E-02，電腦執行時間
```

```
CALL FDATE(dd)                    ! Sun May 28 10:35:40 2006
WRITE(*,*)a1
WRITE(*,*)i1, i2, i3
WRITE(*,*)j1, j2, j3, j4
WRITE(*,*)a2
WRITE(*,*)dd
END
```

10-16-1　CPU_TIME

內部通用常用副程式，傳回處理器的執行時間，以秒計。表示式：

CALL CPU_TIME(time) Time 為輸出，必須是實數變數，為由今日子午零時開始起算至現在所經過的時間，以秒計。如果無法正確的輸出，會送負值

程式例題：

```
IMPLICIT NONE
REAL time_begin, time_end
...
CALL CPU_TIME (time_begin)
 !
 ! 程式指述
 !
CALL CPU_TIME (time_end)
WRITE(*,*) '執行時間(秒) -', time_end-time_begin
END
```

10-16-2 DATE_AND_TIME

內部通用常用副程式，傳回處理器的系統時間:

```
CALL DATE_AND_TIME ( [date] [,time] [,zone] [,values] )
```

<table>
<tr><td>日期</td><td>八個文字，安排為 CCYYMMDD，其中：
<table>
<tr><td>CC</td><td>世紀</td></tr>
<tr><td>YY</td><td>年份</td></tr>
<tr><td>MM</td><td>月份</td></tr>
<tr><td>DD</td><td>日</td></tr>
</table></td></tr>
<tr><td>時間</td><td>十個文字，安排為 hhmmss.sss，其中：
<table>
<tr><td>hh</td><td>一天的小時</td></tr>
<tr><td>mm</td><td>分鐘</td></tr>
<tr><td>ss.sss</td><td>秒與千分秒</td></tr>
</table></td></tr>
<tr><td>時區</td><td>五個文字，安排為 hhmm，其中 hh 與 mm 為與國際標準時間的時差（Coordinated Universal Time-UTC）</td></tr>
<tr><td>數值</td><td>整數數值。有八個元素的矩陣：
<table>
<tr><td>元素(1)</td><td>四個數字表示年份</td></tr>
<tr><td>元素(2)</td><td>表示月份</td></tr>
<tr><td>元素(3)</td><td>表示日</td></tr>
<tr><td>元素(4)</td><td>與國際標準時間的時差，以分鐘表示</td></tr>
<tr><td>元素(5)</td><td>區域時區的小時</td></tr>
<tr><td>元素(6)</td><td>區域時區的分鐘</td></tr>
<tr><td>元素(7)</td><td>區域時區的秒鐘</td></tr>
<tr><td>元素(8)</td><td>區域時區的千分秒</td></tr>
</table></td></tr>
</table>

程式例題：

```
INTEGER DATE_TIME (8)
CHARACTER (LEN = 12) REAL_CLOCK (3)
CALL DATE_AND_TIME (REAL_CLOCK (1), REAL_CLOCK (2), &
REAL_CLOCK (3), DATE_TIME)
.........
```

10-16-3　IDATE

內部通用常用副程式，傳回 3 個整數分別表示月、日、年。

```
CALL IDATE (i, j, k)
```

i	輸出整數，表示月份。
j	輸出整數，表示日。
k	輸出整數，表示年份。只有兩數字，會受千禧年的影響。建議用 DATE_AND_TIME

10-16-4　RAN

非元素函式的內部通用常用副程式，傳回 0.0 到 1.0 之間的實數。

```
result = RAN (i)
```

i	輸入、輸出，必須為單精準度整數變數或陣列元素。它會儲存一值（當種子）以影響下次再次呼叫此函式的結果。 對於「種子」的設定沒有限制，最好是不同的亂數。
result	輸出的單精準度實數 0.0 到 1.0 間。

10-16-5 RANDU

內部通用常用副程式，傳回 0.0 到 1.0 間的單精準度實數。

```
CALL RANDU (i1,i2,x)
```

i1, i2	輸入、輸出。必須為半或單精準整數，此兩數為計算亂數的「種子」（seed）。每當使用過此函式，這兩值會自動被改變。
x	輸出。必須為單精準度的變數，它為回傳的亂數。數值在 0.0 到 1.0 之間。

程式例題：

```
REAL X
INTEGER(2) I, J
...
CALL RANDU (I, J, X)
```

若 I 與 J 分別為 4 和 6，則 X 為 5.4932479E-04。

10-17 影響變數性質的指令總表

（Intel® Fortran Compiler User and Reference Guides），如下：

名稱	敘述
AUTOMATIC	在一堆疊（保存記憶的地方）宣告一變數，而非在靜態記憶體的位置。
BYTE	宣告變數為 BYTE 的資料型態； BYTE 視同 INTEGER(1)。
CHARACTER	宣告變數為 CHARACTER 資料型態。
COMPLEX	宣告變數為 COMPLEX 資料型態。
DATA	設定資料的初始值。
DIMENSION	宣告一變數為陣列並指定其大小，即維度與元素數目。
DOUBLE COMPLEX	宣告變數為 DOUBLE COMPLEX，同等於 COMPLEX(8)。
DOUBLE PRECISION	宣告變數為 DOUBLE-PRECISION，同等於 REAL(8)。
EQUIVALENCE	宣告兩或多個變數或陣列共用一記憶體的位置。
IMPLICIT	對整數或實數變數或函式宣告用內定資料型態。
INTEGER	宣告變數為 INTEGER 資料型態。
LOGICAL	宣告變數為 LOGICAL 資料型態。
MAP	在 UNION 指述中，劃定一群變數資料型態宣告為在記憶體中的連續位置。
NAMELIST	在一輸入輸出指述中對一組變數宣告一群不同名稱。
PARAMETER	將一名稱（變數）設定為常數。
PROTECTED	對模組中的實體設定使用的限制。
REAL	宣告變數為 REAL 資料型態。
RECORD	宣告一或多個變數為使用者定義的結構資料型態。
SAVE	對在呼叫過程中，一程序中的變數可以保留其被設定時的值。
STATIC	宣告一變數位於靜態記憶體的位置，而非在堆疊中。
STRUCTURE	對變數宣告一新的資料型態，這是由其他變數資料型態所組合而成。
TYPE	對變數宣告一新的資料型態，這是由其他變數資料型態所組合而成。

UNION	在一結構中，造成兩或多個變數對應在記憶體的相同位置。
VOLATILE	依據目前程式單元的資料設定一物件的值為不可預測。

註：*1.* 靜態記憶體（static memory）：在程式開始啟動時為執行第一次記憶體配置，稱為靜態配置。記憶體允許在程式執行過程中再行配置，到程式結束前不能被解除配置。

2. 堆疊（stack）：一個保留記憶的區域，它可以作為程式儲存狀態變數的地方，可能的狀態變數有：程序和函數呼叫的位址、傳遞的參數以及某些區域變數等。

第十一章

程式單元與程序

本章回顧前面幾章所述的程式單元與程序相關主題，同時加上再深入的探討。在一 Fortran 程式中包括一或多個程式單元。有四種程式單元可供使用，如下：

▲主要程式（main program）：它指示程式的開始執行。它可用「PROGRAM」指述為第一個述句。

▲外部程序（external proceudre）：由使用者所寫的副程式或其他單元，如常用副計畫或函式副計畫。

▲模組（module）：其程式單元中包括宣告、型態定義、程序或介面以供其他程式單元使用。

▲塊狀資料（block data）：此程式單元提供在具名共用區中變數的起始值。

一程式單元（program unit）不一定要包括可執行指述，如它可以是一模組其包含的介面塊狀區可供副程式使用。

一程序（procedure）為在程式執行中可被引動以進行一特定工作者。以下為不同種類的程序：

程序種類	敘述
外部程序	一程序不屬於任何其他程式單元的一部份。
模組程序	一程序在模組中定義。
內在程序	一程序（不同於指述函式）其被包含在一主程式、常用副計畫、或函式副計畫中。
內部程序	一程序其是由 Fortran 編譯軟體中所提供者。
虛擬程序	在一程序的參考中，虛擬引數被設定為一程序。
指述函式	一個以單一指述所設定的計算程序。

一函式副計畫（function）為以函式的名稱或一設定的運算元來引動，執行後此名稱可回傳一個值到「=」左邊的變數上，以及一些引數。

一常用副計畫（subroutine）為以「CALL」指述或設定的指述來引動。它的名稱不直接回傳資料，而是以引數或共用區等方式間接的傳回資料給呼叫端。

一程序介面（procedure interface）為引用一程序的一些性質，其與呼叫程式的互動有關。程序介面可明確的定義在介面塊體（interface block）中。

在前面幾章中，或多或少有介紹一些程式單元與程序的相關課題。本章則深入與完整的探討這些課題，所以會有一部份重複以前章節的現象。

11-1　主要程式（MAIN PROGRAM）

一個 Fortran 程式必須有一主程式。它有如下的表示法：

```
[PROGRAM name]
   [specification-part]
   [execution-part]
   [CONTAINTS
     internal-subprogram-part]
END [PROGRAM [name]]
```

其中　name：程式的名稱

specification-part：說明指述。但不可為「INTENT」、「OPTIONAL」、「PUBLIC」、或「PRIVATE」。

Execution-part：可執行的結構體或指述。但不可為「ENTRY」或「RETURN」。

Internal-subprogram-part：內部副程式。在「CONTAINS」內。

主程式的行為與規則：

▲「PROGRAM」指述是選擇性的。

▲「END」指述是唯一必須要的指述。若在「PROGRAM」後有帶名稱，在「END」之後也要。

▲程式名稱必須是全域的，而且是唯一。在主程式中的任何區域名稱、其他程式單元裡、外部程序、或共用區等名稱均不可重複。

▲主程式直接或間接均不可引用自己。

如下一主程式的例子：

```
PROGRAM MYFILE
   INTEGER A, B, C(10)          ! 說明指述
   A=SUM(B,C)                   ! 可執行指述
   CONTAINS
       FUNCTION SUM(X, Y)       ! 內部副程式
       END FUNCTION
END PROGRAM MYFILE
```

11-2 模組與模組程序（MODULES and MODULE PROCEDURES）

一模組（module）包含著一些可被其他程式單元使用的說明與定義。其他程式單元以「**USE**」指述來引用模組中的內容，此時模組的實體需要具公用「PUBLIC」的屬性。

11-2-1　模組的表示法

模組的表示如下：

```
MODULE name
   [specification-part]
   [CONTAINS
      module-subprogram
      [module-subprogram]…]
END [MODULE [name]]
```

其中

name：模組的名稱

specification-part：說明指述。但不可用「ENTRY」、「FORMAT」、「AUTOMATIC」、「INTENT」、「OPTIONAL」、或指述函式。

Module-subprogram：一函式副計畫或常用副計畫，它定義模組的程序。一函式副計畫必須以「END FUNCTION」為結尾，一常用副計畫必須以「END SUBROUTINE」為結尾。

<u>模組指述的規則與行為：</u>

▲若為具名模組，在結尾的「END」後也要具名。

▲如同主要程式的名稱一般，模組的名稱也應為全域性，且為唯一存在。

▲一模組不可直接或間接的引用自己。

▲可以用「PRIVATE」屬性來限制在模組中的變數或程序只能在該模組內使用。

▲雖然「ENTRY」、「FORMAT」與指述函式不可出現在模組的說明指述中，但它們被允許用在模組副程式的說明指述中。同樣的，可執行指

述也只能用在模組副程式中。

▲模組可包含一或多個程序介面區段，此讓你可設定明確的介面供外部或虛擬副程式使用。

如下為模組的程式案例一：供全域使用

```
MODULE MODA
  INTEGER:: A, B
  REAL C (10, 10)
END MODULE MODA
SUBROUTINE SUBA
  USE MODA                    ！用「USE」指述取對變數 A, B, C 的設定
    ...
END SUBROUTINE SUBA
```

如下為模組的程式案例二：模組程序

```
MODULE MODA
  …
  CONTAINS
    FUNCTION MOD1(X, Y)    ！一模組程序
    …
    END FUNCTION MOD1
END MODULE MODA
```

如下為模組的程式案例三：包括一導出型態

```
MODULE MODA
  TYPE MYTYPE                 ！導出型態
    INTEGER I1, I2
    REAL A(10, 10)
  END TYPE MYTYPE
END MODULE MODA
```

如下為模組的程式案例四：包括一介面區段

```
MODULE MODA
  INTERFACE
    FUNCTION MYFUNCTION(X, Y)
        REAL:: ABC
        REAL, INTENT(IN) :: A(:)
    END FUNCTION
  END INTERFACE
END MODULE MODA
```

11-2-2　模組的使用

一程式單元使用「**USE**」指述來引用模組的資料。模組的引用使得其它的程式單元可利用其中的公用、說明、及程序等定義。使用的指述如下：

```
USE name [,rename-list]
USE name, ONLY: [only-list]
```

其中

name：模組的名稱

rename-list：有一或多項的下列格式

local-name => mod-name

其中，local-name：在程式單元一實體的名稱其用到模組

mod-name：在模組中一公用體的名稱

only-list：在模組中一公用體的名稱或通用的識別（如通用的名稱、運算子的定義、或指定的設定）

模組指述的使用規則與行為：

▲如果「USE」指述中沒有「ONLY」項目，則此模組內的所有實體均為

公用。

▲如果「USE」指述中有「ONLY」項目，則程式單元只能引用在「ONLY」後的實體。

如下為使用「USE」的程式案例一：

```
MODULE MODA
    INTEGER:: A, B
    REAL C(10, 10)
END MODULE MODA
SUBROUTINE SUBA
  USE MODA, CX=> C          ！陣列 C 改名為 CX，它與純量變數 A, B 均
                            ！可在此副程式使用
  ...
END SUBROUTINE SUBA
SUBROUTINE SUBB
  USE MODA, ONLY : A, B     ！只有純量變數 A, B 可在此副程式使用
  ...
END SUBROUTINE SUBB
```

11-3 塊狀資料程式單元（BLOCK DATA PROGRAM UNITS）

塊狀資料程式單元提供在具名共用區中非指標變數的起始值。它的表示式如下：

```
BLOCK DATA [name]
    [specification-part]
END[BLOCK DATA [name]]
```

其中　name：塊狀資料程式單元的名稱

specification-part：為以下一或多個指述

COMMON	DATA	Derived-type definition	DIMENSION
EQUIVALENCE	IMPLICIT	Record structure declaration	
INTRINSIC	PARAMETER	POINTER	Type declaration
RECORD	SAVE	STATIC	TARGET
USE			

塊狀資料程式單元的行為與規則：

▲它可不具名。一執行程式中只能有一不具名塊狀資料程式單元。

▲若在結尾「BLOCK DATA」處有具名，它要與最前面的名稱相同。

▲在塊狀資料程式單元中不能有介面區段（interface block），也不可有任何可執行指述。

▲一塊狀資料程式單元的名稱可以出現在不同程式單元的外部「EXTERNAL」指述中，如此可強迫在連結程式時去搜尋有關共用區程式單元的物件庫。

以下為塊狀資料區的程式案例：

```
BLOCK DATA BDAT
  INTEGER A, B, C
  REAL D, E, F
  DOUBLE PRECISION L
  COMMON/A1/A,B,C,D   /A2/E,F,L
```

```
    DATA    A/1/,    B/2/,    C/3/,    D/4.0/
END
```

11-4 副程式

常用副計畫、函式副計畫、與指述函式為三種使用者自行寫作的副程式，以進行計算的程序。這些計算程序可能是一系列的數學運算，或是 Fortran 指述。下表顯示一些在副程式中可用的指述與控制：

副程式	設定指述	控制轉移執行權方式
函式副計畫	FUNCTION or ENTRY	Function reference
常用副計畫	SUBROUTINE or ENTRY	CALL statement
指述函式	指述函式副計畫的定義	Function reference

函式引用（function reference）為一種引動函式的方法，它包含函式的名稱與其真引數。對於呼叫端，引用函式會帶回一值以為它所運作的最後結果的表示。

副程式的使用規則與行為：

▲一副程式可以是一外部、模組、或內部副程式。在「END」指述方面，對於內部或模組副程式必須要用「END FUNCTION」或「END SUBROUTINE」。但對於外部副程式，「END」之後的「FUNCTION」或「SUBROUTINE」關鍵字是可以選擇性的使用。

▲若一副程式在開始的指述「FUNCTION」或「SUBROUTINE」後帶有名稱，則在結尾的「END」也要帶有相同的名稱。

▲虛擬引數可以設定意向「INTENT」，或選擇性的使用。

11-4-1　相關程序

於副程式的處理可分成三種程序，即遞回（recursion）、單純（pure）、與使用者設定的元素程序（user-defined elemental procedures）。

11-4-1-1　遞回（recursion）程序

一遞回程序可以直接或間接的引用它自己。允許遞回的條件是將關鍵字「**RECURSIVE**」設定在「FUNCTION」或「SUBROUTINE」指述前面，也可以在編譯時選用「RECURSIVE」。

一函式副計畫如果是遞回或陣列值，關鍵字「RECURSIVE」與「RESULT」必須設定在「FUNCTION」指述前面。

關鍵字「RECURSIVE」必須要用的條件為：

▲一副程式引用到它自己。

▲一副程式引動另一副程式，它們均是被同一副程式的「ENTRY」指述所定義。

▲同一副程式中有一「ENTRY」程序，它引動下列事項之一：

—它自己

—在同一副程式中的另一「ENTRY」程序

—副程式由「FUNCTION」或「SUBROUTINE」指述設定

11-4-1-2　單純（pure）程序

一單純程序是一由使用者設定的程序，它在「FUNCTION」或「SUBROUTINE」指述前加上關鍵字「**PURE**」或「**ELEMENTAL**」。

一單純程序沒有副作用。它對於程式的狀況不會影響（也就是對於其他程式中的變數不會影響），除非：

▲對函式副計畫：對其名稱傳回一值。

▲對常用副計畫：對具有「INTENT(OUT)」與「INTENT(INOUT) 」屬性的變數可能會改變其值。

下列的內部程式庫程序是隱含為單純：

▲所有的內部函式

▲所有的元素內部常用副計畫，如「MVBITS」

單純程序的行為與規則：

▲程序中的虛擬引數的意向設定必須在：

—函式副計畫中的「INTENT(IN) 」

—常用副計畫中的「INTENT (IN、OUT、或 INOUT)」

▲單純程序中的區域變數不可有「SAVE」的屬性，亦不可設定起始值。

在一單純程序中，以下的變數是被限制使用，即：

▲全域變數

▲虛擬引數被設定為「INTENT (IN) 」

這些被限制使用的變數不可用在下列狀況：

▲改變它們的值。如：

—在設定指述等號的左邊

—為一真引數它的關聯虛擬引數為 INTENT(OUT), INTENT(INOUT) 或具指標屬性

—ASSIGN 指述中的變數

—在 READ 指述的輸入項目中

—在 WRITE 指述的內部檔案單元

—在 ALLOCATE、DEALLOCATE、或 NULLIFY 指述中的一物件

▲產生一指標指向該變數。

一單純程序不可包括下列：

▲任何外部輸入輸出指述（即 READ 或 WRITE）

▲PAUSE 指述

▲STOP 指述

以下為一單純程式案例：

```
PURE INTEGER FUNCTION MAND(X)
  COMPLEX, INTENT(IN) :: X
  INTEGER :: K
  K=0
  XTMP=−X
  DO WHILE (ABS(XTMP) <2.0)
    XTMP=XTMP**2 − X
    K=K + 1
  END DO
  ITER=K
END FUNCTION
```

以下為一單純程序函式用在介面區塊中：

```
INTERFACE
    PURE INTEGER FUNCTION MAND(X)
        COMPLEX, INTENT(IN) :: X
    END FUNCTION MAND
END INTERFACE
```

11-4-1-3　元素（elemental）程序

一元素程序是一由使用者寫作的程序，它是單純程序的一種限制型態。一元素程序它可傳送一陣列，但一次只執行一個元素。要指定為元素程序必須在副計畫關鍵字（FUNCTION、SUBROUTINE）前加上「ELEMENTAL」。

元素程序中的虛擬引數有以下的限制：

▲它們必須是純量

▲它們不可有「POINTER」的屬性

▲它們不可為虛擬程序

▲它們不可為「*」

▲它們不可出現在設定表示式上

如果真引數是純量，其結果亦是純量。如果真引數是陣列值，其個別元素所引致的結果就如同副程式分別依序被執行一般。元素程序是一種單純程序，所有對單純程序的限制均適用於對元素程序的限制。

如下程式：

```
INTEGER A(2, 2), B(2, 2), C(2, 2)
DATA A/1, 2, 3, 4/, B/2, 4, 6, 8/
C=MAX(A, 3, B)     ! 元素程序,它對括號內三個數值予以依序比較
WRITE (*,*) C      ! 3, 4, 6, 8
END
```

以上程式的第三列可寫成傳統的程式敘述，如下三列程式：

```
DO I=1,4
   C(I)=MAX(A(I), 3, B(I) )
END DO
```

11-4-2　函式副計畫（FUNCTION）

一函式副計畫是被一表示式所引動，它利用函式名稱為變數回傳一值。它的表示方式如下：

```
[prefix] FUNCTION name ([d-arg-list]) [RESULT (r-name) ]
```

其中

prefix：可為下列項之一

—type [keyword]　！即資料型態的表示，如 INTEGER, REAL 等等

—keyword [type]　！為「RECURSIVE」、「PURE」、「ELEMENTAL」

name：函式副計畫的名稱。如果有設定「RESULT」，則此名稱不可出現在該程式的任何設定指述中

d-arg-list：一串列的虛擬引數名稱

r-name：函式副計畫結果的名稱。它不可與函式副計畫同名稱

函式副計畫的規則與行為：

▲函式副計畫不可包含「SUBROUTINE」指述、「BLOCK DATA」指述、「PROGRAM」指述、或另一「FUNCTION」指述。

▲「ENTRY」指述可以出現在函式副計畫中以提供多個進入點。

例題 11-4-1

以牛頓瑞福生（Newton-Raphson）方式解：

$F(x) = \cosh(x) + \cos(x) - a = 0$

解

上式可表示為：$x_{i+1} = x_i - \dfrac{\cosh(x_i) + \cos(x_i) - a}{\sinh(x_i) - \sin(x_i)}$

其中：$\cosh(x) = \dfrac{\exp(x) + \dfrac{1}{\exp(x)}}{2}$　　$\sinh(x) = \dfrac{\exp(x) - \dfrac{1}{\exp(x)}}{2}$

以下為此題的程式：

```
FUNCTION res(a)
   IMPLICIT NONE
```

```
    REAL a, x, ex, eminx,res
    x = 1.0        ! 設起始值
    DO
      ex=EXP(x)
      eminx=1.0/ex
      res=x − ( (ex+eminx)*0.5+COS(x) −a)/((ex − eminx)*0.5 − SIN(x))
      IF (ABS((x − res).LT.1E-7) RETRUN
        x=res
    END DO
  END
  PROGRAM newton
    IMPLICIT NONE
    REAL a, getresult, res
    READ (*, *) a
    getresult=res(a)
    WRITE (*, *) getresult
  END PROGRAM
```

函式副計畫用「RESULT」指述時的規定：

▲一般函式副計畫本身的名稱可為函式結果的表示值。

▲如果用「RESULT」關鍵字時，你可指定一區域變數為函式結果的名稱。此時，所有引用該函式名稱者均為可遞回的呼叫，函式副計畫的名稱不可出現在設定的指述上。

如以下程式為引用「RESULT」關鍵字函式副計畫的案例：

```
INTEGER I, J, FACT   ! 須對函式副計畫名稱設定一資料型態
READ (*, *)  I       ! 若輸入 3
J = FACT(I)          ! FACT 不是一變數，因在副計畫宣告「RESULT」
```

```
WRITE (*, *) I, J          ! 3, 6
END
RECURSIVE FUNCTION FACT(P)  RESULT(L)    ! 以 L 取代 FACT
  INTEGER, INTENT(IN) :: P
  INTEGER L             ! 對 L 設定資料型態
  IF(P==1) THEN
    L = 1
    ELSE
    L = P * FACT (P － 1)
  END IF
  WRITE (*, *) 'L=', L    !  1, 2, 6
END FUNCTION
```

11-4-3　常用副計畫（SUBROUTINE）

常用副計畫是被「CALL」指述或設定的指定指述所引動，它的名稱不回傳值。它的表示方式如下：

```
[prefix] SUBROUTINE name ([d-arg-list])
```

prefix：可為下列三項之一

—「RECURSIVE」 ！允許遞回

—「PURE」 ！確保程序不會有副作用

—「ELEMENTAL」！單純程序，它依序處理各別的陣列元素

name：常用副計畫的名稱

d-arg-list：一串列的虛擬引數名稱

常用副計畫的規則與行為：

▲常用副計畫以「CALL」指述來引動。

▲於常用副計畫執行到「END」或「RETURN」指述時才會將執行權交回原呼叫端。

▲常用副計畫不能包含「FUNCTION」指述、「BLOCK DATA」指述、「PROGRAM」指述、或另一「SUBROUTINE」指述。

▲「ENTRY」指述可以出現在常用副計畫中以提供多個進入點。

11-4-4 指述函式（STATEMENT FUNCTION）

指述函式是一程序，它由在同一程式單元的單一指述所設定後並引用。它的表示方式如下：

```
fun ([d-arg[,d-arg]···]) = expr
```

fun：為指述函式的名稱。

d-arg：一虛擬引數。此虛擬引數在所有的虛擬引數串列中只能出現一次，它的使用範圍只限於該指述函式。

expr：一純量的表示式，它用以執行計算。

以下為一程式案例：

```
REAL A, B, C, P, Q, R, X, Y, Z, TEST1, TEST2, TEST3, GRADE
AVG(A,B,C) = (A+B+C)/3.0        ! 指述函式，其中 A, B, C 為虛擬引數
READ (*,*) TEST1,TEST2,TEST3
GRADE = AVG(TEST1, TEST2, TEST3)
…
IF (AVG (P, Q, R) .LT.AVG(X, Y, Z) ) GO TO 100
```

11-5　外部程序（External Procedures）

外部程序為使用者自行寫作的函式副計畫或常用副計畫程式。它們位於主程式之外，且不能為其他程式單元的一部份。外部程序可被主程式或任何可執行程式中的程序所引動。在 Fortran 中，外部程序是可以包含內部程序，唯它的條件是此內部程序須出現在「CONTAINS」指述及程式中其他程序的最後部分。外部程序可以引用它自己。

11-6　內部程序（Internal Procedures）

內部程序為同一程式單元裡「CONTAINS」指述中的常用副計畫或函式副計畫。內部程序所在的程式單元稱為它的主體（host）。內部程序可出現在主程式、外部副程式、或模組副程式中。它的表示法如下：

```
CONTAINS
   Internal-subprogram
   [internal-subprogram]…
```

internal-subprogram：一常用或函式副計畫其定義此程序。

<u>內部程序的行為與規則：</u>

內部程序與外部程序是相同的，唯以下幾種狀況除外：

▲只有主體程式單元（host program unit）可以引用內部程序。

▲內部程序利用主體關聯而與主體中的個體相關；也就是，在主體程式單元所宣告的名稱可用在內部程序中。

▲在 Fortran 中，內部程序不可傳遞引數到其他的程序。但 Fortran 允許內部程序的名稱如同真引數一般可傳遞到其他程序中。

▲內部程序不可包括「ENTRY」指述。

以下為一程式案例：

```
PROGRAM my_program
  …
  CONTAINS
  FUNCTION your(hh)
  …
  END FUNCTION your
END PROGRAM
```

以下為使用元素函式（ELEMENTAL）的程式案例：

```
PROGRAM ELEMENTAL
  IMPLICIT NONE
  INTERFACE
    ELEMENTAL REAL FUNCTION FUNC(N)    ！宣告元素函式
    IMPLICIT NONE
    REAL, INTENT(IN) :: N
    END FUNCTION
  END INTERFACE
  INTEGER L
  REAL :: A(5) = (/ (L, L=1,5) /)
  WRITE (*, '(10F8.1)') A
  A = FUNC(A)                 ！在函式內的參數為陣列，因已設定為元素
  WRITE (*, '(10F8.4)') A     ！函式，所以會在陣列中依序選用其元素
END PROGRAM
ELEMENTAL REAL FUNCTION FUNC(N)    ！宣告元素函式
```

```
    IMPLICIT NONE
    REAL, INTENT(IN) :: N
    FUNC = SIN(N)
END FUNCTION
```

此題執行的結果為：

1.0	2.0	3.0	4.0	5.0
0.8415	0.9093	0.1411	−0.7568	−0.9589

11-7　引數關聯（Argument Association）

程序中的引數供不同程式單元共用一些資料。當一程序被一執行程式單元所引用，於程式單元引動此程序時，會藉由一或多個真引數（actual argument）傳值到程序裡的虛擬引數，此時虛擬引數與對應的真引數會相互關聯（associate）起來。一般而言，當執行權交回原呼叫的程式單元時，在虛擬引數上的值也會回傳給對應的真引數。真引數可以是一變數、表示式、或程序名稱。它的資料型態與性質參數必須與對應的虛擬引數相匹配。

11-7-1　選擇性引數（Optional Arguments）

如果引數宣告為選擇性「OPTIONAL」的屬性，虛擬引數就可選擇性的使用。這種狀況下，在程序的引用就不一定要提供其對應的真引數。**位置引數**（positional arguments）必須要在真引數串列之後的第一個位置，它必須跟隨著**關鍵字引數**（keyword argument）。如果一選擇性引數是最後一個位置引數，它可以忽略不寫；否則就必須用關鍵字引數。

用「PRESENT」內部函式可以查出一真引數是否與某一對應的可選擇性虛擬引數相關聯。

以下為一可選擇性引數的程式：

```
TEST=MYFUNCTION(A,B=D)！第二個真引數為「D」有一關鍵字名稱「B」
...
CONTAINS
  FUNCTION MYFUNCTION(G,H,B)
    OPTIONAL H, B          ！設定為選擇性
    ...
  END FUNCTION
END
```

在上面程式中，「A」是一位置引數，它與必要的虛擬引數「G」相關聯。第二個真引數為「D」，它有一關鍵字名稱「B」，故與選擇性虛擬引數「B」相關聯。選擇性引數「H」則沒有相關聯的真引數。

11-7-2　陣列引數（Array Arguments）

陣列是由一群元素依序所組成的。每一個在真引數陣列中的元素與在對應虛擬引數陣列中同位置的元素相關聯。如果虛擬引數陣列為明確形式（explicit-shape）或假設大小形式（assumed-size），它的陣列大小不可超過真引數陣列的大小。

明確形式或假設大小形式的虛擬引數陣列其型態（type）與性質參數（kind parameter）必須與相關聯的真引數陣列相匹配，但維度可以不同。

如果虛擬引數是假設大小形式的陣列，它的大小與真引數陣列相同。相關聯的真引數陣列不可為假設大小形式的陣列或是一純量。可定址陣列（allocatable array）不可用為虛擬引數。但它可用在真引數上。

11-7-3　指標引數（Pointer Arguments）

一引數被宣告成具有指標屬性「POINTER」就是一指標引數。一虛擬引數

如果是指標，它只能與具指標屬性的真引數相關聯。但相反的，如果一真引數是指標，它可與非指標的虛擬引數相關聯。

當一程序被引動，虛擬指標引數接受相關聯真引數的狀態。如果真引數被關聯起來，虛擬引數就會對應到同樣的目標物件。在程序執行中，虛擬引數的指標對應狀態可以改變，此種改變也會反映在它的關聯真引數上。

如果真指標引數是一陣列，相關聯的虛擬指標引數陣列必須為延緩型態陣列（deferred-shape）。

11-7-4　虛擬程序引數（Dummy Procedure Arguments）

如果真引數是一程序，它相關聯的虛擬引數就是一虛擬程序（dummy procedure）。虛擬程序可以出現在函式副計畫或常用副計畫中。

真引數必須為一外部、模組、內部、或另一虛擬程序的特定名稱。如果這特定名稱是某一通用名稱所涵蓋的名稱之一，只有此特定名稱與虛擬引數相關聯。真引數與對應的虛擬引數必須均是常用副計畫，或函式副計畫。

以下顯示使用程序為引數的例子：

```
REAL FUNCTION LU(B)
  INTERFACE
    REAL FUNCTION B(Y)
        REAL, INTENT(IN) :: Y
    END
  END INTERFACE
  …
  LU = B(1.0)
  …
END FUNCTION LU
```

11-7-5 參考非 Fortran 程序

為要引用非 Fortran 程序，Fortran 提供了一些內建的函式，如:「%REF」與「%VAL」以傳遞值給真引數，而「%LOC」函式可計算貯存項目的內部記憶體位置。

當一程序被呼叫，Fortran 傳遞真引數的位置，以及其長度（如果是文字型態）。當要呼叫非 Fortran 程序時，可能須傳遞的不是 Fortran 的格式。內建的函式「%REF」與「%VAL」可讓你改變真引數的格式。你必須將這些函式設定在一「CALL」指述或函式引用的真引數串列中。

效果的說明：下表中的「a」為一真引數，將其送到非 Fortran 的程序：

函式	效果
%VAL(a)	將引數「a」視為一有 n-bit 的值（它在 x86 處理器是 32bits，在 Alpha 處理器是 64bits）。若「a」是整數或邏輯其長度小於n-bit，則將其延伸至 n-bit 值。若是複數的資料型態，%VAL 傳送兩個 n-bit 引數。
%REF(a)	以引用方式傳遞引數「a」。
%LOC(a)	計算貯存項目的內部記憶體位置。「a」必須為一變數、表示式、或程序名稱。

內定引數串列函式

真引數 資料型態	內定	允許的函式 %VAL	 %REF
Logical	REF	可以	可以
Integer	REF	可以	可以
Real (4)	REF	可以	可以
Real (8)	REF	可以	可以
Complex (4)	REF	不可以	可以
Complex (8)	REF	不可以	可以
Character		不可以	可以
Hollerith	REF	不可以	可以
聚合（aggregate）	REF	不可以	可以
導出（derived）	REF	不可以	可以
陣列名稱			
數值	REF	不可以	可以
文字		不可以	可以
聚合（aggregate）	REF	不可以	可以
導出（derived）	REF	不可以	可以
程序名稱			
數值	REF	不可以	可以
文字		不可以	可以

11-8 程序介面（Interface Procedures）

程序一般分成外部程序（external procedure）與內部程序（intrinsic procedure）兩種。外部程序是由使用者自行寫作的程式。內部程序為由Fortran函式庫所提供，它一般是以通用函式（generic function）供使用，也就是以一名稱之下有好幾個類似的特定函式供選用。另一種程序為內部程序（internal procedure）。一般的外部程式是以隱性介面（implicit interface）與程式單元互通資料，也就是呼叫的程式單元對於虛擬引數端的資訊，如數目及型態，均無所知。有時為了要改善此點，可用顯性介面（explicit interface）方式，也就是把程序放在模組中。程序在模組中是以顯性介面呈現，對於程式單元使用模組者也是顯性介面。此種方法可將所有相關的程序組合起來放在一程式單元中。

每一程序都有一介面，它包括程序的名稱和特性、每個虛擬引數的名稱和特性、以及程序在引用時所需的通用識別（如果有的話）。一程序的特性是固定的，但它的介面則隨著在不同程式單元而改變。

一程序的介面（interface）決定它可被引動的參考格式，包括程序的名稱、虛擬引數的名稱及特性、及結果變數的特性等。程序與程式單元的互動有兩種主要的方式，即介面（interface）：

⑴透過引數（常用副計畫）或變數的結果（函式副計畫）

⑵用「USE」關連起模組中的資料

如果在呼叫程式前已確定介面上所有的特性，此時的程序介面為明確的（explicit）；否則它是隱含的（implicit），也就是介面上的一些特性必須由它的引用處或程式內的指述來宣告。以下顯示不同程序介面的明確或隱含性質：

程序的型態	介面
外部程序（external procedure）	隱含
模組程序（module procedure）	明確
內部程序（internal procedure）	明確
內部程序（intrinsic procedure）	明確
虛擬程序（dummy procedure）	隱含
指述函式（statement function）	隱含

在一遞回的常用副計畫或函式副計畫，其設定的介面是隱含的。

一明確的介面可以顯示在一程序的定義或介面區段中。以下的小節將介紹於需要明確介面時，如何去設定明確介面、通用名稱、運算子、及指示等。

11-8-1　明確介面的使用時機

於下列狀況時，一程序須需要用明確介面：

▲如果一程序有下列狀況：

——一選擇性虛擬引數

——一虛擬引數其是一假設型態陣列、指標、或一目標

—在函式副計畫中的結果是陣列值（array-valued）或一指標

——一文字函式副計畫其結果的長度既不是假設也不是一固定值

▲如果一程序的介面有下列狀況：

—含有引數的關鍵字

—用通用的名稱為其參考

—於常用副計畫中為一設定的指定

—在函式副計畫中為一表示式的設定運算子

▲如果一程序是元素程序（elemental procedure）

11-8-2　設定明確介面

介面區段（interface block）可用以設定明確的介面供外部或虛擬程序。它們也可用以設定通用的名稱給一些程序、函式副計畫的新運算子、及常用副計畫的新設定格式。介面區段的表示式如下：

```
INTERFACE [generic-spec]
   [interface-body]…
   [MODULE PROCEDURE name-list]…
END INTERFACE [generic-spec]
```

其中

generic-spec 為下列項目之一：

—通用名稱

—運算子：設定通用運算子。它可為單一元、二位元或延伸內部運算子

—指定：設定通用的指定

Interface-body：為一或多個函式或常用副計畫。它們必須分別以「END FUNCTION」或「END SUBROUTINE」為結束的指述。副程式內部可有：指述函式、「DATA」、「ENTRY」、或「FORMAT」等。

Name-list：為一或多模組程序的名稱，它們可被其主體所使用。

介面區段的行為與規則：

▲一介面區段可出現在程式單元的說明部分，它可引動外部或虛擬程序。

▲一介面區段不可出現在塊狀資料程式單元中。

▲為使一介面區段供多個程式單元所用（以「USE」指述），建議將它放在一模組中。

以下為一介面區段程序的程式：

```
SUBROUTINE SUB1(A, FA)
  REAL A
  …
  INTERFACE
    FUNCTION FA(GA)
      REAL FA, GA
    END FUNCTION
  END INTERFACE
END
```

11-8-3　設定通用名稱

一介面區段可用以指定一個通用名稱，如此可引用在該介面區段中所有的程序。一具名的程式單元在其中的副程式必須都是常用副計畫或都是函式副計畫。

以下程式案例為一具名的介面區段程序：

```
INTERFACE group
  SUBROUTINE sub1(a, b)
    INTEGER, INTENT(INOUT) :: a, b
  END SUBROUTINE sub1
  SUBROUTINE sub2(a, b)
    REAL, INTENT(INOUT) :: a, b
  END SUBROUTINE
  SUBROUTINE sub3(a, b)
    COMPLEX, INTENT(INOUT) :: a, b
  END SUBROUTINE
END INTERFACE
```

以上程式單元包含三個常用副計畫，它們可利用其各自的特定名稱（sub1、sub2、或 sub3）或通用名稱（group）來使用。下例就是一程式其使用到第二個副程式（sub2）：

```
REAL a1, a2
CALL group(a1, a2)
```

上面的兩列程式的運作如下：

1. 確定呼叫函式時，其真引數是兩個實數。
2. 呼叫通用函式 group。
3. 進入通用函式 group，檢查在它所包括的特定函式中是否有合適的虛擬引數。也就是虛擬引數的數目及資料型態與真引數相同者，另對於虛擬引數的意向「INTENT」也須合適才能用。

*4.*根據第三項的條件，函式 sub2 會被選中以使用。

11-8-4 設定通用運算子

一介面區段可用以設定一個通用運算子（generic operator）。只有函式副計畫中的介面區段的程序才被允許去引用及設定運算子。在介面區段的起始列的表示式如下：

INTERFACE OPERATOR (op)

op：為下列項目之一

—設定的單一運算子（有一個引數）

—設定的二位元運算子（有兩個引數）

—延伸內部運算子（引數的數目必須與原內部運算子相符）

於介面區段所在的函式副計畫中，必須有一或多個非選擇性的「INTENT (IN)」指述，函式的結果不可為假設長度的字元型態。

以下為設定單一運算子與二位元運算子的格式：

運算	格式	案例
單一運算子	.設定運算子.運算元	.MINUS.A
二位元運算子	運算元.設定運算子.運算元	A.MINUS.B

以下為一用程序介面區段設定新運算子的案例：

```
INTERFACE OPERATOR(.BA.)
  FUNCTION BA(A)
    INTEGER, INTENT(IN) :: A
    INTEGER :: BA
```

```
    END FUNCTION BA
  END INTERFACE
```

以下為一參考函式 BA 的案例：

```
  INTEGER B
  I = 4 + (.BA.B)
```

以下為一用程序介面區段對既有的運算子予以延伸的案例：

```
  INTERFACE OPERATOR(+)
    FUNCTION LGF(A, B)
      LOGICAL, INTENT(IN):: A(:), B(SIZE(A))
      LOGICAL :: LGF(SIZE(A))
    END FUNCTION LGF
  END INTERFACE
```

以下為一引用函式 LGF 的案例：

```
  LOGICAL, DIMENSION(1:10):: C, D, E
  N = 10
  E = LGF(C(1:N), D(1:N))    ! 呼叫函式運作
  E = C(1:N) + D(1:N)        ! 與上式相同的結果
```

11-8-5　設定通用的指示

一介面區段可用以設定通用的指定（generic assignment）。只有常用副計畫中的介面區段的程序才被允許去引用及設定通用的指定。在介面區段的起始列的表示式如下：

INTERFACE ASSIGNMENT(=)

於介面區段所在的常用副計畫中必須有兩個非選擇性的指述，第一個為「INTENT(OUT)」或「INTENT(INOUT)」指述，第二個為「INTENT(IN)」。所設定的指定敘述（assignment）被視同對常用副計畫的引用。指定敘述的左

邊對應常用副計畫第一個虛擬引數；右邊對應於第二個虛擬引數。

下例程式為在一程序介面區段設定指述：

```
INTERFACE ASSIGNMENT(=)
  SUBROUTINE BIT(NUM, BIT)
    INTEGER, INTENT(OUT):: NUM
    LOGICAL, INTENT(IN):: BIT(:)
  END SUBROUTINE BIT
  SUBROUTINE CHAR(STR, CHAR)
    USE STRING_MODULE
    TYPE(STRING), INTENT(OUT):: STR
    CHARACTER(*), INTENT(IN):: CHAR
  END SUBROUTINE CHAR
END INTERFACE
```

以下案例顯示兩種引用常用副計畫 BIT 的案例：

```
CALL BIT(X, (NUM(I:J))    ! 呼叫函式運作
X=NUM(I:J)                ! 與上式同意義
```

以下案例顯示兩種引用常用副計畫 CHAR 的案例

```
CALL CHAR(CH, '123C')     ! 呼叫函式運作
CH='123C'                 ! 與上式同意義
```

以模組中的介面指述「INTERFACE」可指定一通用名稱。在它的裡面可包括一些特定名稱副程式，以「MODULE PROCEDURE ***」設定。在程式執行中，只要引用通用名稱，程式會根據引數的數目及資料型態去比對特定名稱的副程式是否可用。以下為一例題程式：

```
MODULE myfile
  IMPLICIT NONE
  INTERFACE myinterface
```

```
    MODULE PROCEDURE file1
    MODULE PROCEDURE file2
  END INTERFACE
  CONTAINS
  SUBROUTINE file1(a)
    IMPLICIT NONE
    INTEGER, INTENT(IN):: a
    WRITE(*, *) 'Here is an integer value->', a
  END SUBROUTINE file1
  SUBROUTINE file2(a)
    IMPLICIT NONE
    REAL, INTENT(IN):: a
    WRITE(*, *) 'Here is a real value->', a
  END SUBROUTINE file2
END MODULE myfile
PROGRAM test
  USE myfile
  IMPLICIT NONE
  CALL myinterface(1)
  CALL myinterface(2)
END PROGRAM test
```

在倒數第二與第三列可分別呼叫不同的副程式，此時就是靠程式檢查引數的資料型態來判斷要引用哪一個副程式。

用在模組程序時的表示如下例子：

```
INTERFACE ASSIGNMENT(=)
  MODULE PROCEDURE c_vector
  MODULE PROCEDURE v_array
```

```
END INTERFACE
v1 = c_vector(a1, n)
a2 = v_array(v2)
```

上兩式相當於下兩式

```
v1 = a1
a2 = v2
```

11-9 包含指述（CONTAINS）

在程式中由使用者寫的程序是以外部程序（external procedure）為主。有一種狀況就是將一程序寫在一程式單元的一部份，此稱為內部程序（internal procedure）。一內部程序為一副程式的格式，必須遵從它的主體程式單元（host program unit）所有的可執行指述。內部程序是以「CONTAINS」指述將一些它所包含的外部或模組程序與其主程式、模組、或外部副程式等的主體分開。它不是一可執行指述。程式例題如下：

```
PROGRAM sort
   IMPLICIT NONE
   INTEGER, PARAMETER:: max_len = 20, max_num = 100
   CHARACTER(LEN = max_len), DIMENSION(max_num):: material
   REAL, DIMENSION(max_num + 1):: density
   INTEGER:: number, i
   CHARACTER:: sort_type
   CALL input
   SELECT CASE(type_type)
         CASE("A")
            CALL   asort
```

```
      CASE(“B”)
        CALL bsort(up = .false.)
      CASE(“C”)
        CALL bsort
  END SELECT
  PRINT *, (material(i), density(i), I = 1, number)
CONTAINS
  SUBROUTINE input
  INTEGER:: count
  PRINT*, “Input the maximum number of data->”, max_num
  PRINT*, “Input the material name, and density”
  DO count = 1, max_num
      READ*, material(count), density(count)
      IF(density==0.0) EXIT
  END DO
  number = count －1
END SUBROUTINE input
SUBOUTINE asort
  …
END SUBROUTINE asort
SUBROUTINE bsort(up)
  LOGICAL, OPTIONAL::up
  …
  IF(.NOT.PRESENT(up))up = .true.
    …
  END SUBROUTINE bsort
    CHARACTER(len = max_len):: first, temp_name
    INTEGER:: index, temp_num, i, j
    …
```

```
      END SUBROUTINE asort
      SUBROUTINE bsort
```

以下程式為測試一多邊型是否為凸或凹多邊型：

```
MODULE convex_c
  IMPLICIT NONE
  TYPE point
    REAL:: x, y
  END TYPE point
  CONTAINS
  SUBROUTINE c_polygon(polygon, convex, n_vect)
    IMPLICIT NONE
    TYPE(point), DIMENSION(:), INTENT(IN)::polygon
    LOGICAL, INTENT(OUT)::convex
    REAL:: ant=0.0
    INTEGER:: i, n_vect
    convex=.true.
    IF(orient(polygon, 1, n_vect)>0.0)THEN
        ant=1.0
        ELSE
        ant=-1.0
    END IF
    DO I=2, n_vect
        IF(ant*orient(polygon, I, n_vect)<0.0)THEN
          convex=.false.
          EXIT
        END IF
    END DO
  END SUBROUTINE c_polygon
```

```
REAL FUNCTION orient(p, vertex, n)
   IMPLICIT NONE
   TYPE(point), DIMENSION(: ), INTENT(IN)::p
   INTEGER, INTENT(IN):: vertex
   INTEGER, INTENT(IN)::n
   ! n = SIZE(p, 1)
   IF(vertex == n - 1)THEN          ! 最後第二點與最後一點及
                                    ! 第一點所形成的夾角
      Orient = (p(n)%x - p(n - 1)%x)*(p(1)%y - p(n)%y)&
               - (p(n)%y - p(n - 1)%y)*(p(1)%x - p(n)%x)
      ELSE IF(vertex == n)THEN ! 最後第一點與第一點及第二點
                                    ! 所形成的夾角
      Orient = (p(1)%x - p(n)%x)*(p(2)%y - p(1)%y)&
               - (p(1)%y - p(n)%y)*(p(2)%x - p(1)%x)
      ELSE
      Orient = (p(vertex + 1)%x - p(vertex)%x) * &
               (p(vertex + 2)%y - p(vertex + 1)%y) - &
               (p(vertex + 1)%y - p(vertex)%y) * &
               (p(vertex + 2)%x - p(vertex + 1)%x)
      END IF
   END FUNCTION orient
END MODULE convex_c
PROGRAM polygon_test
      USE convex_c
      IMPLICIT NONE
      INTEGER:: n_points
      TYPE(point), DIMENSION(100)::polygon ! 最多不能超過 100 點
      INTEGER:: I
      LOGICAL:: convex
```

```
      PRINT*, "Input the maximum number of point"
      READ*, n_points
      PRINT*, "Input the coordinate X, Y for each point"
      DO i = 1, n_points
        READ*, polygon(i)%x, polygon(i)%y
      END DO
      CALL c_polygon(polygon, convex, n_points)
      IF(convex)THEN
        PRINT*, "Polygon is convex"
        ELSE
        PRINT*, "Polygon is cocave"
      END IF
   END PROGRAM polygon_test
```

本例解法為先計算第一、二、三點之間的夾角，只需正或負值就可，

$$(x_2-x_1)(y_3-y_2)-(y_2-y_1)(x_3-x_1)$$

接著繼續往下計算連續三點的夾角，若有任一夾角值的符號與前面夾角符號相反，那就不用繼續再算，因它一定是凹多邊型；反之若全部夾角的符號均相同，那一定是凸多邊型。唯在計算夾角的過程中，對於最後第二點或最後一點與往後兩點所形成夾角計算時，在點位的順序上必須回到開始的第一與第二點。

11-10 進入指述（ENTRY）

進入指述「ENTRY」提供在一副程式中的一或多個進入點。它不是一可執行指述，須位在「CONTAINS」指述之前。它的表示式如下：

```
ENTRY name [([d-arg [, d-arg]…]) [RESULT(r-name)]]
```

name：為一進入點的名稱。如果「RESULT」有設定，此進入點的名稱就不可出現在此副程式的任何設定指述上。進入指述的最後結果會存放在進入點的名稱中或「RESULT」之後的名稱。

d-arg：一虛擬引數。

r-name：一函式結果的名稱。它不可與進入點的名稱相同，也不可與其他函式名稱相同。

進入點指述的使用規則與行為：

▲「ENTRY」指述只可用在外部程序或模組程序中。

▲「ENTRY」指述不可出現在「CASE」、「DO」、「IF」、「FORALL」、或「WHERE」等的結構體中。

▲當「ENTRY」指述出現在常用副計畫中，它是以「CALL」指述來引用。當「ENTRY」指述出現在函式副計畫中，它是以函式引用的方式來使用。

▲在函式副計畫中的進入點名稱可以出現在資料型態宣告的指述。

▲當副程式包含一「ENTRY」指述，這進入點名稱不可用在該程式的虛擬引數，也不可在「EXTERNAL」或「INTRINSIC」指述上。

▲如果副程式定義為可遞回「RECURSIVE」，則「ENTRY」指述可引用它自己。

▲所有在一副程式的進入點名稱與該副程式名稱相關聯。因此設定進入點名稱或該副程式名稱就是使相關聯的名稱設定成同一資料型態。

以下程式為設定 SINH，COSH 及 TANH 的函式：

```
REAL FUNCTION TANH(X)
   TSINH(Y) = EXP(Y) − EXP (− Y)    ! 函式指述
   TCOSH(Y) = EXP(Y) + EXP (− Y)    ! 函式指述
```

```
      TANH = TSINH(X)/TCOSH(X)        ! 引用上兩式的函式指述
      RETURN
      ENTRY SINH(X)
      SINH = TSINH(X)/2.0
      RETURN
      ENTRY COSH(X)
      COSH = TCOSH(X)/2.0
      RETURN
   END
```

進入點使用在常用副計畫的程式案例：

```
   PROGRAM TEST
      …
      CALL SUB1(A, B, C)       ! A, B, C 視實際引數其將傳遞值給進入點
      SUB1
      …
      END
      SUBROUTINE SUB(X, Y, Z)
      …
      ENTRY SUB1(P, Q, R)      ! 此為主程式的轉移執行的開始，P、Q 與
         ………                  ! R 是虛擬引數
   END SUBROUTINE
```

11-11 程式單元指述限制

在一程式單元中有一些指述被禁止使用，不同程式單元有不同的限制，如下表：

程式單元	限制指述
主程式	ENTRY、IMPORT、RETURN
模組	ENTRY、FORMAT、IMPORT、INTENT、指述函式、執行指述
塊狀資料程式	CONTAINS、ENTRY、IMPORT、FORMAT、介面區塊、指述函式、執行指述
副程式	CONTAINS、IMPORT、ENTRY
介面體	CONTAINS、DATA、ENTRY、SAVE、FORMAT、介面區塊、指述函式、執行指述

一「IMPORT」指述只存在於介面區塊（INTERFACE block）的介面體（INTERFACE-body）中。

11-12　程式單元設定與呼叫的指述

以下表列程式單元設定與呼叫的指述：

名稱	敘述
BLOCK DATA	設定塊狀區資料副程式
CALL	呼叫常用副計劃
COMMON	設定在程式單元間共用的變數
CONTAINS	在一主要模組重設定一模組的起始
ENTRY	在一常用副計畫或外部函式重設定第二種進入點
EXTERNAL	宣告一使用者自訂的常用副計畫或函式副計畫的名稱備用為引數
FUNCTION	設定一程式單元為函式副計畫
INCLUDE	將一指定檔案的內容置入一主程式檔案中
INTERFACE	對外部函式副計畫或常用副計畫指定一明確的介面
INTRINSIC	宣告一內部設定（編譯軟體所提供）的函式副計畫

MODULE	設定一模組程式單元
PROGRAM	設定一程式為主程式單元
RETURN	將執行控制移轉到原呼叫函式副計畫或常用副計畫的程式單元中
SUBROUTINE	設定一程式單元為常用副計畫
USE	在一程式單元中使用模組資料的指述

第十二章
文字處理

文字（character）可以表示為：常數、變數、及陣列。在電腦中對文字的儲存是以**字元**（byte）為單位，每一個字元存一個英文系統的字，即在鍵盤上的字。當有超過一個以上的文字在一起時就稱為**文字串**（character string）。

文字的表示可為下列之一：

1. **文字常數**（character constant）
2. **文字符號常數**（character symbolic constant）
3. **文字變數**（character variable reference）
4. **文字陣列元素**（character array element reference）
5. **文字串**（character substring reference）
6. **文字函式**（character function reference）
7. **文字運作**（character expression）

12-1 宣告（DECLARATION）

數字變數可採內定方式而不經明確的宣告（default）。**使用文字變數時則必須先經明確的宣告**，包括資料型態用「character」與字串長度。若沒宣告字串長度，則內定為一個字元長。宣告的表示式如下：

```
關鍵字格式：
CHARACTER [([LEN =] len)]

無關鍵字格式：
CHARACTER*len[,]
CHARACTER
```

其中 len 為以下兩者之一：

1. 用關鍵字格式時：len 為設定的表示或用星號「*」。若沒此項則內定「1」。
2. 無關鍵字格式時：len 為設定的表示、以括號其內用星號「*」、或為一純量常數。

以下為一文字宣告的程式指述：

CHARACTER*10 AA, BB, CC*5

上式中，宣告「AA」與「BB」變數是文字串，長度為十個字元。「CC」也是文字串，唯其長度是五個字元。

註：文字串是指文字變數或常數超過一個以上的字，在程式裡就稱為字串。

當一函式名稱或虛擬引數用「*(*)」設定時，它假設其文字長度與關聯的真引數相同。同樣的，若將「*(*)」設定在一具名常數時，它的長度與其表示的真實常數相同，如下例，a 為 5 bytes 長度的文字。

CHARACTER*(*) a

PARAMETER(a = 'abcde')

如果一函式為內部或模組函式、陣列值、指標值、可遞回、或純程序時，它的名稱不可用星號「*」來宣告其長度。

12-2 常數（CONSTANT）

文字的常數是以引號「' '」括起來的字。表示式如下：

'ch' [ch…]' [C]
"ch"[ch…]"[C]

其中　ch：為鍵盤上的字。

　　　C：移植碼，為字串的設定。它可設定為不可列印的字。

12-2-1　文字常數

文字常數的行為與規則：

▲文字常數為在引號（單或雙引號）內的字串。在字串間若有空白格也是算包括在其中。

▲若用雙引號時，在字串內含單撇號「’」是被視同文字的一部份。

▲字串的長度不可超過 2,000 個字。

▲若一文字常數出現在數字表示上，它視同十六進位常數。

如下為文字常數的程式：

```
CHARACTER*10 AA, BB, CC(10)
DATA CC/10 * ‘BLACK’/        ！「CC」文字串裡每個元素為「BLACK」
AA = ‘XYZ’       ！在「AA」文字變數的第一至三個字元是「XYZ」
BB = “123”       ！在「BB」文字變數的第一至三個字元是「123」
WRITE(*, ‘(2A)’)AA, BB       ！輸出文字串
END
```

在文字串中，每一個字元是獨立的。如上面程式的第四列所述：

```
BB = ‘123’
```

電腦把「1」的鍵盤代碼放入「BB」變數的第一個字元，把「2」的鍵盤代碼放入第二個字元，以及把「3」的鍵盤代碼放入第三個字元。

對某一文字符號常數（character symbolic constant）的宣告用「PARAMETER」指令，如下例：

```
CHARACTER*6 HELLO
PARAMETER(HELLO = 'HELLO')
PRINT*, HELLO
END
```

12-2-2　移植碼

在C語法中，字串是以空字（null character, CHAR(0)）為結尾，而且可包含一些不可列印的字。不可列印的字以移植碼（escape code）來設定，它是以反斜線「\」後的字串來表示。移植碼的表示如下表：

移植碼	表示的意思
\a	a bell
\b	backspace
\f	formfeed
\n	a new line
\r	a carriage return
\t	a horizontal tab
\v	a vertical tab
\xhh	a hexadecimal bit pattern
\ooo	an octal bit pattern
\0	a null character
\\	a backslash(\)

「\ooo」與「\xhh」提供八進位與十六進位的表示，它允許1～3個八進位數字、或 1～2 個十六進位數字。如「'\010'C」與「'\x08'C」均表示「backspace」並在字串後有一空格。

12-3 運作（EXPRESSION）

既然文字串中的每個字元是獨立，所以可選擇性的對其中一部份來運作。如下例：

```
CHARACTER*26 NAME, NAME1, NAME2, NAME3
NAME = 'ROBERT WILLIAM BOB JACKSON'
NAME1 = NAME(16:18)
NAME2 = NAME(:18)
NAME3(2:) = NAME(16:)
NAME = NAME1(1:4)//NAME2(1:7)//NAME3(6:12)
WRITE(*, '(A)')NAME
END
```

此程式中第二列（註：以下的例子用「◇」符號表示空格）

NAME = 'ROBERT◇WILLIAM◇BOB◇JACKSON'

將等號右邊的文字常數拷貝到「NAME」文字變數裡。它的另一種寫法為：

NAME(1:26) = 'ROBERT◇WILLIAM◇BOB◇JACKSON'

此就很明顯的指出，左邊變數是由第一個字元到第二十六個字元接受輸入資料。

<u>第三列程式</u>

NAME1 = NAME(16:18)

等號右邊指出由變數「NAME」的第十六個字元到十八個字元，即「BOB」，拷貝到「NAME1」的第一個字元起的空間。

有兩種效果相同的寫法如下：

(1) NAME1(1:3) = NAME(16:18)

(2) NAME1(1:) = NAME(16:18)

上兩種寫法意味著：

(1)文字串若沒定義要運作的字元，恆由第一個字元開始處理。

(2)若要指定某文字串的字元，需用前後兩個數字分別代表開始與結束的位置，兩個數字間以冒號「：」作區隔。如果冒號前的數字沒寫，就表示內定為「1」；如果冒號後的數字沒寫，就表示內定為所宣告該文字串的長度。這就可解釋第四與五列的程式敘述了。

第六列為文字串的「加」，其是利用「//」符號表示將此符號兩邊的文字接在一起。

NAME＝NAME1(1:4)//NAME2(1:7)//NAME3(6:12)

其中：NAME1(1:4)＝'BOB◇'

NAME2(1:7)＝'ROBERT◇'

NAME3(6:12)＝'JACKSON'

將上述三列字串連接起來，最後的輸出為：

BOB◇ROBERT◇JACKSON◇JACKSON

在第十九格以後的「◇JACKSON」是原先「NAME」變數就有的資料。

例題 12-3-1

直接結合三個字串。

程式：

```
CHARACTER*20 NAME
CHARACTER*3 A1, A2, A3
A1 = 'AA'
A2 = 'BB'
A3 = 'CC'
NAME = A1//A2//A3
WRITE(*, '(1X, A10)')NAME
END
```

最後的輸出為：

AA◇BB◇CC◇◇

例題 12-3-2

動態的輸入檔名中的數字號碼。

程式：

```
CHARACTER*11 FILENAME
FILEMANE = ‘FILE◇◇◇.TXT’
WRITE(*, *)‘Enter 1-3 digit file identifier’
READ(*, *)ID
WRITE(FILENAME(5:7), ‘(I3.3)’)ID                        ！將數字寫入文字串內
OPEN(11, FILE = FILENAME, STATUS = ‘UNKNOWN’)  ！宣告檔案
……………
READ(FILENAME(5:7), ‘(I3)’)ID                           ！將文字轉換成數字型態
WRITE(*, *)ID
END
```

第五列

WRITE(FILENAME(5:7), ‘(I3.3)’)ID

「WRITE」引數的第二個格式用「I3.3」表示。如果在第四列輸入的值是「2」，那麼會以「002」來寫出。「WRITE」引數的第一個數字指所運作的檔案為變數「FINENAME」，把輸入值寫入此內部檔案，即變數「FINENAME」的第五到七格間。

第七列

OPEN(11, FILE = FILENAME, STATUS = ‘UNKNOWN’)

其中「FILE = FILENAME」，因「FILENAME」為文字串，所以不用引號「‘ ’」。

12-4　文字串運用

在字串的應用上，有時須對某一字串擷取一部份資料，或結合若干字串成一新的字串，或在一字串中比對若干個字等的運用。在文字串中的子字串的表示式如下：

```
v([e1]:[e2])
a(s[, s]..)([e1]:[e2])
```

其中　v：文字純量常數或文字變數的名稱。

e1：為一純量整數，它表示在字串最左邊的位置，即開始位置。

e2：為一純量整數，它表示在字串最右邊的位置，即結束位置。

a：為一文字陣列的名稱。

s：為下標的表示。

文字串其實是最基本的輸入或輸出資料，例如由鍵盤輸入資料，電腦程式就是先以文字串接受，然後經解碼後才來決定如何去反應。以下利用三個例題來示範說明。

例題 12-4-1

在一字串中尋找特定的字。

程式：

```
CHARACTER*80 WORD
READ(*, '(A)')WORD
K=0
DO I=1, 80
   IF(WORD(I : I).EQ.'E') K=K+1
```

```
END DO
WRITE(*, *)'number of E in the string -->', K
END
```

在第四列之後的三列為一「DO」迴路

```
DO I = 1, 80
  IF(WORD(I : I).EQ.'E') K = K + 1
END DO
```

這三列就是對字串「WORD」的每一個字元的字予以比對，若有「E」字就累加計數於「K」上。

例題 12-4-2

輸入一些數字，數字與數字之間用「，」或空格為區隔。
用文字格式讀入後解出這些輸入的數字。

程式：

```
CHARACTER*80 CC
REAL AA(40)
INTEGER I, I1, K, J
WRITE(*, '(' Input a character string -> ', \)')
READ(*, '(A)')CC
INDEX1 : DO I = 1, 80                              ! 字串中第一個非空格的位置
      IF(CC(I : I).NE. ' ')THEN
         K = I                                     ! 找第一個數字的起始位置
         EXIT INDEX1
      END IF
END DO
I1 = 0
INDEX2: DO WHILE(CC(K:K + 1).NE. ' ')              ! 不是連續兩個空格
```

```
  DO J = K, 80                                  ! 找是逗點或是空格的位置
    IF(CC(J : J).EQ. ‘,’.OR.CC(J : J).EQ. ‘ ’)THEN
      I1 = I1 + 1                               ! 目前的數字個數
      READ(CC(K:J-1), ‘(F10.0)’)AA(I1)          ! 解讀文字串
      K = J + 1                                 ! 下一個數字的起始位置
      CYCLE INDEX2                              ! 找下一個數字
    END IF
  END DO
END DO
WRITE(*, *)‘Number of values->’, I1
DO I = 1, I1                                    ! 輸出結果
  WRITE(*, *)‘Num->’, I, ‘     Value->’, AA(I)
END DO
END
```

例題 12-4-3

執行程式時輸一檔名，由此開啟兩個具相同檔名的檔案，一個檔案的延伸檔名為「.TXT」，另一延伸檔名為「.SAV」。

程式：

```
IMPLICIT NONE
INTEGER I, LENG
CHARACTER*20 N, N1, N2
WRITE(*, ‘(‘ Input a filename-> ’, \)’)
READ(*, ‘(A)’)N
I = 1
INDEX1: DO                               ! 左方以下八列程式可用
  IF(N(I:I + 1).EQ.‘ ’)THEN              ! 用 LENG=LEN_TRIM(N) 即可
```

```
    LENG = I - 1
    EXIT INDEX1
    ELSE
    I = I + 1
  END IF
END DO
N1 = N(1:LENG)//'.TXT'
N2 = N(1:LENG)//'.SAV'
OPEN(12, FILE = N1(1:LENG + 4), ⋯)
OPEN(13, FILE = N2(1:LENG + 4), ⋯)
………
END
```

12-5 文字的比較

與數字一樣，文字也是可以比較大小。

文字的比較有兩種寫法：

(1)**如同數字的比較**：

用「.GT.」、「.LT.」、「.EQ.」、「.NEQ.」、「.GE.」、與「.LE.」等將兩個文字放於上述括號內比較指令的兩邊，得一邏輯結果。

(2)**用文字比較函式指令**，如下述：

LGE(charA, charB)　大於或等於

LGT(charA, charB)　大於

LLE(charA, charB)　小於或等於

LLT(charA, charB)　小於

兩字串的比較，由各自的第一個最左邊的字開始比，若相同就接下去依序比較，直到有不相同為止。如下一程式例子：

```
CHARACTER*2 A, B, C
A = 'AB'
B = 'AC'
C = 'BE'
IF(A.LT.B) WRITE(*, *) 'AB > AC'        ! 如同數字的比較
IF(LGE(C, A)) WRITE(*, *) 'BE > AB'     ! 用文字比較函式
END
```

文字間除比較大小之外，也有其它的內部函式，相關的函式分成如下三大類：（請參考附錄五的詳細說明）

1. 資料轉換相關指令：將文字引數轉換成整數、鍵盤代碼、或文字值。

 「ACHAR」、「CHAR」 找 ASCII 代碼的文字

 「IACHAR」、「ICHAR」找在引數裡文字的 ASCII 代碼

2. 字串的處理

 「ADJUSTL」、「ADJUSTR」向左或向右調整字串的排列

 「INDEX」 此指令可令系統在一字串中查出所指定的字

 「LEN_TRIM」查字串內有幾個字，但不含字尾的空格

 「REPEAT」 重複某段的字串

 「SCAN」 找尋比較字串

 「TRIM」 字串截尾

 「VERIFY」 字串比對

3. 詢問

 「LEN」查字串內有幾個字

字串的內部函式應用例題：

```
IMPLICIT NONE
CHARACTER *20 LINE
```

```
CHARACTER*1 MA
INTEGER K, M, J
LINE = 'ABCD'
K = INDEX('THE DOG', 'DO')         ! K = 5，查相同的字
K = INDEX('THE CAT', 'DOG')        ! K = 0
K = INDEX(LINE(3:12), ' ')         ! K = 5
M = LEN('THE DOG')                 ! M = 7，查文字串的長度
M = LEN(LINE)                      ! M = 20
M = LEN_TRIM(LINE)                 ! M = 4，字串的長度，不計最後空格
J = ICHAR('A')                     ! J = 65，由鍵盤字查 ASCII 碼
K = ICHAR('D')                     ! K = 68，由鍵盤字查 ASCII 碼
MA = CHAR(65)                      ! MA = 'A'，由 ASCII 碼查鍵盤字
```

「INDEX」指令中的引數有兩個字串，第一個字串是接受比較者，第二個字串是用來比較者。就是在第一個字串中找與第二個字串相同字的起始位置。

12-6 邏輯（LOGICAL OPERATION）

兩邏輯變數之間可以作比較以產生一結果。下例為一些比較的寫法：

```
LOGICAL    A, B, C, D, E, F
CHARACTER*1    T
REAL    X, Y
DATA    X, Y, T/1.0, −2.3, 'X'/    ! 先定義起始值
A = X.LT.Y.OR.T.GE.'Y'             ! A = .FALSE.
B = Y.NE.20.                       ! B = .TRUE.
C = A.AND.B                        ! C = .FALSE.
D = .NOT.X.LT.Y                    ! D = .TRUE.
```

```
E=.NOT.C                    ! E=.TRUE.
F=A.AND..NOT.B              ! F=.FALES.
WRITE(*, *)D, E, F
END
```

邏輯比較的結果一覽表

變　數 e1	變　數 e2	and 的結果 e1.and.e2	or 的結果 e1.or.e2	not 的結果 .not.e1	xor 的結果 e1.xor.e2
.true.	.true.	.true.	.true.	.false.	.false.
.true.	.false.	.false.	.true.	.false.	.true.
.false.	.true.	.false.	.true.	.true.	.true.
.false.	.false.	.false.	.false.	.true.	.false.

12-7 複數（COMPLEX DATA）

在程式中複數可以作一些運算，如下例：

```
REAL    X
COMPLEX    A, B, C
A=(2.0, 2.0)+(0.0,1.0)        ! A=2+3i
B=(5.0, -1.0)*2.0             ! B=10-2i
C=A+B-5.0                     ! C=7+i
X=A-B                         ! X=-8.0+5i
C=A*B                         ! C=26+26i
C=(A*B)/2.0*(0.0, 1.0)        ! C=-13+13i
C=A**2-(2.0, 3.4)**3          ! C=56.36+10.504i
WRITE(*, *)A, B, C
END
```

注意常數項的表示方式，以及各種運算。

12-8 相關文字處理指令總表

以下為有關文字處理內部函式的總表：

名稱	敘述
ACHAR	回傳文字在鍵盤碼 ASCII 的位置。
ADJUSTL	向左移動，移除在前的空白格位、在尾端填入空白格位。
ADJUSTR	向右移動，移除尾端的空白格位、在前端填入空白格位。
CHAR	回傳在處理器文字組特別位置的文字。
IACHAR	回傳在鍵盤碼 ASCII 文字組中有關引述文字的位置。
ICHAR	回傳在處理器文字組中有關引述文字的位置。
INDEX	回傳在一字串中最左端（或選擇最右端）字元對應一子字串（相同）的位置。
LEN	回傳一引數的大小。
LEN_TRIM	回傳一引數文字的字數，不包括尾端的空白格。
LGE	測試第一個引數是否大於或等於第二個引數。根據鍵盤碼的位置計算。
LGT	測試第一個引數是否大於第二個引數。根據鍵盤碼的位置計算。
LLE	測試第一個引數是否小於或等於第二個引數。根據鍵盤碼的位置計算。
LLT	測試第一個引數是否小於第二個引數。根據鍵盤碼的位置計算。
REPEAT	對於一字串相同之處予以連結。
SCAN	查詢在一文字串中是否有任一段與輸入者相同，若有則輸出最左端（可選擇最右端）的位置。
TRIM	對一字串移除尾端的空白格。
VERIFY	查詢在一引數文字串中沒有與輸入者相同之處，若是則輸出最左端（可選擇最右端）的位置，0 為完全相同。

第十三章
矩陣介紹

在電腦中對於資料的處理一般是無單位，只有由程式員賦予資料的運作方式後這些資料才有意義。在第八章的陣列運用就是將其中的元素視為單一且互相間沒有關係的資料。矩陣的表示方式在電腦程式中與陣列相同，不同的是由程式員賦予矩陣一些特殊的意義與運作方式。以數學上的數值分析而言，矩陣是一非常好用且必須的工具。也因為電腦的大量運用，才能使得數值分析蓬勃發展到不可或缺的地步。以電腦的運用來說，最耗電腦運作時間的當屬輸入或輸出的步驟，其次為矩陣的運算。然輸入輸出對於工程分析來說其次數與數量比較少，而矩陣運算不但運算的量大且常須重複計算。因此對於數值分析而言，矩陣運算的速度變為程式寫作的考慮因素。其實由最早期至今的電腦，對於矩陣的運算能力常被視為電腦功能的重要指標。所以不管在軟體或是硬體，針對這方面的能力都是有很大的進步。本章僅介紹對於矩陣程式的一般寫作，有關較高階的高效率程式、平行運算、向量運算與管線化等課題在本書的其他章節中有提到一些，如第十六章與附錄一等，但不完整。讀者若對於此方面有興趣，建議參閱其他相關的專業書籍。

13-1 介紹

在本章將以介紹矩陣的程式為主，矩陣的理論部份請參閱相關的書籍。**矩陣**（MATRIX）為數字的長方陣列，其服從某種運算規則。可為一、二或三等不同維度的表示。矩陣在解方程式方面的應用很有效，尤其是線性齊次方程式更是如此。例如有線性方程式如下：

原線性方程式：$2X+3Y+7Z=0.0$

$$X-Y+5Z=1.0$$

$$6X+4Y+Z=5.0$$

可用矩陣表示：$\begin{bmatrix} 2 & 3 & 7 \\ 1 & -1 & 5 \\ 6 & 4 & 1 \end{bmatrix} \begin{Bmatrix} x \\ y \\ z \end{Bmatrix} = \begin{Bmatrix} 0.0 \\ 1.0 \\ 5.0 \end{Bmatrix}$

於一矩陣 [A]mxn 中：$\begin{bmatrix} A_{11} & A_{12} & A_{13} \\ A_{21} & A_{22} & A_{23} \\ A_{31} & A_{32} & A_{33} \end{bmatrix}_{m \times n}$

A_{ij}　稱為此矩陣的元素（element）

i　表示此元素所在的列（row）

j　表示此元素所在的行（column）

矩陣的大小以 m×n 表示

A_{ij}　當 i=j 為**對角元素**（diagonal element）

若 m=n，稱為**方矩陣**（square matrix）

相等矩陣：[A]=[B] 時，兩矩陣的大小相同，且同位置的元素值相同。

對稱矩陣（symmetric matrix）：$A_{ij}=A_{ji}$，對稱位置的元素值相等。

零矩陣（zero matrix）：$A_{ij}=0.0$，每一元素均為零。

單位矩陣（identity matrix）：$A_{ii}=1.0, A_{ij}=0.0$ 當 $i \neq j$。除對角線的元素值為「1.0」外，其它元素值均為零。任何矩陣乘以單位矩陣等於它自己，也就是所得矩陣等於原來的矩陣。單位矩陣以「I」表示。

13-2　矩陣的和

兩矩陣必須大小相同才能相加。在矩陣的加法時，兩矩陣相同位置的元素加在一起。如下例有兩個矩陣，分別為[A]和[B]，相加結果為[C]。

$$[A] = \begin{bmatrix} 1 & 2 & 3 \\ 0 & 1 & 4 \end{bmatrix}_{2 \times 3} \quad [B] = \begin{bmatrix} 2 & 3 & 0 \\ -1 & 2 & 5 \end{bmatrix}_{2 \times 3}$$

$$[C]=[A]+[B]=\begin{bmatrix}1+2 & 2+3 & 3+0\\0-1 & 1+2 & 4+5\end{bmatrix}=\begin{bmatrix}3 & 5 & 3\\-1 & 3 & 9\end{bmatrix}_{2\times 3}$$

以一主程式表示：

```
IMPLICIT NONE
REAL A, B, C
INTEGER I, J
DIMENSION A(2, 3), B(2, 3), C(2, 3)
READ(*, *)A, B                          ! 讀入[A]與[B]矩陣的值
DO I = 1, 3                             ! 以下五列可寫成 C = A + B
    DO J = 1, 2
        C(J, I) = A(J, I) + B(J, I)     ! 相同位置的元素加在一起
    END DO
END DO
WRITE(*, *)C
END
```

以一主程式與副程式表示：

```
IMPLICIT NONE
INTEGER K
REAL A(2, 3), B(2, 3), C(2, 3)
READ(*, *)A, B                          ! 讀入[A]與[B]矩陣的值
K = 6                                   ! 矩陣的元素個數
CALL SUMMATION(K, A, B, C)
WRITE(*, *)C
END
SUBROUTINE SUMMATION(K, A, B, C)        ! 以一維來處理
IMPLICIT NONE
REAL A, B, C
INTEGER K, I
```

```
DIMENSION A(1), B(1), C(1) ！宣告三個一維陣列，陣列中至少一個元素
DO I = 1, K                ！此處不可寫成「C=A+B」因它只被執行一次
    C(I) = A(I) + B(I)
END DO
RETURN
END
```

常用副計畫「SUMMATION」是一通用副程式，它是以一維的方式進行矩陣的加法。不管主程式所宣告的原矩陣是幾維，在此副計畫中用一維來執行。**程式中的矩陣在電腦中恆是視為一維，並以一維方式處理**。因此在執行效率上，本例比上例用二維矩陣要好，尤其是在大的矩陣運算上更有利。**唯使用此副程式時須注意在陣列中元素的安排次序**。

註：下例題須注意，此為錯誤的寫法：

```
SUBROUTINE AA(A, B, C)
REAL, DIMENSION A(:), B(:), C(:)      ！宣告零個元素的一維陣列
C=A+B           ！此列計算 0 次，因 A、B 與 C 陣列的元素均宣告 0 個
………
```

13-3　矩陣的乘法

兩矩陣必須前面矩陣的行數與後面矩陣的列數相同才能相乘。如下式：

$$[C]_{m\times n} = [A]_{m\times i}\,[B]_{i\times n}$$

[A]矩陣能與 [B] 矩陣相乘的條件，是 [A] 矩陣的行數(i)要等於 [B]矩陣的列數(i)。所得結果 [C] 矩陣大小為 [A] 的列數(m) 與 [B] 的行數(n)。

兩矩陣相乘的方式很特殊，由前面矩陣的行與後面矩陣的列相對位置的元素一一相乘後累加起來。

$$[A]_{3\times 2}=\begin{bmatrix} a_{11} & a_{12} \\ a_{21} & a_{22} \\ a_{31} & a_{32} \end{bmatrix} \qquad [B]_{2\times 2}=\begin{bmatrix} b_{11} & b_{12} \\ b_{21} & b_{22} \end{bmatrix}$$

$$[C]_{3\times 2}=[A]\,[B]=\begin{bmatrix} a_{11}\times b_{11}+a_{12}\times b_{21} & a_{11}\times b_{12}+a_{12}\times b_{22} \\ a_{21}\times b_{11}+a_{22}\times b_{21} & a_{21}\times b_{12}+a_{22}\times b_{22} \\ a_{31}\times b_{11}+a_{32}\times b_{21} & a_{31}\times b_{12}+a_{32}\times b_{22} \end{bmatrix}$$

以一主程式表示兩個二維矩陣相乘：

```
IMPLICIT NONE
INTEGER I, J, K
REAL A(3, 2), B(2, 2), C(3, 2), TT
READ(*, *)A, B
DO I = 1, 3
    DO J = 1, 2
        TT = 0.0
        DO K = 1, 2
            TT = TT + A(I, K)*B(K, J)
        END DO
        C(I, J) = TT
    END DO
END DO
END
```

以一主程式與副程式表示：

```
IMPLICIT NONE
REAL A, B, C, TT
DIMENSION A(3, 2), B(2, 2), C(3, 2)
READ(*, *)A, B
CALL MATRIXMU(A, B, C, 3, 2, 2)   ！3 為[A]矩陣的列數，2 為行數
```

```
WRITE(*, *)C                          ! 上列最後一個 2 為[B]矩陣的行數
END

SUBROUTINE MATRIXMU(A, B, C, M, N, L) ! 利用一維陣列的方式計算
                                      ! 可更快
IMPLICIT NONE
REAL A, B, C, TT
INTEGER M, N, L, IB, IC, I, J, K, IA
DIMENSION A(1), B(1), C(1)
IB = -N
IC = 0
DO J = 1, L
    IB = IB + N
    DO I = 1, M
        IA = I
        TT = 0.0
        DO K = 1, N
            TT = TT + A(IA) * B(IB + K)
            IA = IA + M
        END DO
        IC = IC + 1
        C(IC) = TT
    END DO
END DO
END
```

註：以上為一有效率的一維乘法副程式。唯使用此種副程式時要注意，在呼叫端的真引數的矩陣必須是**滿矩陣**才不會出錯。

13-4 矩陣的轉置（TRANSPOSE of A MATRIX）

矩陣的轉置為將一矩陣的行與列元素相對調。以下為一例。矩陣的轉置是在矩陣右上加一「T」字表示。

$$\begin{bmatrix} 1 & 3 & 5 \\ 2 & 4 & 6 \end{bmatrix}_{2\times 3}^{T} = \begin{bmatrix} 1 & 2 \\ 3 & 4 \\ 5 & 6 \end{bmatrix}_{3\times 2}$$

$$[A_{ij}]^T = [A_{ji}]$$

以程式表示：

```
IMPLICIT NONE
REAL A, B
INTEGER I, J
DIMENSION A(3, 2), B(2, 3)
DO I = 1, 3
    DO J = 1, 2
        A(I, J) = B(J, I)
    END DO
END DO
END
```

13-5 反矩陣（INVERSE of A MATRIX）

反矩陣為一矩陣其與對應的矩陣乘積是單位矩陣。如下

$$[A_{ij}]\,[A_{ij}]^{-1} = [I]$$

一矩陣的反矩陣是在矩陣右上加一「−1」字表示。求出某一矩陣的反矩陣的方式很多，常見的如：Gaussian elimination 與 the Cholesky Method 等方法。其解法請參閱相關的書籍。

以數字矩陣為例：

例一：

$$\begin{bmatrix}1 & 2\\3 & 4\end{bmatrix}^{-1}=-0.5\begin{bmatrix}4 & -2\\-3 & 1\end{bmatrix}$$

$$\begin{bmatrix}1 & 2\\3 & 4\end{bmatrix}*(-0.5)\begin{bmatrix}4 & -2\\-3 & 1\end{bmatrix}=\begin{bmatrix}1 & 0\\0 & 1\end{bmatrix}$$

例二：

$$\begin{bmatrix}1 & 2 & 3\\1 & 0 & 1\\0 & 1 & 0\end{bmatrix}^{-1}=\frac{1}{2}\begin{bmatrix}-1 & 3 & 2\\0 & 0 & 2\\1 & -1 & -2\end{bmatrix}$$

以下例題只顯示副程式：此為 Gaussian elimination 的方法

```
SUBROUTINE INVER(N, SS)
REAL*8    SS, D, TT                    ! 所有的實數均用雙精準度
INTEGER N, I, J, K
DIMENSION SS(N, N)                     ! 必須如此宣告
DO I = 1, N
    D = 1.D0/SS(I, I)
    TT = −D
DO J = 1, N
    SS(I, J) = SS(I, J) * TT
END DO
DO K = 1, I − 1
    TT = SS(K, I)
    DO J = 1, I − 1
```

```
            SS(K, J) = SS(K, J) + TT * SS(I, J)
        END DO
        DO J = I + 1, N
            SS(K, J) = SS(K, J) + TT * SS(I, J)
        END DO
        SS(K, I) = TT * D
    END DO
    DO K = I + 1, N
        TT = SS(K, I)
        DO J = 1, I - 1
            SS(K, J) = SS(K, J) + TT * SS(I, J)
        END DO
        DO J = I + 1, N
            SS(K, J) = SS(K, J) + TT * SS(I, J)
        END DO
        SS(K, I) = TT * D
    END DO
    SS(I, I) = D
END DO
END
```

使用此副程式時，需注意：

⑴主程式與副程式相關的引數，它們的精準度和資料型態是否相同。

⑵所存放資料的矩陣是否為滿矩陣，亦 N×N 大小為要處理的矩陣。

⑶此副程式利用原有的矩陣空間來存放運算後的結果。

13-6　陣列的內部函式

名稱	敘述
ALL	判斷一陣列中所有的值是否都落在所設定的條件中。
ANY	判斷一陣列中有任一值落在所設定的條件中。
COUNT	在一陣列中，計算陣列元素有幾個是落在所設定的條件中。
CSHIFT	對於一（選擇性）陣列執行迴旋式的移位。
DOT_PRODUCT	兩陣列的相乘積（均為一維陣列）。
EOSHIFT	對一（選擇性）陣列一端的元素移走並由另一端的值拷貝進來。
LBOUND	回傳一陣列的下限。
MATMUL	執行兩陣列的相乘（二維陣列）。
MAXLOC	回傳一陣列元素中，根據遮罩的條件找出最大值的位置（可選擇不同維度）。
MAXVAL	回傳一陣列中元素值，根據遮罩的條件找出最大的一個。
MERGE	根據遮罩的條件組合兩陣列。
MINLOC	回傳一陣列元素中，根據遮罩的條件找出最小值的位置（可選擇不同維度）。
MINVAL	回傳一陣列中元素值，根據遮罩的條件找出最小的一個。
PACK	利用遮罩條件將一陣列放入另一（選擇性）設定大小的向量中（一維陣列）。
PRODUCT	根據一（選擇性）遮罩條件，回傳一陣列與另一陣列的相乘積。
RESHAPE	重新調整一陣列的下標次序，並設定元素值。
SHAPE	回傳一陣列的型態。
SIZE	回傳一陣列在某一維度（選擇性）的大小。
SPREAD	對一陣列增加一個維度。
SUM	根據一（選擇性）遮罩條件，回傳一陣列在某一維度元素值加總。
TRANSPOSE	對一個二維陣列的轉換矩陣。
UBOUND	回傳一陣列的上限。
UNPACK	在一遮罩條件下將一個一維向量置入一陣列中。

第十四章

位元處理

在Fortran程式上，能控制的最小單位為**字元**（byte），但電腦的基本運作為**位元**（bit）。於程式上，一般的數學運算式是無法對位元來直接處理，但有很多的庫存函式可以協助程式員達到此目的。整數資料型態在記憶體內部是以二進位為基底的符號來表示。在位元的表示式上，最右是最小的值，最左是最大，最右的位置是由「**0**」起算。內部函式「IAND」、「IOR」、「IEOR」、及「NOT」等可對一引數的所有位元值運作。函式「ISHFT」與「ISHFTC」用以對位元的樣式移位。其他如「IBSET」、「IBCLR」、「BTEST」、及「IBITS」等、和常用副計畫「MVBITS」等也可對個別位元運作。

位元場（bit field）是在一位元樣式中由位元組成的連續組群。一位元場的設定是由一開始的位置及其長度所定義。

例如一整數「48」的表示：

二進位樣式	0…0110000
位元位置	n…6543210

負整數「−48」的表示如下：

二進位樣式	1…0110000
位元位置	n…6543210

也就是最大的位置若是「1」就表示為負數，是「0」就表示為正數。本章將對有關位元處理函式（binary pattern processing functions）來說明，這些都是針對**整數**才可以正確的運作。

註：本章大部份的函式為處理正整數而設計，其他資料型態不一定會正確。

14-1 IAND(I, J)

當兩整數以二進位表示時，「IAND」是比對同一位置的兩位元值，如果兩個均是「1」，結果才會是「1」，其它狀況均為「0」。程式中也可用

「AND」表示。程式的寫法如下：

K＝IAND (I, J)	! Boolean AND。I, J 為正整數

Boolean 指沒有正負值的整數，也就是視為恆正整數。

函式的屬性為：元素函式，通用（elemental function, generic）。

以數字表示：

K＝IAND(1, 4)　! K＝0

K＝IAND(1, 9)　! K＝1

上式運算說明：

	十進位	二進位
	1	0001
	4	0100
IAND	0	0000

	十進位	二進位
	1	0001
	9	1001
IAND	1	0001

特定名稱	引數型態	結果型態
BIAND	INTEGER(1)	INTEGER(1)
IIAND	INTEGER(2)	INTEGER(2)
JIAND	INTEGER(4)	INTEGER(4)
KIAND	INTEGER(8)	INTEGER(8)

14-2　IOR(I, J)

當兩數字以二進位表示時，「IOR」是比對同一位置的兩位元值，如果兩個中有一個是「1」結果會是「1」，其它均為「0」。程式的寫法如下：

```
K = IOR (I, J)        ! Boolean inclusive OR。I, J 均是正整數。
```

Boolean 指沒有正負值的整數，也就是視為恆正整數。

函式的屬性為：元素函式，通用（elemental function, generic）。

以數字表示：

```
K = IOR(1, 4)      ! K = 5
K = IOR(1, 9)      ! K = 9
K = IOR(1, 2)      ! K = 3
```

上式運算說明

	十進位	二進位
	1	0001
	4	0100
IOR	5	0101

	十進位	二進位
	1	0001
	9	1001
IOR	9	1001

	十進位	二進位
	1	0001
	2	0010
IOR	3	0011

特定名稱	引數型態	結果型態
	INTEGER(1)	INTEGER(1)
IIOR	INTEGER(2)	INTEGER(2)
JIOR	INTEGER(4)	INTEGER(4)
KIOR	INTEGER(8)	INTEGER(8)

14-3 IEOR(I, J)

當兩數字以二進位表示時，「IEOR」是比對同一位置的兩位元值，如果兩個值不同就是「1」，其它均為「0」。程式的寫法如下：

```
K = IEOR (I, J)     ! Boolean exclusive OR。I, J 均為正整數。
```

Boolean 指沒有正負值的整數，也就是視為恆正整數。

函式的屬性為：元素函式，通用（elemental function, generic）。

以數字表示：

```
K = IEOR(1, 4)      ! K = 5
K = IEOR(1, 9)      ! K = 8
K = IEOR(3, 10)     ! K = 9
```

上式運算說明

	十進位	二進位
	1	0001
	4	0100
IEOR	5	0101

	十進位	二進位
	1	0001
	9	1001
IEOR	8	1000

	十進位	二進位
	3	0011
	10	1010
IEOR	9	1001

特定名稱	引數型態	結果型態
	INTEGER(1)	INTEGER(1)
IIEOR	INTEGER(2)	INTEGER(2)
JIEOR	INTEGER(4)	INTEGER(4)
KIEOR	INTEGER(8)	INTEGER(8)

14-4 ILEN(I)

某整數數字（或變數）以二進位的表示式中所需的位數。表示式如下：

```
K = ILEN(I)     ! 二進位的位數。I, POS, LEN 均為整數
```

函式的屬性為：元素函式，通用（elemental function, generic）。

ILEN(I) 函式說明：

「引數 1」是要被處理的整數以位元為單位數。

```
K1 = ILEN(4)    ! K1 = 3
K1 = ILEN(20)   ! K1 = 5
```

上式運算說明

十進位	二進位	
4	0100	ILEN(4) = 3
20	10100	ILEN(20) = 5

它的計算方式為：

如果引數是正整數時，結果為（ $LOG_2(I+1)$ ）

如果引數是負整數時，結果為 $(LOG_2(-I))$

14-5　ISHL(I, SHIFT)

在一數字上移動位元的方式有三種：即**邏輯**（logical）、**算數**（arithmetic）、與**迴旋**（circular）。以下為邏輯式寫法：

```
K = ISHL(I, SHIFT)        ! logical shift。I 與 SHIFT 為整數。
```

函式的屬性為：元素函式，通用（elemental function, generic）。

ISHL(引數 1, 引數 2) 函式說明：

「引數 1」是要被處理的整數（正與負數均可），以位元為單位數，「引數 2」是要移動的量。當「引數 2」為負值時，往右移動位元。當「引數 2」為正值時，往左移動位元。當由本身數字位元最左或右往外移動時，此數字的這部份位元就消失。但若由相反方向移動時就補零。

以數字表示：

```
K = ISHL(1, 1)        ! K = 2
K = ISHL(9, 1)        ! K = 18
K = ISHL(1, -1)       ! K = 0
K = ISHL(9, 1)        ! K = 4
K = ISHL(10, 5)       ! K = 320
```

上式運算說明：

原來的數值		運算	運算後的數值		
十進位	二進位	運算	十進位	二進位	
1	0001	ISHL(1, 1)	2	0001**0**	！多一個位元
9	1001	ISHL(9, 1)	18	1001**0**	！多一個位元
1	0001	ISHL(1, −1)	0	000	！少一個位元
9	1001	ISHL(9, −1)	4	100	！少一個位元
10	1010	ISHL(10, 5)	320	1010**00000**	！右邊多五個零

14-6 ISHA(I, SHIFT)

以下為算數式移動位元方式的寫法：

```
K = ISHA(I, SHIFT)        ! arithmetic shift。I, SHIFT 須為整數。
```

函式的屬性為：元素函式，通用（elemental function, generic）。

ISHA(引數 1, 引數 2) 函式說明：

「引數 1」是要被處理的正或負整數，以位元為單位數，「引數 2」是要移動的量。當「引數 2」為負值時，往右移動位元。當「引數 2」為正值時，「引數 1」的值往左移動位元，並補「0」進去右邊的空檔處。當「引數 2」為負值時，「引數 1」的值往右移；當「引數 1」為負值，則在往右移動位元後，第零位元恆以「1」為結果。

以數字表示：

```
K = ISHA(1, −1)       ! K = 0
K = ISHA(9, −1)       ! K = 5
K = ISHA (−1, −1)     ! K = −1
```

K＝ISHA (−9, −1)　！K＝−5
K＝ISHA (−8, −5)　！K＝−1

上式運算說明：

原來的數值			運算後的數值		
十進位	二進位	運　算	十進位	二進位	
1	0001	ISHA(1, −1)	0	000	！少一個位元
9	1001	ISHA(9, −1)	5	100	！少一個位元
−1	0001	ISHA (−1, −1)	−1	001	！少一位元，補 1 入右邊
−9	1001	ISHA (−9, −1)	−5	101	！少一位元，補 1 入右邊
−8	1000	ISHA (−8, −5)	−1	001	！超出右邊的邊界，得−1

14-7　ISHC(I, SHIFT)

以下為迴旋式移動位元方式的寫法：

```
K＝ISHC(I, SHIFT)　　！circular shift。I, SHIFT 為整數。
```

函式的屬性為：元素函式，通用（elemental function, generic）。

ISHC(引數 1, 引數 2) 函式說明：

「引數 1」是要被處理的數字，以位元為單位數，「引數 2」是要移動的量。當「引數 2」為負值時，往右移動位元。當「引數 2」為正值時，往左移動位元。當位元被移動超出範圍時，則補入相反的方向，如同一個圓一般，不會損失任何位元。

以數字表示：

K＝ISHC(1, 1)　　！K＝2

```
K=ISHC(9, 1)           ! K=18
K=ISHC(1, -1)          ! K=-2147483648
K=ISHC(9, -1)          ! K=-2147483644
K=ISHC (-1, -1)        ! K=-1
K=ISHC (-9, -1)        ! K=-5
```

上式運算說明：

原來的數值			運算後的數值		
十進位	二進位	運算	十進位	二進位	
1	0001	ISHC(1, 1)	2	00010	！多一個位元
9	1001	ISHC(9, 1)	18	10010	！多一個位元
1	0001	ISHC(1, −1)	−2147483648		！1 已移到最大位數了
9	1001	ISHC(9, −1)	−2147483644		！1 已移到最大位數了
−1	0001	ISHC (−1, −1)	−1	1	！最右邊零位元補上 1
−9	1001	ISHC (−9, −1)	−5	101	！最右邊零位元補上 1

14-8 BTEST(I, POS)

測某數中各別位元值時，可用此指令。寫法如下：

```
L=BTEST(I, POS)        ! bit test。I, POS 須為整數。
```

函式的屬性為：元素函式，通用（elemental function, generic）。

BTEST(引數 1, 引數 2) 函式說明：

「引數 1」是要被測試的數字，以位元為單位數，「引數 2」是要測的位置。「引數 1」的第「引數 2」位置的位元若是「1」就有「.true.」的結果；若是「0」就有「.false.」的結果。需注意的是「引數 2」是由「0」起算，例：

```
L = BTEST(1, 0)      ! L = T，0001 的第零位元為 1，因此為 True
L = BTEST(1, 1)      ! L = F，0001 的第 1 位元為 0，因此為 False
L = BTEST(3, 1)      ! L = T，0011 的第 1 位元為 1，因此為 True
L = BTEST(9, 4)      ! L = F，1001 的第 4 位元為 0，因此為 False
```

若 $A = \begin{bmatrix} 1 & 2 \\ 3 & 4 \end{bmatrix}$，BTEST(A, 2) 為 $\begin{bmatrix} \text{false} & \text{false} \\ \text{false} & \text{true} \end{bmatrix}$

以上的敘述用程式表示如下：

```
implicit none
real a(2, 2)
logical c(2, 2)
data a/1, 3, 2, 4/
c = BTEST(a, 2)
write(*, *)c      ! 輸出為 f   f   f   t
end
```

特定名稱	引數型態	結果型態
	INTEGER(1)	INTEGER(1)
BITEST	INTEGER(2)	INTEGER(2)
BJTEST	INTEGER(4)	INTEGER(4)
BKTEST	INTEGER(8)	INTEGER(8)

14-9　IBSET(I, POS)

要對某數的一位元值予設定為「1」時，可用下式：

```
K=IBSET(I, POS)      ！置入一位元。I, POS 均為整數
```

函式的屬性為：元素函式，通用(elemental function, generic)。

IBSET(引數 1, 引數 2) 函式說明：

「引數 1」是要設定的數字，「引數 2」是要設定的位置以位元為單位數，將「引數 1」設定後拷貝給等號左邊的變數。需注意的是「引數 2」是由「0」起算，例：

```
K1=IBSET(1, 0)      ! K1=1
K1=IBSET(1, 1)      ! K1=3
K1=IBSET(1, 2)      ! K1=5
K1=IBSET(8, 1)      ! K1=10
```

上式運算說明：

十進位數值	二進位數值	IBSET 運算	二進位結果	十進位結果
1	0001	IBSET(1, 0)	0001	1
1	0001	IBSET(1, 1)	0011	3
1	0001	IBSET(1, 2)	0101	5
8	1000	IBSET(8, 2)	1100	10

特定名稱	引數型態	結果型態
	INTEGER(1)	INTEGER(1)
IIBSET	INTEGER(2)	INTEGER(2)
JIBSET	INTEGER(4)	INTEGER(4)
KIBEST	INTEGER(8)	INTEGER(8)

14-10　IBCLR(I, POS)

要對某數的一位元值予設定為「0」時，可用下式：

```
K = IBCLR(I, POS)        ! 清除位元。I, POS 為兩整數。
```

函式的屬性為：元素函式，通用（elemental function, generic）。

IBCLR(引數 1, 引數 2) 函式說明：

「引數 1」是要處理的數字，以位元為單位數，「引數 2」是要處理的位置，將「引數 1」的第「引數 2」位置的位元設定為「0」後拷貝給等號左邊的變數。同上例「IBSET」，在「IBCLR」函式的「引數 2」是由「0」起算，且必須為正整數，例：

```
K1 = IBCLR(1, 0)      ! K1 = 0
K1 = IBCLR(1, 1)      ! K1 = 1
K1 = IBCLR(2, 1)      ! K1 = 0
K1 = IBCLR(3, 1)      ! K1 = 1
K1 = IBCLR(18, 1)     ! K1 = 16
```

上式運算說明：

十進位數值	二進位數值	IBCLR 運算	二進位結果	十進位結果
1	0001	IBCLR(1, 0)	0000	0
1	0001	IBCLR(1, 1)	0001	1
2	0010	IBCLR(2, 1)	0000	0
3	0011	IBCLR(3, 1)	0001	1
18	10010	IBCLR(18, 1)	10000	16

特定名稱	引數型態	結果型態
	INTEGER(1)	INTEGER(1)
IIBCLR	INTEGER(2)	INTEGER(2)
JIBCLR	INTEGER(4)	INTEGER(4)
KIBCLR	INTEGER(8)	INTEGER(8)

14-11 IBCHNG(I, POS)

要對某數的一位元值予改變時，可用下式：

```
K = IBCHNG(I, POS)        ! 改變位元。I, POS 均為整數。
```

函式的屬性為：元素函式，通用（elemental function, generic）。

IBCHNG(引數 1, 引數 2) 函式說明：

「引數 1」是要處理的數字，以位元為單位數，「引數 2」是要處理的位置，將「引數 1」的第「引數 2」位置的位元改變後拷貝給等號左邊的變數。同前參函式，「引數 2」是由「0」起算，例：

```
K1 = IBCHNG(1, 0)     ! K1 = 0
K1 = IBCHNG(2, 0)     ! K1 = 3
K1 = IBCHNG(3, 0)     ! K1 = 2
K1 = IBCHNG(1, 3)     ! K1 = 9
K1 = IBCHNG(10, 1)    ! K1 = 8
```

上式運算說明：

十進位數值	二進位數值	IBCHNG 運算	二進位結果	十進位結果
1	0001	IBCHNG(1, 0)	0000	0
2	0010	IBCHNG(2, 0)	0011	3
3	0011	IBCHNG(3, 0)	0010	2
1	0001	IBCHNG(1, 3)	1001	9
10	1010	IBCHNG(10, 1)	1000	8

14-12　LSHIFT(I, SHIFT)

要對某數予向左或右移動位元時，可用下式（與用 ISHFT(I, SHIFT)函式相同，與用 RSHIFT(I, SHIFT)函式中的 SHIFT 值為負值時相同）：

```
K＝LSHIFT(I, SHIFT)        ！往左或右移位。I, SHIFT 為整數。
```

函式的屬性為：元素函式，通用（elemental function, generic）。

LSHIFT(引數 1, 引數 2) 函式說明：

「引數 1」是要被處理的整數，以位元為單位數；「引數 2」是要移動的量，為正時往左移動位元，補「0」在後面增加的位元位置，為負時往左移動位元。例：

```
K1＝LSHIFT(1, 1)      ！K1＝2
K1＝LSHIFT(2, 1)      ！K1＝4
K1＝LSHIFT(3, 1)      ！K1＝6
K1＝LSHIFT(2, －1)    ！K1＝1
```

上式運算說明：

原來的數值			運算後的數值		
十進位	二進位	運　　算	十進位	二　進　位	
1	0001	LSHIFT(1, 1)	2	0010	！多一個位元
2	0010	LSHIFT(2, 1)	4	0100	！多一個位元
3	0011	LSHIFT(3, 1)	6	0110	！多一個位元
2	0010	LSHIFT(2, −1)	1	0001	！少一個位元

特定名稱	引數型態	結果型態
	INTEGER(1)	INTEGER(1)
ILSHIFT	INTEGER(2)	INTEGER(2)
JLSHIFT	INTEGER(4)	INTEGER(4)
KLSHIFT	INTEGER(8)	INTEGER(8)

14-13 ISHFTC(I, SHIFT [, SIZE])

要對某數予循環式的移動最右邊的位元時，可用下式：

```
K = ISHFTC(I, SHIFT, [SIZE])        ! I, SHIFT, SIZE 均為整數。
```

函式的屬性為：元素函式，通用（elemental function, generic）。

ISHFTC(引數 1, 引數 2, [引數 3]) 函式說明：

「引數 1」是要被處理的整數，以位元為單位數，「引數 2」是要移動的量。當「引數 2」為負值時，向左邊移動。「引數 3」是選擇性的使用。所造成的循環結果為「I」值的最右「SIZE」的位置處移動「SHIFT」位元。此函式不會造成位元的損失。例：

```
K1 = ISHFTC(1, 1)        ! K1 = 0
K1 = ISHFTC(2, 1)        ! K1 = 1
K1 = ISHFTC(3, 1)        ! K1 = 1
K1 = ISHFTC(3, 1, 3)     ! K1 = 6
K1 = ISHFTC(4, 2, 4)     ! K1 = 1
```

特定名稱	引數型態	結果型態
IISHFTC	INTEGER(2)	INTEGER(2)
JISHFTC	INTEGER(4)	INTEGER(4)
KISHFTC	INTEGER(8)	INTEGER(8)

14-14　IBITS(I, POS, LEN)

要對某數擷取一部份時用此函式，可用下式：

```
K = IBITS(I, POS, LEN)      ! 擷取一數字。I 為正整數
```

函式的屬性為：元素函式，通用（elemental function, generic）。

IBITS(引數 1, 引數 2, 引數 3) 函式說明：

「引數 1」是要被處理的整數，以位元為單位數，「引數 2」必須是正整數，為所要的位置，「引數 3」必須是正整數，為所要的長度。

```
K1 = IBITS(12, 1, 4)      ! K1 = 6
K1 = IBITS(10, 1, 7)      ! K1 = 5
```

特定名稱	引數型態	結果型態
	INTEGER(1)	INTEGER(1)
IIBITS	INTEGER(2)	INTEGER(2)
JIBITS	INTEGER(4)	INTEGER(4)
KIBITS	INTEGER(8)	INTEGER(8)

14-15 BIT_SIZE(I)

計算某一整數所含的位元數，可用下式：

```
K=BIT_SIZE(I)      ! 計算位元數。I 為整數
```

函式的屬性為：元素函式，通用（elemental function, generic）。

I=BIT_SIZE(1_2)　! I 為 16，因 1_2 的性質（kind）為 2 bytes

14-16 MVBITS (FROM, FROMPOS, LEN, TO, TOPOS)

複製一連串的位元資料（由一位元域）到另一位置，可用下式：

如果 TO 原有的值是 6

```
CALL MVBITS(7, 2, 2, TO, 0)      ! TO=5
```

函式的屬性為：元素常用副計畫。

引數 FROM：　　為整數，表示一位元域要作轉換的位置。
FROMPOS：為整數，確認在 FROM 要作轉換的位置。
LEN：　　為整數，確認要由 FROM 作轉換的位元長度。
TO：　　為整數，表示位元域所要轉換到達的位置。
TOPOS：　　為整數，確認在 TO 接收轉換的第一個位置。

例：

```
IMPLICIT NONE
INTEGER FROM=13          ! 1101
INTEGER TO=6             ! 0110
CALL MVBITS(FROM, 2, 2, TO, 0)
WRITE(*, *)TO            ! TO=111
END
```

14-17 位元指令相關的內部程序

位元運算		
名稱	程序型態	敘述
BIT_SIZE	內部函式	傳回對於整數引數所含的位元數目。
BTEST	內部函式	測試在一引數某個位元的值，true 表示為 1。
IAND	內部函式	執行邏輯 AND 的運算。
IBCHNG	內部函式	將一引數的某一位置的位元值相反。
IBCLR	內部函式	將一引數的某一位置的位元值設定為零。
IBITS	內部函式	從一引數的某一開始位置擷取連續位元長的值。
IBSET	內部函式	將一引數的某一位置的位元值設定為 1。
IEOR	內部函式	執行邏輯 EOR 的運算。
IOR	內部函式	執行邏輯 IOR 的運算。
ISHA	內部函式	將一引數往左或右移動若干位元。往左移用正的數字表示，右則為負值。
ISHC	內部函式	將一引數迴旋的往左或右移動若干位元。往左移用正的數字表示，右則為負值。
ISHFT	內部函式	將一引數往左或右移動若干位元。往左移用正的數字表示，右則為負值。
ISHFTC	內部函式	將一引數迴旋的往左或右移動若干位元。往左移用正的數字表示，右則為負值。
ISHL	內部函式	將一引數往左或右移動若干位元。往左移用正的數字表示，右則為負值。
MVBITS	內部函式	從一整數複製若干位元到另一整數上。
NOT	內部函式	執行邏輯的相反。

第十五章

數值分析

因著電腦的發明，對於數學的應用帶來很大的衝擊。尤其是工程人員，對於數值分析的應用視為一非常重要的運算工具。本章將介紹四種不同的數值分析的應用，即：非線性方程解、數值積分、最小二乘法、及高斯消去法等。在數值分析時，它一般是採用某種簡單的方法經不斷的收斂後，求得一「**合適解**」，此解不一定是「**正確解**」(exact solution)。在工程實務上，「正確解」常是一種理想，不太容易求得。就如前幾年美國的一太空計畫「哈伯望遠鏡」，就是因鏡面的曲度無法在「控制範圍」而致幾乎無法達成任務。由此可見「合適解」在工程上是較為實際的工程目標。

15-1 非線性方程解

非線性方程式求解時，常會遇到一些不容易求得理論解的問題。如：

$$X^2+e^X-10.0=0.0$$

本節將介紹三種分析方式，為**直接代入法**、**牛頓—瑞福生法**及**半區間法**。

15-1-1 直接代入法 — Direct substitution

直接代入法的解法為：先將原方程式改寫成簡單的表示，經以一**猜測值**代入後予**反覆計算**求解，直到收斂在預定範圍內就算完成。

由此可知直接代入法的三個分析步驟如下：

(1)改寫原方程式〔15-1〕成簡單的表示式〔15-2〕，如下

$$f(x)=0 \qquad 〔15\text{-}1〕$$

$$x=g(x) \qquad 〔15\text{-}2〕$$

將原方程式〔15-1〕改寫成〔15-2〕的表示式。

(2)以一猜測值代入〔15-2〕式，此時等號左邊為「x」值，即代入值；等號右邊「$g(x)$」為運算後所得值，這個值如果等於「x」，那就不用再運

算了。另一種狀況是，如果「x」值很接近「$g(x)$」，即兩者的差在**收斂範圍**內，此時「x」值就是一解。

$$x \fallingdotseq g(x) \quad 〔15\text{-}3〕$$

⑶如果「x」≠「$g(x)$」，將「$g(x)$」當成「x」值，回到步驟⑵繼續執行直到收斂至滿意的範圍為止。

以下利用一例題來說明直接代入法的使用，及其問題所在。

例題 15-1-1

$X^2-3=0.0$，求一解 X。

解

原方程為：$f(X)=X^2-3=0.0$　〔15-4〕

將〔15-4〕改寫成下列三式子：（此三式為猜測而得）

$X=0.5\ (X+3/X)$　〔15-5a〕

$X=X^2+X-3$　〔15-5b〕

$X=3/X$　〔15-5c〕

其實可改寫的式子可以很多，此處只舉出三例以說明不同的式子會有不同的結果。

針對〔15-5a〕$X=0.5\ (X+3/X)$ 解

用 $X=1.0$ 為起始值，代入得　$g(x)=0.5\ (X+3/X)=2.0$

再用 $X=2.0$ 代入得　$g(x)=0.5\ (X+3/X)=1.75$

再用 $X=1.75$ 代入得　$g(x)=0.5\ (X+3/X)=1.73214$

再用 $X=1.73214$ 代入得　$g(x)=0.5\ (X+3/X)=1.73205$

此時可發現它呈現**收斂**的現象。如果要求的收斂值為小數點後第四位，此「$X=1.73205$」是一解，因最後兩個 g(x)的差值比收斂值小。

針對〔15-5b〕$X=X^2+X-3$ 解

用 $X=1.0$ 為起始值，代入得	$g(x)=X^2+X-3.0=-1.0$
再用 $X=-1.0$ 代入得	$g(x)=X^2+X-3.0=-3.0$
再用 $X=-3.0$ 代入得	$g(x)=X^2+X-3.0=3.0$
再用 $X=3.0$ 代入得	$g(x)=X^2+X-3.0=9.0$
再用 $X=9.0$ 代入得	$g(x)=X^2+X-3.0=87.0$

此時可發現它呈現**發散**的現象。也就是所選用的〔15-5b〕式無法以直接代入法求解。

針對〔15-5c〕$X=3/X$ 解

用 $X=1.0$ 為起始值，代入得	$g(x)=3/X=3.0$
再用 $X=3.0$ 代入得	$g(x)=3/X=1.0$
再用 $X=1.0$ 代入得	$g(x)=3/X=3.0$

此時可發現它呈現**振盪**的現象。也就是所選用的〔15-5c〕式無法以直接代入法求解。

由本例知，在直接代入法中所選用的方程式

$$X=g(x)$$

影響著是否可以求解。以下說明如何證明所選用的「$g(x)$」方程式是否為收斂、可求解的式子。如下圖：

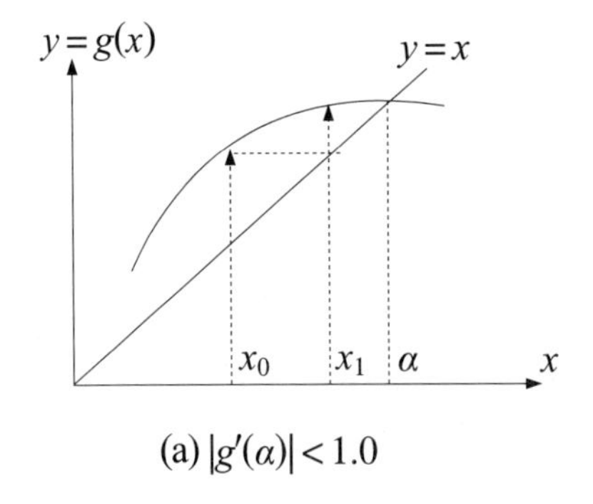

(a) $|g'(\alpha)|<1.0$

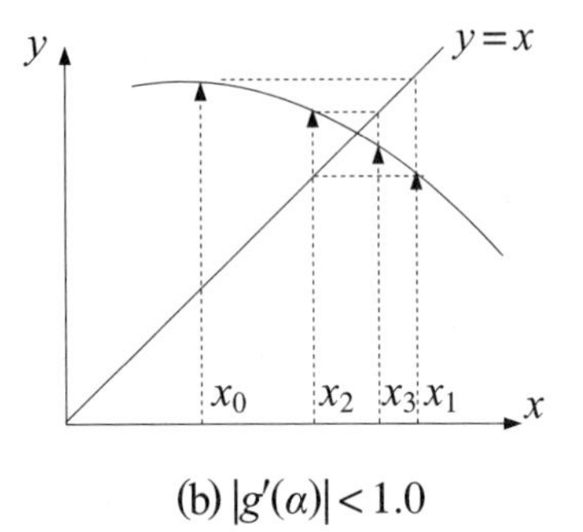

(b) $|g'(\alpha)|<1.0$

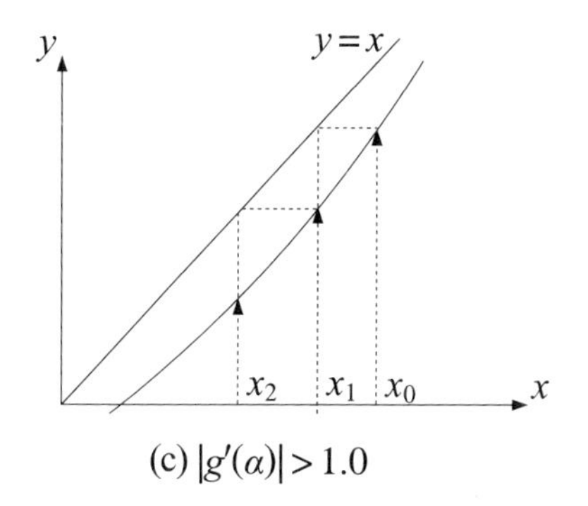

(c) $|g'(\alpha)| > 1.0$

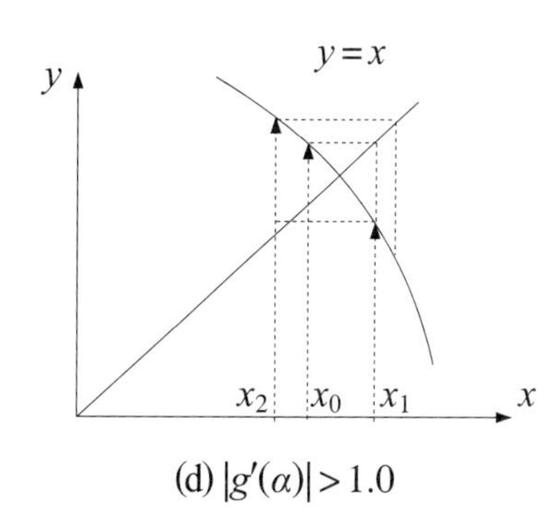

(d) $|g'(\alpha)| > 1.0$

直接代入法的收斂方式有四種，如上述四種圖形所示。其中「α」為正確解。上面四圖的意義就是指以所選用的「$g(x)$」式，它在**正確解**附近如果：

⑴斜率的絕對值小於「1.0」時，就可以**收斂**求得解。

⑵反之，斜率的絕對值大於「1.0」時，就會**發散**。

⑶若斜率的絕對值等於「1.0」時，就產生**振盪**。

以上的說明隱含了另一個意義，那就是「**如果選用的起始值不當**」仍可能造成無法求解。

對前面例子〔15-5a〕、〔15-5b〕、及〔15-5c〕的斜率分別計算：

〔15-5a〕例

$$X = 0.5\ (X + 3/X) \qquad 〔15\text{-}5a〕$$

$$g(x) = 0.5\ (X + 3/X)$$

$$g'(x) = 0.5\ (1.0 - 3/X^2)$$

$$|g'(\alpha)| = 0.5(1.0 - 3/(-3)) = 0.0 < 1.0$$ 收斂，可求解

〔15-5b〕例

$$X = X^2 + X - 3 \qquad 〔15\text{-}5b〕$$

$$g(x) = X^2 + X - 3$$

$$g'(x) = 2.0X + 1.0$$

$$|g'(\alpha)| = 2.0(1.73205) + 1.0 = 4.4641 > 1.0$$ 發散，不可求解

〔15-5c〕例

$X=3/X$ 〔15-5c〕

$g(x)=3/X$

$g'(x)=-3.0/X^2$

$|g'(\alpha)|=|-3.0/3.0|=1$ 振盪，不可求解

例題 15-1-2

$X^2+e^X-10.0=0.0$

解

令：$X=(10.0-e^X+2.0X^2)/3X$! 此式是猜出來的

$X_0=2.0$! 起始值，代入公式得 1.76849

$X_1=1.76849$! 將上式所得當 X 值代入公式得 1.95894

$X_2=1.95894$! 將上式所得當 X 值代入公式得 1.80080

$X_3=1.80080$! 將上式所得當 X 值代入公式得 1.93085

$X_4=1.93085$! 將上式所得當 X 值代入公式得 1.82319

$X_5=1.82319$! 將上式所得當 X 值代入公式得 1.91175

$X_6=1.91175$! 將上式所得當 X 值代入公式得 1.83857

$X_7=1.83857$

繼續算下去，可得合適解。$X_{40}=1.871401, X_{41}=1.871484$

直接代入法的程式例題：

例題 15-1-3

$X^2-3=0.0$，求一解 X。

解

程式：輸入起始值(X)、收斂值(EPS)、及最大可能計算的次數(N)。

```
IMPLICIT NONE
REAL X, EPS, G, XOLD
INTEGER N, I
READ(*, *)X, EPS, N
DO I = 1, N
    XOLD = X                          ！保留「X」值
    X = G(X)                          ！呼叫函式 G(X)
    IF(ABS(X − XOLD).LE.EPS) EXIT
END DO
IF(I.GE.N) THEN                       ！判斷是否可以收斂
    WRITE(*, '(' Cannot converge')')
    WRITE(*, *)N, EPS, XOLD, X
    STOP
    ELSE
    WRITE(*, '(' Converge in')')
    WRITE(*, *)I, EPS, XOLD, X
END IF
END
REAL FUNCTION G(X)
IMPLICIT NONE
REAL X
G = 0.5*(X + 3.0/X)                   ！解不同問題時，更改此式即可
RETURN
END
```

直接代入法的缺點：

(1)不易找到合適的 g(x) 函數

⑵每一次只能找到一解

⑶收斂較緩慢

直接代入法的優點：

由於所需的$g(x)$函數可自行選擇，對於解題方面較有彈性。也就是說，對一問題可用不同的$g(x)$函數尋求解答。

15-1-2 牛頓一瑞福生法 — Newton-Raphson Method

對一函數以泰勒級數展開（Tayler series），如下：

$$f(X_T)=f(X)+(X_T-X)f'(X)+\cdots+f^{(n)}(X)(X_T-X)^n/n!+R \qquad 〔15\text{-}6〕$$

上式若只取等號右邊的前兩項，可以改寫成：

$$f(X_T)\approx f(X)+(X_T-X)f'(X) \qquad 〔15\text{-}7〕$$

當要求一方程$f(X)=0$的一解X_T時，如下圖

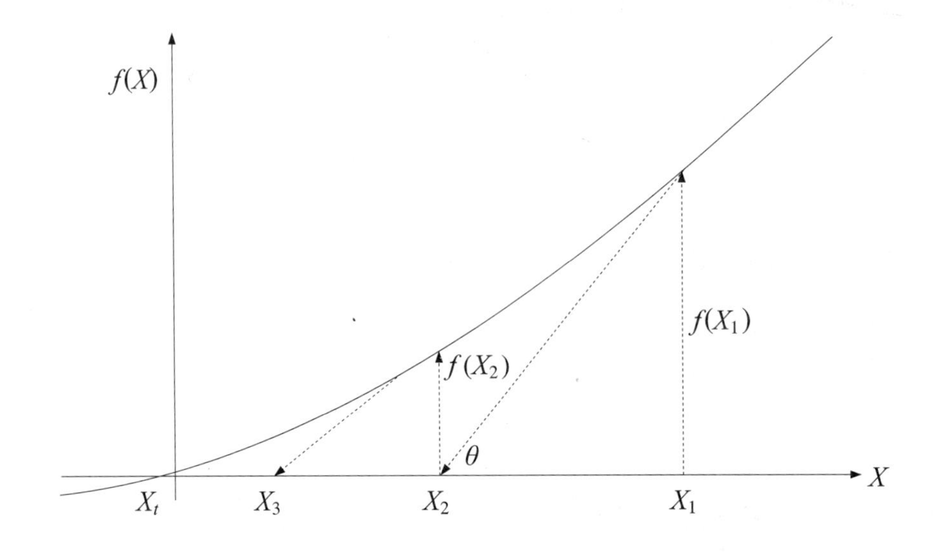

當$f(X_T)=0$時，〔15-7〕式可改寫成〔15-8〕式：

$$f'(X_1)=\tan\theta=f(X_1)/(X_1-X_2) \quad 〔15\text{-}8〕$$

由上式得

$$X_2=X_1-f(X_1)/f'(X_1) \quad 〔15\text{-}9〕$$

上式可改為通式

$$X_{n+1}=X_n-f(X_n)/f'(X_n) \quad 〔15\text{-}10〕$$

牛頓—瑞福生法的優點：

(1)不須找$g(x)$函式

(2)收斂快速，以斜率方式逼近正確解

牛頓—瑞福生法的缺點：

(1)仍需先有一合適的起始值

(2)每次僅能求一解

(3)若函式有反曲點或曲率很小時，此法不適用

(4)由於所需函式是用公式計算出，只有一種解題式子較沒彈性

例題 15-1-4

$X^2-3=0.0$，求一解X。

解

先令：$f(X)=X^2-3.0$　則　$f'(X)=2X$

$$X_{n+1}=X_n-(X^2-3.0)/2X \quad 〔15\text{-}11〕$$

代入$X=1.0$到〔15-11〕式　　！此值是猜出來的起始值

$X_1=1.0$

$X_2=1.0-(1.0-3.0)/2.0=2.0$

$X_3=2.0-(4.0-3.0)/4.0=1.75$

$X_4 = 1.75 - (3.0625 - 3.0) / 3.5 = 1.73214286$

如此繼續算下去，可得一合適的解。

例題 15-1-5

$X^2 + e^X - 10.0 = 0.0$，求一解 X。

解

$f(X) = X^2 + e^X - 10.0$，$f'(X) = 2X + e^x$

$X_{n+1} = X_n - f(X_n) / f'(X_n)$

令 $X_0 = 2.0$　　！起始值

$X_1 = 2.0 - 1.38905 / 11.38905 = 1.878$

$X_2 = 1.878 - 0.06753 / 10.2964 = 1.87122$

$X_3 = 1.87122 - (-0.00231876) / 10.238656 = 1.871484$

繼續算下去，利用收斂值的比較可得合適解。

牛頓—瑞福生法的程式寫法與前節直接代入法幾乎完全相同，唯在函式副計畫的表示不同。以下為對上述例題以牛頓—瑞福生法解的程式。

例題 15-1-6

$X^2 - 3 = 0.0$，求一解 X。

解

程式：輸入起始值(X)、收斂值(EPS)、及最大可能計算的次數(N)。

```
IMPLICIT NONE
REAL X, EPS, G, XOLD
INTEGER N, I
READ(*, *)X, EPS, N
```

```
DO I = 1, N
    XOLD = X          ！保留「X」值
    X = G(X)          ！呼叫函式 G(X)
    IF(ABS(X − XOLD).LE.EPS) EXIT
END DO
IF(I.GE.N) THEN
    WRITE(*, "('Cannot converge')")
    WRITE(*, *)N, EPS, XOLD, X
    STOP
    ELSE
    WRITE(*, "('Converge in')")
    WRITE(*, *)K, EPS, XOLD, X
END IF
END
REAL FUNCTION G(X)
IMPLICIT NONE
REAL X
G = X − (X*X − 3)/ (2.0*X)        ！此與直接代入法不同
END
```

15-1-3　半區間法 Half-interval search

前兩節所敘述的直接代入法及牛頓－瑞福生法，均是受限於執行程式時的起始值，每一個起始值只能得到一個解。如果一函式的解超過一個以上，那麼這兩種方法就不方便使用，因它們是依賴所猜測的起始值來決定最後的結果。針對多解的函式，本節將介紹的半區間法是一種不錯的解法。

半區間法的運作原理如下：

有一函數　$f(X)=0.0$　〔15-12〕

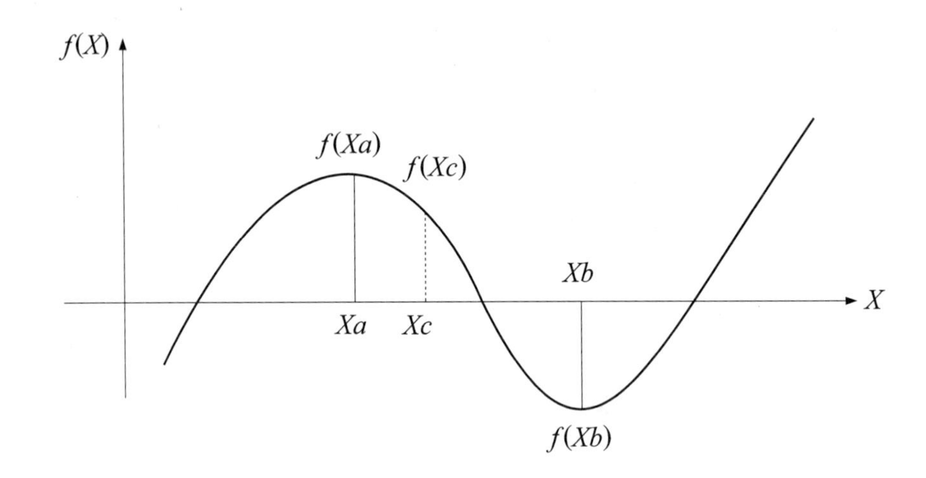

若僅有一根介於 Xa 和 Xb 之間，且 $f(X)$ 函數為連續，則 $f(Xa)$ 與 $f(Xb)$ 的值必為異號。此時可再以

$Xc=(Xa+Xb)/2.0$　〔15-13〕

計算 $f(Xc)$ 值。由此判斷解是落在 Xa 到 Xc，或 Xc 到 Xb 之間。由此再利用〔15-13〕式求進一步收斂值，直到滿意為止。顯然的，如果 Xa 與 Xb 相距太遠以致其間含超過一個以上的解時，會使前述的判斷失效。**定出合理的範圍以求解是程式員的責任**。

例題 15-1-7

求 $X^3-2X-5=0$　在 $1<X<3$ 之間的解。

解

令增量為 0.5，$X_{min}=1.0, X_{max}=3.0$　！增量由使用者決定

$Xa=1.0$，$f(Xa)=-6$

$Xb=1.5$，$f(Xb)=-4.625$　！Xb 是由 Xa 加上增量得來

由上式知 Xa 與 Xb 間沒有解，因 $f(Xa)$ 與 $f(Xb)$ 同號。往前推進

$Xa = 1.5$，$f(Xa) = -4.625$

$Xb = 2.0$，$f(Xb) = -1.0$

由上式知 Xa 與 Xb 間沒有解，因 $f(Xa)$ 與 $f(Xb)$ 同號。往前推進

$Xa = 2.0$，$f(Xa) = -1.0$

$Xb = 2.5$，$f(Xb) = 5.625$

由上式知 Xa 與 Xb 間有解，因 $f(Xa)$ 與 $f(Xb)$ 異號。求收斂

算中間值 Xc：

$Xc = (Xa + Xb)/2.0 = 2.25$，$f(Xc) = 1.890625$

由上式知 Xa 與 Xc 間有解，因 $f(Xa)$ 與 $f(Xc)$ 異號。

在 Xa 與 Xc 間求收斂：

$Xa = 2.0$，$f(Xa) = -1.0$

$Xc = 2.25$，$f(Xc) = 1.890625$

算中間值 $Xc1$：

$Xc1 = (Xa + Xc)/2.0 = 2.125$，$f(Xc1) = 0.3457$

由上式知 Xa 與 $Xc1$ 間有解，因 $f(Xa)$ 與 $f(Xc1)$ 異號。

在 Xa 與 $Xc1$ 間求收斂：

$Xa = 2.0$，$f(Xa) = -1.0$

$Xc1 = 2.125$，$f(Xc1) = 0.3457$

算中間值 $Xc2$：

$Xc2 = (Xa + Xc1)/2.0 = 2.0625$，$f(Xc2) = -0.351318$

算中間值 $Xc3$，如此繼續計算直到滿意的收斂值。

$Xc3 = (Xc2 + Xc1)/2.0 = 2.09375$，$f(Xc3) = 0.00894166$

例題 15-1-8

$\sin(X)/\cos(X) - X = 0$，求解 X 值。用半區間法求解。

解

流程圖如下：

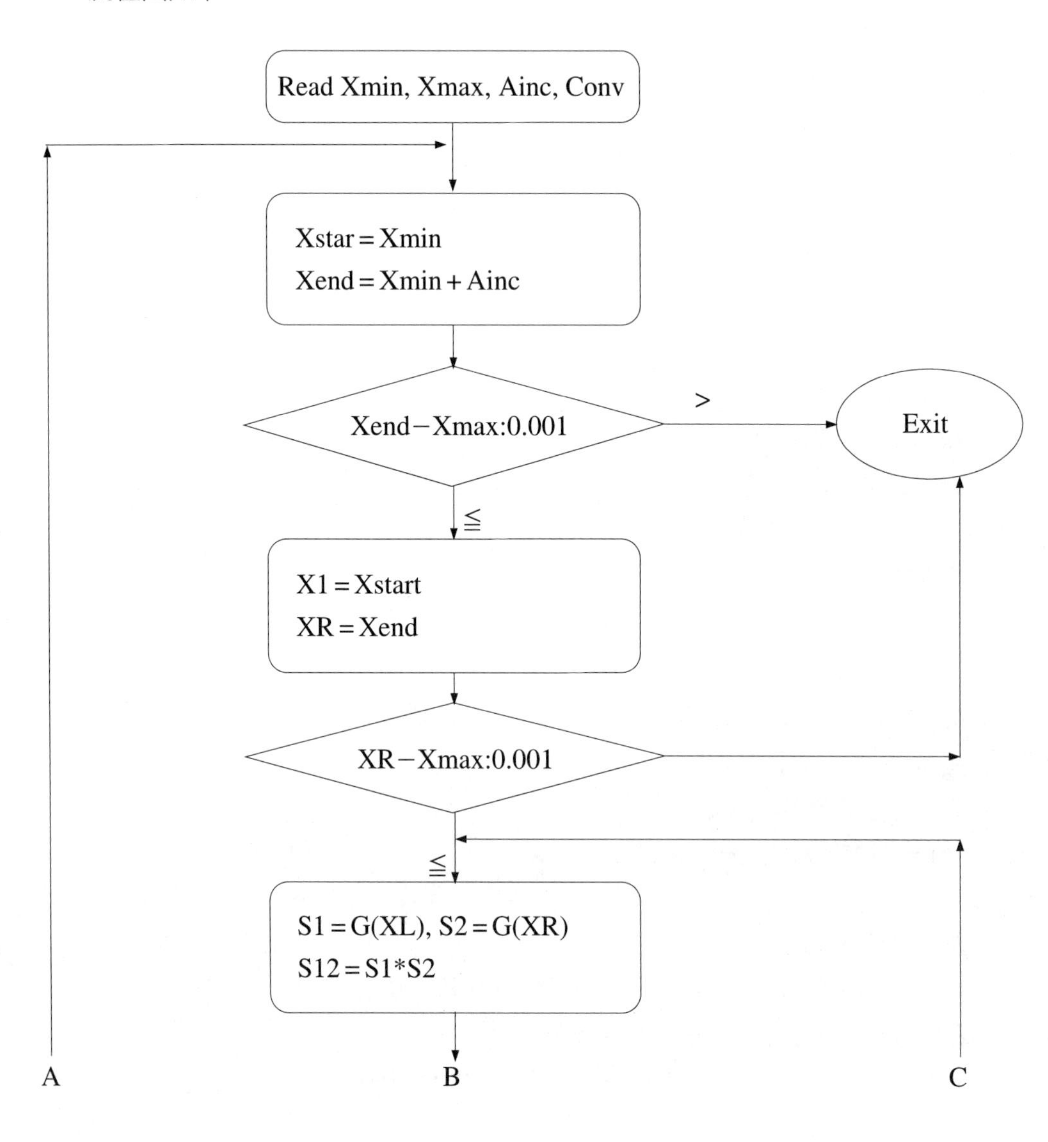

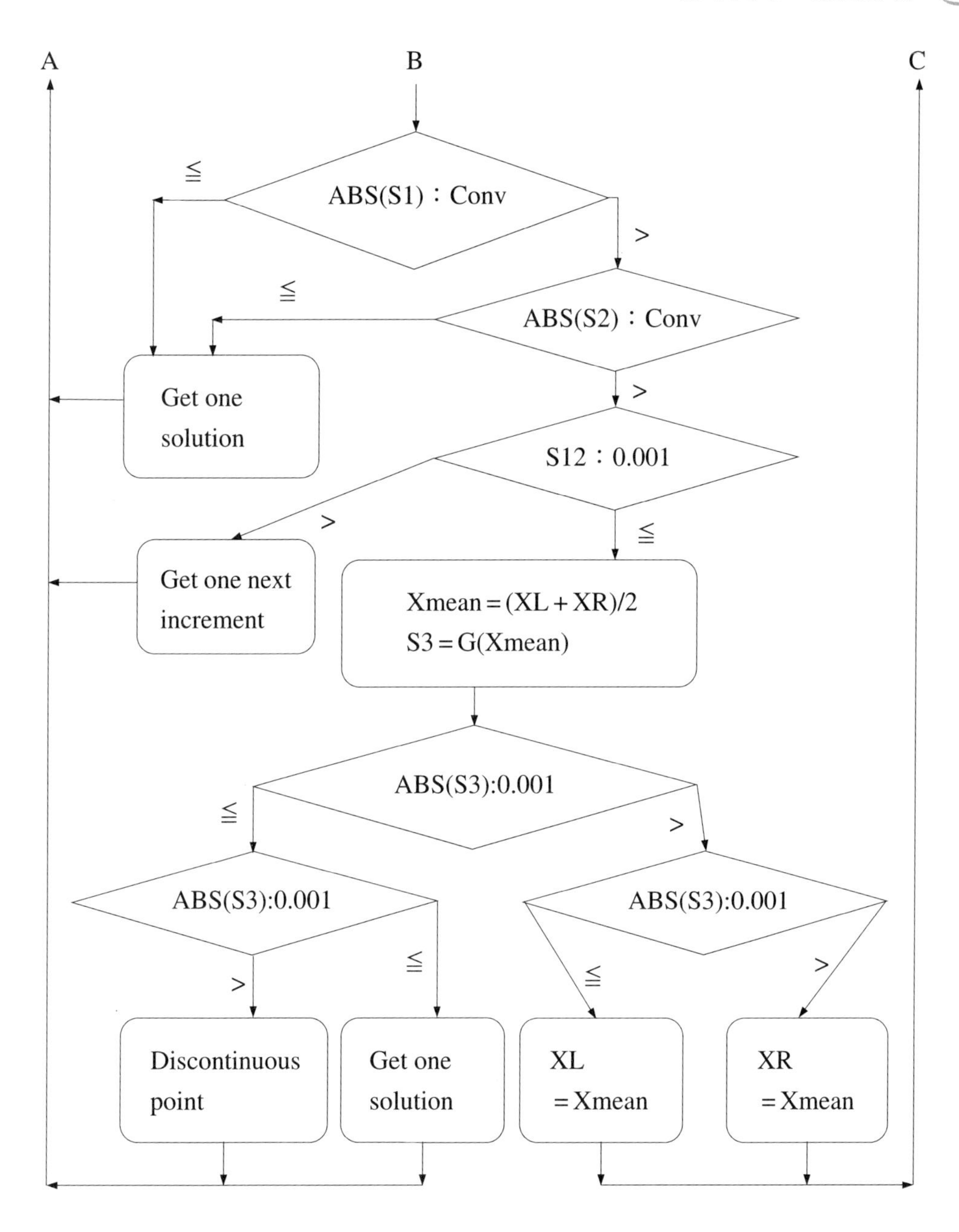
A
B
C
ABS(S1)：Conv
≦
>
ABS(S2)：Conv
≦
>
Get one solution
S12：0.001
>
≦
Get one next increment
Xmean＝(XL＋XR)/2
S3＝G(Xmean)
ABS(S3):0.001
≦
>
ABS(S3):0.001
>
≦
ABS(S3):0.001
≦
>
Discontinuous point
Get one solution
XL ＝Xmean
XR ＝Xmean

程式如下：

　！半區間法程式

```
! 解 sin(X)/cos(X) − X = 0
! 輸入：Xmin, Xmax, Ainc, Conv
! Xmin 為最小值，Xmax 為最大值，Ainc 為增量，Conv 為收斂值
! 輸出：(1)所指定範圍（Xmin − Xmax）的解
!        (2)所指定範圍（Xmin − Xmax）的不連續點
! 注意：本例會因著輸入的增量及收斂值而呈現不同解
   REAL XMIN, XMAX, AINC, SOL, CONV, SOL1
   INTEGER I, IGET, IDIS
   COMMON/A1/XMIN, XMAX, AINC, CONV
   COMMON/A2/IGET, SOL(100)
   COMMON/A3/IDIS, SOL1(100)
   WRITE(*,'("Input Xmin, Xmax, Ainc, Conv->", \)')
! 輸入值
   READ(*, *)XMIN, XMAX, AINC, CONV
! 呼叫副程式
   CALL SEARCH
! 輸出
   DO I = 1, IGET
       WRITE(*, *)'Solution->',I, SOL(I)
   END DO
   IF (IDIS.NE.0) THEN
     DO I = 1, IDIS
         WRITE(*, *)'Discontinuous pt->', I, SOL1(I)
     END DO
   END IF
   END
   SUBROUTINE SEARCH
   REAL XMIN, XMAX, AINC, SOL, XSTAR, XEND, CONV, SOL1
   REAL S1, S2, S3, S12, XMEAN, XL, XR, G
   INTEGER IGET, IDIS
```

```
   COMMON/A1/XMIN, XMAX, AINC, CONV
   COMMON/A2/IGET, SOL(100)
   COMMON/A3/IDIS, SOL1(100)
！先設定起始值，XSTAR 為所運作線段的最小值，XEND 為最大值
   IGET = 0
   IDIS = 0
   XSTAR = XMIN
   XEND = XMIN + AINC
   IF(XEND.GT.XMAX) XEND = XMAX        ！防超出範圍
！運算一線段，下式中用「XMAX − 0.001」是防運算後的數值有誤差
！比較時雖然在理論上是同值，但實際上卻有大小之分
！下式用標註型的「DO WHILE」指令
   ILOOP1：DO WHILE (XEND.LT.XMAX − 0.001)
      XL = XSTAR
      XR = XEND
！分別用 XL 與 XR 表示所運作線段的兩端
！真正的開始檢查線段（XL − XR）
      ILOOP2：DO WHILE (XR.LT.XMAX − 0.001)
！分別求出線段兩端的函數值 S1 與 S2 及其乘積 S12
         S1 = G(XL)
         S2 = G(XR)
         S12 = S1 * S2
！代入值（XL 或 XR）後所得函數值（S1 或 S2）如接近零，此代入值
 是一解
         IF(ABS(S1).LE.CONV) THEN        ！XL 是一解
            IGET = IGET + 1
            SOL(IGET) = XL
            XSTAR = XEND
            XEND = XEND + AINC
            IF(XEND.GT.XMAX) XEND = XMAX
```

```
          CYCLE ILOOP1
          ELSE IF(ABS(S2).LE.CONV) THEN        ! XR 是一解
          IGET = IGET + 1
          SOL(IGET) = XR
          XSTAR = XEND
          XEND = XEND + AINC
          IF(XEND.GT.XMAX) XEND = XMAX
          CYCLE ILOOP1
        END IF
! 如 XL 與 XR 代入函式後所得值的乘積為正，在 XL 至 XR 間無解
        IF(S12.GT.0.0) THEN        ! XL − XR 間沒解
          XSTAR = XEND
          XEND = XEND + AINC
          IF(XEND.GT.XMAX) XEND = XMAX
          CYCLE ILOOP1
          ELSE                          ! 有一解在 XL 至 XR 間
! 如 XL 與 XR 代入函式後所得值的乘積為負，在 XL 至 XR 間有一解
! 求 XMEAN = (XL + XR)/2 的中間值並求代入後的函數值 S3
          XMEAN = (XL + XR)/2.0        ! use half of (XL + XR)
          S3 = G(XMEAN)
! 如果 XL 與 XR 兩值很接近，那就有可能是不連續點或一解之處
        IF(ABS(XL − XR).LE.0.00001) THEN        ! 須進一步檢查
          IF(ABS(S3).LE.0.0001) THEN            ! 此是一解
            IGET = IGET + 1
            SOL(IGET) = XMEAN
            XSTAR = XEND
            XEND = XEND + AINC
            IF(XEND.GT.XMAX) XEND = XMAX
            CYCLE ILOOP1
            ELSE              ! 此是不連續點
```

```
          IDIS = IDIS + 1
          SOL1(IDIS) = XMEAN
          XSTAR = XEND
          XEND = XEND + AINC
          IF(XEND.GT.XMAX) XEND = XMAX
          CYCLE ILOOP1
        END IF
      END IF
！若 S3 接近零也是一解
      IF(ABS(S3).LE.CONV) THEN        ！XMEAN 為一解
        IGET = IGET + 1
        SOL(IGET) = XMEAN
        XSTAR = XEND
        XEND = XEND + AINC
        IF(XEND.GT.XMAX) XEND = XMAX
        CYCLE ILOOP1
      END IF
！縮小檢查線段的範圍
      IF(S1*S3.GT.0.0) THEN        ！收斂
        XL = XMEAN
        CYCLE ILOOP2
        ELSE
        XR = XMEAN
        CYCLE ILOOP2
      END IF
    END IF
  END DO
END DO
END
```

```
! 以下為所要用的函式，不同的問題只要改此函式即可
  REAL FUNCTION G(X)
  IMPLICIT NONE
  REAL X
  G = SIN(X)/COS(X) - X
  END
```

15-2 數值積分 Numerical integration

在積分方面，數值積分是一非常有效的工具。本節將介紹三種積分方式，含：**梯形面積法**、**辛浦森法**、及**高斯積分法**。

15-2-1 梯形面積法 Trapezoidal rule

如下圖的一非線性曲線，要算出 a 至 b 之間的面積。

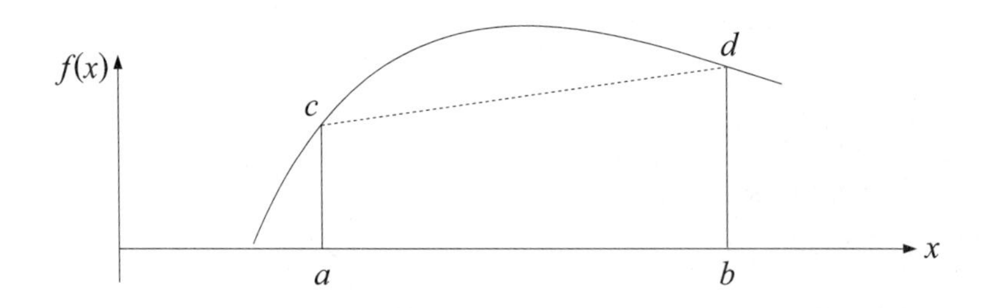

以梯形面積的方法求解時，將 c 與 d 之間視為一直線。也就是將求曲線面積的問題簡化成梯形面積的問題。

$$I=\int_a^b f(X)\,dx=[f(a)+f(b)](b-a)/2 \qquad〔15\text{-}14〕$$

顯然的，對於大部份的曲線面積積分而言，上述〔15-14〕式會產生大的誤差。經修正上述的表示，如下圖：

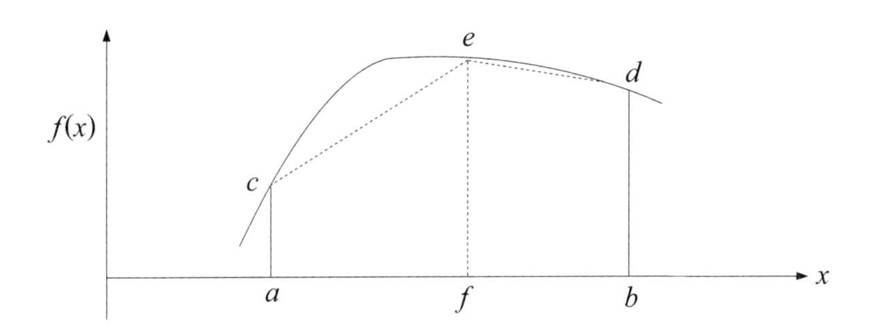

將原一個曲線面積的積分問題分成兩個梯形面積來作，此時所得結果可能比單用一個梯形面積好。繼續細分下去時，就可趨近正確值了。

以公式表示時：

當等分 n 段，每一段的長為「h」：

$h=(b-a)/n$

梯形總面積為：

$$Tn=0.5h[f(a)+2f(X_1)+2f(X_2)+\ldots+2f(X_{n\text{-}1})+f(X_n)] \qquad〔15\text{-}15〕$$

公式〔15-15〕中，括號內的係數為兩端是「1」，中間是「2」。

例題 15-2-1

求下式的積分值。

$I=\int_1^3 dx/x$

解

(1)分成兩段時

$n=2$，$h=1$

$Tn=0.5\,[f(1)+2f(2)+f(3)]$

$\quad=0.5\,[1+1+1/3]=1.16666667$

⑵分成三段時

$n=3$，$h=(b-a)/3=2/3$

$Tn=1/3\,[f(1)+2f(5/3)+2f(7/3)+f(3)]$

$\quad=1/3\,[1+6/5+6/7+1]=1.130159$

⑶分成四段時

$n=4$，$h=(b-a)/4=0.5$

$Tn=1/4\,[f(1)+2f(1.5)+2f(2.0)+2f(2.5)+f(3)]$

$\quad=1/4\,[1+4/3+1+4/5+1/3]=1.116667$

此題的理論解為：1.0986123（$T_{30}=1.098941$，$T_{40}=1.098778$）

用梯形面積法時，要如何才算得到「合適解」呢？

此時有一先決條件，那就是所求的曲線面積具**收斂性**。也就是其曲線可以用若干直線來近似表示，當直線段愈多應愈正確。用梯形面積法時，就是用自己比自己；換言之，當所分梯形面積愈多，其應愈接近正確值。用相鄰連續數目的兩梯形面積（如分兩段與分三段）運算結果的差異作收斂值比較，由此來判斷是否已達「合適解」。

例題 15-2-2

寫一程式解下式，輸入積分範圍及所分梯形面積的數目以求解。

$I=\int_1^3 dx/x$

程式：

```
    IMPLICIT NONE
    REAL XMIN, XMAX, AINC, ALEN, ASTAR, AEND, RESULT, ACOMP
    INTEGER ISEG,I
! XMIN 與 XMAX 分別為積分的下及上限，ISEG 為所分梯形面積數目
    READ(*, *)XMIN, XMAX, ISEG
    RESULT = 0.0
! AINC 為每個梯形面積的寬度，即公式〔15-15〕的 h 值
    AINC = (XMAX - XMIN)/ISEG
! ASTAR 與 AEND 分別為目前運算中梯形面積的 X 值的下及上限值
    ASTAR = XMIN
    ALEN = AINC/2.
    DO I = 1, ISEG
        AEND = ASTAR + AINC
        CALL TRAPE(ASTAR, AEND, ALEN, ACOMP)
        RESULT = RESULT + ACOMP
        ASTAR = AEND
    END DO
    WRITE(*, *)'Final reslut ->', RESULT
    END
    SUBROUTINE TRAPE (A, B, ALENG, TOTAL)
    IMPLICIT NONE
    REAL A, B, ALENG, TOTAL
    TOTAL = ALENG * ( 1.0/A + 1.0/B)        ! 不同問題時，改此程式
    END
```

另一種較常見的程式寫法為輸入積分範圍及收斂值以求解，如下：

```
IMPLICIT NONE
REAL XMIN, XMAX, AINC, ALEN, ASTAR, AEND, ACOMP, CONV, ISEG
! RESULT1 與 RESULT2 分別為前次與這次所算得的結果
    REAL RESULT1, RESULT2
```

```
    INTEGER I, ISEG
! XMIN 與 XMAX 分別為積分的下及上限，CONV 為要求的收斂值
    READ(*, *)XMIN, XMAX, CONV
    RESULT1 = 0.0
    DO  ISEG = 2, 1000        ! 分兩個梯形面積起算，一直增加計算面積數目
        RESULT2 = 0.0
! AINC 為每個梯形面積的寬度，即公式〔15-15〕的「h」值
        AINC = (XMAX - XMIN)/ISEG
! ASTAR 與 AEND 分別為目前運算中梯形面積 X 值下及上限值
        ASTAR = XMIN; ALEN = AINC/2.0
        DO I = 1, ISEG
          AEND = ASTAR + AINC
          CALL TRAPE(ASTAR, AEND, ALEN, ACOMP)
          RESULT2 = RESULT2 + ACOMP
          ASTAR = AEND
        END DO
        IF(ABS(RESULT1 - RESULT2).LE.CONV) EXIT
        RESULT1 = RESULT2
    END DO
    WRITE(*, *)'Final reslut ->', RESULT2
    END
    SUBROUTINE TRAPE (A, B, ALENG, TOTAL)
    IMPLICIT NONE
    REAL A, B, ALENG, TOTAL
    TOTAL = ALENG *( 1.0/A + 1.0/B)
    END
```

15-2-2　辛浦森法 Simpson's rule

以直線方式趨近曲線是較不容易正確，辛浦森法就以拋物線積分方式來求任意曲線的面積積分。

如下拋物線圖，其面積可用〔15-16〕，其中 Xc 是中間點，Yc 為高度：

$$Area = 2/3\ (Xb - Xa) \cdot Yc \qquad [15\text{-}16]$$

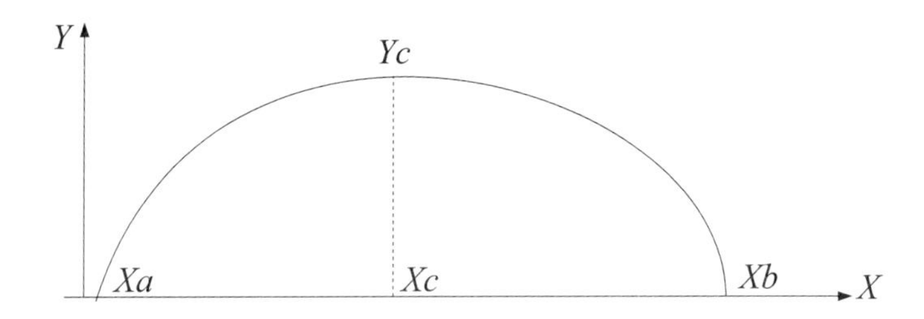

對任一曲線的面積積分，辛浦森法就將其分成兩部份，一為梯形面積，另一為拋物線面積。如下圖：

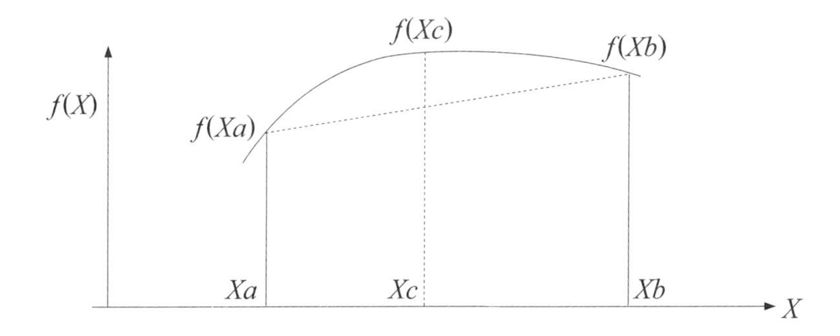

梯形面積：$(Xb-Xa) * [f(Xa)+f(Xb)]/2.0$

拋物線面積：$2/3* (Xb-Xa)* [f(Xc)-0.5f(Xa)-0.5f(Xb)]$

其中$(Xb-Xa)$為寬度，令為 h。

全面積為：梯形面積＋拋物線面積

$$Area = h/6\ [f(Xa)+4f(Xc)+f(Xb)] \quad 〔15\text{-}17〕$$

如同梯形面積法一樣，對於積分的曲線可利用細分法達到收斂的目的。以下為辛浦森法面積積分法的通式：

$$Area = h/6\ [f(X_a)+4f(X_{0.5})+2f(X_1)+4f(X_{1.5})+2f(X_2)+\cdots+f(X_b) \quad 〔15\text{-}18〕$$

其中：h 為每個積分段的寬度（x）。式中括號 $f(\ )$內，$X_{0.5}, X_{1.5}$ 等非整數的位置表示為每個積分段的中間點。

例題 15-2-3

解下列方程式

$I=\int_1^3 dx/x$

解

⑴分成兩段時

$n=2$，$h=1$

$$Ts = 1/6\ [f(1)+4f(1.5)+2f(2)+4f(2.5)+f(3)]$$
$$= 1/6[1+8/3+1+8/5+1/3]$$
$$= 1.099999444$$

⑵分成四段時

$n=4$，$h=(b-a)/4=0.5$

$$Ts = [f(1)+4f(1.25)+2f(1.5)+4f(1.75)+2f(2)+4f(2.25)+2f(2.5)+4f(2.75)+f(3)]0.5/6$$
$$= 1.098725348$$

此題的理論解為：1.0986123（辛浦森的 $T_9=1.098617$）

就如預期，辛浦森法面積積分法要比梯形面積法收斂得快，亦較節省電腦計算時間。以下為辛浦森面積積分法的電腦程式：

例題 15-2-4

用辛浦森法面積積分求下式：

$I=\int_1^3 dx/x$

程式：

```
IMPLICIT NONE
REAL XMIN, XMAX, RESULT, A_INC, A_LENG, AA, A1, A2, F
INTEGER ISEG, I
READ(*, *)XMIN, XMAX, ISEG
RESULT = 0.0
A_INC = (XMAX-XMIN)/ISEG          ！每段的寬 h
A_LENG = A_INC/2.0                ！每段寬的一半，為計算中間點
AA = A_LENG/3.0                   ！此值為 h/6
A1 = XMIN                         ！起始值
DO I = 1, ISEG
   A2 = A1 + A_INC
   RESULT = RESULT + (F(A1) + 4.0*F(A1 + A_LENG) + F(A2))*AA
   A1 = A2
END DO
WRITE(*, *)XMIN, XMAX, ISEG, RESULT
END
REAL FUNCTION F(X)
IMPLICIT NONE
REAL X
F = 1.0/X                         ！不同問題時，改此程式
END
```

15-2-3 高斯積分法 Gauss quadrature

針對**正連續多項式**函數積分求解時，高斯積分法可以用最少的**積分點**求出最正確的解。

15-2-3-1 由－1 至+1 的積分範圍

先針對積分在「－1」到「+1」的範圍來計算，然後以**對映**方式用於不同上與下限。

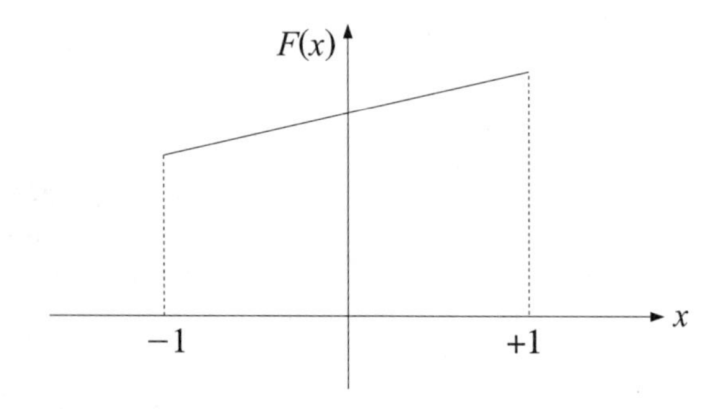

上圖的積分式為：

$$I=\int_{-1}^{1} f(x)dx$$

$$=w_1 \cdot f(\alpha_1)+w_2 \cdot f(\alpha_2)+w_3 \cdot f(\alpha_3)+\cdots\cdots \quad 〔15\text{-}18〕$$

其中：w_i 為權係數（weight）

α_i 為積分點（integration point）

如果只取一個積分點時，用下列關係式為最佳：

$w_1=2.0$，$\alpha_1=0.0$

證明：若$f(x)=a \cdot X+b$ 正連續多項式

⑴先以一般積分式

$$I=\int_{-1}^{1}f(x)dx=0.5\cdot a\cdot X^2+b\cdot X\int_{-1}^{1}=2\cdot b$$

⑵以高斯積分表示

$$I=\int_{-1}^{1}f(x)dx=w_1\cdot f(\alpha_1)=w_1\cdot a\cdot\alpha_1+w_1\cdot b$$

⑶以上兩式要相等時，只有下列兩條件才能恆成立。

$$w_1=2$$

$$\alpha_1=0$$

如果取兩個積分點時，則須用下列關係式為最佳：

$$w_1=w_2=1$$

$$\alpha_1=-\alpha_2=-0.5773502691$$

證明：若$f(X)=a+bX+cX^2+dX^3$　正連續多項式

⑴先以一般積分式

$$I=\int_{-1}^{1}f(x)dx=2\cdot a+2/3c$$

⑵以高斯積分表示

$$I=\int_{-1}^{1}f(x)dx=w_1\cdot f(\alpha_1)+w_2\cdot f(\alpha_2)$$

$$=w_1\,(a+b\alpha_1+c\alpha_1^2+d\alpha_1^3)+w_2\,(a+b\alpha_2+c\alpha_2^2+d\alpha_2^3)$$

⑶以上兩式要相等時，只有下面四個聯立方程式成立才行

$$w_1+w_2=2$$

$$w_1\cdot\alpha_1+w_2\cdot\alpha_2=0$$

$$w_1\cdot\alpha_1^2+w_2\cdot\alpha_2^2=2/3$$

$$w_1\cdot\alpha_1^3+w_2\cdot\alpha_2^3=0$$

解得：

$$w_1=w_2=1$$

$$\alpha_1=-\alpha_2=-0.5773502691$$

由以上的計算，知高斯積分點的權係數及積分點在正連續多項式的函式積分問題上應是唯一的，且可得正確解。

積分點與多項式的關係為 2N-1

其中 N 為積分點數目

2N-1 為多項式的冪次

用正連續多項式的好處有二：

⑴若是求正連續多項式的積分，可得正確解。

⑵若不是正連續多項式，可得近似解。而且隨著增加項次，有快速收斂的效果。

積分點數目	積分位置（α_i）	權係數（w_i）
1	0.0	2.0
2	± 0.5773502691	1.0
3	± 0.7745966692	0.555555555
	0.0	0.888888888
4	± 0.861136311594	0.3478548451
	± 0.339981043584	0.6521451548
5	± 0.9061798459	0.2369268851
	± 0.5384693101	0.4786286705
	0.0	0.5688888888
6	± 0.9324695142	0.1713244924
	± 0.6612093865	0.3607615730
	± 0.2386191861	0.4679139346
7	± 0.9491079123	0.1294849662
	± 0.7415311856	0.2797053915
	± 0.4058451514	0.3818300505
	0.0	0.4179591837

例題 15-2-5

求下式的積分

$I=\int_{-1}^{1}e^{2X}dX$　　！先要看其可用多少的正連續多項式來表示

解

⑴用一個積分點

$I=w_1\cdot f(\alpha_1)=2\cdot e^{2X_0}=2$　　！一次方多項式

⑵用兩個積分點

$I=w_1\cdot f(\alpha_1)+w_2\cdot f(\alpha_2)=3.4882249$　　！三次方多項式

⑶用三個積分點

$I=w_1\cdot f(\alpha_1)+w_2\cdot f(\alpha_2)+w_3\cdot f(\alpha_3)$　　！五次方多項式

$=3.622274092$

註：用四個積分點，$I=3.626779139$。正確解為 3.626860407

由本例可知，高斯積分法仍適用於不是正連續多項式的函式。它是以增加積分點來求收斂，也就是增加正連續多項式。

15-2-3-2　上下限不是－1 至+1 的積分範圍

若積分的上及下限不為「－1」至「+1」時，高斯積分法是以對映（mapping）方式計算。如下式：

$$I=\int_{a}^{b}f(x)dx=(b-a)/2\{\gamma_1\cdot f(\xi_1)+\gamma_2\cdot f(\xi_2)+\cdots\}\qquad〔15\text{-}19〕$$

其中：γ_i為權係數，與積分在「－1」至「+1」時 w_i 相同。

ξ_i為積分點位置，與積分在「－1」至「+1」時不相同，應表示如下，其中 α_i 為原積分點在±1 間的數值：

$$\xi_i=a+\frac{b-a}{2}(\alpha_i+1)\qquad〔15\text{-}20〕$$

例題 15-2-6

以高斯積分法求下式的積分

$I=\int_0^{0.5} e^X dX$ ！先查看其用連續多項式的展開式

解

先寫出積分點 ξ_i 的通式

$a=0$，$b=0.5$

$\xi_i=0+(0.5-0)(\alpha_i+1)/2=0.25\,(\alpha_i+1)$

以三次方程式來表示，也就是兩個積分點：

$\xi_1=0.105662$

$\xi_2=0.394338$

$I=(0.5-0)/2\{1\cdot e^{\xi_1}+1\cdot e^{\xi_2}\}=0.648712$

以五次方程式來表示，也就是三個積分點：

$\xi_1=0.05625$

$\xi_2=0.25$

$\xi_3=0.443649167$

$$\mathrm{I}=\frac{0.5-0}{2}\left\{\frac{5}{9}e^{0.05625}+\frac{8}{9}e^{0.25}+\frac{5}{9}e^{0.443649167}\right\}=0.648721141$$

註：正確解為 0.64872127

15-2-3-3 高斯積分法的程式

例題 15-2-7

求解 $\mathrm{I}=\int_{0.4}^{2.0} 2e^X(X^2+3)\,dX$。

程式：

```
IMPLICIT NONE
REAL A, B, X(10), W(10), RES1, F, C, RES2, CONV
INTEGER N, I, I1, I2, I3, I4, I5, I6, I7, I8
！A 與 B 分別為積分的上與下限，CONV 為收斂值
READ(*, *), A, B, CONV
CALL GETTIM(I1, I2, I3, I4)
DO I = 1, 7
CALL CONSTANT(N, A, B, X, W, C)
RES2 = 0.0
DO I = 1, N
      RES2 = RES2 + W(I)*F(X(I))
END DO
      RES2 = RES2*C
IF(ABS(RES1 − RES2) < CONV) EXIT
      RES1 = RES2
END DO
CALL GETTIM(I5, I6, I7, I8)
RES1 = (I5 − I1)*3600.0 + (I6 − I2) + 60.0 + (I7 − I3) + (I8 − I4)/100.0
WRITE(*, *)'I-RESULT-cputime', N, RES2, RES1
END

REAL FUNCTION F(X)
IMPLICIT NONE
REAL X
F = 2*EXP(X)*(X*X + 3.0)
END

SUBROUTINE CONSTANT(N, A, B, X, W, C)
！建立權係數及積分點，本例最多只到四個積分點
```

```
IMPLICIT NONE
REAL A, B, X(1), W(1), C
INTEGER N
C=(B−A)/2.0
IF(N. EQ. 1) THEN
  W(1)=2.0
  X(1)=A+C
  ELSE IF(N. EQ. 2) THEN
  W(1)=1.0; W(2) = 1.0
  X(1)=A+C* (−0.5773502691+1.0)
  X(2)=A+C*(0.5773502691+1.0)
  ELSE IF(N. EQ. 3) THEN
  W(1)=0.55555555555; W(2) = 0.888888889
  W(3)=W(1)
  X(1)=A+C* (−0.7745966692+1.0); X(2)=A+C
  X(3)=A+C*(0.7745966692+1.0)
  ELSE IF(N. EQ. 4) THEN
  W(1)=0.3478548451; W(2)=0.6521451548
  W(4)=W(1); W(3)=W(2)
  X(1)=A+C* (−0.861136311594+1.0)
  X(4)=A+C*(0.861136311594+1.0)
  X(2)=A+C* (−0.3399810435+1.0)
  X(3)=A+C*(0.3399810435+1.0)
 END IF
 END
```

解：I = 60.881850219

15-2-3-4　高斯積分的另類應用

其實高斯積分法為一種觀念，對於不是正連續多項式函數的問題也是可以應用。只是這一來就會發生**不收斂現象**。以下四個例題說明高斯積分另類應用。

例題 15-2-8

對於下例函式求出最佳積分點(α_1)與權係數(w_1)。

$\int_{-1}^{+1}(a+bx^2)dx = w_1 f(\xi_1)$

解

先以數學積分求解

$$\int_{-1}^{+1}(a+bx^2)dx = 2a + \frac{2}{3}b \cdots\cdots (1)$$

再以高斯積分表示

$$\int_{-1}^{+1}(a+bx^2)dx = w_1 f(\xi_1) = w_1 a + w_1 b\xi_1^2 \cdots\cdots (2)$$

(1)=(2)，所以

$w_1 a = 2a$

$w_1 b\xi_1^2 = \frac{2}{3}b$

$$\rightarrow \begin{matrix} w_1 = 2 \\ \xi_1 = \sqrt{\frac{1}{3}} \cong 0.57735 \end{matrix}$$

註：此題當然可以用兩個積分點的標準高斯積分法求正確解。

例題 15-2-9

對如下的函式求積分時，

$$f(x) = a + be^x$$

$$I = \int_{-1}^{+1} f(x)dx$$

如果要以一積分點來運算，求最佳積分點及權係數應各為多少？

解

正確解：

$$I = \int_{-1}^{+1} (a + be^x)dx = 2.0a + 2.350402358b \cdots\cdots (1)$$

高斯積分法：

$$I = w_1 f(\alpha_1) = w_1 (a + be^{\alpha_1}) \cdots\cdots (2)$$

以上兩式全等條件為

$\rightarrow w_1 = 2.0$

$e^{\alpha_1} = 1.17520$

$\rightarrow \alpha_1 = 0.1615$

例題 15-2-10

對如下的函式求積分時，

$$f(x) = a + bx^2$$

$$I = \int_{-1}^{+1} f(x)\, dx$$

如果要以一積分點來運算，求最佳積分點及權係數應各為多少？

解

$$\int_{-1}^{+1} f(x)\, dx = \int_{-1}^{+1} (a + bx^2)\, dx = 2a + \frac{2}{3}b$$

$I = W_1(a + b\alpha_1^2)$

所以聯立方程式：

$W_1 a = 2a$

$$W_1 b\alpha_1^2 = \frac{2}{3} b$$

得：

$$W_1 = 2.0$$

$$\alpha_1 = \pm 0.577350268$$

例題 15-2-11

對 $I = \int_{-1}^{+1} (a + bx^2 + cx^3 + dx^4)\, dx$ 求積分點及權係數。

解

$$\int_{-1}^{+1} f(x)\, dx = 2a + \frac{2}{3} b + \frac{2}{5} d$$

$$I = w_1 \phi(\xi_1) + w_2 \phi(\xi_2) = w_1 (a + b\xi_1^2 + c\xi_1^3 + d\xi_1^4) + w_2 (a + b\xi_2^2 + c\xi_2^3 + d\xi_2^4)$$

所以：

$$w_1 + w_2 = 2$$

$$w_1\xi_1^2 + w_2\xi_2^2 = \frac{2}{3}$$

$$w_1\xi_1^3 + w_2\xi_2^3 = 0$$

$$w_1\xi_1^4 + w_2\xi_2^4 = \frac{2}{5}$$

解得：

$$w_1 = 1.625$$

$$w_2 = 0.375$$

$$\xi_1 = -0.52$$

$$\xi_2 = 0.9$$

15-3　最小二乘法（Least square）

由一群資料以一數學式表示時，通常我們希望用最簡單的式子就好，此時所應用的式子並不一定通過每一資料點，如下圖。

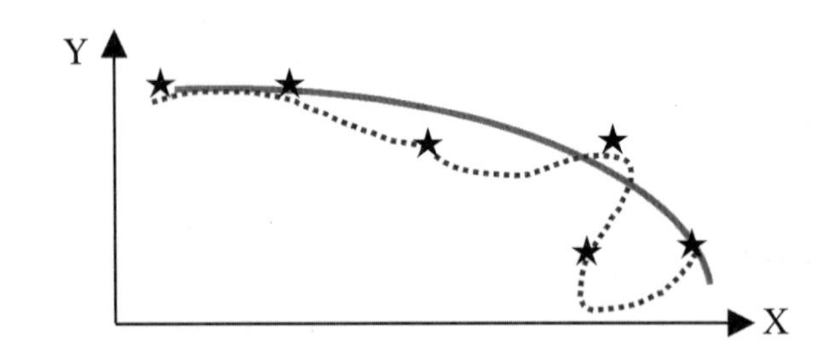

欲通過「N」點的曲線函數可用「N−1」次連續多項式，但這往往不是使用者所要的結果。如上圖的虛線，它通過了資料的每一點，但它是一非常不規律且擺動大的曲線。在圖上的實線則較簡單，並且容易使用，但這種線有無限多條。最小二乘法定義為**方程式曲線與資料間誤差（垂直距離）的平方和為最小**。當選定一方程式後，通常可以求得唯一的一條最小二乘法曲線。

最小二乘法的理論

有一組線性聯立方程式如下：

$$[A]_{n\times m}\{X\}_{m\times 1}=[B]_{n\times 1} \qquad (15\text{-}21)$$

其中： n 為獨立方程式數目

m 為已知點數目

當：n>m 無正確解，但可能有近似解，比如用最小二乘法

n<m 有無窮解

如下例：有三個方程式

$$X_1+2X_2=10$$

$$2X_1+5X_2=6$$

$$3X_1+4X_2=11$$

以矩陣表示：$\begin{bmatrix}1 & 2\\ 2 & 5\\ 3 & 4\end{bmatrix}\begin{Bmatrix}X_1\\ \\ X_2\end{Bmatrix}=\begin{Bmatrix}10\\ 6\\ 11\end{Bmatrix}$

一般而言〔15-21〕式不會有正確解，會有誤差，此誤差以「R」表示：

$$\{R\} = [A]\{X\} - [B] \qquad 〔15\text{-}22〕$$

最小二乘法的定義為：方程式曲線與資料間誤差的平方和最小。下式以「S」表示誤差的平方和，即「{R}」的平方和：

$$S = \{R\}^t\{R\} = (\{X\}^t [A]^t - [B]^t)([A]\{X\} - [B])$$

$$= \{X\}^t [A]^t [\mathrm{A}]\{X\} - 2\{X\}^t [A]^t [B] + [B]^t [B] \qquad 〔15\text{-}23〕$$

接著求「S」的最小值，即$\partial S/\partial X = 0$。

$$\partial S/\partial X = 2 \times [A]^t[\mathrm{A}]\{X\} - 2 \times [A]^t\{B\} = 0$$

得：$[A]^t[\mathrm{A}]\{X\} = [A]^t\{B\}$　〔15-24〕

由〔15-24〕式求解「{X}」就是所求值。

例題 15-3-1

如前例，有三個聯立方程式：

$$X_1 + 2X_2 = 10$$

$$2X_1 + 5X_2 = 6$$

$$3X_1 + 4X_2 = 11$$

解 以矩陣表示：

$$\begin{bmatrix} 1 & 2 \\ 2 & 5 \\ 3 & 4 \end{bmatrix} \begin{Bmatrix} X_1 \\ \\ X_2 \end{Bmatrix} = \begin{Bmatrix} 10 \\ 6 \\ 11 \end{Bmatrix}$$

以符號表示：

$$[\mathrm{A}]\{\mathrm{X}\} = \{\mathrm{B}\}$$

$$[\mathrm{H}] = [\mathrm{A}]^{\mathrm{t}}[\mathrm{A}] = \begin{bmatrix} 1 & 2 & 3 \\ 2 & 5 & 4 \end{bmatrix} \begin{bmatrix} 1 & 2 \\ 2 & 5 \\ 3 & 4 \end{bmatrix} = \begin{bmatrix} 14 & 24 \\ 24 & 45 \end{bmatrix}$$

$$[H]^{-1}=\begin{bmatrix}14 & 24\\24 & 45\end{bmatrix}^{-1}=\begin{bmatrix}45 & -24\\-24 & 14\end{bmatrix}/54.0$$

$$[Q]=[A]^t\{B\}=\begin{bmatrix}1 & 2 & 3\\2 & 5 & 4\end{bmatrix}\begin{Bmatrix}10\\6\\11\end{Bmatrix}=\begin{Bmatrix}55\\94\end{Bmatrix}$$

$$\{X\}=[H]^{-1}\{Q\}=\begin{bmatrix}4.0555579\\-0.333333\end{bmatrix}$$

例題 15-3-2

已知有五個點，

$P_1(1.0, 5.12)$，$P_2(3.0, 3.0)$，$P_3(6.0, 2.48)$，$P_4(9.0, 2.34)$, $P_5(15.0, 2.18)$

欲用一直線$Y=C_1+C_2X$表示，求 C_1 與 C_2 常數。

解 (1)先將五個點分別代入線方程式

$$C_1+1.0\,C_2=5.12$$

$$C_1+3.0\,C_2=3.00$$

$$C_1+6.0\,C_2=2.48$$

$$C_1+9.0\,C_2=2.34$$

$$C_1+15.0\,C_2=2.18$$

(2)以矩陣表示

$$\begin{bmatrix}1 & 1\\1 & 3\\1 & 6\\1 & 9\\1 & 15\end{bmatrix}\begin{Bmatrix}C_1\\C_2\end{Bmatrix}=\begin{Bmatrix}5.12\\3.00\\2.48\\2.34\\2.18\end{Bmatrix}$$

$$[A]\{X\}=\{B\}$$

(3)求解

$$[A]^t[A]=\begin{bmatrix}5 & 34\\34 & 352\end{bmatrix}$$

$$[Q]=[A]^t\{B\}=\begin{Bmatrix}15.12\\82.76\end{Bmatrix}$$

$$\begin{Bmatrix} C_1 \\ \\ C_2 \end{Bmatrix} = \begin{bmatrix} 5 & 34 \\ 34 & 352 \end{bmatrix}^{-1} \begin{Bmatrix} 15.12 \\ \\ 82.76 \end{Bmatrix} = \begin{Bmatrix} 4.15298 \\ \\ -0.166027 \end{Bmatrix}$$

最小二乘法的程式

```
! ***********************************************************************
! This program is provided to find a polynomial function for a set of points
! INPUT：NUMPTS：number of known points
! X=A1+A2·Y+A3·Y·Y+.....
! OUTPUT：A1, A2, A3, ...
! ***********************************************************************
CHARACTER*15 NAME
COMMON/XXX/IOR,NUMPTS,X(15),Y(15),CONST(15),AMAT(15,15), BMAT(15)
WRITE(*, '(" Input file name here -->", \)')
READ(*, '(A)')NAME
LENG=INDEX(NAME, ' ')−1
NAME(LENG+1：LENG+4)='.DAT'
OPEN(14, FILE=NAME(1：LENG+4), STATUS='OLD')
WRITE(*, '("Input the sepcify ORDER-->", \)')
  READ(*, *)IOR
  READ(14, *)NUMPTS
  READ(14, *)(X(I), Y(I), I=1, NUMPTS)
! generate the required constants
  CALL GCONST
  END
```

```
   SUBROUTINE GCONST
 ! *******************************************************************
 ! to get constants in the matrix required to interpolate
 ! *******************************************************************
COMMON/XXX/IOR,NUMPTS,XX(15),YY(15),CONST(15),AMAT(15,15),BMAT
(15)
DIMENSION AAT(15, 15), AFINAL(15, 15), BFINAL(15), RESULT(15)
   DO I = 1,NUMPTS
        AMAT(I, 1) = 1.0
        DO J = 2, IOR + 1
             AMAT(I, J) = YY(I)**(J−1)
        END DO
   END DO
   DO I = 1, NUMPTS
        DO J = 1, IOR + 1
             AAT(J, I) = AMAT(I, J)
        END DO
   END DO
   IORDER = IOR + 1
   CALL MATRIXMU1(AAT, AMAT, AFINAL, IORDER, NUMPTS, IORDER)
   CALL MATRIXMU2(AAT, XX, BFINAL, IORDER, NUMPTS, 1)
   CALL INVERSE(AFINAL, IORDER)
   CALL MATRIXMU2(AFINAL, BFINAL, RESULT, IORDER, IORDER, 1)
   WRITE(*, *)
   WRITE(*, '("The constants->", 5F10.4)')(RESULT(I), I = 1, IORDER)
   X = RESULT(1)
   READ(*, '("Input Y value ->", F10.4, \)')Y
   DO I = 2, IORDER
        X = X + RESULT(I)*Y**(I−1)
```

```
  END DO
  WRITE(*, '("The compute result X-->", F10.5)')X
  RETURN
END

  SUBROUTINE MATRIXMU2(A, B, C, M, N, L)
! ******************************************************************
! MATRIX MULTIPLICATION A = B*C
! ******************************************************************
  DIMENSION A(15, 15), B(15, 1), C(15, 1)
  DO J = 1, L
      DO I = 1, M
          S = 0.0
          DO K = 1,N
              S = S + A(I, K)*B(K, J)
          END DO
          C(I, J) = S
      END DO
  END DO
  RETURN
  END

SUBROUTINE MATRIXMU1(A, B, C, M, N, L)
! ******************************************************************
! MATRIX MULTIPLICATION A = B*C
! ******************************************************************
  DIMENSION A(15, 15), B(15, 15), C(15, 15)
  DO J = 1, L
      DO I = 1, M
```

```
            S = 0.0
            DO K = 1, N
                  S = S + A(I, K)*B(K, J)
            END DO
            C(I, J) = S
        END DO
    END DO
    RETURN
    END

      SUBROUTINE INVER(SS, N)
! ***********************************************************************
! to inverse the SS(15, 15)
! ***********************************************************************
      REAL SS, D, TT
      INTEGER N, I, J, K
      DIMENSION SS(15, 15)
DO I = 1, N
   D = 1.0/SS(I, I)
   TT = -D
   DO J = 1,N
      SS(I, J) = SS(I, J)*TT
   END DO
   DO K = 1, I-1
      TT = SS(K, I)
      DO J = 1, I-1
         SS(K, J) = SS(K, J) + TT*SS(I, J)
      END DO
      DO J = I + 1, N
```

```
      SS(K, J) = SS(K, J) + TT*SS(I, J)
    END DO
    SS(K, I) = TT*D
  END DO
    DO K = I + 1, N
    TT = SS(K, I)
    DO J = 1, I-1
      SS(K, J) = SS(K, J) + TT*SS(I, J)
    END DO
    DO J = I + 1, N
      SS(K, J) = SS(K, J) + TT*SS(I, J)
    END DO
    SS(K, I) = TT*D
  END DO
  SS(I, I) = D
END DO
RETURN
END
```

15-4　高斯消去法

解線性聯立方程式在工程應用上是不可或缺的數值分析方式之一。當線性方程式的數目與其中所要解的未知數的數目相同時就可以用高斯消去法求解。求解的過程如下例：

$$1x_1 + 2x_2 + 1x_3 = 9$$

$$2x_1 + 3x_2 - 2x_3 = 7$$

$4x_1+4x_2+1x_3=18$

將以上的第二式減去兩倍的第一式，第三式減去四倍的第一式，得：

$$1x_1+2x_2+1x_3=9$$
$$-1x_2-4x_3=-11$$
$$-4x_2-3x_3=-18$$

再將以上的第三式減去四倍的第二式，得：

$$1x_1+2x_2+1x_3=9$$
$$-1x_2-4x_3=-11$$
$$+13x_3=26$$

此時算是完成高斯消去法的所有步驟。接著就是進行代入的動作，稱為由後代入（backward substitution），也就是由最後一式子開始求解，得：

$$x_3=\frac{26}{13}=2$$

接著求另二解：

$$-x_2-4\times 2=-11$$
$$x_2=3$$
$$x_1+2\times 3+2=9$$
$$x_1=1$$

高斯消去法的程式如下（原著為 T. M. R. Ellis 等人）：

```
MODULE linear
  IMPLICIT NONE
  PRIVATE
  PUBLIC:: gaussian
  CONTAINS
    SUBROUTINE gaussian(a, b)
      REAL, DIMENSION(：,：), INTENT(INOUT):: a
      REAL, DIMENSION(：), INTENT(INOUT):: b
      CALL gaussian_for(a, b)          ！高斯消去法
```

```
   CALL gaussian_back(a, b)        ！代入值
END SUBROUTINE gaussian

SUBROUTINE gaussian_for(a, b)
   REAL, DIMENSION(:, :), INTENT(INOUT):: a
   REAL, DIMENSION(:), INTENT(INOUT):: b
   REAL, DIMENSION(SIZE(a, 1)):: array    ！自動陣列
   INTEGER, DIMENSION(1):: ksave
   INTEGER:: i, j, k, n
   REAL:: temp, m
   n=SIZE(a, 1)
   DO i=1, n-1
      ksave=MAXLOC(ABS(a(1: n, i)))
      k=ksave(1)+i−1
      IF(ABS(a(k, i))<=1E−5) THEN
         WRITE(*, *)'No possible solution'
         RETURN
      END IF
      IF(k/=i) THEN         ！交換第 i 與 k 列
         array=a(i, :)
         a(i, :)=a(k, :)
         a(k, :)=array
         temp=b(i)
         b(i)=b(k)
         b(k)=temp
      END IF
      DO j=i+1, n
          m=a(j, i)/a(i, i)
          a(j, ：)=a(j, ：)−m*a(i, ：)
```

```
                b(j)=b(j)-m*b(i)
            END DO
          END DO
    END SUBROUTINE gaussian_for

    SUBROUTINE gaussian_back(a, b)
      REAL, DIMENSION(:, :), INTENT(IN):: a
      REAL, DIMENSION(:), INTENT(INOUT):: b
      REAL:: sum
      INTEGER:: i, j, n
      n=SIZE(b)
      DO i=n, 1, -1    ! 分別解每一變數
          IF(ABS(a(i, i))<=1E-5) THEN
            WRITE(*, *)'Error for zero coefficient n=', i
            RETURN
          END IF
          sum=b(i)
          DO j=i+1, n
            sum=sum-a(i, j)*b(j)
          END DO
          b(i)=sum/a(i, i)
        END DO
      END SUBROUTINE gaussian_back
    END MODULE linear

    PROGRAM myprogram    ! 主程式
      USE linear
      IMPLICIT NONE
      REAL, ALLOCATABLE, DIMENSION(:, :):: a
```

```
  REAL, ALLOCATABLE, DIMENSION(:):: b
  INTEGER:: n
  INTEGER:: i, j
  WRITE(*, *)'Input the number of equatoins ->'
  READ(*, *) n
  ALLOCATE(a(n, n), b(n))
  WRITE(*, *)'Input the coefficients of each equation->'
  DO i = 1, n    ！注意輸入的次序
      READ(*, *) (a(i, j), j = 1, n), b(i)
  END DO
  CALL gaussian(a, b)
  WRITE(*, *)'The solution is -->'
  DO i = 1, n
      WRITE(*, *)i, b(i)
  END DO
END PROGRAM myprogram
```

本例的輸入若為：1.0, 2.0, 1.0, 9.0
2.0, 3.0, −2.0, 7.0
4.0, 4.0, 1.0, 18.0

得解為：1　1.0
2　3.0
3　2.0

第十六章

IMSL 的矩陣計算

16-1 IMSL 簡介

16-2 矩陣計算與運算子

16-3 兩矩陣的乘法

16-4 一矩陣的反矩陣

16-5 一矩陣的轉置矩陣

16-6 一反矩陣與一矩陣相乘

16-7 一矩陣與一反矩陣相乘

16-8 一轉置矩陣與一矩陣相乘

16-9 一矩陣與一轉置矩陣相乘

16-10 一矩陣與一共軛轉置矩陣相乘

16-11 最小二乘法

16-12 提高程式效率的方法

16-1 IMSL 簡介

為提供高階語言方便使用的數學與統計上的函式庫，Visual Numerics, INC. 在 1984 年開發了一套軟體稱為 **IMSL**（Integrated Mathematical and Statistic Library）。IMSL 由早期專為提供大電腦上的 FORTRAN 以及 C 語法程式所用，到今日可用在 Intel Visual Fortran 專業版編譯軟體供個人電腦使用，期間的發展歷史可由下表顯示：

版本	改版的歷史	年份	附註
1.0	開始的版本	1984	供專業工作站級以上的電腦使用 FORTRAN-77 語法
1.1	訂正一些錯誤及修改很多函式	1989	
2.0	增加很多副程式	1991	
3.0	加入更多的副程式以強化函式功能	1994	
2.0	Fortran 90 MP Library 此為改自上述 IMSL 函式庫，並增加很多功能，如平行處理、錯誤的處理、運算子等	1994	第一版，可用在個人電腦上
3.0	訂正一些錯誤及修改很多函式	1996	
4.0	增加兩章節，訂正錯誤及增加功能，如強化線性代數解	1998	

有關的說明可參考下述的電腦位置：

C:\Program Files\Microsoft Visual Studio\DF98\IMSL\HELP

有關 IMSL 函式庫的數學重要功能如下表所述：

* Linear Solvers
* Singular Value and Eigenvalue Decomposition
* Fourier Transforms
* Curve and Surface Fitting with Splines
* Utilities
* Operators and Generic Functions
* Partial Differential Equations
* Linear System
* Eigensystem Analysis
* Interpolation and Approximation
* Differential Equations
* Transforms
* Nonlinear Equations
* Optimization
* Basic Matrix/Vector
* Elementary Functions
* Trigonometric and Hyperbolic Functions
* Exponential Integrals and Related Functions
* Gamma Function and Related Functions
* Bessel、Kelvin、Airy Functions
* others

上表只是列出在 IMSL 的部分函式功能而已，未含統計學上的功能函式，可見此函式庫的功能強大。本章只針對有關矩陣運算的一些函式加以說明，其內容在下一節中。

16-2 矩陣計算與運算子

單一矩陣或兩矩陣的運算，在程式上一般可採用的四種方式如下：

1. 寫在程式內：此為最不得已，或程式很小時適用。

2. 利用傳統的副程式：如使用FUNCTION或SUBROUTINE，此須注意所使用的引數（arguments）及所宣告的陣列是否有衝突。

3. 利用 Fortran 內定陣列計算的功能，如下述程式：

```
IMPLICIT NONE
REAL A(2, 2), B(2, 2), C(2, 2)
DATA A/1.0, 2.0, 3.0, 4.0/
DATA B/5.0, 6.0, 7.0, 8.0/
C=A+B                        ! 此為利用 Fortran 內定陣列計算的功能
WRITE (*,*) 'C->', C         !  6.00000   8.000000   10.00000   12.00000
END
```

4. **利用運算子重新定義一些符號：此為本章所強調的做法**。此時須注意的是對於運算子的定義方式。在以下章節中，除了第一個程式外（16-3 第一個程式），請注意各程式中的第二與三列的定義：

第二列 USE IMSL：由此開啟與定義 IMSL 函式庫。

第三列 USE OPERATION_xxx：定義相關的「xxx」運算子。

本章所包括的矩陣運算如下表：

矩陣運算的定義	矩陣的運算式	可採用的函式名稱
A. x. B	AB	Matmul (A, B)
. i. A	A^{-1}	Lin_sol_gen, Lin_sol_lsq
. t. A . h. A	A^T A^H	Transpose (A) Conjg (transpose (A))
A. ix. B	A^{-1}B	Lin_sol_gen, lin_sol_lsq

B. xi. A	$B A^{-1}$	Lin_sol_gen, lin_sol_lsq
A. tx. B A. hx. B	$A^T B$ $A^H B$	Matmul (transpose (A), B) Matmul (conjg (transpose (A), B)
B. xt. A B. ht. A	$B A^T$ $B A^H$	Matmul (B, transpose (A)) Matmul (B, conjg (transpose (A))

16-3 兩矩陣的乘法

兩矩陣相乘時，可採用編譯軟體內的函式 MATMUL，如下列程式：

```
！to test IMSL A. x. B = A * B
IMPLICIT NONE
REAL A(2, 2), B(2, 3), C(2, 3)
DATA A/1, 2, 3, 4/
DATA B/1, 2, 3, 4, 5, 6/
C=MATMUL(A, B)            ！採用編譯軟體的函式
WRITE (*,*) 'C->', C      ！C->   7.000000   10.00000   15.00000
END                       ！     22.00000   23.00000   34.00000
```

兩矩陣相乘時，也可採用 IMSL 內的函式。此時須先設定與 IMSL 聯繫，然後再設定運算子（.x.），如下列程式：

```
！to test IMSL A. x. B = A * B
USE IMSL                  ！啟動對 IMSL 的設定與聯繫
USE OPERATION_X           ！啟動對運算子（.x.）的設定
IMPLICIT NONE
REAL A(2, 2), B(2, 3), C(2, 3)
DATA A/1, 2, 3, 4/
DATA B/1, 2, 3, 4, 5, 6/
```

```
C=A. x. B                    ！採用運算子計算
WRITE (*,*) 'C->',C          ！C->  [7.000000   10.00000   15.00000]
END                          ！     [22.00000   23.00000   34.00000]
```

16-4 一矩陣的反矩陣

求一矩陣的反矩陣時，可採用 IMSL 內的函式。此時須先設定與 IMSL 聯繫，然後再設定運算子（.i.），如下列程式：

```
! to test IMSL .i.A = A ** (−1)
USE IMSL                     ！啟動對 IMSL 的設定與聯繫
USE OPERATION_I              ！啟動對運算子（.i.）的設定
IMPLICIT NONE
REAL A(2, 2), C(2, 2)
DATA A/1, 2, 3, 4/
C=.i.A                       ！採用運算子計算
WRITE (*,*) 'C->',C          ！C = [−2.00  1.500; 1.000  −0.5]
END
```

16-5 一矩陣的轉置矩陣

求一矩陣的轉置矩陣時，可採用 IMSL 內的函式。此時須先設定與 IMSL 聯繫，然後再設定運算子（.t.），如下列程式：

```
! to test IMSL .t.A = A(t)
USE IMSL                     ！啟動對 IMSL 的設定與聯繫
```

```
USE OPERATION_T          ！啟動對運算子（.t.）的設定
IMPLICIT NONE
REAL A(2, 2), C(2, 2)
DATA A/1, 2, 3, 4/
C=.t.A                   ！採用運算子計算
WRITE (*,*) 'C->', C     ！C = [1.000 2.000; 3.000 4.000]
END
```

求一矩陣的共軛的（conjugate）轉置矩陣時，可採用 IMSL 內的函式。此時須先設定與 IMSL 聯繫，然後再設定運算子（.h.），如下列程式：

```
！to test IMSL .h.A = conjg(transpose(A))
USE IMSL                 ！啟動對 IMSL 的設定與聯繫
USE OPERATION_H          ！啟動對運算子（.h.）的設定
IMPLICIT NONE
COMPLEX A(2, 2), C(2, 2)
DATA A/(1.0, 2.0), (3.0, 4.0), (5.0, 6.0), (7.0, 8.0)/
C=.h.A                   ！採用運算子計算
WRITE (*,*) 'C->', C     ！C = [(1.0, −2.0) (3.0, −4.0); (5.0, −6.0) (7.0, −8.0)]
END
```

16-6　一反矩陣與一矩陣相乘

一反矩陣與另一矩陣相乘時，可採用 IMSL 內的函式。此時須先設定與 IMSL聯繫，然後再設定運算子（.ix.）。通常解線性聯立方程式時會用到此種運算。如下列程式：

```
! to test IMSL A.IX.B = A**(-1)*B
USE IMSL                  ! 啟動對 IMSL 的設定與聯繫
USE OPERATION_IX          ! 啟動對運算子（.ix.）的設定
IMPLICIT NONE
REAL A(2, 2), B(2), C(2)
DATA A/1, 2, 3, 4/
DATA B/1, 3/
C=A.ix.B                  ! 採用運算子計算
WRITE (*,*) 'C->', C      ! C-> 2.500000   −0.5000000
END
```

16-7 一矩陣與一反矩陣相乘

一矩陣與另一反矩陣相乘時，可採用 IMSL 內的函式。此時須先設定與 IMSL 聯繫，然後再設定運算子（.xi.），如下列程式：

```
! to test IMSL B.XI.A = B*A** (−1)
USE IMSL                  ! 啟動對 IMSL 的設定與聯繫
USE OPERATION_XI          ! 啟動對運算子（.xi.）的設定
IMPLICIT NONE
REAL A(2, 2), B(2), C(2)
DATA A/1, 2, 3, 4/
DATA B/1, 2/
C=B.xi.A                  ! 採用運算子計算
WRITE (*,*) 'C->',C       ! C-> 0.0000000E+00   0.5000000
END
```

16-8　一轉置矩陣與一矩陣相乘

一轉置矩陣與另一矩陣相乘時，可採用 IMSL 內的函式。此時須先設定與 IMSL 聯繫，然後再設定運算子（.tx.），如下列程式：

```
！to test IMSL A.tx.B = matmul(transpose(A), B)
USE IMSL                    ！啟動對 IMSL 的設定與聯繫
USE OPERATION_TX            ！啟動對運算子（.tx.）的設定
IMPLICIT NONE
REAL A(2, 2), B(2), C(2)
DATA A/1, 2, 3, 4/
DATA B/1, 2/
C=A.tx.B                    ！採用運算子計算
WRITE (*,*) 'C->',C         ！C-> 5.000000    11.00000
END
```

一共軛的（conjugate）轉置矩陣與另一矩陣相乘時，可採用 IMSL 內的函式。此時須先設定與 IMSL 聯繫，然後再設定運算子（.hx.），如下列程式：

```
！to test IMSL A.hx.B = matmul(conjg(transpose(A)), B)
USE IMSL                    ！啟動對 IMSL 的設定與聯繫
USE OPERATION_HX            ！啟動對運算子（.hx.）的設定
IMPLICIT NONE
REAL A(2, 2), B(2), C(2)
DATA A/1, 2, 3, 4/
DATA B/1,2/
C=A.hx.B                    ！採用運算子計算
WRITE (*,*) 'C->',C         ！C-> 5.000000    11.00000
END
```

16-9 一矩陣與一轉置矩陣相乘

一矩陣與另一轉置矩陣相乘時，可採用 IMSL 內的函式。此時須先設定與 IMSL 聯繫，然後再設定運算子（.xt.），如下列程式：

```
! to test IMSL B.xt.A = matmul(B, transpose(A))
USE IMSL                    ! 啟動對 IMSL 的設定與聯繫
USE OPERATION_XT            ! 啟動對運算子（.xt.）的設定
IMPLICIT NONE
REAL A(2, 2), B(2), C(2)
DATA A/1, 2, 3, 4/
DATA B/1, 2/
C=B.xt.A                    ! 採用運算子計算
WRITE (*,*) 'C->', C        ! C-> 7.000000    10.00000
END
```

16-10 一矩陣與一共軛轉置矩陣相乘

一矩陣與另一共軛的（conjugate）轉置矩陣相乘時，可採用 IMSL 內的函式。此時須先設定與 IMSL 聯繫，然後再設定運算子（.xh.），如下列程式：

```
! to test IMSL B.xh.A = matmul(A,conjg(transpose(B)))
USE IMSL                    ! 啟動對 IMSL 的設定與聯繫
USE OPERATION_XH            ! 啟動對運算子（.xh.）的設定
IMPLICIT NONE
REAL A(2, 2), B(2), C(2)
DATA A/1, 2, 3, 4/
```

```
DATA B/1, 2/
C=B.xh.A                      ! 採用運算子計算
WRITE (*,*) 'C->', C          ! C-> 7.000000    10.00000
END
```

16-11 最小二乘法

本例題採用連續多項式函式，寫出最小二乘法的應用程式。使用者可對任何數量（NUMPTS）的資料（x, y）以選用任何次方（IOR）的正連續多項式表示。程式如下：

```
    ! ************************************************************
    ! LEAST SQUARE Demo program
    ! This program is provided to find a polynomial function for
    ! a set of points
    ! INPUT:NUMPTS: number of known points
    !          IOR       : the order of the selected polynomial function
    !  X = C1 + C2.Y + C3.Y.Y + .....
    ! OUTPUT: C1, C2, C3, ...
    ! ************************************************************
    USE IMSL
    USE OPERATION_TX
    USE OPERATION_IX
    IMPLICIT NONE
    INTEGER IOR, NUMPTS, I, J
    REAL, ALLOCATABLE:: X(:),Y(:),C(:),A(:,:)
    WRITE(*,'("    Input the specify ORDER   -----> ",\)')
```

```
READ(*,*)IOR
WRITE(*,'("    Input Number of Points --------> ",\)')
READ(*,*)NUMPTS
IOR=IOR+1
ALLOCATE(X(NUMPTS), Y(NUMPTS), A(NUMPTS,IOR), C(IOR))
WRITE(*,'("    Input the pairs of coordinates-->",\)')
READ(*,*)(X(I),Y(I), I=1, NUMPTS)
！建立 A 矩陣中的元素值
DO I=1, NUMPTS
    DO J=1, IOR
        A(I,J)=Y(I)**(J-1)
    END DO
END DO
！least square process，用 IMSL 方式處理
C=((A.TX.A).IX.(A.TX.X))
WRITE(*,*)'Constants-->',C
END
```

16-12 提高程式效率的方法

要提高程式效率，首要為確認您欲最佳化的程式部分。以下的表單為一些策略性的方式供參考（Intel Fortran Compiler User and Reference Guide）：

以下表中所述的增進效率的標註表示的影響性為：

- 重要 : 高於 50%
- 高：約 50%
- 中等： 25%以上

• 低：高於 10%

應用特性	重要性	建議的策略
技術應用		
對於不良程式部分的技術應用	高	針對造成造成 CPU 重大負擔的程式單元裡的迴路探討。 可用 High-Level Optimization（HLO）程式取得此方面的報告。
IA-64 晶片	高	用 swp report 去看在主要程式迴路是否有被管線化處理（pipelining）。 以下條件也許您可考慮更動迴路程式以編譯成管線化： • 嘗試用 IVDEP 對迴路程式部分作向量化 • 如果迴路程式太大或已無法登錄執行，您考慮將迴路程式分散成若干較小部分
IA-32 和 Intel® 64 架構	高	以自動向量化方式執行程式。 由 Vectorization Report 查看您可以改變的一些細節。
	中	用 PGO 所提供的圖看最佳化的效果。 查 Profile-guided Optimizations Overview。
具許多不正常浮點數值的運作	重要	用 /Qftz 指令編譯。但可能會影響計算結果的精準度或重複性。
零散矩陣運算	中等	用 prefetch directive 或 or prefetch intrinsics。 參考 HLO Overview 或 Data Prefetching。
資料庫	中等	用 /O1 (Windows) and PGO 對程式最佳化。
其它應用型態		
由許多不同為致呼叫很多小函式	低	用/Qip 或/Qipo 編譯。 參考 Interprocedural Optimizations Overview。

使用上的特別建議

應用範圍	重要性	建議的策略
快閃記憶區塊	高	用/O3 編譯以啟動自動快閃記憶區塊；利用 HLO report 決定是否妥當。 參考 Cache Blocking。
編譯指令的較佳虛擬分析	中	忽略向量化的相依性（vector dependencies）。用 IVDEP 或其他指令以增進程式效率。 參考 Vectorization Support。
數學函式	低	對單精準度資料型態用內部浮點，如用 sqrtf() 而非 sqrt()。 呼叫 Math Kernel Library (MKL) 取代使用者的程式。

函式庫的建議

範圍	重要性	敘述
記憶空間定位	低	用其它公司所提供的記憶區管理函式庫。

硬體與系統的建議

部分	重要性	敘述
硬碟	中等	使用較有效率的硬碟，如以 SCSI 取代 IDE。 考慮使用適當的 RAID 層級。
記憶體	低	在一系統中分散記憶體將對程式執行有利。
處理器		處理器的速度、數目、核心型態、和快閃記憶體的大小都有關。

附錄一

Fortran 變革介紹

附錄 1-1　介紹

FORTRAN 歷經五次重大改變標準化的版本：即 1966 年-FORTRAN 66 的第一次，1978 年-FORTRAN 77 的第二次，1991 年-FORTRAN 90 的第三次，1997 年-Fortran 95 的第四次，以及 2004 年- Fortran 2003 的第五次。每一次的改版就必須保持與以往舊有的格式及指令相容。為何要改變 Fortran 呢？原因就是 ANSI X3J3, the American Standards Committee 面臨一個噩夢，即要如何使一種已經用了半世紀以計算為主的電腦語言將之現代化，並具多方面功能；更麻煩的是FORTRAN 須對以往的程式做維護及延續，也就是承續舊有版本的程式以使就既有的應用程式能繼續使用或維護，亦具有高度的相容。

1970 年代以來 Fortran 就陸續面臨其它新發展出語言的挑戰，如 C (pointer, aliasing, variable length arguments lists, etc.)，C++ (operator, overloading, user-defined types, iterators, etc.)。FORTRAN 要如何因應？ANSI X3J3 先以 Fortran 95/90 的標準來對付此局勢。注意在拼字上的不同。ANSI X3J3 不認為要繼續如以往的版本一般以大寫字母為字意的表示，而以一新字為此新標準的表示。主要的用意就在宣示此一新語言的來臨。以下將介紹一些 FORTRAN-77 所缺少的指令。大部份取自 C 及 C++，少數由 Pascal 來。接著就是在 2004 年 5 月公布的新版本 Fortran 2003 用以應付物件導向與資料應用等現代化程式所需具備的功能。

附錄 1-2　摘要

在 FORTRAN 發展的過程中，於 1977 年後面臨電腦界各種軟硬體的快速進步，FORTRAN 77 成了一標準規範、具高效能與良好結構化程式。接著因應個人電腦的大量使用，除計算外，對於其它的資料處理、模組、介面等程式功能的需求，對於 FORTRAN 77 的改版應在 1980 年代就可完成，但因有少數幾家電腦大製造商的反對，以致於在 1980 年代的 FORTRAN 沒有推出進一步的標準化版本，使得 FORTRAN 77 一用就是十四年。一般人對於 FORTRAN 的落伍印象大概就是從那時開始的。於 1980 年代 FORTRAN 有關的軟體不是沒有進步，而是沒有統一的標準，此時所發展出來的編譯軟體統稱為 FORTRAN 8X。於 1991 年終於獲得在美國大部分電腦製造廠商的認同而推出 Fortran 90 的程式語言標準。對於資料處理與物件導向等現代化的程式語法則由 Fortran 2003 來承擔。

Fortran 90 具以下幾種新功能：

▲自由格式的原始碼（free source form）

在程式的一列原始程式碼中，不須如同以前舊版FORTRAN所要求的格位的特殊定義，如程式敘述須由第七格開始寫作等。

▲模組（modules）

Fortran 90 使用模組以替代並強化 FORTRAN 77 的塊狀資料區（block data）。

模組是以一個單一的組群的名稱將一群宣告組合起來。它可以包括資料（data）、程序（procedure）、或程序介面（procedure interface），並將之提供給其他的程式單元使用。

▲導出資料型態（derived data type）與運算子（operator）

Fortran 90 允許使用者對於內部的資料型態（intrinsic data types）予以重新組合。使用者也可以對內部的運算子（如「+」或「−」）延伸到自訂的導出資料型態上。

▲陣列的運作與型式

Fortran 90 可將內部的運算子和函式使用在陣列值的運算式。

▲指標（pointer）

指標可用以動態的接受與運作資料。它允許陣列的大小為動態，並允許串聯起不同的結構。指標可以是任何的內部或導出型態，當指標與目標（target）關聯起來後，它可以在大多數的表示式和設定中出現。

▲遞回（recursion）

程式可以呼叫自己的遞回功能。

▲介面區塊（interface block）

Fortran 90 的程序可以包括介面區塊。介面區塊可用以：

—敘述外部（external）或虛擬（dummy）的程序的特性。

—對一程序定義通用名稱（generic name）。

—定義新的運算子。

—定義設定（assignment）的新格式。

▲動態陣列的宣告

陣列的維度須先宣告，但其範圍可以在程式中要用到該陣列時才宣告。

Fortran 90 具以下幾種改進的功能：

▲對原始程式的增加功能

分號（semicolon「；」）可用以在一列程式中表示若干不同的程式敘述；變數名稱可用三十一個字以下的文字等等功能。

▲對數值計算功能的增加

內部的資料型態可用一種型態參數設定其精準度或準確度。新的內部函式可設定數值的精準度以符合處理器的特性。

▲程序中引數的選擇

程序中引數可以選擇性的使用，而不必依照一定的次序。

▲增加輸入與輸出的功能。

Fortran 90 增加 OPEN 與 INQUIRE 的關鍵字供使用。

▲增加控制的結構

Fortran 90 增加控制的結構（CASE）與增進 DO 結構。在 DO 結構中可用 CYCLE 與 EXIT 的指述，並增加新功能，如 WHILE。所有的控制結構，如 CASE、DO 與 IF，均可以有具名。

▲增加內部程序

Fortran 90 增加了一些內部程序，如陣列的運算等。

▲增加設定的指述

以下為一些 Fortran 90 所增加的指述：

—INTENT

—OPTIONAL

—POINTER

—PUBLIC 與 PRIVATE

—TARGET

▲增加設定屬性的方式

可用 PARAMETER、SAVE、與 INTRINSIC 等屬性型態的宣告。

▲不鼓勵用內定資料型態（default）。

程式的最前面用 IMPLICIT NONE 指述以取消內定資料型態。

▲遞回（recursion）

程式可以呼叫自己的遞回功能。

▲介面區塊（interface block）

Fortran 90 的程序可以包括介面區塊。介面區塊可用以：

—敘述外部（external）或虛擬（dummy）的程序的特性。

—對一程序定義通用名稱（generic name）。

—定義新的運算子。

—定義設定（assignment）的新格式。

▲動態陣列的宣告

陣列的維度須先宣告，其範圍可在程式中要用到該陣列時才宣告。

附錄 1-3　更新

為要使語言現代化，一些 FORTRAN 77 的指令須更新，以下的指令在 Fortran 95/90 中建議少用。

▲算術 IF。以單純或結構化 IF 取代。

▲DO 迴路的控制指標變數或數值上使用實數。應以整數型態設定。

▲DO 迴路的結束的敘述不是 END DO 或 CONTINUE。

▲由 IF 塊狀區之外的程式敘述跳到該區塊內。

▲可選擇性的 RETURN 指述（Alternate Return）。

如下例程式：

```
CALL SUB(A, B, C, *10, *20, *30)
```

上列指述應以下述指述取代：

```
CALL SUB(A, B, C, RET_CODE)
SELECT CASE(RET_CODE)
  CASE 10
  ...
  CASE 20
  ...
  CASE 30
  ...
END SELECT
```

▲PAUSE 指述：此導致系統指令相當耗時間，以 READ 取代。

▲ASSIGN 指述的使用：這指令會妨礙程式的可讀性。

▲H 編輯描述（H Edit Descriptor）：用文字雙引號「’ ’」取代。

附錄 1-4 陣列表示及運算

計算是 Fortran 程式所著重的使用目的之一。而陣列計算在 Fortran 程式上佔有很大的份量。因應著硬體的進步與軟體觀念的改進，Fortran 95/90 在陣列的運作上有大的改變。

附錄 1-4-1 陣列的宣告

```
ALLOCATABLE, DIMENSION A(:,:)    ！宣告 A 陣列為動態
```

```
DIMENSION B (−5：10)                  ！陣列的指標值可為負值
```

在 Fortran 95/90 中陣列最多可宣告七維。

附錄 1-4-2　陣列的表示

在程式中可以只用變數名稱而不帶下標，此時代表是元素運算。如：

```
IMPLICIT NONE
INTEGER I1,I2,I3,I4
DIMENSION I1(100), I2(100), I3(100), I4(100)
I1 = I2 + I3          ！它執行一百次
I4 = I4 + 5           ！它執行一百次
I1 = SQRT(I1)         ！它執行一百次
I1(10:20) = I2(10:20)
I2(10:20) = I1(1:10) + I1(20:30)
```

附錄 1-5　Fortran 95

Fortran 95 移除 Fortran 90 的部份指令，含：

▲在 DO 迴路的指標值用實數。

▲允許由外部直接跳到 END IF 或 END DO 指述繼續執行。

▲PAUSE 指令。

▲用 ASSIGN 指令以設定一變數常數供 GO TO 或 FORMAT 用。

▲在 FORMAT 用十六進位的格式。

Fortran 95 新增的功能：

▲FORALL 指令。

FORALL 指令利用元素下標的函式明確設定在陣列中的元素、任何區段、文字區段、或指標目標（pointer target）等的對應值。

▲PURE 使用者定義程序

PURE 使用者定義程序的方式沒有後遺症，如改變在共用區塊（common block）中變數的值。

▲ELEMENTAL 使用者定義程序

ELEMENTAL 使用者定義程序是一種 PURE 程序的限制方式。它對於傳遞陣列的運作是以一次一個元素為準。

▲CPU_TIME 內部常用副計畫（intrinsic subroutine）

▲NULL 內部常用副計畫

它可用於先預設一指標值（pointer）為空值。

Fortran 95 改進的功能：

▲導出型態（derived-type）設定內部資料的起始值。

▲指標值的起始值設定。

▲對於動態陣列的取消。

在離開使用某一動態陣列的副程式時，該動態陣列自動取消。

▲增強 CEILING 與 FLOOR 內部函式的指令。

KIND 可用以設定上述的內部函式。

▲增強 MAXLOG 與 MINLOG 內部函式的指令。

DIM 可用以設定上述的內部函式。

▲增強 SIGN 內部函式的指令。

編譯程式時，如果處理器允許，SIGN 函式可以區分出正與負零。

▲列印－0.0。

在編譯程式時設定允許列印－0.0。

▲零長度的格式。

在輸出格式用 I、B、O、Z 與 F 等格式指令時，可指定零長度。

▲在具名列式輸入時用註解（comment）。

在具名列式輸入時，Fortran 95 允許用註解（！）。

附錄 1-6 Fortran 2003

附錄 1-6-1 程式觀念的改進

Fortran 2003 的任務在於解決程式語法現代化的問題，如目前常被提及的物件導向、資料庫、不同語法的程式連結等。由結構化程式演化成物件導向是高階語法必然的趨勢。對於資料與相關操作的封裝為物件導向的基礎。若說 Fortran 95/90 是「形式」上的改變以符合現代化的需求，Fortran 2003 則目標徹底的做到此目的。在本章最後的附錄 1-8 節中有對增加功能的一總整理表。

Fortran 2003 使用了程序指標（Procedure Pointer）的概念，將資料的宣告與程序操作結合在一起。如下

```
TYPE mydata
    INTEGER I1,I2, I3
    PROCEDURE(myroutine), POINTER:: test
END TYPE
```

Fortran 2003 允許將運算的符號設定在特定資料型態的變數上，如

```
TYPE mydata
    INTEGER:: i1,i2,i3
    CONTAINS
    GENERIC:: OPERATOR(-) => minus
    GENERIC:: ASSIGNMENT(=) => assign
END TYPE
```

Fortran 2003 所增加的功能可歸納如下【陳德良】：

▲自定資料型態增強功能：參數化自定資料類型，改善控制的可獲取性，改進的結構構造，和終結程序的操作。

▲物件導向的支持：資料型態的擴展和繼承，多態，動態式的分配，和資

料類型限制的程式。

▲數據處理的改進：可分配部分，遞回類型的參數，VOLATILE 屬性，明確的類型規格數組構造和分配報表，指標增強，擴展初始化表達式，增強內在程式。

▲增強輸入／輸出功能：非同步傳輸與存取，用戶指定的傳輸操作的自定資料類型，使用者指定的控制四捨五入格式轉換過程中，命名為常數 preconnected 單位，FLUSH 聲明，正規化的關鍵字，並獲得錯誤信息。

▲程式指標功能的加強。

▲支持 IEEE 浮點運算及浮點與異常處理。

▲互操作性與 C 編程語言的結合，Fortran 提供 ISO_C_BINDING 模組供將 Fortran 變數定義成與 C 語法的資料結構相容的類型，更由此可間接的與 Delphi、C++、Ada、Java、及 C＃等語法互通。

▲支持國際慣例：獲得 ISO 10646 的 4 位元組的字元，和選擇或逗號十進位數字格式化的輸入／輸出。

▲與外部資料庫的溝通。以往 Fortran 程式在讀取外部資料時，無法讀取沒有固定結構記錄的資料。現今在 Fortran 2003 的語法中有隨機輸入或輸出外部檔案的位元組資料。此時才算擁有與 C 語法大致相同輸入／輸出功能，具備了通用語法的基本特性。

▲提高了與主機操作系統：進入命令行參數，環境變量，和處理器錯誤信息。

一個重要補充的 Fortran 2003 年是 ISO 技術報告 - 19767：增強模組塊狀資料設定的 Fortran 編譯器。這份報告提供的子模組塊狀資料設定，這使得 Fortran 的模組塊狀資料，更類似於調製- 2 模塊。這使得規範和實施一個模組塊狀資料可在不同的程式單元表示，從而提高包裝大型函式資料庫，允許商業秘密的保護，同時採用明確介面，並防止彙編失敗。

附錄 1-6-2　程式指令的改進

Intel Fortran 的程式指令上的改進歸納如下:

(1)語言元素

—符號可增加至 31 個文字

—最大允許 99 連續列

—允許「$」符號為名稱。「$」相當於在隱性宣告時的「Z」。

—在一列的第一個字為「#」符號時，表示此列為標註說明，也就是不執行。

(2)資料型態的宣告

—用「BYTE」指令

—用「DOUBLE COMPLEX」指令

—用「REAL*16」指令

—用「POINTER」指令

—用「STRUCTURE」指令

—用「AUTOMATIC」、「STATIC」、「VIRTUAL」、「VOLATILE」指令

—對於四倍精準度時數可用「Q」指數

—「COMMON」指令中的變數恆是保留

(3)陣列的觀念

—用「〔 〕」建立其中的元素，即元素建構

—陣列的下標可用實數

(4)程式指述的表示

—允許 a**-b

—在一指述上允許二進位、八進位、與十六進位常數

—陣列的下標允許非整數的表示

—對整數使用邏輯運算

—對邏輯使用整數運算

—使用「.XOR.」運算子（與「.NEQV.」相同）

⑸執行的控制

—可進入塊狀指令區，如「DO」、「CASE」與「IF」等

—延伸「DO」迴路的範圍

⑹程式單元及程序

—「%VAL」、「%LOC」、「%REF」等內建函式

—用「&」文字表示選擇性的返回（RETURN）

—「DATA」指令

—在「BLOCK DATA」副程式中對於空共用區（BLANK COMMON）的初始化。

⑺輸入輸出與檔案的操控

—檔案號碼可以超過 99

—「ACCEPT」、「TYPE」、「ENCODE」、及「DECODE」指令

—自動開啟檔案

—對直接具名列式（NAMELISTDIRECTED）的輸入紀錄可以用選擇性格式。

—將一整數或實數陣列視為一內部檔案（INTERNAL FILE）

⑻輸入輸出格式

—用「R」與「Q」編輯敘述

—用「$」編輯敘述去抑制一新行

—用「A」編輯敘述供任何的資料型態使用

⑼指令

「ACCEPT」、「AUTOMATIC」、「BYTE」、「DECODE」、「DOUBLE COMPLEX」、「ENCODE」、「MAP」、「POINTER」、「RECORD」、「STATIC」、「STRUCTURE」、「TYPE」、「UNION」、「VIRTUAL」、「VOLATILE」

⑽向量化指令「IVDEP」：它可對「DO」迴路作向量化，如下：

```
CDEC$ IVDEP
Do j=1,n
      A(j)=A(j+m)+1
End do
```

在上述的程式，它會忽略可能的反向相依；此迴路會被轉譯成軟體的管線化（pipelined）與向量化（vectorized）。

⑾管線向量化指令 「LOOP COUNT(N) 」

```
cDEC$ LOOP COUNT(10000)
DO i=1,m
      b(i)=a(i)+1
End do
```

上述的程式會被轉譯成軟體的管線化

⑿平行化「PARALLEL」與非平行化「NOPARALLEL」

```
Program aa
Parameter (n=100)
Integer x(n),a(n)
！DEC$NOPARALLEL
      Do I=1,n
            X(i)=1
      End do
！DEC$ PARALLEL
      Do I=1,n
            A(x(i))=I
      End do
```

⑿先行抽取資料「PREFETCH」

```
cDEC$cNOPREFETCH c
```

```
cDEC$cPREFETCH a
do I=1,m
    b(i)=a(c(i))+1
end do
```

⒁對迴路先行抽取「SWP」或不抽取「NOSWP」資料以形成管線

```
cDEC$SWP
  do I=1,m
      if(a(i).eq.0)then
          b(i)=a(i)+1
          else
          b(i)=a(i)/c(i)
        end if
  end do
```

⒂展開一可計數的迴路「UNROLL」與「NOROLL」

```
cDEC$ UNROLL
  do I=1,m
      b(i)=a(i)+1
      d(i)=c(i)+1
  end do
```

⒃永遠向量化「VECTOR ALWAYS」與不向量化「NOVECTOR」

```
 ! DEC$ VECTOR ALWAYS
    Do I=1,100,2
        A(i)=b(i)
    End do
```

附錄 1-7 Fortran 的優勢

Fortran 2003 的強大資料處理和矩陣運算較其它語法佔有明顯的優勢，雖然在便捷與視覺化上仍不足，但在執行檔的執行效率上為其它語法所難相匹敵。Fortran 的優勢如下 7 大項【Chapman】：

1. 符合工程應用

如▲副程式中變數陣列引數的應用（C 語法在此沒有標準化）。

▲在內部（intrinsic）函式中有多樣的精準度供選用，並容易被最佳化。

▲內定的複數應用。

▲陣列的引數可以自由設定（C 語法大都只能由 0 開始）。

▲較佳的輸入與輸出方式。並具隱含的 DO 指令（C 語法沒有）。

▲具平行處理的指令，並已成標準的寫法。

▲Fortran 90 支援對特定精準度與範圍數字資料的自動選用，此可提高相容性。

2. 較佳的最佳化程式碼

▲FORTRAN 77 之所以不用明確的指標（pointer），主要原因在於程式碼的最佳化。而 Fortran 90 限制使用指標時對於所對應的陣列一定要用目標（target）來宣告，此也是為了最佳化的編譯。

▲Fortran 在設計上使用靜態的記憶體的設定，此可避免建立與去除記憶體空間的運作。

▲Fortran 對所有變數的傳遞均用參考（reference）方式進行，此是最快的運作方式。

▲Fortran 不允許使用假名引數在程式單元間傳遞（如：CALL 指令、FUNCTION 指令、或 COMMON 指令）。

3. 具有大量的既有程式

市面上已有大量的 Fortran 應用程式。

4. 容易學習

對於非專業人員而言，Fortran 較 C 語法容易學習，因它採用較直覺性的寫法。比如避免使用指標與記憶體位置，然這對 C 語法是非常重要的技巧。

5. 較有效的數學運算

基本上 C 語法只需雙精準度的數學運算。但 Fortran 有較多的精準度供選用，也就是較有彈性以及記憶體的控制。

6. 容易使用及應用範圍廣

▲對於數學運作較精準，並可用括符中的數字來控制

▲在語法上較少保留字，程式員較可自由選用變數的字。

▲與數學函式庫聯結時不需另用編譯軟體的選字。

7. 較佳的偵錯

▲通常 Fortran 會出現較多的偵錯訊息

附錄 1-8　Fortran 的新增加功能

以下為 Intel Fortran 2003 新增加的功能：（Intel® Fortran Compiler User and Reference Guides, v.11.1）

▲Enumerators

▲Type extension (not polymorphic)

▲Allocatable scalar variables (not deferred-length character)

▲ERRMSG keyword for ALLOCATE and DEALLOCATE

▲SOURCE= keyword for ALLOCATE

▲Character arguments for MAX, MIN, MAXVAL, MINVAL, MAXLOC, and

MINLOC

▲Intrinsic modules IEEE_EXCEPTIONS, IEEE_ARITHMETIC and IEEE_FEATURES

▲ASSOCIATE construct

▲PROCEDURE declaration

▲Procedure pointers

▲ABSTRACT INTERFACE

▲PASS and NOPASS attributes

▲Structure constructors with component names and default initialization

▲Array constructors with type and character length specifications

▲I/O keywords BLANK, DELIM, ENCODING, IOMSG, PAD, ROUND, SIGN, and SIZE

▲Format edit descriptors DC, DP, RD, RC, RN, RP, RU, and RZ

增加支援的功能：

▲RECORDTYPE setting STREAM_CRLF

▲A file can be opened for stream access (ACCESS='STREAM')

▲Specifier POS can be specified in an INQUIRE, READ, or WRITE statement

▲BIND attribute and statement

▲Language binding can be specified in a FUNCTION or SUBROUTINE statement, or when defining a derived type

▲IS_IOSTAT_END intrinsic function

▲IS_IOSTAT_EOR intrinsic function

▲INTRINSIC and NONINTRINSIC can be specified for modules in USE statements

▲ASYNCHRONOUS attribute and statement

▲VALUE attribute and statement

▲Specifier ASYNCHRONOUS can be specified in an OPEN, INQUIRE,

READ, or WRITE statement

▲An ID can be specified for a pending data transfer operation

▲FLUSH statement

▲WAIT statement

▲IMPORT statement

▲NEW_LINE intrinsic function

▲SELECTED_CHAR_KIND intrinsic function

▲Intrinsic modules ISO_C_BINDING and ISO_FORTRAN_ENV

▲MEMORYTOUCH compiler directive

▲Specifiers ID and PENDING can be specified in an INQUIRE statement

▲User-defined operators can be renamed in USE statements

▲MOVE_ALLOC intrinsic subroutine

▲PROTECTED attribute and statement

▲Pointer objects can have the INTENT attribute

▲GET_COMMAND intrinsic

▲GET_COMMAND_ARGUMENT intrinsic

▲COMMAND_ARGUMENT_COUNT intrinsic

▲GET_ENVIRONMENT_VARIABLE intrinsic

▲Allocatable components of derived types

▲Allocatable dummy arguments

▲Allocatable function results

▲VOLATILE attribute and statement

▲Names of length up to 63 characters

▲Statements up to 256 lines

▲A named PARAMETER constant may be part of a complex constant

▲In all I/O statements, the following numeric values can be of any kind: UNIT=, IOSTAT=

▲The following OPEN numeric values can be of any kind: RECL=

- ▲The following READ and WRITE numeric values can be of any kind: REC=, SIZE=
- ▲The following INQUIRE numeric values can be of any kind: NEXTREC=, NUMBER=, RECL=, SIZE=
- ▲Recursive I/O is allowed when the new I/O being started is internal I/O that does not modify any internal file other than its own
- ▲IEEE infinities and Nans are displayed by formatted output as specified by Fortran 2003
- ▲In an I/O format, the comma after a P edit descriptor is optional when followed by a repeat specifier
- ▲The following intrinsics take an optional KIND= argument: ACHAR, COUNT, IACHAR, ICHAR, INDEX, LBOUND, LEN, LEN_TRIM, MAXLOC, MINLOC, SCAN, SHAPE, SIZE, UBOUND, VERIFY
- ▲Square brackets [ ] are permitted to delimit array constructors instead of (/ /)
- ▲The Fortran character set has been extended to contain the 8-bit ASCII characters ~ \ [ ] ` ^ { } | # @

附錄二

程式次序

程式指令的次序如下：

⑴起始指令（PROGRAM, FUNCTION, SUBROUTINE, BLOCK DATA, MODULE）

⑵ USE 指述（引用模組）

⑶ IMPORT 指述

⑷取消內定資料型態（IMPLICIT NONE）

⑸其它內隱資料型態的宣告（IMPLICIT）

⑹資料型態的宣告（REAL, INTEGER, CHARACTER, COMPLEX, LOGICAL 等）

⑺共用區的宣告（COMMON）

⑻變數起始值宣告（PARAMETER、DATA）

⑼陣列宣告（DIMENSION）

⑽程式指述，敘述或格式，INTERFACE 或 ENTRY 指述

⑾ CONTAIN 指述

⑿內部副程式或模組

⒀程式結束（END）

註：以上所述程式的次序非為絕對的，如⑺ COMMON 可在⑼ DIMENSION 之後宣告。

附錄三

鍵盤代碼：ASCII code

十位數↓ 個位數→

	0	1	2	3	4	5	6	7	8	9
0	NUL	SOH	STX	ETX	EOT	ENQ	ACK	BEL	BS	HT
1	LF	VT	FF	CR	SO	SI	DLE	DC1	DC2	DC3
2	DC4	NAK	SYN	ETB	CAN	EM	SUB	ESC	FS	GS
3	RS	US	sp	!	”	#	$	%	&	’
4	(	)	*	+	,	-	.	/	0	1
5	2	3	4	5	6	7	8	9	:	;
6	〈	=	〉	?	@	A	B	C	D	E
7	F	G	H	I	J	K	L	M	N	O
8	P	Q	R	S	T	U	V	W	X	Y
9	Z	[	\	]	^	_	‘	a	b	c
10	d	e	f	g	h	i	j	k	l	m
11	n	o	p	q	r	s	t	u	v	w
12	x	y	z	{	|	}	～	DEL		

註：*1* 至 *32* 及 *127* 以後的代碼無法列印出來。

上表的水平方向是個位數，垂直方向是十位數。

ASCII（American Standard Code for Information Interchange）美國標準交換碼，它有七位，以二進位表示，共有 128 個資料。

中文電腦編碼系統通常以 2 bytes 來處理，常見的有 BIG-5 與通用碼。

附錄四

OPEN 檔案的選項

OPEN檔案指令「OPEN」中可查詢的資料很多，如下：

指令	說明	第一頁
ACCESS = acc	acc：文字變數，為連接檔的檔案模式	
	'SEQUENTIAL' 如果連接連續檔案〈內定〉	
	'DIRECT' 如果連接直接檔案	
	'APPEND' 如果連接附加檔案	
	'STREAM' 串聯連續儲存	
ACTION = act	act：文字變數，為檔案的狀態	
	'READ' 只連接讀入檔	
	'WRITE' 只連接輸出檔	
	'READWRITE' 連接讀入及輸出檔〈內定〉	
ASYNCHR-ONOUS=a	a：'YES' 指一單元的輸入輸出為非同步	
	'NO' 指一單元的輸入輸出為同步	
BLANK = blnk	blnk：文字變數，為處理空格的方式	
	'NULL' 檔案受空格的控制〈內定〉	
	'ZERO' 檔案受零空格的控制	
BLOCKSIZE = bl	bl：為正整數變數，它為程式輸入輸出的緩衝記憶體空間	
BUFFERCOUNT = n_expr	n_expr：表示I/O緩衝區的數目〈內定為1〉	
BUFFERED = bf	bf：執行時緩衝區	
	'YES' 檔案連接上，受緩衝區影響	
	'NO' 檔案連接上，不受緩衝區影響〈內定〉	
CARRAGECONTROL = cr	cr為文字變數，它為表示對列印的控制	
	'FORTRAN'	
	'LIST'〈內定〉	
	'NONE'	
CONVERT = fm	fm：為文字變數，表示由不同系統得來的檔案。它為	
	'LITTLE_ENDIAN' 連接檔案是little endian integer及IEEE浮點資料的轉換式是有效的	
	'BIG_ENDIAN' 連接檔案是big endian integer及IEEE浮點資料的轉換式是有效的	
	'CRAY' 連接檔案是big endian integer及IEEE浮點資料的轉換式是有效的	

指 令	說 明 第二頁
	〈續〉 'FGX' 連接檔案是 little endian integer 及 Compaq VAX F_floating, G_floation，及 IEEE 浮點資料的轉換式是有效的 'IBM' 連接檔案是 big endian integer 及 IBM\370 浮點資料的轉換式有效的 'IBM' 連接 IBM 的檔案格式 'VAXD' 連接檔案是 little endian integer 及 Compaq VAX F_floating, D_floation，及 H_floation 是有效的 'VAXG' 連接檔案是 little endian integer 及 Compaq VAX F_floating, G_floation，及 H_floation 是有效的 'NATIVE' 連接檔案沒有資料轉換的問題〈內定〉
ERR = s	s：為正整數變數，它為指述號碼，當所宣告的檔案或內容有誤時，執行權移轉到此列繼續執行
FORM = fm	fm：為文字變數，它為表示檔案的格式 'FORMATTED' 表示格式化的檔案〈內定〉 'UNFORMATTED' 表非格式化的檔案 'BINARY' 表示二進位檔
DISPOSE = ds	ds：文字變數，表示一檔案結束時的處理 'KEEP' or 'SAVE'：該檔案結束時保存起來〈內定〉 'DELETE'：該檔案結束時清除 'PRINT'：該檔案結束時列印出 'PRINT/DELETE'：該檔案結束時清除並列印出 'SUBMIT'：該檔案結束時送出 'SUBMIT/DELETE'：該檔案結束時送出並清除
FILE = name	name：為檔案的名稱
IOSTAT = ios	ios：為數字變數，它為檔案讀取時的狀況 0：表示正確讀取 其他值：表示讀取時有誤
MAXREC = mr	mr：為數字變數，它為檔案的最大紀錄範圍的限制在的位置。如果檔案位未經讀取，則為 1

指　令	說　明	第三頁
	〈續〉	
ORGANIZATION =org	org：為文字變數，詢問檔案的組織 'SEQUENTIAL'　連續檔〈內定〉 'RELATIVE'　相對檔	
POSITION=pos	pos：為文字變數，表示檔案的位置 'REWIND'　在連接檔的初始位置 'APPEND'　在連接檔的最後位置 'ASIS'　在連接檔的原來位置〈內定〉	
READONLY	限制此檔案只可被讀取不可寫入	
RECL=rcl	rcl：為正整數變數，表示直接儲存檔（direct）每筆紀錄長度	
RECORDTYPE= rt	rt：為文字變數，表示在檔案中紀錄的型態 'FIXED'　固定長度的紀錄 'VARIABLE'　變動長度的紀錄 'SEGMENTED'　檔案為非格式化連續檔用區段紀錄 'STREAM'　檔案紀錄未結束 'STREAM_CR'　檔案紀錄以鍵盤「RETURN」為結束 'STREAM_LF'　檔案紀錄以 line feed 為結束	
SHARE=shr	shr：為文字變數，表示目前檔案的狀況 'DENYRW'　拒絕被讀－寫的檔案 'DENYWR'　拒絕被寫入的檔案〈內定〉 'DENYRD'　拒絕被讀取的檔案 'DENYNONE'　可被讀－寫的檔案	
SHARED	表示檔案可供分享	
STATUS=st	st：為文字變數，表示目前檔案的取用狀態 'OLD'　取用舊檔案 'NEW'　取用新檔案 'SCRATCH'　取用臨時檔案，結束執行時就取消 'REPLACE'　取用替代檔 'UNKNOWN'　取用的檔案未知是新或舊檔〈內定〉	
UNIT=un	un：為一數字，表示在此程式中這檔案的代碼	

附錄五

內部程序

ABS ACHAR ACOS ACOSD
ADUJSTL ADJUSTR AIMG AINT
ALL ALLOCATED AMAX0 AMIN0
AND ANINT ANY ASIN
ASIND ASINH ASSOCIATED ATAN
ATAND ATANH ATAN2 ATAN2D
CEILING CHAR CMPLX CONJG
COS COSD COSH COTAN
COTAND COUNT CPU_TIME CSHIFT
DATE DATE_AND_TIME DBLE DCMPLX
DFLOAT DIGITS DIM DOT_PRODUCT
DPROD DREAL EOF EXIT
EXP EXPONENT FLOAT FLOOR
FRACTION FREE HUGE IACHAR
IARGPTR ICHAR IDATE INDEX
INT KIND LBOUND LEN
LEN_TRIM LGE LGT LLE
LLT LOG LOG10 LOGICAL
MALLOC MATUL MAX MAXLOC
MAX1 MAXVAL MIN MINT
MINLOC MINVAL MOD NEAREST
NINT NULL NUMBER_OR_PROCESSORS
PREPSENT OR PRODUCT RAN
RANDOM_NUMBER RANDOM_SEED REAL
SCAN SECNDS SIGN SIN
SIND SINH SIZE SIZEOF
SQRT SUM TAN TAND
TANH TIME TRIM UBOUND
VERIFY XOR

（有關位元處裡的指令在本書第十四章，含：IAND、IOR、IEOR、ILEN、ISHL、ISHA、ISHC、BTEST、IBSET、IBCLR、IBCHNG、LSHIFT、ISHFTC、IBITS、BIT_SIZE、MVBITS 等。）

附錄 5-1　內部程序的介紹

內部程序是包括在 Fortran 函式庫中的常用副計畫與函式副計畫。有四種內部程序的類別如下：

1. 元素程序（elemental procedures）

這些程序有虛擬純量引數可供純量或陣列真引數的呼叫。如果引數都是純量，其結果就是純量。如果真引數是一陣列值，內部程序會對應到陣列中的每一個元素，所得到的結果為與真引數相同型態的陣列。

2. 詢問函式（inquiry functions）

其結果端視它們主要的引數（principal argument），而不是引數的值。

3. 轉換函式（transformational functions）

這些函式有一或多個陣列虛擬或真引數，有一陣列結果，或兩者。內部函式並不會對真引數陣列中的每一個元素分別運作；而是改變（轉換）一引數陣列到另一陣列去。

4. 非元素程序（non elemental procedures）

這些程序必須由純量引數所呼叫，它們送回純量結果、所有的常用副計畫（MVBITS 除外）為非元素程序。

內部程序的引動方式與其他程序相同，並遵循與關聯引數的相同規則。內部程序都有通用的名稱（generic names），有些內部程序有特定名稱（specific name）；有些內部程序有兩者。

一般而言內部程序接受的引數可以有超過一種以上的資料型態，所得結果的資料型態與函式引用者的引數相同。

若一個內部函式要當成一程序的真引數時，必須使用它的特定名稱；當呼叫時，它的引數必須為純量。有一些特定的內部函式不可以用為真引數，如下表：

AMAX0	AIMIN0	AJMAX0	AJMIN0	AKMAX0
AKMIN0	AMAX0	AMAX1	AMAX1	AMIN1
CHAR	CMPLX	DBLE	DBLEQ	DCMPLX
DFLOT1	DFLOTJ	DFLOTK	EOF	FLOAT
FLOAT1	FLOATJ	FLOATK	ICHAR	IDINT
IFIX	IIDINT	IIFIX	IINT	IMAX0
IMAX1	IMIN0	IMIN1	INT	INT1
INT2	JIFIX	JINT	JMAX0	JMAX1
JMIN0	JMIN1	KIDINT	KIFIX	KINT
KIQINT	KIQNNT	KMAX0	KMIN0	KMIN1
LGE	LGT	LLE	MAX1	MIN0
MIN1	MULT_HIGH	NUMBER_OF_PROCESSORS		NWORKERS
PROCESSORS_SHARE		QCMPLX	QEXT	QEXTD
QMAX1	QMIN1	QREAL	RAN	REAL
SENDS	SIZEOF	SNGL	DMAX1	DMIN1
DPROD	DREAL	INT4	INT8	JFIX
JIDINT	LLT	LOC	MALLOC	MAX0
SNGLQ				

附錄 5-1-1　內部程序中引數關鍵字的使用

對內部程序的引數內其所顯示的名稱為你要在真引數中使用關鍵格式（keyword form）時所必須要用的名稱。

例如欲使用的內部函式是 CMPLX(X, Y, KIND)，此時可用下列兩種方式之一去引用此函式：

⑴用位置引數（positional arguments）：必須依照次序排列

CMPLX(F, G, L)　！F, G, L 是自己設定的真引數變數

⑵用關鍵格式（keyword form）

CMPLX(KIND = L, Y = G, X = F)！若用此格式，引數不須依照次序排列
　　！須注意的是關鍵字必須為特定的字

有些引數的關鍵字是可選擇性的（在往後的敘述中會用中括號[　]表示），例如下列程式均是可接受的：

```
CALL DATE_AND_TIME (ZONE = E)
CALL DATE_AND_TIME (DATA, TIME, ZONE)
CALL DATE_AND_TIME ( , , ZONE)
```

附錄 5-1-2　內部程序分類

通用的內部函式可以歸納為如下的七種類別：

1. 數值

子類別	敘述
計算	執行型態轉換或單純數值計算 ABS, AIMG, AINT, AMAX0, AMIN0, ANINT, CEILING,CMPLX, CONJG, DBLE, DFLOAT, DIM, DPROD, DREAL,FLOAT, FLOOR, IFIX, IMAG, INT, MAX, MIN, MIN1,MOD, MODULO, NINT, QCMPLX, QEXT, QFLOAT, QREAL,RAN, REAL, SIGN, SNGL, ZEXT
運作	回送的值對應於與真引數值相關聯的模式值的部分 EXPONENT, FRACTION, NEAREST, RRSPACING, SCALE, SET_EXPONENT, SPACING
詢問	從一模式值相關聯的引數資料型態與性質送回純量值 DIGITS, EPSILON, HUGE, ILEN, RADIX, MAXEXPONENT, MINEXPONENT, PRECISION, RANGE, SIZEOF, TINY
轉換	執行向量及矩陣的運算 DOT_PRODUCT, MATMUL
系統	送回處理或處理器的資訊 PROCESSORS_SHAPE, NWORKERS, SECNDS, NUMBER_OF_PROCESSORS

2. 性質

子類別	敘述
	送回性質參數 SELECTED_INT_KIND, KIND, SELECTED_REAL_KIND

3. 數學運算

子類別	敘述
	執行數學運算 ACOS, ACOSD, ASIN, ASIND, ATAN, ATAND, ATAN2, ATAN2D, COS, COSD, COSH, COTAN, COTAND, EXP, LOG, LOG10, SIN, SIND, SINH, SQRT, TAN, TAND, TANH

4. 位元（在第十四章介紹詳細內容）

子類別	敘述
運作	執行單一位元處理，及邏輯與移位操縱 AND, BTEST, IAND, IBCHNG, IBCLR, IBITS, IBSET, IEOR, IOR, ISHA, ISHC, ISHFT, ISHFC, ISHL, LSHIFT, NOT, OR, RSHIFT, XOR
詢問	讓你決定一參數在位元的模式 BIT_SIZE
表示	送回整數值的位元表示 LEADZ, POPCNT, POPPAR, TRAILZ

5. 文字

子類別	敘述
比較	在字串引數中語句的比較並送回邏輯結果 LGE, LGT, LLE, LLT
轉換	轉換文字引數到整數、ASCII、或文字值 ACHAR, CHAR, IACHAR, ICHAR （在 Compaq Fortran: ACHAR = CHAR, IACHAR = ICHAR）
字串處理	執行字串的運作，送回引數長度，或搜尋指定的字串 ADJUST, ADJUSTR, INDEX, LEN_TRIM, REPEAT, SCAN, TRIM, VERIFY
詢問	送回引數的長度 LEN

6.陣列

子類別	敘述
建構	從既有的陣列元素中建構一新陣列 MERGE, PACK, SPREAD, UNPACK
詢問	讓你決定是否要對陣列配置記憶體、送回陣列的形式與大小及一陣列維度的上與下極限範圍 ALLOCATRED, LBOUND, SHAPE, SIZE, UBOUND
運作	對陣列移位、轉置、或改變陣列的形式 CSHIFT, EOSHIFT, RESHAPE, TRANSPOSE
縮減	對陣列的運作。縮減一陣列的某些元素以產生一純量結果；也可對一陣列的某一維度的元素運作以產生結果 ALL, ANY, COUNT, MAXVAL, MINVAL, PRODUCT

7.其他

子類別	敘述
	在一執行程式中用組合語言指令（ASM） 檢查指標的關聯（ASSOCIATED） 檢查程式的結尾（EOF） 送回浮點引數的類別（PF_CLASS） 計算送到一程式的真引數數目（IARGCOUNT） 送回一指標對應一程式的真引數串列（IARGPTR） 測試一非數字的值（ISNAN） 對一貯存項目送回其內部位置（LOC） 對一引數送回其邏輯值（LOGICAL） 配置記憶體（MALLOC） 送回一非關聯（disassociated）指標（NULL） 檢查引數的存在（PRESENT） 轉換一位元的樣式（TRANSFER）

附錄 5-2　內部程序的敘述

本節將對所有的通用及特定程序予以說明。這些程序是依英文字母為次序排列。在指述中的中括號[　]表示為有選擇性的。以下的函式為根據 Intel Fortran 的 Language Reference Manual 中的 318 個內部函式中，作者將其中 WINDOWS 作業系統才能使用的函式 109 個加以註解說明。另有 16 個與位元處理有關的函式在第十四章中介紹。

附錄 5-2-1　ABS(A)

說明：對某一數取絕對值。

類別：元素函式；通用。

引數：整數、實數、或複數。

結果：如果是整數或實數，取其結果 |A|。若為複數 (X, Y)，結果為實數值 $\sqrt{X^2+Y^2}$。

也就是引數可為整數、實數、或複數。若為複數，用實數部份的平方加虛數部份的平方後再開根號。

特定名稱	引數型態	結果型態
	INTEGER(1)	INTEGER(1)
IIABS	INTEGER(2)	INTEGER(2)
IABS	INTEGER(4)	INTEGER(4)
ABS	REAL(4)	REAL(4)
DABS	REAL(8)	REAL(8)
CABS	COMPLEX(4)	REAL(4)
CDABS	COMPLEX(8)	REAL(8)

例如：A1 = ABS (−7.5)　　　! A1 = 7.5

　　　A1 = ABS((6.0,8.0))　　! A1 = 10.0

附錄 5-2-2　ACHAR(I)

說明：取出在 ASCII 代碼位置上的符號。

類別：元素函式；通用。

引數：整數。

結果：為文字，其長度是 1。

例如：CHARACTER*1　A1

　　　A1 = ACHAR(72)　　　! A1 = 'H'

　　　A1 = ACHAR(63)　　　! A1 = '？'

附錄 5-2-3　ACOS(X)

說明：產生 arccosine 值。結果以徑度表示。

類別：元素函式；通用。

引數：實數，其絕對值小於等於 1。

結果：0 到 π 之間。

特定名稱	引數型態	結果型態
ACOS	REAL(4)	REAL(4)
DACOS	REAL(8)	REAL(8)
QACOS	REAL(16)	REAL(16)

例如：A1 = ACOS (0.68)　　! A1 = 0.823033692

附錄 5-2-4　ACOSD(X)

說明：產生 arccosine 值。結果以角度表示。

類別：元素函式；通用。

引數：實數，其絕對值小於等於 1。

結果：實數。

特定名稱	引數型態	結果型態
ACOSD	REAL(4)	REAL(4)
DACOSD	REAL(8)	REAL(8)
QACOSD	REAL(16)	REAL(16)

例如：A1 = ACOSD(0.68)　！A1 = 47.15635696

附錄 5-2-5　ADJUSTL(STRING)

說明：調整文字串，將左邊所有的空格取消，並在字串後加空格。

類別：元素函式；通用。

引數：文字串。

結果：相同長度的文字串。

例如：CHARACTER*10 A1, B1

```
B1= '     ABCDE'     ！文字串最前面有五個空格
A1 = ADJUSTL(B1)     ！A1 = 'ABCDE'
```

附錄 5-2-6　ADJUSTR(STRING)

說明：調整文字串，將右邊所有的空格取消，並在字串後加空格。

類別：元素函式；通用。

引數：文字串。

結果：相同長度的文字串。

例如：CHARACTER*10 A1, B1

B1= 'ABCDE'

A1=ADJUSTR(B1) ! A1=' ABCDE' 文字串前面有五個空格

附錄 5-2-7 AIMG(Z)

說明：取出複數的虛數部分。

類別：元素函式；通用。

引數：複數。

結果：實數。

特定名稱	引數型態	結果型態
AIMAG	COMPLEX(4)	REAL(4)
DIMAG	COMPLEX(8)	REAL(8)
QIMAG	COMPLEX(16)	REAL(16)

例如：A1 = AIMAG ((5.0,6.0)) ! A1 = 6.0

附錄 5-2-8 AINT(A, [,KIND])

說明：擷取一數的整數部分。

類別：元素函式；通用。

引數：實數。KIND (opt) 必須是一純量整數性質的表示。

結果：實數。若有設定 KIND 則依其指定的性質（精準度）表示。

特定名稱	引數型態	結果型態
AINT	REAL(4)	REAL(4)
DINT	REAL(8)	REAL(8)
QINT	REAL(16)	REAL(16)

例如：A1 = AINT(2.68)　！A1 = 2.0

附錄 5-2-9　ALL(MASK [,DIM])

說明：判斷一陣列或部分陣列其中是否所有的元素值為真。

類別：轉換；通用。

引數：MASK 必須為邏輯陣列。

DIM (opt) 必須是一純量整數，其值為 1 到 n，n 是維度。

結果：邏輯純量或陣列。

如果 DIM 沒寫（就表示是 1 維），或 MASK 陣列只有一維，此時的結果為一純量。只有在 MASK 陣列中所有的元素為真，最後結果才是真。

例如：LOGICAL K1

K1 = ALL ((/.TRUE.,.TRUE.,FALSE./)　！K1=.FALSE.

以下為對陣列的表示：

$$A=\begin{bmatrix}1 & 5 & 7\\3 & 6 & 8\end{bmatrix} \qquad B=\begin{bmatrix}0 & 5 & 7\\2 & 6 & 9\end{bmatrix}$$

ALL(A.EQ.B,DIM=1) 測試所有在陣列 A 與 B 的行上的元素是否都相同。此結果為(false, true, false)，因只有第二列才符合條件。ALL(A.EQ.B,DIM=2) 測試所有在陣列 A 與 B 的列上的元素是否都相同。此結果為(false, false)，因兩列均不符合條件。

附錄 5-2-10 ALLOCATED(ARRAY)

說明：指示一可定址陣列是否已完成配置作業。

類別：詢問函式；通用。

引數：陣列必須是可定址

結果：邏輯純量。

例如：REAL, ALLOCATABLE, DIMENSION(:, :):: A,B

```
PRINT*, ALLOCATED(B) ！FALSE
ALLOCATE(A(2,2))
PRINT*, ALLOCATED(A) ！TRUE
```

附錄 5-2-11 AMAX0(ARRAY)

有關 AMAX0、AMAX1 等均參閱 MAX

附錄 5-2-12 AMIN(ARRAY)

有關 AMIN0、AMIN1 等均參閱 MIN

附錄 5-2-13 AND(I,J)

視同 IAND，參閱 14-1 小節的說明

附錄 5-2-14 ANINT(A, [,KIND])

說明：計算最接近整數的值。

類別：元素函式；通用。

引數：實數。KIND(opt)必須是一純量整數性質的表示。

結果：實數。若有設定 KIND 則依其指定的性質（精準度）表示。

若 A 大於零，ANINT(A)為 AINT(A + 0.5) 的值

若 A 小於零，ANINT(A)為 AINT(A − 0.5) 的值

特定名稱	引數型態	結果型態
ANINT	REAL(4)	REAL(4)
DANINT	REAL(8)	REAL(8)
QANINT	REAL(16)	REAL(16)

例如：A1 = AINT (2.468)　！A1 = 2.0

A1 = AINT (−2.68)　！A1 = −3.0

附錄 5-2-15　ANY(MASK[,DIM])

說明：判斷一陣列或部分陣列其中是否有任一個的元素值為真。

類別：轉換；通用。

引數：MASK 必須為邏輯陣列。

DIM(opt) 必須是一純量整數，其值為 1 到 n，n 是維度。

結果：邏輯純量或陣列。

如果 DIM 沒寫（就表示是 1 維），或 MASK 陣列只有一維，此時的結果為一純量。在 MASK 陣列中所有的元素有任一個為真，最後結果就是真。

例如：LOGICAL K1

K1 = ANY ((/.TRUE.,.TRUE.,FALSE./)　！K1=.TRUE.

以下為對陣列的表示：

$$A = \begin{bmatrix} 1 & 5 & 7 \\ 3 & 6 & 8 \end{bmatrix} \quad B = \begin{bmatrix} 0 & 5 & 7 \\ 2 & 6 & 9 \end{bmatrix}$$

ANY(A.EQ.B, DIM=1) 測試所有在陣列 A 與 B 的行上的元素是否有相同。此結果為(false, true, true)，因只有第一行不符合條件。

ALL(A.EQ.B, DIM=2) 測試所有在陣列 A 與 B 的列上的元素是否有相同。此結果為(true, true)，因兩列都至少有一個元素相同。

附錄 5-2-16　ASIN(X)

說明：產生 arcsine 的值（結果以徑度量計）。

類別：元素函式；通用。

引數：實數。其絕對值要小於等於 1。

結果：實數。範圍在 $-\pi/2$ 到 $\pi/2$

特定名稱	引數型態	結果型態
ASIN	REAL(4)	REAL(4)
DASIN	REAL(8)	REAL(8)
QASIN	REAL(16)	REAL(16)

例如：A1 = ASIN(0.79345)　! A1 = 0.916457

附錄 5-2-17　ASIND(X)

說明：產生 arcsine 的值（結果以角度量計）。

類別：元素函式；通用。

引數：實數。其絕對值要小於等於 1。

結果：實數。

特定名稱	引數型態	結果型態
ASIND	REAL(4)	REAL(4)
DASIND	REAL(8)	REAL(8)
QASIND	REAL(16)	REAL(16)

例如：A1 = ASIND(0.79345)　！A1 = 52.509098

附錄 5-2-18　ASINH(X)

說明：產生 hoyprbolic arcsine 的值。

類別：元素函式；通用。

引數：實數。

結果：實數。

特定名稱	引數型態	結果型態
ASINH	REAL(4)	REAL(4)
DASINH	REAL(8)	REAL(8)
QASINH	REAL(16)	REAL(16)

例如： A1 = ASINH(1.0)　　！ A1 = -0.88137

A1 = ASINH(180.0)　！ A1 = 5.88611

附錄 5-2-19　ASSOCIATED(POINTER[,TARGET])

說明：送回一指標引數的關聯狀態，指示它是否與一目標相關聯。

類別：詢問函式；通用。

引數：POINTER 為指標（可為任何資料型態）。

TARGET(opt) 為目標或一指標。

結果：為一邏輯純量。

如果只有 POINTER，若它與一目標相關聯就是真，否則是假。

如果 TARGET 也出現，則只有在 POINTER 與 TARGET 相關聯才是真；其他是假。

例題：REAL, TARGET, DIMENSION(1:10):: T1

REAL, POINTER,DIMENSION(:):: POINTER

POINTER => T1

PRINT*, ASSOCIATED(POINTER, T1) ! TRUE

NULLIFY(T1)

PRINT*, ASSOCIATED(POINTER, T1) ! FALSE

附錄 5-2-20 ATAN(X)

說明：產生 arctangent 的值（結果以徑度量計）。

類別：元素函式；通用。

引數：實數。

結果：實數。範圍在 $-\pi/2$ 到 $\pi/2$。

特定名稱	引數型態	結果型態
ATAN	REAL(4)	REAL(4)
DATAN	REAL(8)	REAL(8)
QATAN	REAL(16)	REAL(16)

例如：A1 = ATAN(1.58749) ! A1 = 1.008663

附錄 5-2-21 ATAND(X)

說明：產生 arctangent 的值（結果以角度量計）。

類別：元素函式；通用。

引數：實數。

結果：實數。

特定名稱	引數型態	結果型態
ATAND	REAL(4)	REAL(4)
DATAND	REAL(8)	REAL(8)
QATAND	REAL(16)	REAL(16)

例如：A1 = ATAND(1.58749)　! A1 = 57.79213925

附錄 5-2-22　ATANH(X)

說明：產生 hyperbolic arctangent 的值。

類別：元素函式；通用。

引數：實數。

結果：實數。

特定名稱	引數型態	結果型態
ATANH	REAL(4)	REAL(4)
DATANH	REAL(8)	REAL(8)
QATANH	REAL(16)	REAL(16)

例如：A1 = ATANH(-0.77)　! A1 = -1.02033

A1 = ATANH(0.5)　! A1 = 0.549306

附錄 5-2-23　ATAN2(Y, X)

說明：產生 arctangent的值（結果以徑度量計）。由非零的複數(X,Y)引數產生的值（principal value）。

類別：元素函式；通用。

引數：Y 為實數。

X 與 Y 相同資料型態與性質參數。不可為零。

結果：實數。範圍在 $-\pi$ 到 π。

若 Y > 0，結果為正

若 Y < 0，結果為負

若 Y = 0， 結果為零（如果 X>0），為 π（如果 X<0）

若 X = 0，結果的絕對值為 $\pi/2$

特定名稱	引數型態	結果型態
ATAN2	REAL(4)	REAL(4)
DATAN2	REAL(8)	REAL(8)
QATAN2	REAL(16)	REAL(16)

例如：A1 = ATAN2(2.679676, 1.0)　! A1 = 1.213623

$$A=\begin{bmatrix}1 & 1\\-1 & -1\end{bmatrix},\ B=\begin{bmatrix}-1 & 1\\-1 & 1\end{bmatrix},\ \text{ATAN2(A, B)}=\begin{bmatrix}0.75\pi & 0.25\pi\\-0.75\pi & -0.25\pi\end{bmatrix}$$

附錄 5-2-24　ATAN2D(Y, X)

說明：產生 arctangent 的值（結果以角度量計）。由非零的複數(X, Y)引數產生的值（principal vlaue）。

類別：元素函式；通用。

引數：Y 為實數。

X 與 Y 相同資料型態與性質參數。不可為零。

結果：實數。

若 Y > 0，結果為正

若 Y < 0，結果為負

若 Y = 0，結果為零（如果 X>0），為 π（如果 X<0）

若 X = 0，結果的絕對值為 $\pi/2$

特定名稱	引數型態	結果型態
ATAN2D	REAL(4)	REAL(4)
DATAN2D	REAL(8)	REAL(8)
QATAN2D	REAL(16)	REAL(16)

例如：A1 = ATAN2D(2.679676, 1.0)　! A1 = 69.53546

附錄 5-2-25　CEILING(A, [,KIND])

說明：送回一最小的大於或等於引數的整數值。

類別：元素函式；通用。

引數：實數。KIND(opt)必須是一純量整數性質的表示。

結果：實數。若有設定 KIND 則依其指定的性質（精準度）表示。

例如：A1 = CEILING(4.8)　! A1 = 5.0

A1 = CEILING (−2.3)　! A1 = −2.0

附錄 5-2-26　CHAR(I, [,KIND])

說明：送回一文字其在 ASCII 代碼中的指定位置。

類別：元素函式；通用。

引數：整數。KIND(opt)必須是一純量整數性質的表示。

結果：文字，其長度是 1。

特定名稱	引數型態	結果型態
	INTEGER(1)	CHARACTER
	INTEGER(2)	CHARACTER
CHAR	INTEGER(4)	CHARACTER

例如：CHARACTER A1

A1 = CHAR(76)　　! A1 = 'L'

附錄 5-2-27　CMPLX(X, [,Y] [,KIND])

說明：轉換一引數成複數型態。此函式不能用為真引數。

類別：元素函式；通用。

引數：X 為整數、實數、或複數。

Y 為整數或實數。若 X 為負數，此數不可出現。

KIND(opt)必須是一純量整數性質的表示。

結果：複數。若有設定 KIND 則依其指定的性質（精準度）表示。

例如：A1 = CMPLX(2.0)　　! A1 = (2.0,0.0)

A1 = CMPLX(4.0,3.0)　　! A1 = (4.0,3.0)

附錄 5-2-28　CONJG(Z)

說明：計算複數的 conjugate 值。

類別：元素函式；通用。

引數：複數。

結果：與引數同的型態。

特定名稱	引數型態	結果型態
CONJG	COMPLEX(4)	COMPLEX(4)
DCONJG	COMPLEX(8)	COMPLEX(8)
QCONJG	COMPLEX(16)	COMPLEX(16)

例如：A1 = CONJG((1.0, 2.0))　　! A1 = ((1.0, −2.0))

A1 = CONJG((1.0, −2.0))　　! A1 = ((1.0, 2.0))

附錄 5-2-29　COS(X)

說明：產生 cosine 值。結果以徑度表示。

類別：元素函式；通用。

引數：實數或複數。若 X 為複數，它的實數部分被視為徑度值。

結果：與引數相同的型態。

特定名稱	引數型態	結果型態
COS	REAL(4)	REAL(4)
DCOS	REAL(8)	REAL(8)
QCOS	REAL(16)	REAL(16)
CCOS	COMPLEX(4)	COMPLEX(4)
CDCOS	COMPLEX(8)	COMPLEX(8)
CQCOS	COMPLEX(16)	COMPLEX(16)

例如：A1 = COS(2.0)　! A1 = −0.4161468

附錄 5-2-30　COSD(X)

說明：產生 cosine 值。結果以角度表示。

類別：元素函式；通用。

引數：實數。為角度值。

結果：實數。

特定名稱	引數型態	結果型態
COSD	REAL(4)	REAL(4)
DCOSD	REAL(8)	REAL(8)
QCOSD	REAL(16)	REAL(16)

例如：A1 = COSD(0.68)　! A1 = 0.99992957

附錄 5-2-31　COSH(X)

說明：產生 hyperbolic cosine 值。

類別：元素函式；通用。

引數：實數。

結果：實數。

特定名稱	引數型態	結果型態
COSH	REAL(4)	REAL(4)
DCOSH	REAL(8)	REAL(8)
QCOSH	REAL(16)	REAL(16)

例如：A1 = COSH(2.0)　! A1 = 3.762196

附錄 5-2-32　COTAN(X)

說明：產生 cotangent 值。結果以徑度表示。

類別：元素函式；通用。

引數：實數，不能為零，以徑度表示。

結果：實數。

特定名稱	引數型態	結果型態
COTAN	REAL(4)	REAL(4)
DCOTAN	REAL(8)	REAL(8)
QCOTAN	REAL(16)	REAL(16)

例如：A1 = COTAN(0.6)　! A1 = 1.461696

附錄 5-2-33　COTAND(X)

說明：產生 cotangent 值。結果以角度表示。

類別：元素函式；通用。

引數：實數，以角度表示。

結果：實數。

特定名稱	引數型態	結果型態
COTAND	REAL(4)	REAL(4)
DCOTAND	REAL(8)	REAL(8)
QCOTAND	REAL(16)	REAL(16)

例如：A1 = COTAND(0.6)　！A1 = 95.48947

附錄 5-2-34　COUNT(MAXK, [,DIM])

說明：計算在一陣列或一指定維度的陣列中元素為真的數目。

類別：轉換函式；通用。

引數：MASK 必須為邏輯陣列。

DIM 為一純量整數表示，其範圍為 1 到 n，n 是其維度。

結果：整數。

如果 DIM 沒寫（就表示是一維），或 MASK 陣列只有一維，此時的結果為一純量。

例如：I = COUNT((/.TRUE.,.FALSEL.,.TRUE./))　！I = 2

$$A=\begin{bmatrix}1 & 1\\ -1 & -1\end{bmatrix}，B=\begin{bmatrix}-1 & 1\\ -1 & 1\end{bmatrix}$$

COUNT(A.NE.B.DIM=1)　測試所有在陣列 A 與 B 的行上的元素是不相同

的數目。此結果為(1, 1)，因各行中有一個元素不相同。

ALL(A.NE.B.DIM=2)　測試所有在陣列 A 與 B 的列上的元素是不相同的數目。此結果為(1, 1)，因各列中有一個元素不相同。

附錄 5-2-35　CPU_TIME(TIME)

說明：送回一與處理器相關的處理時間，單位是秒。

類別：常用副計畫。

引數：必須為純量實數。它的引數是 INTENT(OUT)。

結果：送回處理時間。若為負數表示無法得到結果。

例如：REAL TIMEB, TIMEO

```
..
CALL CPU_TIME(TIMEB)    ！可視為開始的時間
..
CALL CPU_TIME(TIMEO)    ！可視為結束的時間
```

附錄 5-2-36　CSHIFT(ARRAY, SHIFT [,DIM])

說明：對一維陣列執行循環的移位。

類別：轉換函式；通用。

引數：ARRAY 必須為一陣列。

SHIFT 一純量整數值或一陣列。若為正表示往左移位，為負表示往右移位。

DIM 為一純量整數表示，其範圍為 1 到 n，n 是其維度。

結果：一陣列。

如果 DIM 沒寫（就表示是 1 維）。

例如：INTEGER I1(4), I2(4)

I1=(/1, 2, 3, 4/)

```
I2=CSHIFT(I1, SHIFT=2)    ! I2 = (/3, 4, 1, 2/)
```

對陣列時如下：

$$A=\begin{bmatrix}1 & 2 & 3\\4 & 5 & 6\\7 & 8 & 9\end{bmatrix}\quad \text{CSHIFT(A, SHIFT=1, DIM=2)}\quad B=\begin{bmatrix}2 & 3 & 1\\5 & 6 & 4\\8 & 9 & 7\end{bmatrix}$$

附錄 5-2-37　DATE(BUF)

說明：送回在系統內的目前日期。（注意此函式用兩位數字表示年份）

類別：常用副計畫。

引數：BUF 為 9-byte 變數、陣列、陣列變數、或文字串。

結果：送回日期，格式為 dd-mm-yy。

dd　為兩位數的數字

mm　為三位數的文字

yy　為兩位數的數字

例如：

```
CHARACTER*9 DAY(9)
..
CALL DATE(DAY)
..
CALL CPU_TIME(TIMEB)    ！可視為開始的時間
..
CALL CPU_TIME(TIMEO)    ！可視為結束的時間
```

附錄 5-2-38　DATE_AND_TIME([DATE] [,TIME] [,ZONE], [,VALUES])

說明：送回在系統內的目前日期與時間。

類別：常用副計畫。

引數：DATE(opt)：至少八個文字，以 CCYYMMDD 表示

CC　表示紀元

YY　表示年份

MM　表示月份

DD　表示日期

TIME(opt)：至少十個文字，以 hhmmss.sss 表示

hh　表示小時

mm　表示分鐘

ss　表示秒鐘

sss　表示千分之一秒鐘

ZONE(opt)：至少五個文字，以 ±hhmm 表示，表示與國際標準時間的差別

hh　表示小時

mm　表示分鐘

VALUES(opt)：一維整數陣列，有八個值。

VALUE(1)：四個數字表示年份

VALUE(2)：月份

VALUE(3)：日期

VALUE(4)：與國際標準時間的差別，以分鐘計

VALUE(5)：一天的小時（0～23）

VALUE(6)：分鐘（0～59）

VALUE(7)：秒鐘（0～59）

VALUE(8)：千分之一秒鐘（0～999）

附錄 5-2-39　DBLE(X)

說明：轉換一數成雙精準度實數。

類別：元素函式；通用。

引數：必須為整數、實數、或複數。

結果：雙精準度實數。若引數為負數時，只取實數部分。

附錄 5-2-40　DCMPLX(X[,Y])

說明：轉換一引數成雙精準度複數。此函式不可為真引數。

類別：元素函式；通用。

引數：X 須為整數、實數、或複數。

Y 為整數、實數。當 X 為負數時，Y 不能存在。

結果：雙精準度複數。

例如：COMPLEX*16　A1

A1 = DCMPLX(3.0)　! A1 = (3.0,0.0)

附錄 5-2-41　DFLOAT(A)

說明：轉換整數成雙精準度實數。

類別：元素函式；通用。

引數：整數。

結果：雙精準度實數。

特定名稱	引數型態	結果型態
	INTEGER(1)	REAL(8)
DFLOATI	INTEGER(2)	REAL(8)
DFLOATJ	INTEGER(4)	REAL(8)
DFLOATK	INTEGER(8)	REAL(8)

例如：A1 = DFLOAT (−6)　! A1 = −6.0

附錄 5-2-42 DIGITS(X)

說明：計算一引數有效的位數。

類別：詢問函式；通用。

引數：可為整數或實數，它可以是純量或陣列。

結果：一純量整數。

例如：REAL(4) X

I1 = DIGITS(X) ！I1 = 24

附錄 5-2-43 DIM(X,Y)

說明：送回兩數的差。

類別：元素函式；通用。

引數：為整數或實數。

結果：為 X−Y 的結果，若為負值則以零表示。

特定名稱	引數型態	結果型態
BDIM	INTEGER(1)	INTEGER(1)
IIDIM	INTEGER(2)	INTEGER(2)
IDIM	INTEGER(4)	INTEGER(4)
KIDIM	INTEGER(8)	INTEGER(8)
DIM	REAL(4)	REAL(4)
DDIM	REAL(8)	REAL(8)
QDIM	REAL(16)	REAL(16)

例如：I1 = DIM(6, 3) ！I1 = 3

A = DIM(2.0, 5.0) ！A = 0.0

附錄 5-2-44　DOT_PRODUCT(VECTOR_A, VECTOR_B)

說明：執行一數值或邏輯陣列的相乘積。只對一維陣列。

類別：轉換函式；通用。

引數：VECTOR_A　可為一維的整數、實數、複數、或邏輯陣列。

VECTOR_B　與前面 VECTOR_A 同大小的一維陣列。

結果：一純量數值或邏輯。計算方式如下：

—若 VECTOR_A 是整數或實數，其結果是：

SUM(VECTOR_A * VECTOR_B)

—若 VECTOR_A 是複數，其結果是：

SUM(CONJG(VECTOR_A) * VECTOR_B)

— 若 VECTOR_A 是邏輯，其結果是：

ANY(VECTOR_A.AND.VECTOR_B)

例如：I1 = DOT_PRODUCT((/1, 2, 3/), (/3, 4, 5/))　！I1 = 26

L = DOT_PRODUCT((/.TRUE.,.FALSE./), (/.FALSE.,.TRUE./))

L 為 .FALSE.

附錄 5-2-45　DPROD(X,Y)

說明：產生雙精準度的結果。它是一特定函式，沒有通用函式與它相關聯。它不能用為真引數。

類別：元素函式；特定。

引數：為實數。

結果：為雙精準度，值為 X*Y。

例如：A1 = DPROD(3.0, −2.0)　！A1 = −6.0

附錄 5-2-46　DREAL(A)

說明：轉換在雙精準度複數的實數部分成為雙精準度實數。

類別：元素函式；特定。

引數：必須為雙精準度複數。

結果：雙精準度實數。

例如：A1 = DREAL((3.0D0, -4.0D0))　！A1 = 3.0D0

附錄 5-2-47　EOF(A)

說明：測試一檔案是否已經到最後的紀錄。它是一特定函式，沒有通用函式與它相關聯。它不能用為真引數。

類別：詢問函式；特定。

引數：為整數。為檔案的單元。

結果：為邏輯。

例如：
```
OPEN(1, FILE='TEST.DAT' )
DO WHILE(.NOT.EOF(1))
    …
    READ(1,*)…
END DO
```

附錄 5-2-48　EXIT([STATUS])

說明：結束程式的執行，關閉檔案，將執行權交回系統。

類別：常用副計畫。

引數：STATUS 為選擇性的引數，它可告知離開的狀況。

結果：離開程式的執行。

例如：CALL EXIT(200)

附錄 5-2-49　EXP(X)

說明：計算指數的結果。

類別：元素函式；通用。

引數：為實數或複數。

結果：結果與引數同，e^x。

特定名稱	引數型態	結果型態
EXP	REAL(4)	REAL(4)
DEXP	REAL(8)	REAL(8)
QEXP	REAL(16)	REAL(16)
CEXP	COMPLEX(4)	COMPLEX(4)
CDEXP	COMPLEX(8)	COMPLEX(8)
CQEXP	COMPLEX(16)	COMPLEX(16)

例如：A1 = EXP(2.0)　　! A1 = 7.389056

附錄 5-2-50　EXPONENT(X)

說明：送回一引數的指數部分。

類別：元素函式；通用。

引數：為實數。

結果：為整數。如果 X 不是為零，結果值是 X 的指數部分。指數必須是整數。如果 X 是為零，結果值是零。

例如：如果 2.0 與 4.1 均是 REAL(4)的值

I1 = EXPONENT(2.0)　　! I1 = 2

I1 = EXPONENT(4.1)　　! I1 = 3

附錄 5-2-51　FLOAT(A [,KIND])

視同「REAL」，請參閱該節說明。

附錄 5-2-52　FLOOR(A [,KIND])

說明：計算最大的整數，其小於或等於引數值。

類別：元素函式；通用。

引數：為實數。

KIND(opt) 必須是一純量整數性質的表示。

結果：為整數。

例如：I1 = FLOOR(5.3)　　　! I1 = 5

I1 = FLOOR (−5.3)　　　! I1 = −6

附錄 5-2-53　FRACTION(X)

說明：送回引數值的分離部分（fraction part）。

類別：元素函式；特定。

引數：為實數。

結果：結果的型態與引數同。結果的值為 $X \times b^{-e}$。

例如：如果 3.0 是以 REAL(4)表示

A1 = FRACTOIN(3.0)　　! A1 = 0.75

附錄 5-2-54　FREE(A)

說明：解除對一記憶體位置的配置。

類別：常用副計畫。

引數：為 REAL(4)。

例如：INTEGER*4 ADDRESS, SIZE

```
SIZE = 512                    ！將配置的記憶體容量，以 BYTE 為單元
ADDRESS = MALLOC(SIZE)   ！配置記憶體位置
CALL FREE(ADDRESS)         ！解除配置
```

附錄 5-2-55　HUGE(X)

說明：計算引數值模式中的最大可能的數字。

類別：詢問函式；通用。

引數：為實數或整數。

結果：結果的型態與引數同。

例如：INTEGER　I1

```
REAL　A1
INTEGER*2 I2
I1 = HUGE(I1)
I2=HUGE(I2)
A1=HUGE(A1)
WRITE(*,*) I1,I2,A1     ！2147483647, 32767, 3.4028235E+38
```

附錄 5-2-56　IACHAR(C)

說明：計算一文字在 ASCII 代碼中的位置。

類別：元素函式；通用

引數：為文字，長度是 1。

結果：為整數。

例如：I1 = IACHAR('X')　！I1 = 88

附錄 5-2-57　IARGPTR(　)

說明：對目前的程式中真引數串列送回一指標。

類別：詢問函式；通用。

引數：沒有。

結果：為 INTEGER(4)。

附錄 5-2-58　ICHAR(C)

說明：計算一文字在 ASCII 代碼中的位置。

類別：元素函式；通用。它不能用為真引數。

引數：為文字，長度是 1。

結果：為整數。

例如：I1 = IACHAR('X')　! I1 = 88

附錄 5-2-59　IDATE(I, J, K)

說明：送回三個整數數字，分別代表目前的月份、日期、與年份。

類別：常用副計畫。

引數：I 是月份，J 是日期，K 是年份。

結果：三個整數均以兩位數表示。

附錄 5-2-60　INDEX(STRING, SUBSTRING, [,BACK])

說明：在一字串中指出某一子字串的開始位置。

類別：元素函式；通用。

引數：STRING, SUBSTRING 均為字串。BACK 為邏輯。

結果：有下列兩種狀況：

1. BACK 沒出現（或為.FALSE.），所得的最小值 I 為
   STRING(I：I+LEN(SUBSTRING) − 1) = SUBSTRING
2. BACK 有出現（或為.TRUE.），所得最大值 I 為
   STRING(I：I+LEN(SUBSTRING) − 1) = SUBSTRING

例如：I1 = INDEX('FORTRAN' , 'O', BACK=.TRUE.)　！I1 = 2

I1 = INDEX('XXX', '0', BACK=.TRUE.)　！I1 = 0

I1 = INDEX('XYZ', ' ', BACK=.TRUE.)　！I1 = 4

附錄 5-2-61　INT(A, [,KIND])

說明：將一數字轉換成整數型態。

類別：元素函式；通用。

引數：A 為整數、實數、或複數。

KIND(opt) 必須是一純量整數性質的表示。

結果：為整數。

特定名稱	引數型態	結果型態
	INTEGER(1), INTEGER(2), INTEGER(4)	INTEGER(4)
	INTEGER(1), INTEGER(2), INTEGER(4)	
	INTEGER(8)	INTEGER(8)
IIFIX	REAL(4)	INTEGER(2)
IINT	REAL(4)	INTEGER(2)
IFIX	REAL(4)	INTEGER(4)
JFIX	INTEGER(1), INTEGER(2), INTEGER(4),	
(INT4)	REAL(4), REAL(8), COMPLEX(4), REAL(16),	
	COMPLEX(8), COMPLEX(16), INTEGER(8)	INTEGER(4)
KIFIX	REAL(4)	INTEGER(8)

KINT	REAL(4)	INTEGER(8)
INT	REAL(4)	INTEGER(4)
IIDINT	REAL(8)	INTEGER(2)
IDINT	REAL(8)	INTEGER(4)
KIDINT	REAL(8)	INTEGER(8)
IIQINT	REAL(8)	INTEGER(2)
IQINT	REAL(8)	INTEGER(4)
KIQINT	REAL(16)	INTEGER(8)
INT1	INTEGER(1), INTEGER(2), INTEGER(4), REAL(4), REAL(8), REAL(16), COMPLEX(4), COMPLEX(8), INTEGER(8), COMPLEX(16)	INTEGER(1)
INT2	INTEGER(1), INTEGER(2), INTEGER(4), REAL(4), REAL(8), COMPLEX(4), REAL(16), COMPLEX(8), COMPLEX(16), INTEGER(8)	INTEGER(2)
INT4	INTEGER(1), INTEGER(2), INTEGER(4), REAL(4), REAL(8), COMPLEX(4), REAL(16), COMPLEX(8), COMPLEX(16), INTEGER(8)	INTEGER(4)
INT8	INTEGER(1), INTEGER(2), INTEGER(4), REAL(4), REAL(8), COMPLEX(4), REAL(16), COMPLEX(8), COMPLEX(16), INTEGER(8)	INTEGER(8)

附錄 5-2-62　KIND(X)

說明：送回一資料的性質（kind）參數。

類別：詢問函式；通用。

引數：X 為任何內部型態。

結果：為整數。

例如：
```
INTEGER I1,I2,I3
REAL   A1
INTEGER*2   ICH
I1=KIND(ICH)
I2=KIND(2)          ！整數的內定性質參數為 4
I3=KIND(4.0)        ！實數的內定性質參數為 4
I4=KIND(A)
WRITE(*,*) I1, I2, I3, I4     ！2, 4, 4, 4
END
```

附錄 5-2-63　LBOUND(ARRAY [,DIM])

說明：送回一陣列（或一子陣列）的某維度的下限範圍。

類別：詢問函式；通用。

引數：ARRAY 為陣列。可定址陣列於定址記憶體之前不可使用。指標也不可。

DIM 為純量整數，其範圍是由 1 到 n ，n 是陣列的維度。

結果：為整數。有下列兩種狀況：

1. 若 DIM 有出現，結果為一純量。
2. 若 DIM 沒出現，結果為一陣列，各元素值對應於其維度。

例如：
```
INTEGER 2(10)
REAL ARRAY_1(1:10, 5:10)
REAL ARRAY_2(3:20, 7:10)
I2 = LBOUND(ARRAY_1)              ！I2 = 1, 5
I2 = LBOUND(ARRAY_1, DIM=2)       ！I2 = 5
```

附錄 5-2-64　LEN(STRING)

說明：送回一字串長度。

類別：詢問函式；通用。

引數：為字串，它可為純量或陣列值。

結果：為整數。

例如：CHARACTER*15　C(50)

　　　I1 = LEN(C)　！I1 = 15

附錄 5-2-65　LEN_TRIM(STRING)

說明：送回一字串長度，但不計文字後面的空白格。

類別：詢問函式；通用。

引數：為字串，它可為純量或陣列值。

結果：為整數。

例如：I1 = LEN_TRIM('△△△ABC△')　！△表示空白格，I1=6

附錄 5-2-66　LGE(STRING_A, STRING_B)

說明：對兩字串依據 ASCII 的次序決定其排序上是否前者大於或等於後者。

類別：元素函式；通用。

引數：為字串。

結果：為邏輯。由字串的第一個字（最左邊）開始比，若第一個字大於第二個字就送出「.TRUE.」，若是小於就送出「.FALSE.」。若相同就比第二個字，以此類推。如果兩字串每一個字均相同，就送出「.TRUE.」。

例如：LOGICAL A

A = LGE('TWO', 'THREE')　！A = .TRUE.

附錄 5-2-67　LGT(STRING_A, STRING_B)

說明：對兩字串依據 ASCII 的次序決定其排序上是否前者大於後者。

類別：元素函式；通用。

引數：為字串。

結果：為邏輯。由字串的第一個字（最左邊）開始比，如果第一個字大於第二個字就送出「.TRUE.」，如果小於時就送出「.FALSE.」。若相同就比第二個字，以此類推。如果兩字串每一個字均相同就送出「.FALSE.」。

例如：LOGICAL A

A = LGT('TWO', 'THREE')　！A = .TRUE.

附錄 5-2-68　LLE(STRING_A, STRING_B)

說明：對兩字串依據 ASCII 的次序決定其排序上是否前者小於或等於後者。

類別：元素函式；通用。

引數：為字串。

結果：為邏輯。由字串的第一個字（最左邊）開始比，若第一個字小於或等於第二個字就送出「.TRUE.」，大於時送出「.FALSE.」。如果相同就比第二個字，以此類推。如果兩字串每一個字均相同就送出「.TRUE.」

例如：LOGICAL A

A = LLE('TWO', 'THREE')　！A = .FALSE.

附錄 5-2-69　LLT(STRING_A, STRING_B)

說明：對兩字串依據 ASCII 的次序決定其排序上是否前者小於後者。

類別：元素函式；通用。

引數：為字串。

結果：為邏輯。由字串的第一個字（最左邊）開始比，如果第一個字小於第二個字就送出「.TRUE.」，如果大於時送出「.FALSE.」，若相同就比第二個字，以此類推。如果兩字串每一個字均相同就送出「.FALSE.」

例如：LOGICAL A

A = LLT('TWO', 'THREE')　！A = .FALSE.

附錄 5-2-70　LOG(X)

說明：計算自然對數值。

類別：元素函式；通用。

引數：為實數或複數。若是實數必須大於零。若是複數不可為零。

結果：結果的型態與引數同，約為 $\log_e X$。

如果引數是負數，結果值為 principal value 的虛數部分 ω，其範圍在 $-\pi<\omega<\pi$ 間。

特定名稱	引數型態	結果型態
ALOG	REAL(4)	REAL(4)
DLOG	REAL(8)	REAL(8)
QLOG	REAL(16)	REAL(16)
CLOG	COMPLEX(4)	COMPLEX(4)
CDLOG	COMPLEX(8)	COMPLEX(8)
CQLOG	COMPLEX(16)	COMPLEX(16)

例如：A1 = LOG(8.0)　! A1 = 2.079442

附錄 5-2-71　LOG10(X)

說明：計算通用對數（common logarithm）的值。

類別：元素函式；通用。

引數：為實數。必須大於零。

結果：結果與引數同，$\log_{10} X$。

特定名稱	引數型態	結果型態
ALOG10	REAL(4)	REAL(4)
DLOG10	REAL(8)	REAL(8)
QLOG10	REAL(16)	REAL(16)

例如：A1 = LOG10(8.0)　! A1 = 0.9030900

附錄 5-2-72　LOGICAL(L, [,KIND])

說明：轉換邏輯引數到不同性質參數的另一邏輯引數。

類別：元素函式；通用。

引數：為邏輯。

KIND(opt) 必須是一純量整數性質的表示。

結果：為邏輯。

例如：LOGICAL A

A = LOGICAL(L.OR..NOT.L)　! A=.TRUE.，用內定性質

A = LOGICAL(.FALSE.,2)　! A=.FLASE.，用內定性質

附錄 5-2-73　MALLOC(I)

說明：配置一記憶體空間。它沒有通用函式相關聯，不可用為真引數。

類別：元素函式；特定。

引數：為 INTEGER(4)。它的單位是字元。

結果：為 INTEGER(4)。

例如：
```
INTEGER*4 ADDRESS, SIZE
SIZE = 2048
ADDRESS = MALLOC(SIZE)    ! 配置記憶空間
CALL FREE(ADDRESS)        ! 解除配置
```

附錄 5-2-74　MATMUL(MATRIX_A, MATRIX_B)

說明：執行兩陣列相乘，此兩陣列可為數值或邏輯的值。

類別：轉換；通用。

引數：MATRIX_A 必須是一或二維陣列，為整數、實數、複數、邏輯。

MATRIX_B 必須與 MATRIX_A 可相乘的陣列。

結果：為陣列結果。

若陣列為數值型態，其結果為：

SUM((row i of MATRIX_A)*(column j of MATRIX_B))

若陣列為邏輯型態，其結果為：

ANY((row i of MATRIX_A).AND.(column j of MATRIX_B))

例如：$A=\begin{bmatrix}2 & 3 & 4\\ 3 & 4 & 5\end{bmatrix}$　$B=\begin{bmatrix}2 & 3\\ 3 & 4\\ 4 & 5\end{bmatrix}$

$$AB=\begin{bmatrix}29 & 38\\ 38 & 50\end{bmatrix}$$

附錄 5-2-75　MAX(A1, A2, [,A3…])

說明：由引數中的數值選出最大者。

類別：元素函式；通用。

引數：為整數或實數。

結果：為最大數。

特定名稱	引數型態	結果型態
	INTEGER(1)	INTEGER(1)
IMAX0	INTEGER(2)	INTEGER(2)
AIMAX0	INTEGER(2)	REAL(4)
MAX0	INTEGER(4)	INTEGER(4)
AMAX0	INTEGER(4)	REAL(4)
KMAX0	INTEGER(8)	INTEGER(8)
AKMAX0	INTEGER(8)	REAL(4)
IMAX1	REAL(4)	INTEGER(2)
MAX1	REAL(4)	INTEGER(4)
AMAX1	REAL(4)	REAL(4)
DMAX1	REAL(8)	REAL(8)
QMAX1	REAL(16)	REAL(16)

附錄 5-2-76　MAXLOC(ARRAY, [,DIM] [,MASK])

說明：選出在一陣列中最大值的元素位置；也可針對一部份元素。

類別：轉換函式；通用。

引數：ARRAY 為整數或實數的陣列。

DIM(opt) 為純量整數，其範圍是由 1 到 n ，n 是陣列的維度。

MASK(opt) 與 ARRAY 相容的邏輯陣列。

結果：為整數。

如果 DIM 沒有設定，則：

—結果的陣列為一維，它的大小就是引數陣列的維度。

—如果設定 MAXLOC(ARRAY) 結果陣列元素個別是引數陣列中每一維度元素的最大值的位置。

—如果設定 MAXLOC(ARRAY,MASK＝MASK) 結果陣列元素是引數陣列中所設定條件裡的最大元素值的位置。

例如：

I1 = MAXLOC((/2,6,3,6/))　　！I1 = 2, 出現最大值的第一個位置

$$A = \begin{bmatrix} 4 & 1 & -5 & 9 \\ 2 & 0 & -9 & 8 \\ 3 & 0 & 10 & 7 \end{bmatrix}$$

MAXLOC(A,MASK=A.LE.4)　！結果為 (1,1)

MAXLOC(A, DIM=1)　　！結果為 (1,1,3,1)，每行中最大值的位置

MAXLOC(A, DIM=2)　！結果為 (4,4,3)，每列中最大值的位置

附錄 5-2-77　MAXVAL(ARRAY, [,DIM] [,MASK])

說明：選出在一陣列中最大值的元素值；也可針對一部份元素。

類別：轉換函式；通用。

引數：ARRAY 為整數或實數的陣列。

DIM(opt) 為純量整數，其範圍是由 1 到 n ，n 是陣列的維度。

MASK(opt) 與 ARRAY 相容的邏輯陣列。

結果：為與引數資料型態。

如果 DIM 沒有設定，則：

—結果的陣列為一維，它的大小就是引數陣列的維度。

—如果設定 MAXVAL(ARRAY) 結果陣列元素個別是引數陣列中每

一維度元素的最大值。

—如果設定 MAXVAL(ARRAY, MASK=MASK) 結果陣列元素是引數陣列中所設定條件裡的最大元素值。

例如：

I1 = MAXVAL((/2, 6, 3, 6/))　! I1 = 6，最大值

$$A=\begin{bmatrix}4 & 1 & -5 & 9\\ 2 & 0 & -9 & 8\\ 3 & 0 & 10 & 7\end{bmatrix}$$

MAXVAL(A, MASK=A.LE.4)　! 結果為(4, 4)

MAXVAL(A, DIM=1)　! 結果為(4, 1, 10, 9)，每行中最大值

MAXVAL(A, DIM=2)　! 結果為(9, 8, 10)，每列中最大值

附錄 5-2-78　MIN(A1, A2, [,A3…])

說明：由引數中的數值選出最小者。

類別：元素函式；通用。

引數：為整數或實數。

結果：為最小數。

特定名稱	引數型態	結果型態
	INTEGER(1)	INTEGER(1)
IMIN0	INTEGER(2)	INTEGER(2)
AIMIN0	INTEGER(2)	REAL(4)
MIN0	INTEGER(4)	INTEGER(4)
AMIN0	INTEGER(4)	REAL(4)
KMIN0	INTEGER(8)	INTEGER(8)
AKMIN0	INTEGER(8)	REAL(4)
IMIN1	REAL(4)	REAL(2)
MIN1	REAL(4)	INTEGER(4)

AMIN1	REAL(4)	REAL(4)
DMIN1	REAL(8)	REAL(8)
QIMIN	REAL(16)	REAL(16)

附錄 5-2-79 MINLOC(ARRAY, [,DIM] [,MASK])

說明：選出在一陣列中最小值的元素位置；也可針對一部份元素。

類別：轉換函式；通用。

引數：ARRAY 為整數或實數的陣列。

DIM(opt) 為純量整數，其範圍是由 1 到 n ，n 是陣列的維度。

MASK(opt) 為與 ARRAY 相容的邏輯陣列。

結果：為整數。

如果 DIM 沒有設定，則：

—結果的陣列為一維，它的大小就是引數陣列的維度。

—如果設定 MAXLOC(ARRAY) 結果陣列元素個別是引數陣列中每一維度元素的最小值的位置。

—如果設定 MAXLOC(ARRAY, MASK=MASK) 結果陣列元素是引數陣列中所設定條件裡的最小元素值的位置。

例如：

I1 = MINLOC((/2, 6, 3, 6/)) ! I1 = 1，出現最小值的第一個位置

$$A=\begin{bmatrix} 4 & 1 & -5 & 9 \\ 2 & 0 & -9 & 8 \\ 3 & 0 & 10 & 7 \end{bmatrix}$$

MINLOC(A, MASK=A.LE.4) ! 結果為(2, 3)

MINLOC(A, DIM=1) ! 結果為(2, 2, 3, 3)，每行中最小值的位置

MINLOC(A, DIM=2) ! 結果為(3, 3, 2)，每列中最小值的位置

附錄 5-2-80　MINVAL(ARRAY, [,DIM] [,MASK])

說明：選出在一陣列中最小值的元素值；也可針對一部份元素。

類別：轉換函式；通用。

引數：ARRAY 為整數或實數的陣列。

DIM(opt) 為純量整數，其範圍是由 1 到 n ，n 是陣列的維度。

MASK(opt) 為與 ARRAY 相容的邏輯陣列。

結果：為與引數資料型態。

如果 DIM 沒有設定，則：

—結果的陣列為一維，它的大小就是引數陣列的維度。

—如果設定 MINVAL(ARRAY) 結果陣列元素個別是引數陣列中每一維度元素的最小值。

—如果設定 MINVAL(ARRAY, MASK=MASK) 結果陣列元素是引數陣列中所設定條件裡的最小元素值。

例如：

I1 = MINVAL((/2, 6, 3, 6/))　　! I1 = 2，最小值

$$A=\begin{bmatrix}4 & 1 & -5 & 9\\ 2 & 0 & -9 & 8\\ 3 & 0 & 10 & 7\end{bmatrix}$$

MINVAL(A, MASK=A.LE.4)　　! 結果為(−5)

MINVAL(A, DIM=1)　　! 結果為(2, 0, −9, 7)，每行中最小值

MAXVAL(A, DIM=2)　　! 結果為(−5, −9, 0)，每列中最小值

附錄 5-2-81　MOD(A,P)

說明：由引數中第一個數除以第二個數所得的餘數值。

類別：元素函式；通用。

引數：A 為整數或實數。

P 為與 A 相同的資料型態。

結果：與引數的資料型態同。A-INT(A/P)*P；如果 P 為零則結果未定。

特定名稱	引數型態	結果型態
BMOD	INTEGER(1)	INTEGER(1)
IMOD	INTEGER(2)	INTEGER(2)
MOD	INTEGER(4)	INTEGER(4)
KMOD	INTEGER(8)	INTEGER(8)
AMOD	REAL(4)	REAL(4)
DMOD	REAL(8)	REAL(8)
QMOD	REAL(16)	REAL(16)

例如：I1 = MOD (−10,6)　! I1 =−4

附錄 5-2-82　NEAREST(X,S)

說明：依處理器的能力選出第一引數值的最接近數字。第二引數為接近的方向。

類別：元素函式；通用。

引數：X 為實數。

S 為實數且非零。判斷接近的方向。

結果：為與引數的資料型態同。

例如：REAL A, B, C

A = 3.0

B = 2.0

C = NEAREST(A,B)　! C = 3 + 2^{-22}（約 3.0000002）

附錄 5-2-83　NINT(A, [,KIND])

說明：由引數中的數值選出最接近的整數值。

類別：元素函式；通用。

引數：為實數。

KIND(opt) 必須是一純量整數性質的表示。

結果：與引數相同的資料型態。

若 A 大於零，NINT(A) = INT(A+0.5)

若 A 小於或等於零，NINT(A) = INT(A−0.5)

特定名稱	引數型態	結果型態
ININT	REAL(4)	INTEGER(2)
NINT	REAL(4)	INTEGER(4)
IIDNNT	REAL(8)	INTEGER(2)
IDNINT	REAL(8)	INTEGER(4)
KIDNINT	REAL(8)	INTEGER(8)
IIQNINT	REAL(16)	INTEGER(2)
IQNINT	REAL(16)	INTEGER(4)
KIQNINT	REAL(16)	INTEGER(8)

例如：I1 = NINT(3.88)　　! I1 = 4

I1 = NINT (−3.88)　! I1 = −4

附錄 5-2-84　NULL([MOLD])

說明：當宣告一指標時，對它作初始化。

類別：轉換函式；通用。

引數：為一指標。

結果：如果 MOLD 出現，結果會與它有相同的資料型態。
　　　指標變成無關聯（disassociated）。
例如：REAL, POINTER:: PT1=>NULL( )

附錄 5-2-85　NUMBER_OR_PROCESSORS([DIM])

說明：判斷對程式可用的處理器數目。
類別：詢問函式；特定。
引數：為一指標。目前只能設定為 1。
結果：整數值。

附錄 5-2-86　PRESENT(A)

說明：送回一指示，其表示一選擇性的虛擬引數是否存在。
類別：詢問函式；通用。
引數：在目前程序上的選擇性引數。
結果：邏輯純量。若選擇性的虛擬引數是存在以「.TRUE.」表示。
例如：

```
SUBROUTINE CC(X,Y)
   REAL X,T
   REAL, OPTIONAL:: Y
   IF(PRESENT(Y)) THEN
      T = Y
      ELSE
      T = X
   END IF
END
CALL CC(10.0, 20.0)    ! 造成 T = 20.0
CALL CC(10.0)          ! 造成 T = 10.0
```

附錄 5-2-87　PRODUCT(ARRAY, [,DIM] [,MASK])

說明：送回在一陣列中所有元素的乘積，或對特定區段的陣列運作。

類別：轉換函式；通用。

引數：ARRAY 為整數或實數的陣列。

DIM(opt) 為純量整數，其範圍是由 1 到 n ，n 是陣列的維度。

MASK(opt) 為與 ARRAY 相容的邏輯陣列。

結果：為純量或陣列，與引數的資料型態相同。

如果 DIM 沒有設定或引數陣列的維度是 1，結果是一純量。

如果 DIM 沒有設定，則：

—結果設定PRODUCT(ARRAY)，結果是陣列中所有元素的乘積。若 ARRAY 的大小是零，結果是 1。

—如果設定 PRODUCT(ARRAY,MASK=MASK)，結果是由陣列元素個別對應 MASK 是「.TRUE.」者的乘積。

例如：PRODUCT((/1, 2, 3/))　　！結果是 1*2*3 = 6

$$A = \begin{bmatrix} 2 & 3 & 4 \\ 3 & 4 & 5 \end{bmatrix}$$

PRODUCT(A, DIM=1)　　！結果為各行的乘積(6, 12, 20)

PRODUCT(A, DIM=2)　　！結果為各列的乘積(24, 60)

附錄 5-2-88　RAN(I)

說明：送回 0 到 1 之間的一亂數。它是一特定函式，不可為真引數。它不是一單純函式（pure function），不可用在 FORALL 結構中。

類別：非元素函式；特定。

引數：INTEGER(4)的變數或陣列元素。它為一種子數（seed）。

結果：為實數 REAL(4)。

附錄 5-2-89 RANDOM_NUMBER(HARVEST)

說明：送回 0 到 1 之間的一亂數，或在陣列中的亂數數值。

類別：常用副計畫。

引數：HARVEST 必須為一實數。它是一 INTENT(OUT)引數，是一純量或一陣列變數。

例如：REAL A, B(2, 2)

CALL RANDOM_NUMBER(HARVEST=A) ！設定一虛擬亂數值

CALL RANDOM_NUMBER(B)

附錄 5-2-90 RANDOM_SEED([SIZE] [,PUT] [,GET])

說明：改變或詢問 RAND_NUMBER 函式的起始值。

類別：常用副計畫。

引數：只有一個引數可以設定。如果沒設定，一個根據日期與時間的亂數會被採用。三格可選擇性的引數如下：

SIZE：必須是一整數純量。微處理器用以為貯存 seed 的值，形式為 integer(N)。

PUT：一個一維的內定整數陣列 M>N，以重新設定起始值。

GET：一個一維的內定整數陣列 M>N，以取得目前起始值。

例如：

CALL RANDOM_SEED( ) ！由日期與時間重新設定亂數的起始值

CALL RANDOM_SEED(SIZE=M) ！設定 M 為 N

CALL RANDOM_SEED(PUT = SEED(1:M)) ！設定使用者的 SEED

CALL RANDOM_SEED(GET = OLD(1:M)) ！取得目前使用的 SEED

附錄 5-2-91　REAL(A, [,KIND])

說明：將一數轉換成實數型態。

類別：元素函式；通用。

引數：A 為整數、實數、或複數。

KIND(opt) 必須是一純量整數性質的表示。

結果：為實數。

特定名稱	引數型態	結果型態
	INTEGER(1)	REAL(4)
FLOAT1	INTEGER(2)	REAL(4)
FLOAT	INTEGER(4)	REAL(4)
	REAL(4)	REAL(4)
	COMPLEX(4)	REAL(4)
	COMPLEX(8)	REAL(8)
FLOATK	INTEGER(8)	REAL(4)
SNGL	REAL(8)	REAL(4)

附錄 5-2-92　SCAN(STRING, SET[,BACK])

說明：在一字串中比對一組字。

類別：元素函式；通用。

引數：STRING 為文字。

SET 為文字。

BACK(opt) 必須邏輯。

結果：為整數。

如果 BACK 不存在（或存在為假），在 STRING 字串中有一組與 SET 相同的文字時，結果就是最左邊的位置其符合上述條件。

如果 BACK 存在且為真，在 STRING 字串中有一組與 SET 相同的文字時，結果就是最右邊的位置其符合上述條件。

例如：I1 = SCAN('ABCDE', 'CD')　! I1 = 3

I1 = SCAN('ABCDE', 'CD', BACK=.TRUE.)　! I1=4

I1 = SCAN('ABCDE', 'EF')　! I1 = 0

附錄 5-2-93　SECNDS(X)

說明：以實數（秒為單位）提供系統的時間。

類別：元素函式；特定。

引數：REAL(4)。

結果：REAL(4)。它是由午夜起算的時間(秒為單位)，準確到 0.01 秒。

例如：T1 = SECNDS(0.0)　! 起算時間

..

T2 = SECNDS(T1)　! 總共花掉的時間

附錄 5-2-94　SIGN(A, B)

說明：送回一值，其是取 A 的絕對值乘上 B 的符號

類別：元素函式；通用。

引數：A 為實數或整數。

B 與 A 相同的資料型態。

結果：與 A 相同的資料型態。

若 B >= 0，結果為 |A|

若 B < 0，結果為 −|A|

特定名稱	引數型態	結果型態
BSIGN	INTEGER(1)	INTEGER(1)
IISIGN	INTEGER(2)	INTEGER(2)
ISIGN	INTEGER(4)	INTEGER(4)
KISIGN	INTEGER(8)	INTEGER(8)
SIGN	REAL(4)	REAL(4)
DSIGN	REAL(8)	REAL(8)
QSIGN	REAL(16)	REAL(16)

例如：T1 = SIGN (−1.0, 3.0)　! T1 = 1.0 起算時間

附錄 5-2-95　SIN(X)

說明：產生 sine 值。結果以徑度表示。

類別：元素函式；通用。

引數：實數或複數。

結果：與引數資料型態同。

特定名稱	引數型態	結果型態
SIN	REAL(4)	REAL(4)
DSIN	REAL(8)	REAL(8)
QSIN	REAL(16)	REAL(16)
CSIN	COMPLEX(4)	COMPLEX(4)
CDSIN	COMPLEX(8)	COMPLEX(8)
CQSIN	COMPLEX(16)	COMPLEX(16)

附錄 5-2-96　SIND(X)

說明：產生 sine 值。結果以角度表示。

類別：元素函式；通用。

引數：實數。

結果：與引數資料型態同。

特定名稱	引數型態	結果型態
SIND	REAL(4)	REAL(4)
DSIND	REAL(8)	REAL(8)
QSIND	REAL(16)	REAL(16)

附錄 5-2-97　SINH(X)

說明：產生 hyperbolic sine 值。

類別：元素函式；通用。

引數：實數。

結果：與引數資料型態同。

特定名稱	引數型態	結果型態
SINH	REAL(4)	REAL(4)
DSINH	REAL(8)	REAL(8)
QSINH	REAL(16)	REAL(16)

附錄 5-2-98 SIZE(ARRAY,[,DIM])

說明：送回一陣列中元素的數目，或對指定陣列的區段。

類別：詢問函式；通用。

引數：陣列。

DIM(opt) 為純量整數，其範圍是由 1 到 n ，n 是陣列的維度。

結果：整數。

若 DIM 不存在，對整個陣列計算元素的數目。

若 DIM 存在，對該維度陣列計算元素的數目。

例如：REAL B(2:4, −3:1)

```
I1 = SIZE(B)          ! I1 = 15
I1 = SIZE(B, DIM=2)   ! I1 = 5
```

附錄 5-2-99 SIZEOF(X)

說明：送回引數所使用的記憶體空間（byte 為單位）。它是一特定函式，沒有通用函式，不可用為真引數。

類別：詢問函式；特定。

引數：純量或陣列。不可為假設大小。

結果：整數 INTEGER(4)。

例如：

```
I1 = SIZEOF(5.1)          ! I1 = 4
I1 = SIZEOF('ABCDE')      ! I1 = 5
```

附錄 5-2-100 SQRT(X)

說明：計算引數的開根號值。

類別：元素函式；通用。

引數：實數或複數。

結果：與引數資料型態同。

特定名稱	引數型態	結果型態
SQRT	REAL(4)	REAL(4)
DSQRT	REAL(8)	REAL(8)
QSQRT	REAL(16)	REAL(16)
CSQRT	COMPLEX(4)	COMPLEX(4)
CDSQRT	COMPLEX(8)	COMPLEX(8)
CQSQRT	COMPLEX(16)	COMPLEX(16)

附錄 5-2-101　SUM(ARRAY, [,DIM] [,MASK])

說明：送回在一陣列中所有元素的和，或對特定區段的陣列運作。

類別：轉換函式；通用。

引數：ARRAY 為整數、複數或實數的陣列。

DIM(opt) 為純量整數，其範圍是由 1 到 n ，n 是陣列的維度。

MASK(opt) 與 ARRAY 相容的邏輯陣列。

結果：為純量或陣列，與引數的資料型態相同。

如果 DIM 沒有設定或引數陣列的維度是 1，結果是一純量。

如果 DIM 沒有設定，則：

—結果設 SUM(ARRAY)，結果是陣列中所有元素的和。

若 ARRAY 的大小是零，結果是零。

—如果設定 SUM(ARRAY, MASK=MASK)，結果是由陣列元素個別對應 MASK 是「.TRUE.」者的和。

例如：SUM((/1, 2, 3/))　！結果是 1+2+3 = 6

$$A = \begin{bmatrix} 2 & 3 & 4 \\ 3 & 4 & 5 \end{bmatrix}$$

SUM(A,DIM=1)　！結果為各行的加總(5, 7, 9)

SUM(A,DIM=2)　！結果為各列的加總(9, 12)

附錄 5-2-102　TAN(X)

說明：產生 tangent 值。結果以徑度表示。

類別：元素函式；通用。

引數：實數。

結果：與引數資料型態同。

特定名稱	引數型態	結果型態
TAN	REAL(4)	REAL(4)
DTAN	REAL(8)	REAL(8)
QTAN	REAL(16)	REAL(16)

附錄 5-2-103　TAND(X)

說明：產生 tangent 值。結果以角度表示。

類別：元素函式；通用。

引數：實數。

結果：與引數資料型態同。

特定名稱	引數型態	結果型態
TAND	REAL(4)	REAL(4)
DTAND	REAL(8)	REAL(8)
QTAND	REAL(16)	REAL(16)

附錄 5-2-104　TANH(X)

說明：產生 hyperbolic tangent 值。

類別：元素函式；通用。

引數：實數。

結果：與引數資料型態同。

特定名稱	引數型態	結果型態
TANH	REAL(4)	REAL(4)
DTANH	REAL(8)	REAL(8)
QTANH	REAL(16)	REAL(16)

附錄 5-2-105　TIME(BUF)

說明：送回系統目前的時間。

類別：常用副計畫

引數：BUF 為 8-byte 變數、陣列、陣列元素、或文字串。

結果：送回的結果為 hh:mm:ss

hh　為兩位數的小時

mm　為兩位數的分鐘

ss　為兩位數的秒鐘

例如：

```
CHARACTER*1    H(8)
CALL TIME(H)
```

附錄 5-2-106　TRIM(STRING)

說明：送回一引數將其最後的空白格取消。

類別：轉換函式；通用。

引數：文字串。

結果：文字串。

例如：TRIM('△MY△NAME△△')　！結果為'△MY△NAME'

附錄 5-2-107　UBOUND(ARRAY [,DIM])

說明:送回一陣列（或一子陣列）的某維度的上限範圍。

類別：詢問函式；通用。

引數：ARRAY 為陣列。不可為可定址陣列於配置記憶體之前。指標也不可。

DIM 為純量整數，其範圍是由 1 到 n ，n 是陣列的維度。

結果：為整數。有下列兩種狀況：

1. 若 DIM 有出現，結果為一純量。
2. 若 DIM 沒出現，結果為一陣列，各元素對應其維度結果。

例如：INTEGER 2(10)

REAL ARRAY_1(1:10, 5:11)

REAL ARRAY_2(3:20, 7:10)

I2 = UBOUND(ARRAY_1)　！I2 = 10, 10

I2 = UBOUND(ARRAY_1, DIM=2)　！I2 = 11

附錄 5-2-108 VERIFY(STRING, SET [,BACK])

說明：在一字串中比對一組字，指出第一個不同的字的位置。

類別：元素函式；通用。

引數：STRING 為文字。

SET 為文字。

BACK(opt) 必須邏輯。

結果：為整數。

如果 BACK 不存在（或存在為假），在 STRING 字串中有一組與 SET 相同的文字時，結果就是最左邊的不相同字的位置。

如果 BACK 存在且為真，在 STRING 字串中有一組與 SET 相同的文字時，結果就是最右邊的不相同字的位置。

例如：
```
I1 = VERIFY('ABCDE', 'CD')                ! I1 = 1
I1 = VERIFY('ABCDE', 'CD', BACK=.TRUE.)   ! I1=5
I1 = SCAN('ABCDE', 'EF')                  ! I1 = 0
```

附錄 5-2-109 XOR(I, J)

為位元運算函式，視同「IXOR」，參閱 14-2 節的說明。

附錄六

相容的屬性

一物件可以有多個屬性。以下的屬性是相容的：

屬性	相容的其他屬性
ALLOCATABLE	AUTOMATIC, DIMENSION, PRIVATE, PUBLIC, SAVE, STATIC, TARGET, VOLATILE
AUTOMATIC	ALLOCATABLE, DIMENSION, POINTER, TARGET, VOLATILE
DIMENSION	ALLOCATABLE, AUTOMATIC, INTENT, OPTIONAL, PARAMETER, POINTER, PRIVATE, PUBLIC, SAVE, STATIC, TARGET, VOLATILE
EXTERNAL	OPTIONAL, PRIVATE, PUBLIC
INTENT	DIMENSION, OPTIONAL, TARGET, VOLATILE
INTRINSIC	PRIVATE, PUBLIC
OPTIONAL	DIMENSION, EXTERNAL, INTENT, POINTER, TARGET, VOLA-TILE
PARAMETER	DIMENSION, PRIVATE, PUBLIC
POINTER	AUTOMATIC, DIMENSION, OPTIONAL, PRIVATE, PUBLIC, SAVE, STATIC, VOLATILE
PRIVATE	ALLOCATABLE, DIMENSION, EXTERNAL, INTRINSIC, PARA-METER, POINTER, SAVE,STATIC, TARGET, VOLATILE
SAVE	ALLOCATABLE, DIMESION, POINTER, PRIVATE, PUBLIC, STATIC, TARGET, VOLATILE
STATIC	ALLOCATABLE, DIMENSION, POINTER, PRIVATE, PUBLIC, SAVE, TARGET, VOLATILE
TARGET	ALLOCATABLE, AUTOMATIC, DIMENSION, INTENT, OPTIONAL, PRIVATE, PUBLIC,SAVE, STATIC, VOLATILE
VOLATILE	ALLOCATABLE, ATUOMATIC, DIMENSION, INTENT, OPTIONAL, POINTER, PRIVATE, PUBLIC, SAVE, STATIC, TARGET

附錄七

專有名詞

本附錄主要是對書中的英文與中文專有名詞予以對照並加以解釋。在英文名詞的翻譯與解釋上，作者不敢奢望一定是符合標準的 Intel Fortran 程式語言的定義，作者只是盡最大的努力來作這件事。有解釋不周甚或錯誤之處尚請不吝指教。

英文用語	中文名詞（解釋）
actual argument	**真引數**（一資料（來自變數、表示式、或程序）在呼叫程式指述的括號中，其將傳遞到被呼叫端的副程式的括號內的虛擬引數）
adjustable array	**可調整陣列**（在副程式的假引數中，它是一明確形式陣列）
aggregate reference	**聚合參考**（對結構紀錄（record structure）的參考）
Alias	**別名**（一物件名除本身的名稱外還有另一名稱供使用）
Allocatable array	**可定址陣列**（陣列有「ALLOCATABLE」的屬性）
Allocation	**配置，定址**（分配記憶體位置）
ANSI	**美國國家標準**（The American National Standards Institute）
Argument	**引數**（真或虛擬引數，為呼叫程式及被呼叫程式傳遞訊息方法之一）
Argument association	**引數關聯**（在程序執行中，真引數與虛擬引數對映關係）
Array	**陣列**（在一名稱下一組純量資料有相同的資料型態與性質參數）
Array expression	**陣列運算**（允許陣列如同純量一般的使用）
ASCII	**鍵盤代碼**（The American Standard Code for Information Interchange. 它有七位元的範圍存放 0 到 127 種文字符號）
Assignment	**指定**（將一資料設定給一名稱）
Assignment statement	**指定指述**（等號把右邊表示式的值存放到等號左邊變數的記憶體位置）
Associate	**關聯，結合**（不同範圍單元（scoping unit）的實體予以互相引用或參考）
Assumed-shape array	**假設形式陣列**（一虛擬引數陣列它假設與關聯的實際引數陣列的形式相同）

Asynchronous **非同步**（在電腦的處理，兩或多件事不同時發生或執行）

Attribute **屬性**（資料物件的特性，它是在資料型態宣告指述中設定）

Automatic array **自動陣列**（在副程式中的區域變數，它屬於明確形式陣列。它的陣列極限範圍是在程序進入此程式中才決定）

Automatic object **自動物件**（一區域資料物件它在進入副程式時產生，離開時消失。自動物件不是一虛擬引數，但它是由一非常數的指定表示式來宣告）

Binary constant **二進位常數**（以二進位方式（0與1）表示的常數並以引號刮起來前面加B）

Blank common **不具名共用區**（沒有具名的COMMON指述）

Block **塊狀區、區段**（一組相關項目被視為一實體單元來處理。例如一組結構體（construct）或指述可組合成一工作（task）供一併處理）

Boolean **布林**：指邏輯（真、假）的特性。程式語言中，以整來表示布林值，通常用「0」表示「假」，以不是零表示「真」。

Bound **極限**（陣列維度上的元素範圍，如下限（lower bound）為最低限範圍）

Branch **轉位，分支**（程序的分開處）

Character set **文字組**（表示程式中的一名稱）

Character string **文字串**（一系列的連續文字）

Comment **註解**（一些文字用以解釋或說明程式）

Common block **共用區段**（供一或多程式共用的實體貯存記憶空間，以COMMON指述）

Component **元件、組件**（一導出型態的一部份。組成較大系統或結構的各部門）

Concatenate **序連**（按照次序連結在一起，如兩文字串的結合用「//」符號）

Conformable **一致性的**（兩陣列具有相同的形式，它們的維度、極限、範圍均同）

Constant **常數**（一資料物件在程式執行過程中不可改變，它有常數及具名常數）

Construct	**結構體**（一系列的指述以 DO、CASE IF、IF、WHERE、或 FORALL 指述開頭，以特定的指述為結尾，如 END DO, END IF, END WHERE 等）
Control statement	**控制指述**（一指述可改變正常的由上而下的執行次序）
Data entity	**資料實體**（一資料物件其具有一資料型態。它是一表示式的計算結果，或為一引用函式的執行結果）
Data item	**資料項目**（資料內可以處理的一單元。含常數、變數、陣列、文字串、或紀錄）
Data object	**資料物件**（一常數、變數、或常數的子物件）
Data type	**資料型態**（一可用以描述資料與函式的性質與內部表示。每一內部與導出資料型態有一名稱、一組運算子、一組值、及一種方法以在程式裡表示它們的值。基本的內部資料型態有整數、實數、複數、邏輯、和文字等）
Default	**預設值**（不經使用者設定，程式在執行之前已先給一些固定資料到變數上），或稱為**內定值**
Deferred	**延緩**（在程式執行時才設定）
Deferred shape array	**延緩型態陣列**（為一陣列指標或一可定址陣列。陣列的大小是在指標設定或陣列定址時才決定）
dereferencing	**解參照**（程式設計中，從指標包含的位置內存取資料）
Derivated type	**導出型態**（使用者自訂的資料型態而不是內定）
Descriptor	**描述符**（在訊息檢索中的一個字，它可用為關鍵字以識別資料）
Designator	**指示者**（一子物件的引用名稱。一指示者為一物件的名稱接著就是子物件的選擇；如 A(1)是一陣列元素的指示者。）
Dimension	**陣列形式**（一陣列所能包括的向量，向量的數目稱為維度（rank））
Dummy argument	**虛擬引數**（在副程式的名稱之後括號中的變數）
Dummy procedure	**虛擬程序**（虛擬引數被設定為一程序或一程序的參考）
Dynamic allocation	**動態配置**（在程式執行期間，對程式進行記憶體的配置。對不須再利用的配置會隨時被解除。）

Entity	**實體**（為一般性的名稱，如一常數、一變數、一程式單元、一指述標籤、一共用區段、一結構體、或一輸入輸出單元等等）
Entry	**條目，登錄**（系統當成一整體來處理的資訊單元）
Entry point	**進入點**（程式單元開始之處）
Escape character	**逸出字元**
Escape code	**移植碼**（用以表示在資料中後續的字元不能以正常方式來處理的字元或字串列。移植碼是以反斜線「\」字元來代表）
Executable construct	**可執行結構體**（CASE、DO、IF、WHERE 和 FORALL 等均是）
Executable program	**可執行程式**（一組程式單元包括唯一的主要程式）
Executable statement	**可執行指述**（一指述其可執行一動作、或控制計算的指令）
Explicit-shape array	**明確型態陣列**（一陣列的維度、極限範圍等均已在宣告陣列時設定了）
Expression	**表示式**（一資料的參考或計算，由運算元、運算子及括號所組成）
Extend	**範圍**（陣列中某一維度的範圍）
External file	**外部檔案**（相對於執行程式，一存在外部媒體的連續紀錄）
External procedure	**外部程序**（一程序包括在外部副程式中。外部程序可以分享資訊（如原始檔、共用區段、和在模組中的公用資料）和可獨立使用其他的程序與程式單元）
Form	**格式、表單**（描述某種語言語法的媒介語言。保留一空間以便輸入資料）
Format	**格式**（一資料的特別安排方式）
Formatted data	**格式化的資料**（以格式化的輸入輸出指述將資料寫入檔案中）
Function	**函式副計畫**（包括一系列的指述並處理運算以得到一值供呼叫的程式運用）
Function reference	**函式引用**（用在一表示式以引動一函式，它包括函式名稱及真引數）

Function result	**函式結果**（一執行或呼叫副程式所產生的結果。在函式副計畫中，用「RESULT」指述來取得此與函式名稱不同。它必須用在遞回函式。）
Generic	**通用的**（它的相對就是特定的）
Generic identifier	**通用的識別符號**。一個通用性（generic）的名稱、運算子、或指定為在「INTERFACE」指述中所設定，它們與在介面區段中的所有敘述相關聯。此亦稱為通用的說明（generic specification）。
Generic name	**通用的名稱**。（在它的名下含有若干個獨立的特定名稱程式單元）
Global entity	**全域的實體**（一實體（程式單元、共用區段、及外部程序等）在可執行程式中的任何一處均可以同樣的方法去應用）
Host	**主體、主體服務**（一主程式、副程式其包含一內部程序、或包含模組程序的模組）
Implied DO loop	**隱含 DO 迴路**
Implicit interface	**隱含的介面**（一程序介面的性質（如名稱、屬性、程序的引數等）在呼叫程式中還未確定，必須用假設的）
Index	**指標**（為 DO 迴路的計值變數、或一內部函式設定在一字串中的子字串的開始位置）
Initialize	**初始化**（設定初始值給一變數）
Instruction	**指令**（程式中的行動敘述。大部分的程式語言是由兩種敘述的型態所組成，一是宣告 declaration），另一是指述（statement））
INTENT	**意向**（一不是指標或程序的假引數的屬性。它決定是否要由這引數傳送資料給程序。）
Interface block	**介面區段**（一系列的指述它們以「INTERFACE」指述為開始，並以「ENDINTERFACE」指述為結束）
Interface body	**介面體**（在介面區段的一系列指述，它們以「FUNCTION」或「SUBROUTINE」為開始，以「END」為結束的指述）
internal file	**內部檔案**（指定的內部貯存空間以存放程式中的變數與資料。內部檔案可以是一文字變數、文字陣列元素、或文字串、文字陣列等等。一般而言， 內部檔案包含一筆記錄。）

internal procedure	**內部程序**（一包含在內部副程式的程序。內部程序（出現在「CONTAINS」與「END」間的指述）是主體程式的一部份。）
Intrinsic	**內部的**（指編譯軟體可提供的實體—如函式或程序等）
Invoke	**引動**（代表命令和副程式的呼叫或啟動）
Kind	**性質**（指在記憶體所佔的空間大小）
Kind type parameter	**性質型態參數**（指固有資料型態的範圍。對實數或複數而言，它也表示為精準度。若沒有指定性質型態參數，那就用預設值。）
Label	**標籤**（一整數，為一到五位數，用以供識別一指述。如用在「FORMAT」或其他分支目標指述前標示的數字就是它們的標籤）
List	**串列**（一群資料）
Local entity	**區域實體**（一實體其只能用在副程式內。如 ENTRY。）
Logical expression	**邏輯表示式**（一整數、邏輯常數、變數、函式值、或其它常數的表示式，它們可以用邏輯運算或關連式結合起來）
Loop	**迴路**（一組指述可以重複的執行）
Main program	**主程式**（一程式單元包括「PROGRAM」指述。當程式執行時，它是第一個接受控制的程式單元）
Mask	**遮罩，遮蔽**（在經運算後能保留或移除特定資料位元的一個二進位數值）
Module	**模組**（一程式單元其包括一些規格的設定以供其他的程式單元使用。模組可用「USE」指述來引用。）
Module procedure	**模組程序**（一常用副計畫或函式副計畫被包含在模組副程式中。在主體模組中模組程序出現於「CONTAINS」與「END」指述間）
Module subprogram	**模組副程式**（包含在模組內的副程式）
Name	**名稱**（在 Fortran 程式中用以識別一實體，如一變數、一函式結果、共用區、具名常數、程序、程式單元、具名列示群、或虛擬引數等等）
Namedlist-direct formatted	**具名直接列示格式**

Operand **運算元**（數學運算或電腦指令的元件，如 I.NE.Q 中 I 與 Q 是運算元）

Operation **運算**（在電腦執行程式的過程中的一特定動作）

Operator **運算子**（用以標示一或多個元素之運算動作的記號或其它字元）

Overflow **溢位**（指輸入或處理後的所需資料貯存空間大於所提供者由此所發生的錯誤）

Pointer **指標**（一資料物件有「POINTER」屬性。指標本身不含資料，它指向一含資料的純量或陣列變數，這些被指向的變數稱為目標（target）。）

pointer association **指標關聯**（一指標要與一貯存空間相關聯必須借用一目標）

precision **精準度**（貯存數字資料的可用空間）

Private **專用**（一些資料只能在一程式單元中使用，不能被其它外面程式使用）

Procedure **程序**（在執行程式時會被引動的計算。它可以是一常用副計畫或函式副計畫、一內或外部程序、一虛擬或模組程序、或一指述函式等。）

procedure interface **程序介面**（一群指述用以設定一程序的名稱及特性、每一虛擬引數的名稱與屬性、程序可以被運用的識別等）。如果呼叫的程式都以確認這些性質，此程序介面稱為明確的（explicit），否則是隱含的（implicit）。

Program **程式**（一些指令可以被編譯與執行。程式區段（program block）包括了宣告與執行區段）

program section **程式區段**（為一特定的子程式包括的等義群體所設定的一特別的共用區段或資料區的部分）

program unit **程式單元**（一可執行程式的基本元件。一系列的指述與註解可以是一主程式、一程序、一外部程式、或一塊狀資料的程式單元）

Pure procedure **純程序**（只有對動態配置（通常在堆疊上）之資料進行修改的程式程序。純程序不能修改全域資料或自己本身的程式碼）

Rank	**維度**（指陣列的向量數目）
Record	**紀錄**（它可以是： ⑴在一檔案中的一組邏輯相關的資料項目，它被視為一個單位來處理。 ⑵結構宣告中對一或多個資料項目組成一群以「RECORD」指述來設定。）
Recursion	**遞回**（屬於一常用副計畫或函式副計畫，它可以直接或間接的引用自己）
Register	**暫存器**（在處理器內之高速記憶體的空間，它用以保存資料以供特殊用途）
Reference	**參考，參照，引用**（它可能為下列三種狀況之一： ⑴對一資料物件，出現它的名稱、指示者、或一關聯的指標需要此物件的值。當一物件被引用，它必須設定。 ⑵對一程序，它出現名稱、運算子符號、或設定符號以導致這程序會被執行。程序的引用又被稱為呼叫（calling）或引動（invoking）一程序。 ⑶對一模組，它的名稱出現在「USE」指述中）
Routine	**子程式**（又稱**副程式**，為任何程式碼的一部份，它能在一程式內被執行。）
Scalar	**純量**（一資料型態的維度是零者。一單一數值的因數、係數或變數）
Scope	**範圍**（指一識別碼的使用範圍，它可是全域性或區域性。）
Scope unit	**範圍單元**（在程式內的一部份內它具有意義。它可能： ⑴一程式或副程式單元。 ⑵一導出型態定義。 ⑶一程序介面體。）
Sequence	**循序**（依照順序）
Sequential	**循序的**
Shape	**形式**（指陣列，為陣列的維度與範圍的表示）
Share memory	**共享記憶體**
Size	**大小**（在陣列中總共有多少元素）

Specification statement	**說明指述**（為不可執行指述，它提供原始程式碼對資料的資訊。如定址或初始化變數、陣列、紀錄、結構、和一些程式要使用到的名稱的特性等等。）
Stack storage area	**堆疊記憶區**（保留記憶區可供程式儲存狀態與變數的地方，可能的狀態變數有：程序、函數呼叫的位址、傳遞的參數和某些區域變數等）
Statement	**指述**（程式中最小可執行的實體。如分號「；」可用以表示連續列。指述可分成可執行與不可執行兩種。）
statement function	**指述函式**（在一程式單元中，由單一指述定義一在該程式中的計算程序）
Static	**靜態的**。在資訊處理中，靜態的是指固定的或預先決定的狀態。
Static allocation	**靜態配置**（通常在程式開始啟動時會執行第一次的定址與貯存記憶體的動作，此稱為靜態配置。記憶體允許在程式執行其間在行定址，但在結束程式的執行之前不會解除這些定址。）
Static storage area	**靜態記憶區**（通常留給快取記憶體用）
Static variable	**靜態變數**（在整個程式的執行過程中，一變數它的記憶體配置都不變。）
Storage association	**關聯貯存**（兩貯存單元相關。如在用「COMMON」或「EQUIVALENCE」指述。對於模組、指標、可配置陣列、和動態陣列，「SEQUENCE」指述可定義在結構體的貯存次序。）
Stride	**增量**（對下標值的增量。）
String	**字串**（由字元所組成的一串列資料結構。）
Structure	**結構**（它可能是：(1)導出型態的一純量資料物件；或(2)一聚合實體其包含子結構或元件。）
Subobject	**子物件**（資料物件的一部份，它可被單獨的參考引用或設定。）
Subprogram	**子程式**（一個由使用者所寫的副程式，它可被其他程式單元所引動以執行特定的工作。）

Subroutine　**常用副計畫**（一程序可以為原呼叫程式回傳一些值。它是被其他程式單元以「CALL」指述引動。）

Subscript　**下標，註標**（可對陣列中各別元素位置的標註）

Subscript triplet　**三連項標註**。指對陣列或迴路的控制時所設定的起始值、終值、與增量等三項。由此可標定元素的個數與範圍。

Target　**目標**（一與指標關聯的具名資料物件。一目標在資料型態宣告時有「TARGET」的屬性。）

Truncation　**截尾**（可為：
⑴一種近似一數值的方式它保留整數部分去掉小數。
⑵一種由左而右移動文字串中的字的方式。）

Type　**型態**（在程式設計中是指變數的本質，如資料型態是整數、實數、等等）

Type declaration statement　**型態宣告指述**（一非執行指述，它可對一或多個變數設定資料形態，如「INTEGER」、「REAL」、「COMPLEX」、「CHARACTER」等等。）

Type parameter　**型態參數**（設定一內定資料型態。型態參數有性質與長度兩種。性質型態參數用以設定資料佔記憶體的容量，如有多少字元大小。長度是針對字串的長度而言，其實那也是表示有多少字元大小）

Unary　**一元**。以一個單一運算元來運算的數學表示法。

Unary operator　**單元運算子**（只有一個運算元的運算子，如「.NOT.」單元運算子在式子.NOT.(A.GT.B)中，-5.0 其最前的「－」也可說是一單元運算子）

Underflow　**短值**（指一錯誤的條件，其發生於數值運算所產生的結果小於資料型態所允許的最小值，如此引致錯誤的結果）

Unformatted data　**非格式化資料**（資料以非格式化的指述寫入一檔案）

Use association　**使用關聯**（是一種運作，它把在模組中的實體改成可讓其他範圍單元也可使用。它是用「USE」指述）

Variable　**變數**（一存在記憶體中的資料物件，它可隨著程式的執行而改變其值。一變數可為具名資料物件、一陣列元素、一陣列區段、一結構部分等等。）

Variable format expression　**變數格式表示**（一數值表示以雙角號「<>」表示，它用在格式「FORMAT」指數中。）

Vector subscript　**向量標註**（一組一維陣列的整數值用以當成一區段的標註以由一陣列中挑選出特定的元素。）

Von Newmann　**范紐曼**，他提出一種內儲存式的電腦，至今仍用。

附錄八

詢問檔的選項

詢問檔案指令「INQUIRE」中可查詢的資料很多，如下：

指　令	說　明	第一頁
ACCESS = acc	acc：文字變數，為	
	'SEQUENTIAL' 如果連接連續檔案〈內定〉	
	'DIRECT' 如果連接直接檔案	
	'UNDEFINED' 如果檔案位連接	
	'STREAM' 串聯連續檔案	
ACTION = act	act：文字變數，為檔案的狀態	
	'READ' 只連接讀入檔	
	'WRITE' 只連接輸出檔	
	'READWRITE' 連接讀入及輸出檔	
	'UNDEFINED' 未連接	
ASYNCHR-ONOUS	asyn：文字變數，為	
	'NO' 檔案已連接，但不是非同步	
	'YES' 檔案已連接，是非同步	
	'UNKNOWN' 檔案未連接	
BLANK = bin	bin：文字變數，為	
	'YES' 連接二進位檔案	
	'NO' 連接非二進位檔案	
	'UNKNOWN' 未連接	
BLANK=blnk	blnk：文字變數，為	
	'NULL' 檔案受空格的控制	
	'ZERO' 檔案受零空格的控制	
	'UNDEFINED' 未連接	
BLOCKSIZE=bl	bl：為正整數變數，它為程式輸入輸出的緩衝記憶體空間	
BUFFER=bf	bf：執行時緩衝區	
	'YES' 檔案連接上，受緩衝區影響	
	'NO' 檔案連接上，但不受緩衝區影響	
	'UNKNOWN' 未連接	

指　　令	說　　　　明　　　　第二頁
CONVERT=fm	fm：文字變數，表示由不同系統得來的檔案。它為 'LITTLE_ENDIAN'　連接檔案是 little endian integer 及 IEEE 浮點資料的轉換式是有效的。 'BIG_ENDIAN'　連接檔案是 big endian integer 及 IEEE 浮點資料的轉換式是有效的。 'CRAY'　連接檔案是 big endian integer 及 IEEE 浮點資料的轉換式是有效的。 'FDX'　連接檔案是 little endian integer 及 Compaq VAX F_floating, D_floation,及 IEEE 浮點資料的轉換式是有效的。 'FGX'　連接檔案是 little endian integer 及 Compaq VAX F_floating, G_floation，及 IEEE 浮點資料的轉換式是有效的。 'IBM'　連接檔案是 big endian integer 及 IBM\370 浮點資料的轉換式是有效的。 'VAXD'　連接檔案是 little endian integer 及 Compaq VAX F_floating， D_floation，及 H_floation 是有效的。 'VAXG'　連接檔案是 little endian integer 及 Compaq VAX F_floating, G_floation，及 H_floation 是有效的。 'NATIVE'　連接檔案沒有資料轉換的問題。 'UNKNOWN'　檔案對非格式化資料不連接。
DIRECT= dir	dir：文字變數，它為 'YES'　表示 DIRECT ACCESS 'NO'　表不是 'UNKNOWN'　表系統不知道
EXIT=ex	ex：邏輯變數。詢問一存在的檔案是否可以 OPEN。 .TRUE.：該檔案存在且可以使用 .FALSE.：該檔案不存在，或不可以使用
ERR=s	s：正整數變數，它為指述號碼，當所宣告的檔案或內容有誤時，執行權移轉到此列繼續執行。
EXIST=ex	ex：邏輯變數，為真表示此檔案存在，為假則否。

指　　令	說　　　　明　　　　第三頁
FORM=fm	fm：文字變數，它為 'FORMATTED'　表示格式化的檔案 'UNFORMATTED'　表非格式化的檔案 'BINARY'　表示二進位檔 'UNDEFINED'　表示未連接
FORMATTED=fmt	fmt：文字變數，它為 'YES'　表示格式化檔案（formatted） 'NO'　表不是 'UNKNOWN'　表系統不知道
IOSTAT=ios	ios：整數變數。當它等於零時表示檔案無誤。
NUMBER=num	num：正整數變數。它為檔案號碼。
NAMED=nmd	nmd：邏輯變數。若它為真表示此檔案有一名稱。
NAME=fn	fn：文字變數，為檔案名稱（會加上系統識別碼）。
NEXTREC=nr	nr：正整數變數，它為直接儲存檔目前檔案指標所在的位置。 如果檔案位未經讀取，則為 1。 若此值為零，表示有錯誤發生。
NUMBER=num	num：一連接檔案中目前的單元數目。
OPENED=od	od：邏輯變數，若它為真表示此檔案已開啟。
ORGANIZA-TION=org	org：文字變數，詢問檔案的組織。 'SEQUENTIAL'　連續檔 'RELATIVE'　相對檔 'UNKNOWN'　未知
POSITION=pos	pos：文字變數，表示檔案的位置 'REWIND'　在連接檔的初始位置 'APPEND'　在連接檔的最後位置 'ASIS'　在連接檔的原來位置 'UNKNOWN'　未知
RECL = rcl	rcl：正整數變數，表示直接儲存檔（direct）每筆記錄長度

指　令	說　明		第四頁
SEQUENTIAL=seq	seq：文字變數，表示連續檔的狀況		
	'YES'	表示 SEQUENTIAL ACCESS 檔案	
	'NO'	表不是	
	'UNKNOWN'	表目前系統不知道	
RECORDTYPE=rt	rt：文字變數，表示在檔案中紀錄的型態		
	'FIXED'	固定長度的紀錄	
	'VARIABLE'	變動長度的紀錄	
	'SEGMENTED'	檔案為非格式化連續檔用區段紀錄	
	'STREAM'	檔案紀錄未結束	
	'STREAM_CR'	檔案紀錄以鍵盤「RETURN」為結束	
	'STREAM_LF'	檔案紀錄以 line feed 為結束	
	'UNKNOWN'	未知	
SHARE=shr	shr：文字變數，表示目前檔案的狀況		
	'DENYRW'	拒絕被讀一寫的檔案	
	'DENYWR'	拒絕被寫入的檔案	
	'DENYRD'	拒絕被讀取的檔案	
	'DENYNONE'	可被讀一寫的檔案	
	'UNKNOWN'	未知	
UNFORMATTED=unf	unf：文字變數，表示格式化的狀況		
	'YES'	表示非格式化檔案	
	'NO'	表不是	
	'UNKNOWN'	表系統不知道	
WRITE=wr	wr：文字變數，表示目前檔案的狀況		
	'YES'	表示檔案可寫入資料	
	'NO'	表示檔案不可寫入資料	
	'UNKNOWN'	表系統不知道	

附錄九

索　引

在英文文字之後的數字是表示主要出現在本書的章一節一小節所在，若文字全為大寫表示為一程式指令或是為專有名詞的簡寫。

附錄十

各種匯整圖表的索引

為方便查閱各種指令、指述、或其他程式間關係的圖表匯整資料，以下將這些列為索引，如下：

附錄十一

增加的指令

為能與舊版本 Fortran 相容，Intel® Fortran 提供下列增加的功能：

附錄 11-1 The DEFINE FILE statement
附錄 11-2 The ENCODE and DECODE statements
附錄 11-3 The FIND statement
附錄 11-4 The INTERFACE TO statement
附錄 11-5 FORTRAN 66 Interpretation of the EXTERNAL Statement
附錄 11-6 An alternative syntax for the PARAMETER statement
附錄 11-7 The VIRTUAL statement
附錄 11-8 An alternative syntax for octal and hexadecimal constants
附錄 11-9 An alternative syntax for a RECORD specifier
附錄 11-10 An alternate syntax for the DELETE statement
附錄 11-11 An alternative form for namelist external records
附錄 11-12 The integer POINTER statement
附錄 11-13 Record structures

這些語法應儘量避免使用在新的程式中。以下的敘述節錄自 Intel Fortran Compiler User and Reference Guide。

附錄 11-1 The DEFINE FILE statement

Statement: Establishes the size and structure of files with relative organization and associates them with a logical unit number.

Syntax

DEFINE FILE u(m,n,U,asv) [,u(m,n,U,asv)] ...

u Is a scalar integer constant or variable that specifies the logical unit number.

m Is a scalar integer constant or variable that specifies the number

	of records in the file.
n	Is a scalar integer constant or variable that specifies the length of each record in 16-bit words (2 bytes).
U	Specifies that the file is unformatted (binary); this is the only acceptable entry in this position.
asv	Is a scalar integer variable, called the associated variable of the file. At the end of each direct access I/O operation, the record number of the next higher numbered record in the file is assigned to asv; asv must not be a dummy argument.

The DEFINE FILE statement is comparable to the OPEN statement. In situations where you can use the OPENstatement, OPEN is the preferable mechanism for creating and opening files.

The DEFINE FILE statement specifies that a file containing *m* fixed-length records, each composed of *n*16-bit words, exists (or will exist) on the specified logical unit. The records in the file are numbered sequentially from 1 through *m*.

A DEFINE FILE statement does not itself open a file. However, the statement must be executed before the first direct access I/O statement referring to the specified file. The file is opened when the I/O statement is executed.

If this I/O statement is a WRITE statement, a direct access sequential file is opened, or created if necessary.

If the I/O statement is a READ or FIND statement, an existing file is opened, unless the specified file does not exist. If a file does not exist, an error occurs.

The DEFINE FILE statement establishes the variable *asv* as the associated variable of a file. At the end of each direct access I/O operation, the Fortran I/O system places in *asv* the record number of the record immediately following the one just read or written.

The associated variable always points to the next sequential record in the file (unless the associated variable is redefined by an assignment, input, or FIND statement). So, direct access I/O statements can perform sequential processing on the file by using the associated variable of the file as the record number specifier.

Example

DEFINE FILE 3(1000,48,U,NREC)

In this example, the DEFINE FILE statement specifies that the logical unit 3 is to be connected to a file of 1000 fixed-length records; each record is forty-eight 16-bit words long. The records are numbered sequentially from 1 through 1000 and are unformatted.

After each direct access I/O operation on this file, the integer variable NREC will contain the record number of the record immediately following the record just processed.

附錄 11-2 The ENCODE and DECODE statements

Statement: Translates data from internal (binary) form to character form. It is comparable to using internal files in formatted sequential WRITE statements.

Syntax

ENCODE (c,f,b[, IOSTAT=i-var] [, ERR=label]) [io-list]

c — Is a scalar integer expression. It is the number of characters to be translated to internal form.

f — Is a format identifier. An error occurs if more than one record is specified.

b — Is a scalar or array reference. If b is an array reference, its elements are processed in the order of subscript progression.
b contains the characters to be translated to internal form.

i-var — Is a scalar integer variable that is defined as a positive integer if an error occurs and as zero if no error occurs (see I/O Status Specifier).

label Is the label of an executable statement that receives control if an error occurs.

io-list Is an I/O list. An I/O list is either an implied-DO list or a simple list of variables (except for assumed-size arrays). The list contains the data to be translated to character form.
The interaction between the format specifier and the I/O list is the same as for a formatted I/O statement.

The number of characters that the ENCODE statement can translate depends on the data type of *b*. For example, an INTEGER(2) array can contain two characters per element, so that the maximum number of characters is twice the number of elements in that array.

The maximum number of characters a character variable or character array element can contain is the length of the character variable or character array element.

The maximum number of characters a character array can contain is the length of each element multiplied by the number of elements.

Example

Consider the following:

```
DIMENSION K(3)
CHARACTER*12 A,B
DATA A/'123456789012'/
ENCODE(12,100,A) K
100 FORMAT(3I4)
ENCODE(12,100,B) K(3), K(2), K(1)
```

The 12 characters are stored in array K:

K(1) = 1234

K(2) = 5678

K(3) = 9012

The ENCODE statement translates the values K(3), K(2), and K(1) to character form and stores the characters in the character variable B.:

B = '901256781234'

DECODE

Statement: Translates data from character to internal form. It is comparable to using internal files in formatted sequential READ statements.

Syntax

DECODE (c,f,b[, IOSTAT=i-var] [, ERR=label]) [io-list]

c	Is a scalar integer expression. It is the number of characters to be translated to internal form.
f	Is a format identifier. An error occurs if more than one record is specified.
b	Is a scalar or array reference. If b is an array reference, its elements are processed in the order of subscript progression. b contains the characters to be translated to internal form.
i-var	Is a scalar integer variable that is defined as a positive integer if an error occurs and as zero if no error occurs (see I/O Status Specifier).
label	Is the label of an executable statement that receives control if an error occurs.
io-list	Is an I/O list. An I/O list is either an implied-DO list or a simple list of variables (except for assumed-size arrays). The list receives the data after translation to internal form. The interaction between the format specifier and the I/O list is the same as for a formatted I/O statement.

The number of characters that the DECODE statement can translate depends on the data type of *b*. For example, an INTEGER(2) array can contain two characters per element, so that the maximum number of characters is twice the number of elements in that array.

The maximum number of characters a character variable or character array element can contain is the length of the character variable or character array element.

The maximum number of characters a character array can contain is the length of each element multiplied by the number of elements.

Example

In the following example, the DECODE statement translates the 12 characters in A to integer form (as specified by the FORMAT statement):

```
DIMENSION K(3)
CHARACTER*12 A,B
DATA A/'123456789012'/
DECODE(12,100,A) K
100 FORMAT(3I4)
ENCODE(12,100,B) K(3), K(2), K(1)
```

The 12 characters are stored in array K:

K(1) = 1234

K(2) = 5678

K(3) = 9012

附錄 11-3　The FIND statement

Statement: Positions a direct access file at a particular record and sets the associated variable of the file to that record number. It is comparable to a direct access READ statement with no I/O list, and it can open an existing file. No data transfer takes place.

Syntax

FIND ([UNIT=] io-unit, REC= r[, ERR= label] [, IOSTAT= i-var])

FIND (io-unit 'r [, ERR=label] [, IOSTAT=i-var])

io-unit Is a logical unit number. It must refer to a relative organization file (see Unit Specifier).

r Is the direct access record number. It cannot be less than one or greater than the number of records defined for the file (see Record Specifier).

label Is the label of the executable statement that receives control if an error occurs.

i-var Is a scalar integer variable that is defined as a positive integer if an error occurs, and as zero if no error occurs (see I/O Status Specifier).

Example

In the following example, the FIND statement positions logical unit 1 at the first record in the file. The file's associated variable is set to one:

FIND(1, REC=1)

In the following example, the FIND statement positions the file at the record identified by the content of INDX. The file's associated variable is set to the value of INDX:

FIND(4, REC=INDX)

附錄 11-4 The INTERFACE TO statement

Statement: Identifies a subprogram and its actual arguments before it is referenced or called.

Syntax

INTERFACE TO subprogram-stmt

[formal-declarations]

END

subprogram-stmt　Is a function or subroutine declaration statement.

formal-declarations　(Optional) Are type declaration statements (including optional attributes) for the arguments.

The INTERFACE TO block defines an explicit interface, but it contains specifications for only the procedure declared in the INTERFACE TO statement. The explicit interface is defined only in the program unit that contains the INTERFACE TO statement.

The recommended method for defining explicit interfaces is to use an INTERFACE block.

Example

Consider that a C function that has the following prototype:

extern void Foo (int i);

The following INTERFACE TO block declares the Fortran call to this function:

```
INTERFACE TO SUBROUTINE Foo [C.ALIAS: '_Foo'] (I)
INTEGER*4 I
END
```

附錄 11-5　FORTRAN 66 Interpretation of the EXTERNAL Statement

If you specify compiler option f66, the EXTERNAL statement is interpreted in a way that facilitates compatibility with older versions of Fortran. (The Fortran 95/90 interpretation is incompatible with previous Fortran standards and previous Compaq* implementations.)

The FORTRAN 66 interpretation of the EXTERNAL statement combines the functionality of the INTRINSIC statement with that of the EXTERNAL statement.

This lets you use subprograms as arguments to other subprograms. The subprograms to be used as arguments can be either user-supplied functions or Fortran 95/90 library functions.

The FORTRAN 66 EXTERNAL statement takes the following form:

EXTERNAL [*]*v* [, [*]*v*] ...

*	Specifies that a user-supplied function is to be used instead of a Fortran 95/90 library function having the same name.
v	Is the name of a subprogram or the name of a dummy argument associated with the name of a subprogram.

Description

The FORTRAN 66 EXTERNAL statement declares that each name in its list is an external function name. Such a name can then be used as an actual argument to a subprogram, which then can use the corresponding dummy argument in a function reference or CALL statement.

However, when used as an argument, a complete function reference represents a value, not a subprogram name; for example, SQRT(B) in CALL SUBR(A, SQRT (B), C). It is not, therefore, defined in an EXTERNAL statement (as would be the incomplete reference SQRT).

Examples

The following example shows the FORTRAN 66 EXTERNAL statement:

Main Program Subprograms

EXTERNAL SIN, COS, *TAN, SINDEG SUBROUTINE TRIG(X,F,Y)

. Y = F(X)

. RETURN

```
. END
CALL TRIG(ANGLE, SIN, SINE)
.
. FUNCTION TAN(X)
. TAN = SIN(X)/COS(X)
CALL TRIG(ANGLE, COS, COSINE) RETURN
. END
.
.
CALL TRIG(ANGLE, TAN, TANGNT) FUNCTION SINDEG(X)/
. SINDEG = SIN(X*3.1459/180)
. RETURN
. END
CALL TRIG(ANGLED, SINDEG, SINE)
```

The CALL statements pass the name of a function to the subroutine TRIG. The function reference F(X) subsequently invokes the function in the second statement of TRIG. Depending on which CALL statement invoked TRIG, the second statement is equivalent to one of the following:

```
Y = SIN(X)
Y = COS(X)
Y = TAN(X)
Y = SINDEG(X)
```

The functions SIN and COS are examples of trigonometric functions supplied in the Fortran 95/90 library. The function TAN is also supplied in the library, but the asterisk (*) in the EXTERNAL statement specifies that the user-supplied function be used, instead of the library function. The function SINDEG is also a user-supplied function. Because no library function has the same name, no asterisk is required.

附錄11-6 An alternative syntax for the PARAMETER statement

The PARAMETER statement discussed here is similar to the one discussed in PARAMETER; they both assign a name to a constant. However, this PARAMETER statement differs from the other one in the following ways:

- Its list is not bounded with parentheses.
- The form of the constant, rather than implicit or explicit typing of the name, determines the data type of the variable.

This PARAMETER statement takes the following form:

PARAMETER *c* = *expr* [, *c* = *expr*] ...

c	Is the name of the constant.
expr	Is an initialization expression. It can be of any data type.

Description

Each name *c* becomes a constant and is defined as the value of expression *expr*. Once a name is defined as a constant, it can appear in any position in which a constant is allowed. The effect is the same as if the constant were written there instead of the name.

The name of a constant cannot appear as part of another constant, except as the real or imaginary part of a complex constant. For example:

```
PARAMETER I=3
PARAMETER M=I.25 ! Not allowed
PARAMETER N=(1.703, I) ! Allowed
```

The name used in the PARAMETER statement identifies only the name's corresponding constant in that program unit. Such a name can be defined only once in PARAMETER statements within the same program unit.

The name of a constant assumes the data type of its corresponding constant expression. The data type of a parameter constant cannot be specified in a type declaration statement. Nor does the initial letter of the constant's name implicitly affect its data type.

Examples

The following are valid examples of this form of the PARAMETER statement:

PARAMETER PI=3.1415927, DPI=3.141592653589793238D0

PARAMETER PIOV2=PI/2, DPIOV2=DPI/2

PARAMETER FLAG=.TRUE., LONGNAME='A STRING OF 25 CHARACTERS'

附錄 11-7　The VIRTUAL statement

Statement: Has the same form and effect as the DIMENSION statement. It is included for compatibility with PDP-11 FORTRAN.

附錄 11-8　An alternative syntax for octal and hexadecimal constants

Alternative Syntax for Binary, Octal, and Hexadecimal Constants

In Intel Fortran, you can use an alternative syntax for binary, octal, and hexadecimal constants. The following table shows the alternative syntax and equivalents:

Constant	Alternative Syntax	Equivalent
Binary	'0..1'B	B'0..1'
Octal	'0..7'O	O'0..7'
Hexadecimal	'0..F'X X'0..F'	Z'0..F'

You can use a quotation mark ('') in place of an apostrophe in all the above syntax forms.

附錄 11-9 An alternative syntax for a RECORD specifier

In Intel® Fortran, you can specify the following form for a record specifier in an I/O control list:

'*r*

r — Is a numeric expression with a value that represents the position of the record to be accessed using direct access I/O.

The value must be greater than or equal to 1, and less than or equal to the maximum number of records allowed in the file. If necessary, a record number is converted to integer data type before being used.

If this nonkeyword form is used in an I/O control list, it must immediately follow the nonkeyword form of the io-unit specifier.

附錄 11-10 An alternate syntax for the DELETE statement

In Intel® Fortran, you can specify the following form of the DELETE statement when deleting records from a relative file:

DELETE (*io-unit* '*r* [, ERR = *label*] [, IOSTAT = *i-var*])

io-unit — Is the number of the logical unit containing the record to be deleted.

r — Is the positional number of the record to be deleted.

label — Is the label of an executable statement that receives control if an error condition occurs.

i-var — Is a scalar integer variable that is defined as a positive integer if an error occurs and zero if no error occurs.

This form deletes the direct access record specified by r.

附錄 11-11　An alternative form for namelist external records

In Intel® Fortran, you can use the following form for an external record:

$*group-name object* = *value* [*object* = *value*] ...$[END]

group-name　Is the name of the group containing the objects to be given values. The name must have been previously defined in a NAMELIST statement in the scoping unit.

object　Is the name (or subobject designator) of an entity defined in the NAMELIST declaration of the group name. The object name must not contain embedded blanks, but it can be preceded or followed by blanks.

value　Is a null value, a constant (or list of constants), a repetition of constants in the form r*c, or a repetition of null values in the form r*.

If more than one *object* = *value* or more than one value is specified, they must be separated by value separators.

A value separator is any number of blanks, or a comma or slash, preceded or followed by any number of blanks.

附錄 11-12　The integer POINTER statement

Statement: Establishes pairs of objects and pointers, in which each pointer contains the address of its paired object. This statement is different from the Fortran 95/90 POINTER statement.

Syntax

POINTER (pointer,pointee) [,(pointer,pointee)] . . .

pointer Is a variable whose value is used as the address of the *pointee*.

pointee Is a variable; it can be an array name or array specification. It can also be a procedure named in an EXTERNAL statement or in a specific (non-generic) procedure interface block.

The following are *pointer* rules and behavior:

- Two pointers can have the same value, so pointer aliasing is allowed.
- When used directly, a pointer is treated like an integer variable. On IA-32 architecture, a pointer occupies one numeric storage unit, so it is a 32-bit quantity (INTEGER(4)). On Intel® 64 architecture and IA-64 architecture, a pointer occupies two numeric storage units, so it is a 64-bit quantity (INTEGER(8)).
- A pointer cannot be a pointer.
- A pointer cannot appear in an ASSIGN statement and cannot have the following attributes:

ALLOCATABLE	INTRINSIC	POINTER
EXTERNAL	PARAMETER	TARGET

- A pointer can appear in a DATA statement with integer literals only.
- Integers can be converted to pointers, so you can point to absolute memory locations.
- A pointer variable cannot be declared to have any other data type.
- A pointer cannot be a function return value.
- You can give values to pointers by doing the following:
  - Retrieve addresses by using the LOC intrinsic function (or the %LOC built-in function)

- Allocate storage for an object by using the MALLOC intrinsic function (or by using malloc (3f) on Linux* and Mac OS* X systems)

For example:

Using %LOC: Using MALLOC:

INTEGER I(10) INTEGER I(10)

INTEGER I1(10) /10*10/ POINTER (P,I)

POINTER (P,I) P = MALLOC(40)

P = %LOC(I1) I = 10

I(2) = I(2) + 1 I(2) = I(2) + 1

- The value in a pointer is used as the pointee's base address.

The following are *pointee* rules and behavior:

- A pointee is not allocated any storage. References to a pointee look to the current contents of its associated pointer to find the pointee's base address.
- A pointee cannot be data-initialized or have a record structure that contains data-initialized fields.
- A pointee can appear in only one integer POINTER statement.
- A pointee array can have fixed, adjustable, or assumed dimensions.
- A pointee cannot appear in a COMMON, DATA, EQUIVALENCE, or NAMELIST statement, and it cannot have the following attributes:

ALLOCATABLE	OPTIONAL	SAVE
AUTOMATIC	PARAMETER	STATIC
INTENT	POINTER	

- A pointee cannot be:
  - A dummy argument
  - A function return value
  - A record field or an array element

- Zero-sized
- An automatic object
- The name of a generic interface block

- If a pointee is of derived type, it must be of sequence type.

Example

```
POINTER (p, k)
INTEGER j(2)
! This has the same effect as j(1) = 0, j(2) = 5
p = LOC(j)
k = 0
p = p + SIZEOF(k) ! 4 for 4-byte integer
k = 5
```

附錄 11-13 Record structures

The record structure was defined in earlier versions of Intel® Fortran as a language extension. It is still supported, although its functionality has been replaced by standard Fortran 95/90 derived data types. Record structures in existing code can be easily converted to Fortran 95/90 derived type structures for portability, but can also be left in their old form. In most cases, an Intel Fortran record and a Fortran 95/90 derived type can be used interchangeably.

Intel Fortran record structures are similar to Fortran 95/90 derived types.

A record structure is an aggregate entity containing one or more elements. (Record elements are also called fields or components.) You can use records when you need to declare and operate on multi-field data structures in your programs.

Creating a record is a two-step process:

1. You must define the form of the record with a multistatement *structure declaration.*

2. You must use a RECORD statement to declare the record as an entity with a name. (More than one RECORD statement can refer to a given structure.)

Examples

Intel Fortran record structures, using only intrinsic types, easily convert to Fortran 95/90 derived types. The conversion can be as simple as replacing the keyword STRUCTURE with TYPE and removing slash (/) marks. The following shows an example conversion:

Record Structure	Fortran 95/90 Derived-Type
STRUCTURE /employee_name/ CHARACTER*25 last_name CHARACTER*15 first_name END STRUCTURE STRUCTURE /employee_addr/ CHARACTER*20 street_name INTEGER(2) street_number INTEGER(2) apt_number CHARACTER*20 city CHARACTER*2 state INTEGER(4) zip END STRUCTURE	TYPE employee_name CHARACTER*25 last_name CHARACTER*15 first_name END TYPE TYPE employee_addr CHARACTER*20 street_name INTEGER(2) street_number INTEGER(2) apt_number CHARACTER*20 city CHARACTER*2 state INTEGER(4) zip END TYPE

The record structures can be used as subordinate record variables within another record, such as the employee_data record. The equivalent Fortran 90 derived type would use the derived-type objects as components in a similar manner, as shown below:

Record Structure	Fortran 95/90 Derived-Type
STRUCTURE /employee_data/ RECORD /employee_name/ name RECORD /employee_addr/ addr INTEGER(4) telephone INTEGER(2) date_of_birth INTEGER(2) date_of_hire INTEGER(2) social_security(3) LOGICAL(2) married INTEGER(2) dependents END STRUCTURE	TYPE employee_data TYPE (employee_name) name TYPE (employee_addr) addr INTEGER(4) telephone INTEGER(2) date_of_birth INTEGER(2) date_of_hire INTEGER(2) social_security(3) LOGICAL(2) married INTEGER(2) dependents END TYPE

參考文獻

* ANSI (1966). American National Standard Programming Language FORTRAN. (ANSI X3.9-1966). New York: American National Standard Institute.
* ANSI (1978). American National Standard Programming Language FORTRAN. (ANSI X3.9-1978). New York: American National Standard Institute.
* Barrenechea M.J.(1993), Fortran 90 - A Modern Programming Language, Microway, Inc.
* Bathe K.J. and Wilson E.L.(1976), Numerical Methods in Finite Element Analysis, Prentice-Hall, Inc.
* BYTE (1995) 'A Brief History of Programming Languages', Sept.
* Compaq Computer Corporation (1999), Compaq Fortran Language Reference Manual.
* Ellis T.M.R., Philips I.R., and Lahey T.M.(1994), Fortran 90 Programming, Addison-Wesley Publishing Company.
* Koffman E.B. and Friedman F.L.(1997), FORTRAN 5ed+. Addison Wesley Longman, Inc.
* Koffman E.B. and Friedman F.L.(1997), FORTRAN 5ed. Addison Wesley Longman Publishing Company.
* Maron M.J.(1982), Numerical Analysis - A Practical Approach, Macmillan Publishing Co.,Inc.
* McGuire W. and Gallagher R.H.(1979), Matrix Structural Analysis, John Wiley & Sons, Inc.
* Sybase,Inc.(1996), Language Reference, Watcom FORTRAN 77 v.11.
* Sybase,Inc.(1996), Programmer's Guide, Watcom FORTRAN 77.
* Lan Chivers and Jane Sleightholme (2000), Introducting FORTRAN 95, Springer-Verlag London Limited.

* 黃逸萍，黃小萍（1997），FORTRAN 與視窗程式設計，碩詮資訊系統股份有限公司
* 黃逸萍，黃小萍（1998），新 FORTRAN 程式設計，五南圖書出版公司
* 黃逸萍，黃小萍（2008），FORTRAN 95/90 程式設計，五南圖書出版公司
* 鄭守成，（1992），Fortran 90 簡介，高速計算世界 Vol.2, No.1
* 劉泰興（1999），Fortran 程式語言技術研討會，逢甲大學
* 徐志明，魏嘉輝（1999），Microsoft 電腦字典，碁峰資訊股份有限公司
* 王詠剛（2004），「Fortran 2003：完美還是虛幻？」，程序員，第 10 期
* Akin, Ed (2003). *Object Oriented Programming via Fortran 90/95* (1st ed.). Cambridge University Press. ISBN 0-521-52408-3.
* Chapman, Stephen J. (2007). *Fortran 95/2003 for Scientists and Engineers* (3rd ed.). McGraw-Hill. ISBN 978-0-07-319157-7
* Ian D. Chivers, Jane Sleightholme, *Compiler support for the Fortran 2003 standard*, ACM SIGPLAN Fortran Forum 28 , 26 (2009).
* 陳德良（2009），計算機語，http://translate.google.com/translate? hl=zh-TW&langpair=en%7Czh-TW&u=http://www.answers.com/topic/fortran
* Intel® Fortran Compiler User and Reference Guides, v.11.1, (2010).

國家圖書館出版品預行編目資料

Fortran2003程式設計／黃逸萍編著.
--初版.--臺北市：五南, 2010.10
面； 公分
ISBN 978-957-11-6115-0（平裝附光碟片）
1.Fortran(電腦程式語言)
312.32F68 99018024

5R17

Fortran2003程式設計

作　　者 — 黃逸萍(306.1)
發 行 人 — 楊榮川
總 編 輯 — 王翠華
編　　輯 — 王者香
封面設計 — 陳品方
出 版 者 — 五南圖書出版股份有限公司
地　　址：106台北市大安區和平東路二段339號4樓
電　　話：(02)2705-5066　傳　　真：(02)2706-6100
網　　址：http://www.wunan.com.tw
電子郵件：wunan@wunan.com.tw
劃撥帳號：01068953
戶　　名：五南圖書出版股份有限公司
台中市駐區辦公室/台中市中區中山路6號
電　　話：(04)2223-0891　傳　　真：(04)2223-3549
高雄市駐區辦公室/高雄市新興區中山一路290號
電　　話：(07)2358-702　傳　　真：(07)2350-236
法律顧問　林勝安律師事務所　林勝安律師
出版日期　2010年10月初版一刷
　　　　　2014年 3 月初版二刷
定　　價　新臺幣620元